二重らせん

欲望と喧噪のメディア

Kazunori Nakagawa

中川一徳

講談社

二重らせん●目次

第二章 喧噪の時代へ

第五章 争奪戦

カバー写真人物：（上から）児玉誉士夫、田中角栄、赤尾好夫、堀江貴文、孫正義、村上世彰、日枝久

二重らせん

欲望と喧噪のメディア

プロローグ　知りすぎた男

封印されたファイル

二〇〇七年十月下旬、秋葉原駅からほど近い雑居ビル――。

ワゴン車を乗り付け、男らが九階にある弁護士事務所から書類綴りが大量に詰まった段ボール箱を運び出していった。

事務所の主はフジテレビの顧問弁護士を四十年近く務めた藤森功。数日前、七十七歳で死去したばかりである。喪も明けないというのに、搬出作業の慌ただしさは異様であった。

車を差し向けたのはフジテレビ会長でフジサンケイグループ代表でもある日枝久である。

葬儀の席で日枝は夫人に対し、「私も知らないことがあるので」と資料類を引き取りたいと申し出ていた。故人を偲ぶ席にはふさわしくない話題であったが、持ち前の押しの強さゆえだろう、翌日にはフジテレビ秘書室の手によって資料類は跡形もなく回収されたのである。

晩年の藤森は、大量の資料を所蔵していることを誇らしげに話すことがあった。小ぶりな事務所の執務室には、床から天井までフジサンケイグループ関係で手がけた事案の資料が二山ほど積まれていた。それは四十年弱にわたる自らの存在証明でもあった。

フジテレビが係る裁判の処理をはじめ、経営陣の知恵袋として幾多の紛争解決に手腕を発揮してきた。あるいは、社員が起こした人身交通事故や薬物汚染といった個人的トラブルの処理にもあたった。そのほとんどは、長きにわたって闇から闇へと封印されてきたものであり、経営首脳の一人が若手社員のころに起こした交通事故に係るファイルも含まれている。

日枝は若いころからメモ魔だったから、そうした記録が流出する危険についても過敏に反応したに違いない。まるで誰かが持ち出すのを怖れているかのように——。

弁護士としての藤森の最大の功績は、かつてフジサンケイグループの最高権力者であった議長・鹿内宏明を追放する日枝のクーデター劇で、法律面の指南役を務めたことである。

フジテレビには、総務局所管で顧問契約を結ぶ弁護士が一〇人弱いた。その中で藤森は事実上、筆頭法律顧問の座を確かなものとした。クーデター派が実権を握って確立した日枝体制の下、月額八〇万円ほどの顧問料と盆暮れの手当てが保証された〝終身顧問弁護士〟の地位も得た。ひとつの顧問先から毎年、一〇〇〇万円を超える報酬を得る弁護士はそうはいない。

二年前、堀江貴文が率いるライブドアによってグループ親会社のニッポン放送が買収されかかった渦中(かちゅう)では、危機感を募らせた多くの経営幹部が〝駆け込み寺〟よろしく藤森を訪ね、知恵を借りている。

もっとも、日枝を支える側近役員の中には晩年の藤森について、「経営に口を出しすぎる」と批判する者もいた。この二年あまり、日枝は、最重要テーマであった資本再編について、日本最大級の法律事務所を取り仕切る弁護士と二人三脚で密かに作業を進め、藤森やほとんどの役員を蚊帳(かや)の外に置いてきた。だから駆け込まれた藤森にしろ、一般的な買収防衛策を伝授することしかできなかった。

藤森も役員たちも、買収をめぐっていったい何が起きているのか、その真の構図、背景、経緯はわからないことだらけだった。

一連の買収騒動が収束した直後、藤森は訪ねてくるグループ幹部に日枝の経営責任を指摘するなど、批判を公然と口にした。それでも日枝は藤森の〝助言〟に感謝の意をあらわした。無下にするわけにいかないのは、あまりに多くの経営機密を知る存在になっていたためである。

買収騒動からまもなく、藤森はグループのサンケイビル取締役に処遇されたことで日枝批判の矛を収めた。


それにしても、知りすぎてしまった顧問弁護士は過去に、どのような案件を扱ってきたのだろうか。


さかのぼれば、テレビ局同士の抜き差しならない争いに関わったことがある。

一九八三年、フジテレビが系列局のテレビ静岡の役員人事に介入、送り込もうとした役員候補を株主総会で否決されたことから、ＦＮＮネットワークからテレビ静岡を排除するという〝脅し〟をかけたことがある。ローカル局が全国ネットワークから閉め出されたら生きていくことはできない。結局、テレビ静岡はフジテレビに詫びを入れ、社長が責任を取って退任する事態に追い込まれた。

この紛争の法律面からの指揮を執ったのが藤森であった。

ただし、フジテレビや藤森が作成した当時の内部資料を見ると、藤森が指南しフジテレビがおこなった「ネットワーク打ち切り通告」が外部に流出した場合、独占禁止法で禁じられた「『優越的地位の濫用』の法令違反に該当する」と自ら総括しているぐらいだから、こうした行為が違法であることを十分認識していたことがわかる。

いわば勝つためには手段を選ばない仕事師の面もあったが、いずれにせよ、フジテレビの経営機密に通暁する生き字引であったと言っていい。

〝児玉機関〟と大物右翼

藤森が日本で最大規模のメディアグループの顧問弁護士、その筆頭の地位に上り詰める経緯も、このグループを象徴している。

北海道出身の藤森は昭和二十九年（一九五四年）に中央大学法学部を卒業後、地元の銀行に就職したが、司法試験を受験するために一年足らずで退職、再び上京し牛乳配達店に住み込みながら勉強した苦労人である。三十七年に弁護士となってからも経済的に苦しかったが、まもなく偶然、大学の同級生に出会ったことで道が開けていく。

その同級生、福島県出身の加藤謙次は藤森と同じく中央大学法学部を卒業後、後述する数年の奇妙なブランクを経て三十四年、二十八歳で開局したフジテレビに就職した。

営業部を経て、経理部に所属していた日の夜、千葉県の団地に帰宅するバスの中で、隣に座る男から「あなた、中央でしょう」と声をかけられた。加藤は男の顔に覚えがなかったが、藤森はキャンパスで見知っていたらしく、互いに自己紹介した。

加藤は、弁護士だという藤森の身なりがあまりに貧相なのが気になった。共稼ぎだが苦しいのだという。一方の藤森は、加藤がテレビ局に勤めていることを知り「何かいい仕事はないだろうか」と相談した。加藤は、いますぐは無理だが、部長にでもなれば必ず顧問弁護士に推挙すると請け合い、以後の付き合いが始まった。

昭和四十四年、加藤は三十八歳で財務部長に昇格する。部長職は四十代になってからが普通だったから、早い昇進だった。他局では通常、広告代理店の与信管理は営業部門がおこなうが、フジテレビでは財務部長が責任を負う。加藤は当時、営業副部長だった若き日の日枝に強い印象を持ったという。

「僕が営業の管理職を集めて各代理店への営業政策を指示する。部員の多くは、自分の担当のそれを聞くと出て行ったりするが、全体の方針などについて『自分はこう思う』と食い下がってくるのが日枝君で、言うことにも信頼性があった」

その加藤の守備範囲には、経営が傾いた代理店からの代金回収で弁護士を使うといった業務もあり、かつての約束を果たせることになった。

当時、まだ未成熟と言っていい放送業界で、「放送法」などの関連法規や実務に強い弁護士は見あたらなかった。加藤のことばを借りれば、この若手弁護士を「放送業界に通暁する日本一の弁護士に育てようと思った」という。

だが、藤森のほうにやや問題があった。そのころ、藤森は東京下町から千葉にかけてを縄張りとする住吉会系暴力団組長の顧問をしていた。そのままテレビ局の仕事をするわけにはいかない。手を切らせるにあたり、加藤は自分の昔の人脈を使ったのだという。

その人脈を説明するには、加藤がフジテレビに入るまでの奇妙な足跡に触れなければならない。

加藤をはじめて取材した十数年前、フジテレビ創立期の秘話や長く在籍した経理部門の実情を語った後、自分はかつて〝児玉機関〟にいたのだと漏らした。児玉機関とは通常、大物右翼として知られる児玉誉士夫（よしお）が戦前、中国・上海に設立した軍事物資調達や謀略工作をおこなった組織を指す。だが、加藤の年齢だと平仄が合わない。

加藤の説明はこういうことだった。大学を卒業した二十九年、児玉の先輩格にあたる大物右翼、奥戸足百のカバン持ちになったのだという。

奥戸は、大正末期に極右団体として知られる大化会に入会、その後、満州に渡り関東軍特務機関員や満州国軍政部嘱託となる。昭和八年には「神兵隊事件」と呼ばれる天皇親政を目指すクーデター計画に幹部として連座したことで知られる。この計画には、皇族の東久邇宮も関与していた。

若いころは、東京で娼妓解放運動などでヤクザとの抗争を繰り返し、追われて東京を離れ上州のヤクザの客分となり武道を教えた。この時の弟子が、やはり大化会に入会し後に暴力団・北星会会長となる岡村吾一である。やがて奥戸も岡村も、児玉の招きに応じて児玉機関の設立に参画し、児玉の兄弟分となった。

岡村は戦後、芸能・興行界から放送業界まで隠然たる影響力を持ち、後述するようにフジテレビの経営にも微妙な影を投げかけることになる。

戦後、奥戸の家族は福島市に居住、加藤は近所だったことから長男の家庭教師を務めたことがあり、大学卒業後、その縁で奥戸に仕えることになった。昭和三十年代前半までの五年間、加藤は奥戸に命じられるままにさまざまな裏仕事に従事したという。

加藤の回想。

「奥戸、児玉両先生から、新聞紙に包んだ札束を伊豆のある民家に行って男に渡すように命じられた。奥戸先生が使っていたビュイックで夕方出発し日付が変わった深夜に到着、そこには坊主頭で黒縁メガネの人物がいた。後日、聞くと、男は元大本営参謀の辻政信だった」

辻はノモンハン事件を引き起こすなど、関東軍の数々の謀略的な作戦を主導したことで知られる。敗戦後は東南アジアで敵中を突破して密かに帰国、著した『潜行三千里』がベストセラーとなり国会議員にもなったが、その後ラオスに渡ったまま行方不明となった。

「翌日早朝には、下田港で両先生と合流し、大量の有刺鉄線などを積んだ三隻の漁船を見送った。台湾に加勢する旧日本軍の軍人グループ、根本博中将が始めたいわゆる『白団（パイダン）』に送る物資だった」

加藤は岡村とも一時期、行動をともにした。

「奥戸先生が岡村さんに依頼した象印（家電メーカー）の手形回収を手伝うよう命じられ、一緒に岡村さんのシボレーに乗り込んでパクリ屋の親玉を追いかけ回したことがある」

助手席に座った加藤は仰天したという。

「岡村さんは道順も言わず、仕込み杖でいきなり若い運転手の頭を殴りつけた。それが曲がれという合図で、そのたびに運転手は悲鳴をあげていた。一仕事を終えて汗を流す時、隣の岡村さんの全身に入れ墨がありました」

岡村は戦前、右翼活動に入る前は東京で名の知れた不良で、血の気の多さから人を殺（あや）めたこともあった。

昭和三十四年三月、フジテレビが東京で四番目に開局する。

その少し前、奥戸が会長を務め加藤も所属していた土木建築会社が解散することになった。加藤は奥戸からこう言われたという。

「わしは児玉機関に戻るが、君を連れて行ったら結局、シャバと刑務所を何回か往復させることになる。君はヤクザには向かない。君を男手一つで育てた父上が生きている間は堅気になってもらいたい」

秋、加藤は満州人脈に連なるフジテレビ幹部の推薦を得て、受験者一二〇〇人の中から十人ほどという競争率をかいくぐり合格、十一月一日付で入社した。

加藤は、経理部に配属される時、当時、フジテレビの経営を切り盛りしていた鹿内信隆から「フジテレビの経理だけ見ればいいのではない。グループ全体の経理だと思え」とハッパをかけられ意気に感じたという。

塚本素山ビル（中央区）にあった児玉誉士夫の事務所にもあいさつに行った。ちょうど居合わせた岡村から、こう言われたという。

「経理は身辺で疑われるようなことがあってはいけない。もうこういうところには出入りしないほうがいい」

テレビ時代が始まろうとしていた中で、児玉や岡村の加藤への接し方、その真意ははっきりしない。ただ、その後の付き合いは間遠にこそなったが、切れはしなかった。

まもなく大映テレビ室にいた岡村の息子が加藤を訪ねてきた。児玉や岡村と昵懇（じっこん）の永田雅一が社長を務める大映は、フジテレビ創立の株主（六・七％）という関係である。岡村の息子はフジテレビを担当しており、テレビ用の映画販売などの業務で付き合いが続いた。

ほかにも、児玉たちにつながる関係者がフジテレビにはいた。戦前、児玉は、大化会を創設した岩田富美夫が経営していた右翼系新聞社、「やまと新聞」を引き継いだ。戦後、公職追放で手放したが、右翼の三浦義一らを経て出版業を営む山崎一芳に経営させた。山崎は詐欺事件で有名になる保全経済会をスポンサーに、「新夕刊」とあらためた。この山崎の息子がフジテレビ総務部に在籍し、加藤と親交を結んだが、後に不審死を遂げている。

なお、「新夕刊」はその後行き詰まり、児玉の盟友の永田雅一の経営を経て、今日、児玉の側近だった太刀川恒夫が会長を務める東京スポーツへと続いている。

児玉や岡村たちの陰影は、後述するようにフジテレビやテレビ朝日の草創期から今日に至るまでつきまとうことになる。

鹿内家と赤尾家

藤森がフジテレビの顧問弁護士に就く経緯に戻ろう。加藤は藤森の〝足抜け〟を奥戸らに頼み、組長に話をつけてもらったのだという。

身辺を整理した藤森を、加藤が顧問弁護士に押し込むルートもこの特異なテレビ局ならではだった。まず上司の経理局長、植村泰久に推薦した。植村は、経団連会長でフジテレビの会長も務めている植村甲午郎の息子であり、先述の元大本営参謀・辻政信の娘を妻にしていた。了承した植村は、顧問弁護士を管轄する総務局長の竹岡豊に口利きする。竹岡は陸軍中野学校の出身で、戦時中は大連の特務機関長を務め、終戦直後、亡命していたソ連軍大将を口封じで殺害した人物である。

藤森の初仕事は、フジテレビが主催したアメリカの俳優、ディーン・マーチン来日が直前に中止となった案件で、チケットが筋悪な先に流出するのを阻止するため、加藤とともに代理店に乗り込み回収にあたったという。

そのころ、フジテレビは、労働争議中だった関連団体の日本フィルハーモニー交響楽団に対し、社屋内にあった事務所の明け渡しを求めていたが手詰まりだった。藤森は、労働法で争っても負けるが障害物排除請求を主張すれば勝てると進言し、竹岡を感心させたりした。

ただし、藤森とくだんの組長の縁は切れたわけではない。年末には、キャデラックに積んだ歳暮の米俵が組から届いた。加藤が古株の顧問弁護士に相談すると、それぐらいはいいのではないか、役に立つことがあるかもしれないという答えで、後年、そうした〝土地鑑〟が実際に生きることになる。

藤森は、やがて同郷の縁もあったフジサンケイグループ総帥の鹿内信隆から信頼を得るようになった。加藤の〝放送界随一の弁護士〟を育てるという思惑は順調に見えた。

「弁護士の勲章は、『判例時報』に最高裁での勝訴判決が掲載されることで、藤森は二回取り上げられた」（加藤謙次）

ところが、当の加藤は信隆から敬遠されるようになった。

本人が思いあたるのは、児玉と並ぶ右翼の巨魁、笹川良一にまつわる一件だけである。七〇年代後半のある時、化学メーカーに勤める友人が駆け込んできた。笹川系の仕手集団の買い占めにあい難題を突きつけられ往生している、君は児玉機関にいたんだからその筋を使って抑えてくれないか――。

加藤は、そんなことをしたらかえって高くつくからと、フジテレビのメインバンクで右翼・総会屋に強い富士銀行首脳に掛け合ってみることにした。まもなく銀行から役員が派遣されて仕手の攻勢は収束、株価は急落に向かったが、その顚末を信隆に何気なく話したところ顔色が一変、一言「不愉快だ」と言い放ったという。なぜ怒りを買うのかわからないままに、以後、信隆と接する機会はなくなった。

相談した信隆の側近からは、「知りすぎることは命取りにもなる」と言われた。権力とカネが不可分である以上、経理部員は幹部になるにしたがって権力者の秘密を共有することになる。

追い打ちをかけるように上司である経理担当常務が突如失踪するという事件が起き、加藤は八〇年代早々、経理局次長を最後に追われるようにフジテレビを去った。

一方、藤森は、先に触れた日枝によるクーデターの法律指南役を務めたことでフジテレビの経営により深く関わるようになった。

きっかけとなったのは、フジテレビとオーナー家をめぐる厄介な問題だった。

フジテレビには事実上、鹿内家と赤尾家、二つのオーナー家が存在していた。鹿内家は、日本経営者連盟の専務理事だった鹿内信隆を初代に、新聞・ラジオ・テレビの三大メディアをグループ経営し、息子の春雄、娘婿の宏明へと世襲してきた一族である。一方の赤尾家は、初代の好夫が戦前に教育出版社・旺文社を創業し、戦後は放送メディアにも進出、やはり息子の一夫、文夫を後継とした一族だ。

フジテレビの経営権を長く握ってきたのは鹿内家だが、赤尾家も侮りがたい存在感があった。保有する株式の実態からそれが窺える。

赤尾家は、家業の旺文社が過半数の株式を握るラジオ局、文化放送を通じてフジテレビ株三一・八％を保有していた。三分の一の拒否権には足りないが、文化放送の支配権を握っているために、間接的に〝保有〟するフジテレビ株を事実上、自由にできる。

これに対し、鹿内家は、フジテレビ株五一％を握る親会社・ニッポン放送の筆頭株主である。ゆえにフジテレビで経営権を行使してきた。だが、ニッポン放送での支配権は意外に脆弱で株一三・一％を保有するに過ぎない。したがって赤尾家との最大の違いは、間接的にもフジテレビ株を保有していないということである。

フジテレビの支配をめぐっては七七年、当時の両家の当主である鹿内信隆と赤尾好夫が、ニッポン放送五一％、文化放送三一・八％の持株比率による棲み分けの仕組みを、協定書を交わして決めていた。

赤尾家は、旺文社を通じてテレビ朝日株も二一・四％を保有していた。東京の二つのキー局とラジオ局、三社の株を数十％の単位でまとまって保有した一族は過去、ほかにはいない。

フジテレビ（8）とテレビ朝日（10）、二つのテレビ局は一九五九年（昭和三十四年）のほぼ同時期に開局した。両局はライバルではあるが協力もし、その歴史は複雑に絡み合う。五十余年の足跡をたどれば、似たような内紛、事件にも再三見舞われ、それはあたかも相補う二重らせんのような趣きさえあった。

それは、この8と10が、赤尾一族という獅子身中の虫を同じように抱え、通じ合う資本構造に置かれていたからである。

七〇年代からの長きにわたって、フジテレビを法務面から防衛する役回りだった藤森にとって、自らが関わった鹿内家放逐、そして赤尾一族、右翼、マードックといった内外からの攻勢は、一つらなりのものであった。その後の村上世彰（むらかみよしあき）や堀江貴文、そしてメディア経営を視野に入れるオリックス・

宮内義彦といった野心的な人脈による、より強力でトリッキーな買収攻勢もその延長線上で見ていただろう。

もっとも、社会や法、取り巻く環境が複雑化したため、弁護士個人が多くを担うことはできなくなり、メディアの再編のような大仕事には巨大ローファームによる組織だった展開が必要な時代を迎えていた。それは藤森も自覚していたが、四十年の経験を持つゆえか、歯がゆさも感じていた。藤森は、日枝が契約した本邦一の規模を誇る法律事務所の弁護士が、成否にかかわらず二億円の報酬が約束され、にもかかわらずライブドアとの買収騒動で失策を重ねるさまを苦々しく見ていたという。

藤森の計算によれば、ライブドアとの和解に至った一連の資本再編によって、それまでグループが貯め込んできた資産、およそ四〇〇〇億円が失われたと総括していた。藤森自身に言う資格があるかは別として、指南した弁護士にも当然責任がある。ここまでカネ離れのよい組織はテレビ、電力、NTTといった独占・寡占企業の中の、それもごく一部に過ぎないはずである。

メディアを攻める側も守るほうも、巨大な権益、巨額のカネを狙って相争い、専門家たちは法外な報酬を要求し、メディアの持つカネと権力に吸い寄せられるように集まってくるのだった。事件があるたびにテレビに出演し、顧問になったりする一部の元検察幹部も同様で、彼らがテレビに注いでいた視線は、巨大な宣伝機関あるいは破格の報酬を得る道具としてのそれであった。

戦後、電波は公共のものとして開放されたはずだった。やがてそれをメディア一族が私し、あるいは政官財で分け合い、ついにはマネーゲームの具と化していった姿を、チャンネル8と10の奇妙な裏面史でたどってみよう。

第一章

金のなる木

マルチェリーノ神父の資金力

東京で民間放送設立を目指す動きは、電通の〝中興の祖〟とされる吉田秀雄を中心に敗戦から早くも四ヵ月後に始動、第一号は一九五一年十二月のクリスマスに開局したラジオ東京（現・TBS）だ。翌年春、東京で二番目の民放として開局した文化放送は、経営母体である財団法人の中核をカトリック教会で占める放送局として設立された。

別名、「内紛放送」とも呼ばれ、旺文社の赤尾一族が実権を握るまでの特異な歴史を振り返ろう。敗戦から三年後の一九四八年、ローマ・カトリックの一宗派で聖パウロ修道会を主管していたイタリア人神父、パウロ・マルチェリーノは、GHQから民間放送が近く始まることを聞き、免許獲得を目指すようになった。修道会は各国でメディアを通じた布教を使命とし、マルチェリーノは戦前に来日している。

放送局の母体となる財団法人・セントポール放送協会を設立、会長には日本のカトリック界を代表して元外交官の澤田節蔵が就いた。なお澤田の弟、廉三も外交官で、その妻はエリザベス・サンダース・ホームの創立で知られる美喜である。

ほかには、やはりカトリック信者で後に最高裁長官となる田中耕太郎（参議院議員）、犬養健（衆議院議員、後に法相）、あるいは大佛次郎（作家）らが発起人に加わる錚々たる布陣で設立運動を開始した。

もっとも、警戒する向きも少なくなく、『民間放送史』（中部日本放送）には次のように記述されている。

「マルチェリーノ師は、電波法第五条の国籍資格にふれないよう、のち日本に帰化し、丸瀬利能という日本名まで持っていたが、容貌などにも〝民放創業期の怪人物〟という名がつたわるような一種の狷介さがあった。人物といい、教団のヴェールに包まれた経済力といい、〝得体の知れない存在〟という印象で見られやすい雰囲気が同氏の周囲に漂っていたのは事実であった」

容貌はともかく、資金力はたしかに刮目するところがあった。戦時中は困窮し拘束の憂き目にもあったカトリック神父たちだが、戦後占領期の追い風は資金面に顕著にあらわれた。

戦前、皇太子時代の昭和天皇が欧州歴訪した際に随行し、天皇の信任が厚かったとされる澤田は次のように回想している。

「事業推進に必要な資金獲得は大問題であった。マルチェリーノ神父、キエーザ神父をはじめ聖パウロ会の神父方は北米の聖パウロ会に訴え、古衣料品の寄贈を受け、これを売却して資金調達する途を開いた。当時日本は食糧衣類とも極度に欠乏していたので、北米から続々と送られてくる古手衣料品は飛ぶように売りさばかれた」（『澤田節蔵回想録』）

こうして荒稼ぎした当時で一億五〇〇〇万円を超える巨費が、免許取得前にもかかわらず先行投資として注ぎ込まれた。新宿区若葉に地上六階・地下一階、新ロマネスク様式の教会と見紛うような放送会館（聖パウロ会館）が竣工した。

パウロ・マルチェリーノ神父（聖パウロ修道会提供）

一九五〇年四月、ＧＨＱの一連の〝民主化〟政策の下、放送法、電波法、電波監理委員会設置法の電波三法が成立、電波開放、民放設立の道が開かれた。当時、坊城俊周（後にフジテレビ編成局長、常務、共同テレビ会長）は、セントポール放送協会の創立事務局にいた。宮中の歌会始で講師を務める公家の出である坊城は、田中耕太郎の紹介で同協会に勤務することになり、電波三法の成立を国会で見守った。

「法案成立は、戦後日本の新しい放送体制のスタートとなった一方、聴取者にとっては従来ＮＨＫしか聴けなかった放送が、新しく誕生する民間放送を加え、好きな時間に、好きなプログラムを、自由に選べるという選択の自由を得ることになる」（『立春大吉』）

電波三法の主眼は、放送行政を政府から〝分離〟することにあった。ＧＨＱは、放送を政府の統制下に置こうと抵抗する吉田茂内閣を抑え込み、放送免許は独立行政委員会として設立される「電波監理委員会」が管轄することになった。もっとも、独立機関としての実は怪しかったのに加え、たった二年で幕を閉じ、その後は事実上、官僚が許認可権を取り戻して今日に至っている。

困難な船出

戦後の混乱期に〝商業放送〟がすぐに成り立つと思われていたわけではないが、全国各地で七十団体以上の希望者が乱立した。放送には「強烈な魅力と、空気を摑むような不安」（『民間放送史』）が相半ばした。

戦後すぐに民放設立を推進した電通社長の吉田秀雄は、広告費の規模から判断して、民放を一地域に複数設ければ共倒れになると主張していた。許認可権を一手に握った電波監理委員会だったが、方針を二転三転させた末に、東京を二局にする以外は一地域一局（大阪は紛糾の末、後に二局に変更）と決した。言うまでもなく、大都市ほど免許を巡って激しい競争となることは必至である。

こうした場合、アメリカではある程度明快に複数の希望者からひとつを選ぶ、いわばハードランディングになるわけだが、日本では異なる力学が働くことが多い。業者間の駆け引きや話し合い、水面下の行政指導によって、複数の申請をひとつに統合させることで軟着陸を図るのである。この手法はいわゆる「一本化」と呼ばれ、日本の放送行政を特徴づけることになった。中には水と油のような業者を無理に混ぜ合わせたために、内紛が絶えない放送局も生まれることになる。

五一年四月、希望者の統合整理が図られ、全国の十四地域で十六団体に予備免許が交付された。そのほとんどは新聞社と地元経済界を中心母体とする株式会社であり、セントポール放送協会のような宗教団体を背景とする財団法人は異色であった。

東京では二十八団体が二枠の放送局を目指してしのぎを削っていた。

毎日、朝日、読売の各新聞社と電通で立ち上げたラジオ東京がまず免許交付を確実にした。ライバル意識をむき出しにする新聞社間をまとめるには常に調整役が必要で、財界人の原安三郎（日本化薬社長）がその任を務めた。原は戦時中、軍部と距離を置いたため戦後は中央公職適否審査委員会委員に選ばれ、同じ財界人の追放の可否を決める立場になったことで実力者となった。会社の整理統合にも辣腕（らつわん）をふるって〝カミソリ安〟と呼ばれ、その後、文化放送や日本教育テレビなどで相次いだ内紛の際も仲裁人を務めるなど、日本の民放史に特異な足跡を残している。

続いて有力候補のセントポール放送協会はほかの宗教団体など二団体と統合、財団法人・日本文化放送協会に衣替えし、免許を獲得した。

審査ではすでに専用施設を建設していたことが決定的に有利に働いたが、七名からなる電波監理委員会の一部には、事実上の外資による経営であることやマルチェリーノ神父個人への反発も強く賛否は割れた。投票に持ち込まれ認可されたものの、四対三の僅差であった。ちなみに反対票を投じた委員には坂本龍馬の姪孫（てっそん）、直道もいた。

神父は表向き、経営の一線からは退く形が取られたが、事実上、財団の基本財産のほとんどを出した聖パウロ修道会が経営の実権を握った。

「文化放送は聖パウロ会の事業でありマルチェリーノ神父がその生みの親であり精魂こめて育成してきたのであるが、外国人であるため会長にも常任理事にもなれず監事に就任した。もっとも、協会の運営万端には十分、同神父の意向をくみ入れてすすめることとした」（『澤田節蔵回想録』）

五二年三月、文化放送はラジオ東京に続く二局目として東京に開局したが、公益事業である放送とキリスト教の一派との親密な関係は、時代が占領下であっただけに、ＧＨＱの承認の下の〝対日文化工作〟ではないかといった見方がついて回った。そうした疑念も加わり、開局からほどなく内部抗争が噴き出すことになる。

澤田は電通社長の吉田から「どえらい仕事を始めましたねぇ。目鼻がつくのは皆さんの孫の時代になるのではないですか」と言われたと回想している。「一地域一局論」を唱えた吉田自らが足場を置くラジオ東京は、開局の翌年には早くも一割配当を実施するなど経営はすこぶる好調だった。それだけに後発局――しかもラジオ東京の出力五〇キロワットに対し五分の一の一〇キロワットという低出力――に対し、その先行きを懸念し、揶揄（やゆ）したのだろう。

もっとも、経営上の問題は後発局ゆえの不利とは限らなかった。藤井正意は、ＧＨＱの民間情報教育局（ＣＩＥ）ラジオ課から、理想の放送局を作るつもりで文化放送の設立に参加したが、勝手が違ったと苦笑する。

「商業放送でありながら、マルチェリーノ神父はレコード会社に寄付を求めレコードを貰ってくる。一方、僕ら営業部員がスポンサーのところに行くと、『君らのところはタダでレコードをもらっていながら広告を取るのか』と随分叱られ、営業活動が非常にやりにくかった。局内もアスペランテ（修道女見習い）がうろうろしているし、給与も酷く、たちまち組合ができて蜂起した」

広告収入では経費を賄うのにも十分ではなかった。相変わらずアメリカの聖パウロ会から寄付された古着を売りさばいて収入としていたが、やがてそれも途絶え経営は苦境に立たされる。

一方、旺文社の赤尾好夫は文部官僚に頼まれ、文化放送の開局時から「旺文社大学受験ラジオ講座」を番組提供していた。「吾々は『電波』を通じて本式に学問を教えるという、日本においてははじめて試みる冒険をあえてすることになった」と高らかに謳った。毎夜、放送時間最後の十時からブラームスの「大学祝典序曲」のテーマ音楽に乗って、この講座はその後、四十三年にわたって続く名物番組となる。

そうした時期、赤尾は母校の東京外語大学長も兼務していた澤田と親交を持ち、「我々の放送事業に興味を示すようになったので、マルチェリーノ神父や協会幹部に紹介し、遂に同氏に協会の理事になってもらっていくらかの財政援助をしてもらうようにもなった」（『澤田節蔵回想録』）

ただし、関わりはさほど深いものではなかった。それより、経営の実権を依然としてマルチェリーノ神父が握っていたことから、経営陣の内部に亀裂が入り始める。

「宗教法人が実権を握った商業放送というのは、何かとやりにくいことが多かった。『真・善・美』

の理想をはげしく追及するキリスト教的な経営感覚と普通の民放のあり方の間には、ややもするとギャップを生じがちであった」（『民間放送十年史』）

とりわけ困惑したのは、外交官上がりの澤田であったろう。

「一番困ったことは幹部職員がマルチェリーノ神父に反感とまでは言わずともこころよからぬ気持を抱くようになったことである。神父は強固な宗教的信念の持主で、文化放送育成のため全身全霊を捧げていたが、行動的で実務処理能力も人一倍持っていたので、そのやり方が独裁的であると感じられた」（『澤田節蔵回想録』）

開局からわずか三ヵ月後には、板挟みとなった澤田は匙を投げ、会長を華族の徳川宗敬に委ねた。だが、内紛が鎮まる気配は微塵もなかった。

八ヵ月後の五二年十一月、先鋭化した労働組合がマルチェリーノ神父の退陣を要求したのを皮切りに、財団の理事会、評議員会で神父退陣が決議された。ただし、マルチェリーノは退陣と引き替えに五泉忍を経理担当理事に送り込む。五泉は戦中、満州の会社で人事課長を務め、帰国後、カトリックの洗礼を受けてマルチェリーノの財務顧問になった人物だ。

経営の要である経理を押さえた五泉は、やがて多額の使途不明金を発生させ、横領騒ぎにまで発展した。

同じく常務理事だった利光洋一は当時、次のように述懐している。

「会長は経理の不始末の責任を問う意味で辞表の提出を求めたところ、彼（五泉）は辞表を会長でなく、丸瀬（マルチェリーノ）神父の手許に出し、神父はこれを破棄してしまった。これについては、（昭和）二十九年一月二十九日の理事会の席上、丸瀬神父は『破ってしまったよ』と公言し、さすが温厚の徳川会長も、卓をたたいて怒るという一コマもあった」

経営幹部の間でも神父派と反神父派に分裂、神父派は経営陣の業務停止を仮処分申請するなど泥沼の対立となり、もはや経営の体(てい)をなさず収益も悪化の一途をたどった。

いよいよ経営危機に陥ったことで、財界が〝救済〟という名の実効支配に乗り出すが、それも一筋縄ではいかない。四代目会長となった元商工大臣の中島久万吉は、融資に失敗して早々に退陣する始末だった。

五四年夏には二回、労組が停波ストライキを打つ事態となった。戦後の労働運動をリードした総評が破綻寸前の経営権を狙っているといった噂も立つなかで、結局、金融界の大物、元蔵相の渋沢敬三が会長に就任、財界の意を体して株式会社への改組に乗り出す。

開局から三年後の五五年九月、渋沢は実際の経営を、戦前の日本共産党幹部で獄中で転向後に国策パルプ社長となった水野成夫(しげお)に委ねた。当時の水野は、新興財界人の一人として飛ぶ鳥落とす勢いで、住友銀行の頭取、堀田庄三などと強固に結びついた人脈を駆使し、資金導入を果たす。融資を頼まれた堀田が「たったそれだけでいいのか」と言ったという話が、水野の大物ぶりを示す逸話として流布された。

他方、赤尾好夫も経営に参画することになった。大学受験ラジオ講座をスポンサードする赤尾の元には、以前から資金援助の要請が営業部長の岩本政敏からあり、広告料の前貸しに応じていた。岩本はマルチェリーノ神父の秘書から文化放送創立に携わり、後に好夫の名代(みょうだい)として文化放送社長を務めることになる。

五六年二月、社長に水野、会長には渋沢が就き、財界の全面支援を受けたことで、文化放送の経営はようやく回復軌道に乗った。

出版界からの出資を取りまとめ、経営陣に名を連ねた好夫は、「文化放送は株式会社に変更され、水野氏側が半額、カトリック側と出版側が半額をもつことになった。……私は当時、放送事業をやろうというようなことは別に考えていなかったのであるが、とにかく、カトリック側及び出版側の代表という意味で代表取締役に就任」（『私の履歴書』）したと回想している。

出版人・赤尾好夫の原点

半ば偶然に放送に携わるようになったという赤尾好夫の軌跡と、旺文社の成り立ちをたどってみよう。

赤尾好夫は明治四十年（一九〇七年）、山梨県東八代郡英村（現・笛吹市）の裕福な肥料商の家に生まれた。地元の日川中学を経て、東京外国語学校（現・東京外大）イタリア語科に進んだ。

卒業した昭和六年、折からの不況で就職を諦めた好夫は父親から資金を得て「歐文社通信添削会」を現在の新宿区下落合の民家で起業した。この時、父親は、内に気性の激しさを秘める好夫に「人と争いをするな」と戒めたという。

学校を出たばかりの好夫に、出版の心得はない。だが、地方在住の中学生向けの通信添削といった受験対策事業を手始めに、徐々に『英語基本単語集（いわゆる「赤尾の豆単」）』など英語参考書の出版も手がけ、これらが大当たりした。当時の広告には「全受験生の慈父　赤尾氏」「全受験生を単語熟語苦より救ふ赤尾氏」といった自己宣伝に努める惹句が躍っている。

赤尾好夫（毎日新聞社提供）

創業から七年後、本社を新宿区横寺町に移転した。このあたりのことを戦後、好夫は次のように回想している。
「昭和十三年の七月に（横寺町に）移ってから大東亜戦争になるまでの三、四年間は、旺文社の躍進の時代と言うべきでどんどん大きくなっていった」（『私の履歴書』）
もっとも、その理由には何も触れていない。創業から十年にも満たない新興出版社の旺文社がこの時期に飛躍したのは、陸軍情報部との親密な関係が作られたからである。

戦後になって、戦前の出版社に対する〝言論弾圧〟を語る際、その主役として常に悪名を轟かせてきた人物に鈴木庫三（くらぞう）という陸軍情報官（少佐）がいる。出版人の多くは、軍部からの圧力でやむなく戦争に協力したと弁明し、とりわけ鈴木の横暴な介入によって、暗黒の時代を耐えるしかなかったのだとされてきた。

だが、鈴木の生涯と当時の出版界の実像を描いた『言論統制』（佐藤卓己著）によれば、日中戦争を経て大戦へと向かう昭和十五年を頂点に雑誌販売部数は空前の右肩上がりを記録、出版社がわが世の春を謳歌した一面を指摘している。

「雑誌ジャーナリズムは、国策に上手く棹さしていたわけで、そうした状況へのやましさから戦後になって自ら被害者を名乗るために『独裁者』を必要とした、とも考えられる」

軍部の苛烈な言論弾圧で出版社が嫌々戦争に協力させられた、という物語は、戦後、出版人たちが責任を逃れるために作りあげた虚構だと言っていい。言論弾圧の「首魁（しゅかい）」とされた鈴木と多くの出版人は、むしろ蜜月の関係にあった。

中でも好夫は、「鈴木少佐に最も信頼された出版人」として登場する。

「出版人としての赤尾好夫は、新聞班・鈴木少佐とほぼ同時にスタートしたことになる。この新興出版社が、敗戦直後には講談社や主婦之友社と並んで『七大戦犯出版社』に数えあげられた理由は、もちろん鈴木少佐とのつながりにある」（同前）

受験雑誌『螢雪時代』の前身である『受験旬報』には、好夫の依頼で鈴木がしばしば寄稿するようになった。

さらに昭和十五年、好夫は陸軍情報部が全面支援した〝国策雑誌〟『新若人』を創刊する。青少年層を国防国家建設と戦時体制に動員する思想教育のための雑誌として、次のように謳った。

「大東亜戦争の大目的を完遂するためには、我々青年は直接武器をとって第一線に立ち、あるいは銃後にあれば思想戦、経済戦の先頭に立って戦わねばならない。皇国日本を双肩に担う最善最鋭の戦士となるために、常に本誌を武器として身につけられたい」

「雑誌は思想文化の戦に於ける最大の武器である。思想戦に完全なる勝利を得る為には、その最大の武器中、もっとも精鋭なるものを選ばなければならない。本誌こそ、思想戦を戦う諸君の信頼して執り得る最大最精鋭の武器である」（昭和十七年八月号）

この年、不要不急の雑誌創刊は許可されないという異例の措置が始まった中で、新興の出版社が、陸軍との二人三脚で国策雑誌を出すまでに成り上がるという異様さであった。用紙統制が強化される下でも、『新若人』は豊富な頁数を誇った。

出版業界での見方はこうである。

「雑誌創刊の抑制、既存雑誌の整理統合がおこなわれつつある時、学生——主として中等学生を対象とする総合雑誌『新若人』が関係当局の支援の下に欧文社（社長赤尾好夫氏）から創刊され、当局の出版政策の積極的一面を示すものとして注目をひいた」（『雑誌年鑑』昭和十六年版）

欧米との戦争に突入後の昭和十七年には、社名から欧の字を外して旺文社とし、好夫は翌年、「出版報国団」副団長を務めるなど、戦争協力姿勢を一段と強めた。なお団長に就いた久富達夫は、東京日日新聞政治部長から内閣情報局次長、大政翼賛会宣伝部長となった人物で、戦後は好夫のはからいで文化放送や日本教育テレビ（NET、現・テレビ朝日）の取締役に名を連ねることになる。

こうした若者向けの雑誌の思想とは、たとえば〝特攻〟を称揚することであった。敗色が濃くなった昭和十九年十月号では、「神州戦法論」という対談で外務省顧問・白鳥敏夫が次のように呼号している。

「日本としてはそれ（アメリカの物量作戦）を無効にする手段を執らなければならない。それが体当りだ。敵の物量を封ずるにはこの方法が一番だ」

戦争末期になると、白鳥はさらに執拗に〝体当たり〟の特攻つまり自爆攻撃を煽動するのだった。

「国内でみんな私を中心にした生活をやっていながら軍人にのみそういう体当りを希望するのは無理だ。そりゃ三人や四人の爆弾勇士は出るかもしれんが、一万人二万人、必要とあれば全軍が体当りをやろうというような空気は出て来にくい。だから、そういう空気をまず国内に起こすことが必要だ」

白鳥は国際連盟脱退や日独伊三国同盟を主導したいわゆる外務省革新派の頭目とされた外交官で、

戦後、A級戦犯となった人物である。「皇道外交」を唱え戦前の児玉誉士夫と親交を結び、上司で情報部長の河相達夫に紹介したりした。

出版用紙の争奪戦

旺文社が発行した『新若人』は、青少年を戦場つまり死地に駆り立てる媒体であった。好夫はそうした企画の座談会によく出席し、司会を務めたほか、緒戦の勝利に沸いていた時期に自身でもこう書いている。

「青年は今、一本勝負をしなくてはならない時になった。新しい思想と強い意思をもって国家のために敢然と闘わなくてはならない秋(とき)がきた。今こそ鯉口に手をかける時である。自分の責任に於てなす時である。誤れば腹を切ると云う責任をもって事をなす時である」(『新若人』昭和十七年六月号)

旺文社は戦時中、ほかにも『建設青年』『新武道』といった青少年向け雑誌を発行し、戦意を煽(あお)った。

好夫のこうした行動の背景にあったのは、思想信条に根ざすというより、第一に当時の出版事情であろう。紙が不足し統制下にある当時、用紙の配給をどれだけ獲得できるかで出版社の経営は決定的に左右された。好夫は、用紙配給を司った鈴木庫三らに全面協力し庇護を受けることで用紙を確保し、本業の受験雑誌でも先行誌を抜き去り部数トップに駆け上がった。

もちろん、鈴木ら陸軍情報部に食い込んだ出版社は旺文社ばかりではない。

朝日新聞社出版局は、鈴木の著書『世界再建と国防国家』を出版し祝賀会まで催して厚遇した。戦後、GHQから軍国主義を賞揚する発禁図書とされた点数も、朝日が一三一点と図抜けて多い。また昭和十五年末、統制が強まり、陸軍情報部や内閣情報部などが内閣情報局に統合された時期、鈴木の支持の下、用紙の割当に権限を持った業界団体、日本出版文化協会（文協）を仕切る専務理事に出版局長の飯島幡司（まんじ）を送り込んだ。

最大手の講談社（当時の大日本雄弁会講談社）の場合は、オーナーである野間家後継者の妻に当時の陸軍軍務局長・町尻量基の娘を迎えるなど、閨閥作りに及んだ。

軍部に取り入ることも辞さずに用紙獲得に走り、経営上の大きな成果を挙げた出版社を上から三つあげるなら、講談社、朝日新聞社（出版局）、そして旺文社ということになる。

同時に、出版社間の用紙争奪戦、つまり足の引っ張り合いも激しいものがあった。文協には、文藝春秋、中央公論社や改造社などの大手出版社が、鈴木の支持を得られず役員から排除された。

社運を左右する用紙が絡むだけに、文協内の主導権争いは激しかった。文協設立から一年半後の昭和十七年、槍玉に上がったのは朝日新聞社である。専務理事を務めていることを利用し、自社に不当に多く割り当てているとして総会が紛糾する騒ぎとなった。この時、好夫は反朝日の先鋒となり、自ら登壇して飯島を非難する演説をおこなったという。父親の戒めとは逆さまに、この後の好夫の歩みには争いごとがついて回るようになる。

興味深いことに、この上位三社は戦後、同じテレビ局、10チャンネルに期せずして集まることになる。濃淡はあるものの、いわば「紙」と「電波」というメディア経営にとって最重要な資源を貪欲なまでに欲した姿に共通するものがあるのかもしれない。

文協総会で対峙した好夫と飯島がそれぞれ、東西のテレビ局、ＮＥＴと朝日放送のトップに上り詰めることになるのも偶然とばかりは言えないだろう。

他方、同じ時期に、やはり陸軍と組んで「紙」を扱おうとした者たちがいた。先述の水野成夫や同じく元共産党幹部の南喜一で、彼らを支援したのが陸軍経理部主計将校の鹿内信隆である。もっとも、彼らの場合は古紙再生と称する紙の製造である。また、好夫が組んだのが陸軍情報部だったのに対し、このグループは諜報部門とつながることになる。

後述するように、戦後、いわゆる財界人となった彼らも、まるで示し合わせたかのように8チャンネルへと集結していくのである。

なお、鈴木庫三は戦後、言論弾圧の首魁として弾劾されたまま郷里に蟄居し、表舞台から消えた。これに対し、同じ情報局情報官として文協の指導にあたり、文芸課長として作家指導もおこなった井上司朗は、ほとぼりが冷めてから8チャンネルの母体であるニッポン放送総務局長へと転身した。こうした登場人物の足取りを見た時、メディアの世界で戦前と戦後は一つながりで今日に至っている。

「時流」に乗る野心家

好夫にとって大事なのは出版社経営であって、戦前の軍部とのつながりを考えると、むしろ〝政商〟としての才覚があったと言うべきだろうか。

それは戦後も変わらない。敗戦の翌月、好夫を中心とする一〇〇社ほどの出版業者が逼迫する用紙の供給事情を王子製紙から聴取する集まりを持つなど、こと紙となると動きは素早いものがあった。

あるいは敗戦の翌年には、米英への必殺の〝思想戦〟を唱えたことなど忘れたように、米軍占領下での必需品と言うべき『日米会話必携』をいち早く出版、ベストセラーにしている。

　だが、戦時中の反動として、旺文社は敗戦から半年後、先述のように講談社などと並んで〝七大戦犯出版社〟の筆頭格にすえられ弾劾されることになった。

　敗戦から日を置かず、出版業界は戦時中の統制団体を解散し、左翼系出版社が力を持つ新団体、日本出版協会を結成する。翌二十一年、〝戦犯追及〟は、この業界団体の下、著名な法学者の末広厳太郎を委員長に査問によってなされることになった。

　その背景には、占領軍の意向を先取りし恭順の意を示そうとする業界内の力学が強く働いた。呼び出された〝戦犯出版社〟の多くは示された〝罪状〟を認めたが、一徹なところがある好夫がおとなしく受け入れるわけがなかった。

　宮守正雄の『ひとつの出版・文化界史話』によれば、好夫は査問会の席上、なぜかニコニコと笑いながら、出版社は事業家であって事業の維持のために軍に協力する出版物を出すのは当然であり、同じ出版仲間に戦犯呼ばわりされるのは心外だ、と開き直ったという。

　なお、査問がおこなわれた出版協会が入る「お茶の水文化アパート」はほどなくＧＨＱに接収され、後年返還された際、査問側と被査問側の出版人の間で奪い合いとなり、数年後になぜか好夫の仲裁で和解をみた。そうした因縁のせいか、好夫は後に買い取って学生会館に改装し修学旅行生向けの宿泊施設にしたが、九〇年代、息子の代になってから高層ビル（センチュリータワー）を建て、赤尾家の本拠となった（現在は順天堂大学国際教養学部）。

　出版協会が、旺文社に対して下した沙汰は「解散」、好夫は「引退」というほかの〝戦犯〟六社と比べてもきわめて重いものであった。同業者の目にも、好夫と旺文社の軍部との密着ぶりが突出して映り、用紙配給での厚遇を怨嗟とともに見ていたということだろう。

好夫自身は、出版活動を通じて多くの若者を戦場に送ったことをどのように考えていたのだろうか。『新若人』といった〝戦意高揚雑誌〟を出版したことにはいっさい触れなかったが、悔いを感じていなかったわけではない。
「私は敗戦と同時に（戦場の露と消えていった）これらの青年に対し、また祖国の敗戦に対して責めを感じて、禁煙、禁酒を実行し、現在に至っている」（『私の履歴書』）
だが、先述のような「誤れば腹を切ると云う責任」を自らが果たすことはなかった。

野心的な事業家である好夫に、廃業するつもりはさらさらない。同じく戦犯とされた講談社や主婦之友社などと図り、出版協会に対抗して新たに自由出版協会を設立した。

争いは、例によって用紙争奪へと場面を移す。用紙割当で一定の権限を持っていた出版協会は、旺文社、講談社など自由出版協会の大手四社に割当停止という報復手段をとった。窮地に陥るかに見えた四社は、しかし戦前に荒稼ぎした資金力にものを言わせる。ＧＨＱと交渉し、製紙メーカーにパルプか石炭を提供すれば用紙をもらえるように算段し、大量の用紙入手に成功する。

さらに講談社に至っては、長野県に自社で木材会社を設立した。

逆に出版協会のほうは、資金不足からじり貧になり割当切符があっても用紙が手に入らない事態に陥っていく。以後、二団体の勢力は逆転し、数年後には自由出版協会が主流派の地位を占めるようになった。

仲間内のケンカには滅法強く同業者からの追及を力ずくでかわした好夫だったが、最終的にＧＨＱの手から逃れることはできなかった。一九四七年（昭和二十二年）十一月、三十九歳で公職追放（Ｇ項の超国家主義者に該当）に遭い、出版界を追われる。

ただし、先に触れたように戦時下における旺文社の急成長によって、すでに好夫は資産家の地位を築いており、一般的な窮乏生活とは無縁だった。

好夫はこの年のはじめに結婚、長男の一夫は追放の九日前に生まれている。一家はそのころは田畑ばかりの都下調布町（現・調布市）に蟄居したが、二〇〇〇坪もある広大な敷地の邸宅で趣味の狩猟や射撃、テニスに明け暮れるなど優雅な追放生活を送り、それもわずか半年で解除される。好夫は学生時分に書いた論文を使い、自身が超国家主義者ではないとGHQに訴えたのである。

後に好夫は、「（学校の機関誌に）『ファシズム批判』という論説を書いた」（『私の履歴書』）とたびたび振り返ったが、実際の題目は、「ファシスト政府の諸政策」であって必ずしもファシズム批判ではなかった。追放の期間も、半年なのに「三年足らず」と大きくサバを読んでいる。その短くない期間、人間として内面が深まりとてもよかったという〝失意から復活へ〟の物語にするのだった。

朝鮮戦争、そして米ソの東西冷戦の始まりとともにGHQは反共路線へとシフトする。A級戦犯の岸や児玉をはじめとして多くの旧戦犯、公職追放組がそうだったように、好夫もその流れに乗って復活を遂げていった。

一九五〇年（昭和二十五年）には、GHQや文部省の意向に沿って日本英語教育協会の運営を引き受けた。これが後にいわゆる「英検」を生み、旺文社と赤尾家にとってカネのなる木へ育つことになる。

好夫もまた、時流に合わせて自身の〝信条〟を容易に変えることのできる出版人であった。

第三、第四の商業テレビ局

株式会社として再出発した文化放送の足跡に戻ろう。

資本金三億円は、銀行・電力会社など財界が半分を拠出、残りを旺文社、講談社、小学館などの出版界と聖パウロ修道会で分担することになった。財界の出資者で目立つのは五島昇が率いる東急で、一三%ほどを出資した。この東急の持株の帰趨(きすう)が、後の赤尾家による文化放送支配をもたらすことになる。

聖パウロ修道会は、社屋など財団の基本財産を拠出した分として株式一七%を取得するものの、以後、経営に関わることはなくなり、マルチェリーノはイタリアに帰国した。

戦前の共産党幹部の経験を持つ水野は、争議を通じて戦闘的になった労組といわゆる膝詰め談判に及んで懐柔に努めた。文化放送労組は民放労連委員長を輩出するなど労働運動の中心にいたため、財界が水野に期待するのも、そうした労組封じである。

水野に傾倒する社員も多くなってきた二年後、事実上の労組解体を狙って「社員会」を提案、反発した組合は闘争態勢を取り、鶴見俊輔、大江健三郎といった外部の学者、作家らも「マスコミ内の自由と権利を守れ」と支援したが、方針をめぐって四〇〇人もいた組合は三つに分裂、水野の前に敗北した。

戦後、民放ラジオの黄金期は比較的短命に終わり、すぐにテレビの時代が幕開けした。

五三年開局の日本テレビはすでに一割配当を、ラジオ東京テレビ（ＴＢＳ）も開局から一年半で黒字を達成していた。

商業テレビがきわめて有望な事業であることが周知となった五六年、駐留米軍からさらにチャンネル（周波数）が返還される見込みとなり、テレビ放送免許をめぐって激しい争奪戦が繰り広げられることになる。この時の紛糾を赤尾は「時にやりきれない気持ちに追いつめられてテレビ業界に進むことを断念しようかと考えたこともあった」と後に振り返っている。

まず免許獲得に動き始めたのはラジオ、映画事業者であった。

水野の文化放送、鹿内信隆のニッポン放送、そして大川博の東映ら四社が免許申請し、政官への活発な働きかけが始まる。同時に水野が「一局では足りない、増波が必要だ」と強く主張したことも功を奏し、東京に免許が二つ交付されることになった。

そこへ、折しもテレビ番組への低俗批判が高まったことから、水野は一般局（総合局）のほかに教育局の設置を提唱するとともに、文化放送とニッポン放送を合流させ一般局を目指した。水野提案を受け、同じ文化放送の赤尾はラジオ講座の実績も踏まえ、旺文社を中心とする出版グループとして教育局設立に名乗りを上げることになった。水野、鹿内、赤尾の三者で協力して二局獲得する狙いであると同時に、局の性格が違えば競合関係が和らぐ思惑もあった。

活字と紙から離れる発想が希薄な当時の出版界の中で、赤尾の目の付けどころは鋭く、結果的に莫大な資産をもたらすことになる。ただし、カネのなる木には副作用もあり、後に代替わりすると、本業の出版で事業意欲を喪失していくのである。

心配な点は、テレビ草創期に教育局が経営的に成り立つかどうかである。当時、ニッポン放送側で準備作業にあたっていた福田英雄（後にフジテレビ副社長）の回想。

「教育テレビ放送の経営はむつかしく、赤字になる恐れがあるので、鹿内信隆、赤尾好夫両氏が話し合って、放送設備は一般娯楽放送局で持ち、教育局は一般局の設備を共用することにして経営費の節減を計るようにすべきであるとした」(『フジテレビ回想文集　第一集』)

社屋の建設地は、赤尾が河田町にある知人の土地(戦前は陸軍省・偕行社別館)を紹介、売買交渉にもあたるなど、8と10をいわば兄弟局として経営する手はずで準備作業が進められた。

一方、東映社長の大川博は映画人の中では比較的早く娯楽性の強いテレビ局に意欲を示した。

東映は五一年、経営難だった東横映画、大泉映画、東京映画配給の三社が合併してできた東急グループの中核事業である。東急総帥の五島慶太は巨額の個人保証をおこなっており、再建のために辣腕で知られる経理マンの大川を社長に送り込んだ。それまでの野放図な映画制作費をあらため、「一本あたり一〇〇〇万円」の予算主義を徹底し立て直しに成功する。

当初は、大川も「テレビについて決して楽観はしないが、また恐いとも思っていません。……日本映画にとってテレビは強敵ならず」(『経済展望』五三年五月一日号)と淡泊だったが、渡米視察で豹変する。

当時、京都撮影所にいた岡田茂(後に社長)はこう記している。

「まだテレビが日本で普及とまではいっていないころに、大川さんとマキノさんの二人でアメリカの実情を見てきて、『こりゃあすげえ、こんなふうになるのか』と驚いて帰ってきた」(『波瀾万丈の映画人生』)

マキノ光雄(本名・多田光次郎)は、〝日本映画の父〟とされる牧野省三を父に持ち、戦前、満州映画協会で製作部長を務めた。李香蘭（日本名・山口淑子）を満映入りさせたことで知られ、戦後、東映の東京撮影所長になっていた。満映は、アナーキスト大杉栄らを殺害したとされる憲兵大尉・甘粕正彦が、事件後に満州に渡り理事長を務めた国策映画会社である。東映には、こうした満映出身者が数多くいた。

当時の映画界は最高の業績を上げ、わが世の春を謳歌していた。経営者の多くはテレビを「電気紙芝居」と軽視する。そうした中で唯一、大川は五六年、東映にテレビ準備室を設置し免許獲得に動いた。

大川博（テレビ朝日社史より）

当時、テレビ準備室に参加した井草繁太朗が回想する。

「準備室は、京橋の日生ビルにあった東映本社屋上のバラックだった。先輩に呼ばれて行くと文化放送にいたはずの五泉忍さんと本部長の二所宮文雄さんがいて、『これからはテレビの時代だぞ』と手伝うように言われた。二所宮さんは五島慶太の秘書だったが、東映に派遣されテレビの設立準備にあたっていた」

不祥事で文化放送を追放された五泉だったが、早くもテレビへと転身を図った。

大川が立ち上げた国際テレビは免許獲得の政界工作では優位に立った。相争う形になった水野、鹿内側の視点から書かれた『フジテレビジョン十年史稿』には、露骨にこう記されている。

「平井（太郎）郵政大臣はその政治的背景から、映画関係の申請者、なかんずく東映系の国際テレビに対しては、何とか有利な条件でテレビの権益を与えてやりたいと、就任当時から心中ひそかに策するところがあった」

平井の回想によれば、東京の自宅には、文化放送の水野成夫やニッポン放送の鹿内信隆がしきりと来訪し、テレビ免許獲得を働きかけていた。平井は香川県で映画館などの興行や観光業に携わる一方、四国新聞や西日本放送といったメディア企業も経営する典型的な利益誘導型の政治家である。

もっとも井草によれば、大川の政界工作の本筋は自身の出身母体にあった。

「鉄道省出身の大川は、後に首相となる佐藤栄作が同省監督局長だった時の部下だった関係から、テレビの割当を佐藤に働きかけていた。さらに東急総帥の五島慶太が鉄道（運輸通信）大臣だったときに佐藤は局長として仕えており、東映の免許獲得は、こうした鉄道省人脈での働きかけによる佐藤の政治力にかかっていた」

五六年七月十九日の『佐藤栄作日記』の記述。

「大川、二所宮（文雄）君と雪村に会し、国際テレビの構想をきく。いゝ案だと思ふ」

戦前、運輸官僚だった佐藤は戦後に政治家に転身、五年前に放送免許の権限を持つ郵政相を務めるなど実力政治家への道を歩んでいた。さらにその後、首相は実兄の岸信介となり、平井郵政相は佐藤に近かった。

寄り合い所帯の「日本教育テレビ」

テレビ免許争奪戦は激しさを増していく。

文化放送・ニッポン放送・旺文社の緩やかな補完連合に対し東映が有力候補としてしのぎを削ったが、さらに東宝、日活、松竹などの映画各社、また日本短波放送（日本経済新聞系）や東京タイムズなどの新聞社系も名乗りをあげ、計十五社が申請を出した。中には当時の東京都政を牛耳っていた安井誠一郎都知事の弟、参議院議員の安井謙が代表を務める申請社もあらわれ、有力社間の競合は混沌とし、免許交付は難航した。

政官財の綱引きの末、最終的に東京には公共放送のＮＨＫ教育テレビ、一般局の8チャンネル、教育局の10チャンネルの三つが開設されることになった。

まず平井郵政相の勧奨によって、第三局の8はニッポン放送・文化放送のラジオ二社を中核とし、それに東宝、松竹、大映の映画三社が加わりフジテレビ（資本金六億円）となった。鹿内と水野が財界の意を体し、株主も十に満たないため比較的すっきりとした資本構成（ニッポン放送四〇％、文化放送三六・七％、映画会社・銀行等二三・三％）に落ち着く。

ところが、10は難渋をきわめることになる。教育局だから、赤尾の旺文社が中心となるのが自然に見え、本人もそう期待した。しかし平井は、教育局になるのは情勢からやむを得ないが、東映、日本短波と対等に合流するよう勧告する。収まらないのが赤尾で、持ち前の闘争心に火がついたのか態度を硬化し勧告を一蹴、にわかに膠着する。そうこうするうちに東映と日本短波が先んじて合流、そこに大臣勧告から漏れた多くの申請社がなだれ込む事態となった。

結局、資本構成でやや赤尾側に有利な勧告が再提示され、赤尾もしぶしぶ同意するが、その不満は消えることがなかった。

「日本の多くのテレビ会社がそうであるように、非常に多数の競願者があり、当局はこれを全部かかえこんで寄り合い世帯として発足させるような方針をとっていた。私はこの考え方に対しては当時も現在も多少の疑問をもっている。これは文化的使命をもつ放送事業としては無理な形であって、結局ぬるま湯のようなものにならざるを得ない運命にあるのではないだろうか」（『私の履歴書』）

第四局の構成（資本金六億円）は、かなりややこしいことになった。業種別では出版、映画、新聞、ラジオの四つからなる。資本別では旺文社などの出版グループ、東映などの映画グループ、短波放送（日本経済新聞社）が三〇％ずつと対等に分け、それぞれ代表権を得た。残り一〇％を教育局を支持した岡村二一の東京タイムズが得た。

ただし、それぞれの業種内にも多数の社を抱えていた。出版では講談社、小学館や取次、印刷といった周辺業界も含めた大小数十社、映画は日活、新東宝、映画配給などの群小会社がひしめき、ばらばらの思惑と打算で参加していた。経営方針や理念とは無関係の呉越同舟であった。

さらに事情を複雑にしたのは、第四局が一般局ではなく教育局として免許交付されたことである。赤尾にとっては願ったりの条件だったが、東映に教育との接点は何もない。テレビへ進出するためにはやむを得なかったが、娯楽一辺倒の大川と教育番組を柱に位置づける赤尾とでは水と油であった。はじめから内紛が宿命づけられていたと言っていい。先述の8と10で設備共用する話も白紙となった。

港区麻布北日ヶ窪町（当時）にあった東映の所有地に、地上四階・地下二階、スタジオ四つを持つ社屋建設が始まったのは開局一年前の五八年二月、折しも建設中の東京タワーを横目に見ながら突貫工事で同年十一月に竣工した。江戸時代は長府毛利家の上屋敷があったところで、樹木が生い茂るすり鉢の底の窪地だった。いま、そこは二〇〇〇年代のマネーゲームでの主舞台、「六本木ヒルズ」となっている。

第四局の日本教育テレビ（ＮＥＴ）は五九年二月、第三局のフジテレビジョンは少し遅れて同年三月、免許交付から一年半後に相前後して開局する。

日本教育テレビの会長には大川博、実際の経営にあたる社長には赤尾好夫が就いた。

教育局としての出発を、テレビの低俗批判を踏まえて社史は「機会あるたびに（低俗化の）歯止めを設ける必要性を訴えていた良識はここに結晶」したと高らかに謳った。実際、免許条件を見ると、番組の内訳として教育・五三％以上、教養・三〇％以上の放送を求められるなど、教育番組が占める割合は圧倒的だった。赤尾は本望だったろうが、旺文社には映像制作のノウハウはなく無茶な編成であることは明白だった。片や、実際に制作に当たる主体の東映は、娯楽作品しか作ったことがないのだから、現場は次第に東映色に染まっていく。やがて東映サイドは、チャンバラ映画やプロレスを〝勧善懲悪〟を旨とする教育番組だと強弁し、事実上の娯楽番組を何とか増やそうという苦肉の策も取っていく。

それでも教育局の制約から経営は思わしくなかった。全国主要都市のテレビ局はわざわざ制約の多い教育局とネットワークを組みたがらず、第四局は〝東京ローカル局〟に長く甘んじることになる。開局から二年を待たず、経営不振の中で赤尾が会長に退き、社長には大川が就任する。会長、社長職を、旺文社と東映でたすき掛けで入れ替えたことになる。

大川は早速、社名である「日本教育テレビ」を事実上、封印し、もっぱら「ＮＥＴ」の呼称に統一した。

次期には再び社長を赤尾と交代する黙契が交わされていたが、社名一つにもあらわれているとおり、旺文社と東映のどちらが主導権を握るのか、はっきりしないまま火種が残った。

満州から来た男たち

揺籃期のテレビには、大本営参謀、情報将校といった旧軍関係者や満州帰りなど山師のような雑多な人材が集まってきている。10チャンネルでは特に満州人脈が目に付いた。

創立委員（後に監査役）に名を連ねた大矢信彦もそうした一人である。〝阿片王〟と呼ばれ満州国通信社を設立した里見甫（さとみはじめ）に総務部長として仕え、戦後は電通の吉田秀雄に誘われて放送免許の申請に携わった。

満映関係では、先のマキノのほかに娯楽部門の責任者を務めた坪井與（あたえ）も戦後、東映に参加し、NET開局にあたっては役員に名を連ねた。

開局の翌年、NETに労組が結成されたのを機に総務局次長になった鮫島国隆（後に専務）は戦前、講談社から満州雑誌社常務理事に転じた人物だ。鮫島は戦後、日野自動車人事部長として労組対策にあたった実績を赤尾に買われてNET入りし、長く総務畑を歩いた。赤尾とは趣味の鉄砲仲間だった。

出版グループから役員になった講談社社長・野間省一も、満鉄に七年間在籍し満州人脈とは縁が深い。戦時中は、満州国建国の大立者で初代総務長官だった駒井徳三の斡旋により、満州国と折半出資で中国語出版社を設立している。

その駒井は戦後、一時的に社長を退いた野間の相談役を務めた。用紙に逼迫した時期に先述した木材会社の設立を野間に勧めたのも駒井で、経営幹部には駒井の門下生が就いた。社長となった友田信は満州航空の出身で、戦前は中央アジアに航空路を作るために砂漠地帯を踏破する輸送隊に従事した。駒井の紹介で講談社入りした友田は、その後、野間の命により放送界に転身し、文化放送常務、次いでフジテレビ代表取締役へと進むことになる。

後のバブル時代を象徴する人物の親族もいる。高橋治則といえば八〇年代後半から環太平洋でホテルやゴルフ場などのリゾート施設を大規模に展開し、その巨額資金を引き出した日本長期信用銀行を潰したとも目され、最終的に二信組事件を起こし背任で摘発された。その高橋治則の父、義治もそうした一人である。

高橋義治は戦前、いわゆる満州浪人で、戦後は銃火薬メーカーを経て映画、放送の業界紙「中央通信」を始めた。

井草の回想。

「高橋さんはいわゆる内報屋として東映のテレビ準備室に始終出入りしていた。大の派手好き、遊び好き、山っ気一杯のやり手で、創立委員ではないのに開局時にはなぜかいきなり幹部扱いだった」

高橋は東映系の人間としてＮＥＴ入りしたが、それだけでもない。鮫島と同じく、赤尾とも鉄砲、狩猟仲間で親しくなった。技術部長を手始めに、開局時には総務局次長として資材関係を仕切るなど、異例の昇進を重ねていく。

「彼はＮＥＴに勤めていながら数寄屋橋に個人事務所を持っていて、『内緒だが』と連れて行ってもらったことがある。ビルの二階にあり、奥のほうが分厚いカーテンで仕切ってあった。見ると豪華なバーになっていて『これがおれの夜の商売だ、バーをやってもいいだろう』と」

やることはすべてこうした調子で、高橋にとって、テレビ局幹部の地位は自身の割のいいビジネスを展開するための足がかりであった。後述するように、北海道の〝政商〟と言われ北海道テレビ放送社長となる岩澤靖と組んで、一儲けすることになる。

そしてバブル期の治則を持ち出すまでもなく、高橋父子には明らかに利に聡い共通項があった。もう一人の息子、高橋治之も電通で専務に上りつめ放送業界とも縁が深かった。さらにスポーツビジネスの仕掛け人として名を馳せ、二〇二〇年東京五輪招致がフランス当局によって贈収賄事件として捜査対象になった件でも、重要な登場人物として名前が取りざたされた。

佐藤栄作の人脈と影

社史などの公式記録にはいっさいあらわれてこないが、NETには佐藤栄作の存在が色濃く影を落としていた。

開局を半年後に控えたころ、井草は、見かけない男が報道部長の椅子に座っていることに驚く。不審に思い男に事情を聞いても、「社の命令で……」と要領を得ない。

男は山田栄三といい朝日新聞政治部に属し、佐藤栄作が自由党幹事長の時の番記者だった。

朝日贔屓の大川は、東映と朝日新聞の共同出資で「朝日テレビニュース社」を設立（五八年）し、NETのニュース製作にあたらせたが、朝日新聞はNETの経営にはまったく関わっていない。

これより三年後の『佐藤栄作日記』にはこうある。

「山田栄三君教育テレビに愛想をつかしてやめ度いと云って来たが、勿論まだその時期に非ずとしてとり上げない」（一九六一年二月二十三日）

社内では強面（こわもて）で通っていた山田が辞職を願い出た理由は不明だが、それを佐藤が許さないという文脈からは、山田の転身には終始、佐藤が関与していることが読み取れる。要は、山田は佐藤によってNETに送られたという構図だろう。山田は結局、十年間在社した後、自民党佐藤派から衆議院選に立候補（落選）した。

山田は後に佐藤家からの依頼で、伝記『正伝　佐藤栄作』を執筆している。佐藤家公認の評伝をどう読むかはともかく、この書には、佐藤とメディアの関係でやや唐突ながら目を引く一節がある。

「朝日、毎日、読売、日経、産経、東京、共同通信、時事通信、道新、中日、西日本、ＮＨＫもふくめておよそ名の通った新聞社で、その会社の用地や社屋建設、あるいは新聞記者の進退で佐藤の世話になったことがないという社がいたら、知りたいものだ。テレビ、ラジオはもちろんであり、主要な民間テレビ局はその創立の免許取得のときから陰に陽に世話になっている」

この後、山田は、そうした世話になりながら、ある大新聞――おそらく古巣、朝日のことだろう――は佐藤内閣に悪態をつき続けたと恨み言を記すのである。

戦後最長の首相在任を果たした佐藤だったが、七二年の退任会見で最後に新聞への不満を爆発させる。何を思ったか、「新聞記者とは話さない。偏向的な新聞は嫌いだ。出ていってくれ」と言い放った。憤った新聞社の記者たちが退室した後、がらんとした会見室で一人、テレビカメラに向かって喋り続けるという異様

退任会見に臨む佐藤栄作（共同通信社提供）

な光景が現出した。ここまで新聞を嫌ってテレビを重視する姿を露骨に見せた首相は佐藤ぐらいであり、それは長期政権ゆえの尊大さなのだろう。もっとも、佐藤が見せた本心は権力者に共通するに違いなかった。

佐藤は首相就任前から、NETばかりではなくテレビ局に対して強い影響力を持っていたと言っていい。首相在任中の佐藤は、民放持ち回りによる「佐藤総理を囲んで」という番組を隔月で放送させていた。質問者、質問内容を佐藤側が指定することもあった事実上のPR番組である。

新聞記者を閉め出した一件は、メディアに対する横暴な振る舞いの象徴としてよく知られている。あたかも佐藤と新聞は決定的に対立したイメージが残されたが、佐藤側から見ると、有形無形に便宜供与を図ってきた新聞から批判されるのは片腹痛いのだろう。政治家とメディアの真の関係性は、表面には出てこない利害関係に基づいているに違いなかった。

編成担当の取締役に就いた松岡謙一郎（後に副社長）も佐藤との関係はきわめて深い。松岡は、日独伊三国同盟で外相を務め、満鉄総裁にもなり、A級戦犯に指定された松岡洋右（ようすけ）・元外相の息子である。洋右が駐米大使館勤務の時代にワシントンで生まれた。戦前は同盟通信、海軍報道部員として働き、先述の李香蘭と浮き名を流したことでも知られる。同じ長州の佐藤家と松岡家は親戚で、謙一郎と佐藤の妻・寛子がいとこ、また寛子と佐藤もいとこ同士である。

佐藤の実兄、岸信介の娘・洋子と結婚した安倍晋太郎とも、「謙ちゃん」「晋ちゃん」と呼び合う仲だった。

戦後は岡村二一らが作った写真新聞社代表を経てNET設立に参画した。

NETには朝日でもう一人、五七年に最年少で郵政相になった田中角栄がらみで編成局次長に就いた泉毅一がいる。

　戦前、社会部記者だった泉は応召され情報将校となったため、戦後はソ連に十一年間も抑留された。帰国後、復社したものの長期の空白は埋めがたい。まもなく郵政省担当となって転機が訪れる。年齢も近かった大臣の田中から、もはや新聞社では出世できないだろう、今度ＮＥＴができるから行ったらどうかと勧められたという。放送のイロハも知らないのに、いきなり編成局幹部になったのは田中の力以外にはあり得なかった。

　ＮＥＴの報道・編成部門では、吉田茂、佐藤栄作といった自民党政権の宰相経験者を持ち上げるような番組編成が、朝日新聞人脈によってなされて物議を醸したこともあった。

　六四年、引退していた吉田茂を引っ張り出し、「吉田茂回顧録」というインタビュー番組が連続放送された。聞き手は朝日新聞政治部長の柴田敏夫。吉田は記者嫌いで有名だが、柴田は「吉田のじいさんはたいがいのことは聞き入れてくれる」というほど懐に食い込んでいた。そのためか、番組内でメーデー事件の時の群衆を「暴徒」と表現し、若手社員を含め内外から抗議される一幕があった。柴田はその後、二代目の朝日新聞ラジオ・テレビ室長に就き、電波政策に携わり続けた。

　戦後、経営としてはＮＥＴなどの放送との関係が希薄だった朝日新聞だが、放送に関わる人材は、実は古くから続き層も厚い。８チャンネルにつながる奇妙な人脈や、ＮＥＴ開局からほどなく自殺した役員を含め、何かと因縁めいたりもする。

陸軍と朝日新聞の共同事業

　朝日新聞社会部記者だった藤井恒男は一九五七年、朝日が提唱して始まった南極観測の第一次越冬隊員十一人の一人として知られている。

太平洋戦争の開戦時には陸軍省詰め、戦争末期には応召された参謀本部詰めの中尉としてラジオ放送用の原稿を担当、八月十五日は朝から、「正午に重大放送があるからラジオを聞くように」というアナウンスを流し続けた。すでにラジオの世帯普及率は五〇%を超え、空襲被害の激増もあいまって人々は速報にかじりつくようになっていた。

正午、日本の降伏を告げる天皇の「玉音放送」がラジオから流れた。放送の責任者、内閣情報局総裁の下村宏は元は朝日新聞副社長である。前の総裁の緒方竹虎も長く朝日新聞主筆を務めていたから、報道統制を司る組織のトップが二代続けて朝日の元幹部であったことになる。さらに緒方は、戦後再び情報局総裁となり、米軍の首都占領を前に戦争責任を全国民で分かつかのように、ラジオ放送で「一億総懺悔」を説くのだった。

弁舌に長けた藤井は南極から帰還後の六〇年、初代ラジオ・テレビ室長を務め、電波担当（役員待遇）として七歳下の田中角栄と親しい関係を築いていく。

一九三六年（昭和十一年）、新人の藤井が山形支局に赴任した時の支局長、篠田弘作は、先述の水野成夫が昭和一五年に始めた〝事業〟と深い関わりを持った。

元共産党幹部の水野は獄中転向後、同じく党員仲間で古新聞から再生紙を作る画期的技術を開発したという触れ込みの元町工場経営者・南喜一（後にヤクルト会長）とともに、古紙再生会社の設立に動く。ところが、実際は木材（パルプ）がないと再生紙はできなかった。本来なら法螺話で終わるはずだが、陸軍の謀略・諜報部門と朝日新聞が協力したことで〝実業〟に大化けしていく。

当時、製紙市場の八割を握っていた王子製紙は海軍及び毎日新聞、読売新聞との関係が深く、新聞用紙の三分の一を輸入に頼っていた朝日は、親密な製紙会社を欲していた。

　昭和一三年、陸軍と朝日は、パルプの自給を図ってすでに株式会社・国策パルプ工業を設立していた。中心で動いたのが陸軍中野学校を創設するなど謀略・諜報部門を司った岩畔豪雄・軍事課長と、朝日新聞経済部長の丹波秀伯（後に自民党代議士）である。これに繊維業界が乗っかり、社長には日清紡の宮島清次郎が就いていた。

　そこに持ち込まれたのが古紙再生話である。

　岩畔は、共産党幹部だった水野の紙事業は謀略・宣伝に使えると考え、水野を丹波に紹介した。朝日新聞用紙課長も立ち会い、丹波、水野、南の三者会談がおこなわれ、丹波は、横浜支局長時代に部下だった篠田を水野らに引き合わせる。

　篠田はむやみに喧嘩っ早く、社会部時代には、自分の自転車を無断拝借した創業家婿養子である村山長挙（後に社長）の胸ぐらをつかんで突き飛ばしたりした。そうした性格が災いしたのか、当時、千葉支局長でくすぶっていた。

　その篠田が、ひょんなことに水野らの虚業を実業に変えるためのカギを握っていた。丹波は、横浜支局時代の篠田が警察情報に強かったとして次のように回想している。

「（篠田がつかむ警察）情報はニュースになるものが主だが、ニュースにせずに政治的に処理するものが貴重だった」

　記事にせず政治的に処理する、とはどういう意味か。篠田は、神奈川県知事の横山助成から警察不祥事を記事にしないよう頼まれて承諾し、恩を売ったことがあった。内務官僚の横山はその後本省に戻って次官に出世し、采配する内務省人事で篠田への〝借り〟を返すことになる。

篠田が警視庁担当記者だった時分に、やはり内務官僚で都衛生部長の戸塚九一郎と懇意にしていた。その後、戸塚は左遷されていたが、篠田が人事を握る横山に働きかけ、戸塚を北海道長官に押し込んだことがあった。つまり、北海道で絶大な権限を持つ官僚が一記者に頭が上がらない関係になったということである。

水野らの古紙再生事業、というより通常の製紙事業にパルプは欠かせない。北海道はパルプの宝庫だ。丹波が、水野らに篠田を紹介したのは、息のかかった北海道長官に全面支援させることを当て込んでのことで、戸塚もこの怪しげな事業に乗り気となった。

一五年春、国策パルプの全額出資により、水野と南による大日本再生製紙が設立された。まもなく篠田が朝日を辞めて入社し、北海道勇払での工場建設、木材等の調達を担当、北海道長官が後見人となる半ば官製事業はトントン拍子に進展した。

陸軍と朝日新聞による「軍・報共同事業」には、ほかにも目を引く関係者が協力している。商工省次官の岸信介、総務局長の椎名悦三郎、大蔵省金融課長の迫水久常（さこみずひさつね）（後に内閣書記官長）といったいわゆる〝革新官僚〟が、岩畔らの要請で全面支援に回った。

また、当時、陸軍需品本廠で監督官（主計中尉）を務めていた鹿内信隆も、岩畔に命じられ物資調達に協力、勇払工場視察の際に札幌駅まで出迎えたのは篠田であった。

詐術のように作られた大日本再生製紙はやがて親会社の国策パルプと合併、いわば母屋を乗っ取ってしまう。水野は常務に、戦後は社長へと上りつめた。〝軍・官・報〟が図って進めた偽りの事業によって、水野は戦後、財界の大立者、メディア企業トップの地位を築くことになる。

それにしても、篠田がいなければ、つまりパルプの当てがなければ水野の〝虚業〟は一歩も前に進まなかった。その篠田は、国策パルプ役員を経て戦後は北海道選出の自民党代議士となり、朝日時代の上司だった緒方竹虎の派閥で側近をもって任じた。後援会長には、〝政商〟と呼ばれる北海道炭坑汽船の萩原吉太郎が就いた。

戦前、陸軍の謀略部門と朝日新聞、元共産党幹部が協力するという奇妙な関係は、戦後の放送事業、8と10のあり方にも影響を及ぼすことになる。

大川博社長のテレビ局私物化

朝日新聞山形支局で藤井の先輩記者だった喜多幡為三は時事新報経済部長を経て、NET設立にあたって業務担当常務に就任した。当時、やや痛憤を込めてこう書き残している。

「NHKに対し全国放送網を許しながら、他方、民間局に対しては相当厳重に独占を排除させた形において併存せしめる原則は、当初より矛盾をはらみ、ハンディキャップを負わされた民間局をして自己防衛のための系列化を隠密裡に進めざるを得ない当然の運命に追い込むことになった」（「テレビ・ネットワーク所見」六〇年十月二十八日、『テレビ画面の影にあるもの』所収）

喜多幡の重要な担務にネットワーク構築があったが、教育局の制約もあってなかなかうまくいかなかった。この一文をしたためた九ヵ月後の一九六一年七月、大川社長の時代に自宅で自殺する。交渉した名古屋放送（後の名古屋テレビ放送）とのネットが中途半端に終わり苦慮していたという。

だが、当時、営業課長で喜多幡の部下だった井草は異なる事情があったと言う。

「喜多幡常務は経費の使い方が多かったのに対し、大川社長は『一〇〇〇円以上は自分の決裁』と極端に厳しい態度で臨んでおり、常務をたびたび叱責していた。そうした中で、常務が包丁で首を切ったと社に連絡があった。自宅が血の海になる酷い亡くなり方だったと聞いた」
同じく部下だった企画局考査課長は自殺の三年後、おおむね次のような内容の〝上申書〟を経営陣に提出した。大川社長は喜多幡常務所有の株の譲渡を交渉していたが、うまくいかなかった。怒った社長は、常務の社用車の記録を調べ、私用に使ったなどと問題にした。自殺の前日、常務から「社長に詫びないといけないのかな。あの人は情のない人だ」と聞いた。大川社長に詫び状を持っていったが、一笑に付され「世の中が嫌になる」と言っていた――。

大川は喜多幡のような四〇、五〇株といった少数株主にもこまめに買収を働きかけていた。赤尾に覚(さと)られないよう密かに株を買い集め、経営の主導権を握ろうと水面下で動いていたのである。

喜多幡の持株をめぐっては、その後も株式支配で争いが絶えなかったＮＥＴらしい後日談がある。テレビ朝日社長室元幹部が振り返る。

「喜多幡さんの運転手だった男が、夫人から遺産となったＮＥＴ株を引き出した。後日、自分への名義変更届を出して騒ぎになったが、彼は自分のものだと頑として譲らなかった。常にＮＥＴ株をちらつかせながら昇進し、役員待遇にまで上りつめた」

映画、出版、新聞の三つの勢力が拮抗(きっこう)するなかでは、少数株をたまたませしめた者にも、大きなチャンスがめぐってくるのである。

そのころの大川は、東映を急成長させたことで経営者としての自信を深めていた。六四年九月、東急を率いる五島昇と協議し東映と東急が互いの持株を売却することで合意、東映は東急グループから独立した。当時、京都撮影所長だった岡田茂は五島から、これからの東映は〝大川商店〟になると聞かされ、東急への転籍を勧められたが映画が作りたかったので断ったと回想している。

後に東映を代表してテレビ朝日の経営に関わることになる岡田は、戦後間もなく、松竹などの大手と比べると格段に見劣りする東横映画に東大新卒で入社した変わり種だ。「日本戦歿学生の手記　きけ、わだつみの声」を企画、ヒットさせて頭角を現し、中枢の管理部門に身を置きながらも、人手が足りないとちょい役で出演したりする身の軽さがあった。

東映の独立を果たした大川だったが、一ヵ月後、俗に〝大川・赤尾紛争〟と呼ばれるテレビ局の支配をめぐる歴史の中でも指折りの激しい抗争劇が勃発する。

赤尾はかつて、朝日を総会で吊し上げたり、査問にかけられても不敵な態度で臨んだように、十一歳年上の大川が相手でも敵と見定めるや非妥協的な闘いを辞さなかった。

反大川派の幹部たちが「経理に不正がある」と騒ぎだしたのを受け、赤尾は六四年十月二十日、奇行とも言える実力行使に出た。

弁護士と公認会計士を連れて自社に乗り込み、株主として帳簿閲覧権を要求したのである。大川社長の決裁によって数億円が東映に不正に流れるなど、多額の使途不明金があるというのだ。折しも東京オリンピックが開かれているさなかで、クレー射撃の世界大会で銀メダルを取ったこともある赤尾はオリンピック役員の白いブレザーに身を包んでいた。

赤尾の行動は一面、奇妙なものだった。大株主だから閲覧権請求は正当な権利だが、同時に代表取締役会長であり、出社は週に一、二回とはいえ、自分で自分に請求していることになる。ともかく、秘書課長ら大川の部下によって要求を阻止された赤尾は、次に社員から寄せられたという告発文の束を手に大川に退陣を突きつけることになる。

さらに四日後、赤尾は退任勧告をテープに吹き込み、大川に送りつけた。

「いまあなたは重大な人生の危機に立っている。あなたは四年間に億以上という膨大なカネを、裏から流してしまった。あなたは私にいままで数々の無礼な行為をなさった。あなたに対する私の感情は決してよくはない」

赤尾らしいのは、「にもかかわらず、教育の仕事に携わっている者として、あなたを不幸にはしたくない……」と続け、自発的な退任を求めていた。

追及の矢面に立った大川は、確かにテレビ局を財布代わりにしていた。

大川は、午後になると京橋の東映に戻ったが、午前中はＮＥＴで過ごした。当時の経理部員によれば、出社した大川は二階の社長室に腰をすえると一階の経理部にカネを持ってくるように命じることが頻出し、毎回、一〇〇万円から五〇〇万円を東映出身の経理部長が運んでいたという。このため経理部では、大川が出社する日の前日には、銀行からこうした仮払いのカネを引き出しておくのが常であった。大川は、鉄道省時代の上司である佐藤栄作など親しい政治家に献金していた。年間二〇〇〇万〜三〇〇〇万円に上った裏金を経理部では制作費に紛れ込ませて最終的に処理していたという。

ただし、大川にとって、こうしたカネはネットワーク構築のために地方局の免許を獲得するための政治工作用であり、〝必要経費〟であった。

大川は赤尾に「何か僕が犯罪をおかしているような言い方で、誠に不愉快」としたためた返事を出した。

大川が社長になって、公私混同が疑われる場面もあった。東大野球部のエースで、大川の娘と家庭教師になった縁で結婚した夫は、第一期生としてＮＥＴに入社した。一人だけ指輪をはめて旺文社の講堂でおこなわれた入社式に出席したが、翌年には姿を消した。妻がパリへのピアノ留学を希望、父親の大川は夫を東映に出向させ、パリ事務所長にして同行させた。数年後にＮＥＴに復社し、まもなく編成課長の要職に就くといった具合に、端から別コースを歩ませた。

赤尾は東映以外の映画、証券界出身の取締役を味方につけ、多数派を確保していく。守勢に立った大川は意外ともろく、一ヵ月後の十一月九日、社長を辞任する。

ただ、抗争は尾を引き、東映出身の経理局長が「役員のヤミ給与を偽造伝票で処理してきたが、これは赤尾社長時代からやってきたものだ」と抵抗。赤尾は「一銭たりともやってない。（東映側の）出方次第では、私は本当に決意する」と告発を匂わせる一幕もあった。

大川に代わって社長に復帰した赤尾は翌日、スタジオに全社員を集め「悪夢は去った」と勝利宣言する。東映系の社員の中には、〝悪魔〟と聞き違え、身を強ばらせる者もいた。赤尾は社員の責任にも言及した。

「諸君の中には好ましくない行為をした人もいた。ある人はニセ領収書を作らせたり、ある人は裏金の恩恵にあずかったりした。しかし、上が正しくなければ下が乱れるのはやむを得ないことで、この際一般社員の責任はいっさい問わない」

それればかりか、赤尾は〝着任祝い〟と称し、全社員に一万円の熨斗袋を配る大盤振る舞いに及んだ。

赤尾は会長に棚上げされていた時分、大川がとった娯楽中心の番組編成には強い憤懣を抱いていた。この時も、高校生の息子たちから最近のＮＥＴ番組はエロ・グロが多くて見るものがないと言われたと嘆いてみせ、方針転換を示唆している。

赤尾の足跡をたどるにつけ、むき出しの闘争心を発揮する場面が多い。血の気の多さと言ってもいい。抗争当時、東映出身の総務部長だった保坂啓一を都内の自宅に訪ねると、戸惑いながらも昔日を振り返った。

「赤尾さんは鉄砲が自慢で、入社まもないころにみんなで多摩川・調布の別荘に招かれ、撃った獲物をご馳走になったことがある。その根底には、獣を殺生（せっしょう）する鉄砲撃ちの精神が流れていたように思う。そこまでやるのかという極端なところがあった」

保坂は大川のために特別な便宜を図った覚えはなかった。復帰した赤尾からも「君のことは心配している」と肩を叩かれながら、翌日には「出勤するに及ばず」という辞令が出たという。

「内紛の後、捕虜収容所みたいな所に入れられ、まもなく東映に戻された。僕は特に何もしてないのに、素行調べで私立探偵がついたと聞きました」

大川一派の完全排除を狙う赤尾は、残党をいたぶる攻撃を止めなかった。一方、警視庁から赤尾に「大阪のヤクザが『赤尾をおれが刺す』と上京、都内に潜伏している」と連絡があり、刑事が警戒にあたる一幕もあった。

抗争の第二幕は、政治家、財界人、新聞社を巻き込んで複雑化していく。

朝日新聞オーナー・村山家

二人の抗争を思惑含みでもっとも注目していたのは朝日新聞社である。代表取締役の広岡知男は、事態をこう見ていた。

「いざ大川が社長になると、今度は任期が来ても、なかなか辞めようとしない。そればかりか、そうこうしているうちに、株を四八％程度買い集めて『赤尾なにするものぞ』とうそぶいていたから、腹にすえかねた赤尾が立ち上がった」

新聞社トップの地位に就いてまもない広岡が抗争を注視していたのは、電波政策をめぐって社内が混迷を深めていたという事情があったからだ。

当時の全国紙と東京のテレビ局との関係はおおむねこういうことだった。

読売新聞は日本テレビ、産経新聞はフジテレビ、毎日新聞はＴＢＳと、それぞれ濃淡はあるものの資本や経営者、企業グループによって結び付き、系列化していた。日本経済新聞はＮＥＴに出資し、代表取締役も出していたが、旺文社と東映に阻まれて主導権はない。

朝日新聞はＮＥＴにニュースこそ提供していたが、資本関係はなく経営に関与できていない。いわば前者の三強に対し、日経は一弱、朝日に至っては埒外(らちがい)とでもいう状況だった。

朝日はなぜ放送で立ち遅れたのだろうか。

朝日新聞は明治の創業以来、オーナー家の村山、上野両家が交互に社長を出して経営に当たってきた。しかし、昭和になって両家が二代目になり、片や生え抜きで専務・主筆の緒方竹虎が社内の実権を握るようになって水面下の確執が深まった。

さらに時代は、戦時に伴って資本家を抑制する統制経済が吹き荒れつつあった。その動きは新聞界にも及び昭和十七年、「社外株の禁止」「大株主の支配制限」といった統制策が導入された。まもなく朝日においても定款が変更され、五％以上の株を持つ株主、つまり村山家と上野家は、超過分の株の議決権がなくなり、配当も年六分に抑えられた。

株式支配の明確な否定と言っていい。ただし、村山家は大株主であると同時に社長でもあったから、〝実害〟は少なかった。ところが翌年、緒方ら経営幹部はこうした戦時統制という時代背景を追い風に、「資本と経営の分離」をまだ若い社長・村山長挙に具申する。長挙は大阪の岸和田藩主（後に華族）の三男に生まれ、村山家の一人娘、藤子と結婚し婿養子となった人物である。

緒方らは軍部の圧力からオーナー家を守るためとしていたが、実のところは村山家に経営から手を引くことを求めていた。

村山は緒方らの動きに〝乗っ取り〟の匂いを嗅ぐ。結局、緒方は意見を容れられずに社を去り、先に触れたように戦争末期には内閣情報局総裁として入閣する道を選んだ。さらに敗戦直後の混乱期には、東久邇内閣を支える要の内閣書記官長及び情報局総裁を兼務した。

それ以来、朝日においては、二つのオーナー家、中でも村山家と経営陣との関係性が常に社を揺るがす大問題として影を落とすこととなる。

情報ツールが限られていた当時、戦況や戦場に赴いた近親者の近況を知る手段はもっぱら新聞であった。二代目・長挙の時代は戦時下とともにあり、大幅な部数増に支えられて経営はすこぶる良好だった。言論統制下とはいえ朝日は軍部に迎合する紙面を展開したほか、先に見たように用紙や航空機といった分野でも積極的に軍部に協力した。

右翼の児玉誉士夫とも、彼が暗躍した上海で接点が生まれている。戦前から戦後の朝日と軍部、政府との関係を詳細に綴った今西光男の『占領期の朝日新聞と戦争責任』には、次のように記されている。

「児玉は、海軍の調達部門も引き受けるようになると、朝日の関係者、徴用された航空部員やＯＢの田村真作らと親しくなった。戦争末期には、児玉と田村は『同志』になっていた。児玉は田村を通じ、東久邇宮とも結びつくことになった」

指摘された田村真作は昭和七年に朝日に入社、仙台通信局にいた時に、当地の師団長だった東久邇宮稔彦や連隊長の石原莞爾と親しくなり、退社後は上海で石原の東亜連盟運動に参加、この時期に児玉と結びついた。児玉と親交を結んだのは田村だけではない。同じく仙台通信局で田村と同僚だった木村照彦（当時の姓は太田）もそうだった。

木村は戦後、社内の左右対立の構図では右派の代表とみなされ、編集局長に就いて社内で実権を握り、いわゆる〝朝日騒動〟の一方の当事者となる。

敗戦後の東久邇内閣で内閣書記官長、いまで言えば官房長官に就いていた緒方は木村を高く買っており、総理秘書官に据えた。

児玉はこうした朝日人脈の関係から、敗戦直後の混乱した政界で表舞台にも登場する。

要職に就いた木村は、緒方も知らないうちに児玉と田村を内閣参与に推挙、東久邇宮は了承する。参与とは、首相を補佐する重職である。児玉は恐喝や天皇直訴事件など三度の逮捕、起訴や服役した過去を持つが、敗戦で暴発するかもしれない右翼への抑えが期待された。

児玉の役割はそれだけではない。木村と児玉は、ただちに日本の針路を定めるような工作を開始する。敗戦から一ヵ月後、二人は示し合わせて、東久邇宮首相とマッカーサー会見を斡旋した。そればかりか木村は二週間後、首相を動かし、有名な天皇とマッカーサー会見をも演出したのだという。

児玉とその一族、児玉機関の関係者やその人脈は、冒頭の加藤や木村らに限らず、8と10が絡まるらせん形の随所にこれからも登場する。

下克上で就任した社長

朝日における資本と経営の相克、その最初の転機は敗戦とともに訪れた。

ＧＨＱは九月初め、情報局総裁を兼務する緒方に対し、占領政策に反対しない、米ソ関係に触れないことを条件に、すべての新聞の存続を認めた。ＧＨＱは天皇制存続と同様に、既存の新聞を残すことは占領支配の世論形成に役立つと判断した。戦前の軍部・政府あるいはＧＨＱにしろ、為政者にとっては新聞の「自立した言論・報道機関」という看板に利用価値があったというべきだろう。

存続が決まったものの、社内権力構造はさすがに従前どおりとはいかない。いわゆる〝民主化〟の嵐とともに権力闘争が始まる。

社長の村山長挙は社員から戦時中の戦争協力を追及され、ＧＨＱや共産党も絡んだ複雑な社内抗争の末に一九四五年（昭和二十年）十月、退任表明を余儀なくされる。村山は村山家の婿養子となった翌年の大正九年、取締役として入社し、社長在任は戦中の五年に及んだ。

役員人事の調停には緒方と専務・東京編集局長の美土路昌一（みどろますいち）があたり、村山と上野家の会長・上野精一は新たに定款に定められた社主という名誉職に退いた。

緒方の伝記はこう総括している。

「緒方の多年の主張であった資本と経営の分離は、ここにおいてはじめて明文化されることとなった」

ただし、社主の規定はなく、経営陣の説明は「社主の地位は不可侵」「ご指導を受ける場合はある」が「社主に責任を帰することはない」と、見ようによっては「院政」の可能性を窺わせるなど権限は曖昧だった。二年後、村山は公職追放され、社主の座も退いたが、復権の目は残しており、一連の処し方は先手を打って身を守った面があった。実際、追放から四年後には代表取締役会長に復権し、先述した「大株主の支配制限」といった緒方が設けた定款をただちに撤廃している。

この朝日の「十月革命」と呼ばれる政変で、編集局次長に過ぎなかった長谷部忠が創業家以外からはじめて経営トップに就くことになった。

こうした〝下克上〟は、もちろん朝日に限ったことではない。産業界のほとんどの分野で首脳陣がごっそり追放され、いわゆる〝三等重役〟と称された若手が無手勝流でトップに就いた。後に「政商」と呼ばれる北海道炭礦汽船の萩原吉太郎もそうした一人で、一九四七年に一課長から常務取締役に抜擢され、五五年には社長となった。その間に、児玉誉士夫と盟友関係となり、政財界で事件が起きると萩原の姿が見え隠れした。

昭和三十年代はじめには、札幌テレビ放送（北海道地区第二局）の設立にあたり、田中角栄から要請され初代社長（後に会長）に就任した。萩原は「渋々引き受けた」と回想するが、瞬く間に高収益を上げげた。なお、児玉の長男は大学卒業後に北炭に入社、秘書室で萩原の身近に仕え、札幌テレビのアナウンサーを妻にした。

社長となった長谷部は放送事業にはきわめて消極的だった。

もともと朝日は、映像分野への進出はもっとも早かった。日本最初のニュース映画は昭和七年、朝日によって大阪で上映されている。

『朝日新聞社史』によれば、放送においても朝日は一九二三年（大正十二年）七月、関東大震災直前に大阪と東京でラジオ局開設の申請をいち早く出している。これは実らず、一九二五年、社団法人・東京放送局、大阪放送局、名古屋放送局（いずれも現在のＮＨＫ）が日本初の放送局となったが、そのラジオ放送が始まる直前に、大阪朝日新聞の屋上に設置した放送室から「相場速報」を流し、遠く北海道まで聞こえて反響を呼ぶなど、その媒体価値には早くから目を付けていた。

しかし戦後、放送局設立にいち早く取り組んだのは毎日新聞だった。一九五一年、最初の民間放送（ラジオ）免許交付の際、大阪では朝日も巻き返し毎日と並んで免許を獲得し朝日放送を設立している。しかし、肝心の東京では毎日新聞が先行し、朝日はラジオ東京（ＴＢＳ）や日本テレビ設立で出資や人材派遣はおこなったものの、経営支配の意思は持たなかった。

非オーナーで経営トップに就いた長谷部は、「新聞社は新聞一筋に生きればいいので、あれこれ手を広げるのは邪道だと、最後まで放送には積極的になれなかった」（『朝日放送の50年』）と述懐している。

長谷部に限らず生え抜きの記者出身者にこうした傾向は強く、経営陣は総じて「電波などというものはプロ野球と同じで、こんな水ものに手を出すべきではない」という姿勢が昭和三十年代前半まで続いた。

一方、その対極にいたのは日本テレビを創設した読売新聞社主・正力松太郎である。読売も当初は放送に出遅れたが、正力は「テレビほど儲かる仕事はない。なにしろ新聞と違って紙代もいらなきゃ配達員もいらんのだから、こんな楽な商売はない。坊主丸儲けというが坊主どころじゃないよ」と放言する有様だった。

たしかにテレビの普及速度はめざましいものがあった。五五年に五万台だったのが、わずか三年後には一〇〇万台を突破する勢いだった。世帯普及率を見ても、六〇年に五四・五%だったのが三年後の六三年には九一・二%と急上昇している。テレビ局の広告収入もうなぎ上りに増加し続けた。

ただし、朝日経営陣のなかで、業務部門を統括し電波担当役員でもあった永井大三は積極進出を主張していた。永井は、読売の販売部門に君臨した務台光雄と並び称される、朝日のそれを率いてきた隻眼の実力者だけに、読売に遅れをとったことへの悔いがあったに違いない。

放送局、とりわけ東京のそれを手に入れる機会がなかったわけではない。先に触れた文化放送の経営危機が実は最大の好機だった。

当時、文化放送労組委員長だった富田祐行（後に沖縄テレビ社長）が述懐する。

「給料も出なくなり、私の名前で一億円を銀行から借りたことさえあった。もう潰れるしかないという見通しの中で、労組として朝日新聞に支援、つまり経営を委ねたいと永井さんに頼みに行った。その時は『よし、わかった』と言ってくれたんだが、とうとう役員会を通すことができずに『勘弁して欲しい』と。ただ、永井さんは後々、『あのとき、朝日は失敗したんだよなあ』と口にしていた」

結果論とはいえ、文化放送を手に入れていれば、その後のテレビへの進出ははるかに容易なものとなったろう。この文化放送との〝接近遭遇〟は、四十年後に再び焦点があたることになる。

テレビ免許の仕切り人・田中角栄

その永井は、テレビ局の免許が全国一斉に交付されることになる五七年、当時の郵政大臣・田中角栄との交渉を担った。

その事情を詳(つまび)らかにする一冊の社史を取りあげよう。

九州朝日放送の社史には、先に触れた広岡知男らの証言を核に、朝日新聞がどのようにテレビネットワークの草創期に関わったか、本来封印するはずの政治工作を活写する小史が含まれている。テレビ局の獲得、主導権争いは利権と直結するだけに実態は闇に葬られ、こうした史実を公式に明らかにする社史はほかにはない。

社史によれば、同年夏、永井は政治部長を伴って一ヵ月ほど前に郵政相になったばかりの田中と会っている。直前には、フジテレビとＮＥＴに予備免許が交付され、東京が四局体制になろうとしていた。

約束の時間に遅れて来た田中が「話を聞こう」と言うと、永井はカチンときたのか、「お義理で聞いてもらっては困る。今日は永井の顔だけ覚えておいてくれ。いずれメシを食おう」と牽制しつつ出方を探った。年長の永井にとって、田中は免許権限を握る郵政相とはいえ一回り以上若い三十九歳の若造に過ぎない。ところがこの時、田中は「業者とメシは食えん」と断り、永井は「朝日は業者ではない」とやり返す応酬があったという。

このやりとりは、新聞社がことテレビ局免許に関して政官と相対する時に持つ〝報道機関〟と〝業者〟という二面性を図らずもあらわしている。

翌日、永井が再び出向くと、田中の態度はガラリと変わりほかの予定をすべて断って長時間の面談に及んだ。この時永井は田中郵政相にこう談判したという。

「九州は朝日にくれ。大阪は朝日に抱かせてくれ。名古屋は相乗りやむなし」

名古屋はライバル新聞社との相乗りで我慢するが、九州は朝日単独でほしいということだ。大阪は少し込み入っている。すでに、朝日と毎日新聞が相乗りしたテレビ局、大阪テレビが開局していた。

そのため新しくできる二局目に、朝日と毎日のどちらかが移ることになるが、いずれにせよ一局はもらいたい――。

朝日の部数を戦後、業界トップに押し上げた永井が社史向けに話した回想は生々しい。永井はタバコの箱の裏に書いておいた三地区の要求を田中に示し、これにサインしてくれと頼んだという。田中は最初、ローマ字でＴＡＮＡＫＡと書いたがすぐに消し、㊐とサインした。平たく言えば、放送免許を大臣の一存で朝日に与える〝密約〟の成立である。

その上で朝日と田中は、他社に知られないように一芝居を打つ。再び永井の回想。

「角さんから確約がとれて免許も近いというある日、目白（田中邸）からお呼びがあった。〝ゆっくり来てくれ〟ということで午前8時ごろ、独りで行った」

永井は大勢の順番待ちの陳情客の前を通って面会室に入った。田中は「もう話すこともないわ」と世間話をしただけで、永井は早々に部屋を出た。

ところが――。

「階段を降りる私に、角さんは二階から〝朝日の言いなりになってたまるかあー〟と例のダミ声でどなった。私もすかさず〝若い大臣が図に乗ったら承知しないぞ〟と上にどなりかえす。このちょっとしたお芝居に驚いて記者諸君がとんで来た。そして間もなくテレビの割当が発表になった」

ケンカ腰を双方が演じてライバルの警戒を解いた上で、田中は密約どおりの結論を出した。

この年、田中は、免許を出し渋る郵政官僚にハッパをかけ全国に大量の免許を交付、民放は一気に十倍近い三十六局が新設されることになった。永井の回想によれば、福岡にできる九州朝日放送について朝日新聞の持株は五五％にするということも、田中との間で決めたという。

大阪の朝日放送の社史は、田中角栄と放送の関係をこう総括する。

「この免許作業で、田中は電波行政の妙味をしっかり会得したという。彼はその後、ロッキード事件で政界を追われるまで、郵政の表裏で影響力をフルに発揮することになる」(『朝日放送の50年』)。

角栄にとっては、道路、橋も電波も、本質的に差はない。

田中の郵政相退任から三年経った『佐藤栄作日記』(一九六一年一月三十一日)には次の記述がある。

「大川博君が名古屋テレビの陳情に。この話は田中角栄君を招致して角栄君に依頼する」

郵政相を離れても、田中が腕をふるったことが窺える。一九五〇年代半ば以降、放送行政、テレビ免許に関して、佐藤―田中ラインの影響力は年ごとに大きくなっていった。

テレビ進出に出遅れ挽回を策す朝日新聞にとって、田中角栄の存在と助力はきわめて大きく、いくつかの都市圏に橋頭堡を築くことができた。しかし、肝心の東京に拠点局がないという決定的な弱点を内包したままだった。

ここで登場するのが、永井とともに積極的にテレビ進出を進めた、当時、編集局長、後に社長となる広岡知男である。

朝日新聞の改革者・広岡知男

朝日の歴史において広岡の存在感は際立っている。

先の戦後まもなくの「十月革命」で村山社長が退陣する際、反村山、かつ社内で勢力を拡大し戦闘的な戦術を採る共産党と対決する立場で労組を引っ張ったのが広岡である。まだ三十八歳の一論説委員に過ぎなかったが、共産党が指導する新聞労組の上部団体、「新聞単一」が読売争議でストライキ指令を発した時には、広岡はやおら編集局の机の上に仁王立ちとなり、「勝てるという確信もなしに大衆を闘いに引きずりこむ執行部は〝東條〟だ！」と、ストライキ反対の大演説をぶったと同僚の森恭三（後に論説主幹）は回想している（『私の朝日新聞社史』）。森は、この場面を「同君の行動はクーデター的であり、非民主的だと感じた向きが少なくなかった」とも記している。

スト回避に成功した広岡は森を労組委員長に推し、自身は副委員長（東京本社の責任者）に就き、以後、二人は盟友として村山家とも対峙することになる。

一九五一年八月、村山は四年間の公職追放を解除され社主に復帰した。ほどなく代表取締役・会長職も取り戻すと同時に社長の長谷部を更迭、社長職を空位にし相対的に自身の権力を強化した。村山は自分をないがしろにした長谷部に強い敵意を抱いていた。

長谷部体制の下で経済部長、編集局長の要職に就いた広岡だったが六〇年、村山が再び社長に復帰したとたんに九州へ左遷の憂き目に遭う。代わって編集局長には木村照彦が就き、権勢をふるった。ところが、三年後の六三年暮れ、大川・赤尾紛争が起きた同じ年、朝日の〝村山支配〟をめぐっても本格的な内紛が勃発した。

広岡知男（講談社写真資料室）

発端は、本来は村山派で販売を仕切る常務の永井大三が解任されたことだった。隠然たる力を持っていた村山社長夫人から永井が、一族のための病院建設を命じられたものの拒否したことが原因だったという。これに反発し、永井を支持する業務担当幹部が一斉に辞表を出したほか、永井を慕う多くの販売店が本社への納入金をストップするなど、社内は大混乱に陥った。

さらに業務と編集の二本柱で永井とコンビを組んでいた木村も、複雑な社内力学の末に村山から解任される。しかし木村は辞令を拒否、編集局長室に居座り徹底抗戦した。木村の部下だった佐々克明（政治部員）によれば、自身を含め木村を支持する中堅幹部が集まったとして、三人の名前をあげている。

政治部次長の三浦甲子二（きねじ）、特信部次長で緒方の娘婿の園田剛民、社会部次長の岩井弘安――。奇しくも三人はその後、テレビ経営やテレビ免許取得など電波政策で重要な役割を果たしていくことになる。もうひとつ共通点があるとすれば、三人とも社内政治に深く関わったということだろう。

やがて木村は、疎遠になっていたが元は東大野球部の旧友だった広岡と手を組む。

結局、この時の「朝日騒動」でも広岡が取締役会をリードし多数派を形成、六四年一月、八対二の票差で逆に村山社長を解任することに成功する。

広岡はただちに代表取締役に就いた。十ヵ月後、社長には、戦前から緒方とコンビを組み、敗戦の四ヵ月前に役員を退任していた美土路昌一が就任したが、事実上の経営トップは五十七歳とまだ若い広岡であった。

三月、広岡は論説主幹に据えた森恭三と共同で「経営の基本方針」を策定した。「国民の共有財産」である朝日新聞を「資本と経営の分立と協力」の上に確立すると謳った。むろん、村山家の承諾があったわけではなく、戦前からの懸案である「資本と経営の相克」に、広岡は半ば強引に片を付けようとした。

ただし、四〇・五％の株を持つ村山家に対する事実上のクーデターは、その後も根深い対立となって禍根を残す。

この朝日騒動がようやく収束したところへ持ち上がったのが、ＮＥＴにおける大川・赤尾紛争で、勃発から一ヵ月後の六四年十一月九日に大川退任で第一幕を終えたことは先述した。

広岡は次のように回想している。

「ＮＥＴのお家騒動、大川・赤尾の対決がおこる。赤尾会長が大川社長を告発したのである。『大川が社の金をつかって政治献金をしたり妾宅を建てたりしている』というのだ。この告発に耐えかねて大川は社長を辞めた。彼としては、これで赤尾会長の追及はやむだろうと考えたらしいが、追及は一向にやまず、やがて大川・赤尾の大決戦に発展する」

広岡が言う第二幕では、自身が横合いから主役の一人に駆け上がろうとした。「この騒動に僕が巻き込まれ、大川方に組み込まれるようになった」と受け身を強調するものの、介入する好機ととらえたことも疑いない。

実際、広岡はＮＥＴ紛争の半年前、ＮＥＴのネットワークに関する重大な経営判断について、赤尾の知らないところで大川と協同し工作していた。きっかけは、遠く九州・小倉に読売新聞が印刷工場を作るという一見、何の関係もなさそうなできごとが、「桶屋」の喩（たと）えさながらに次々と玉突き現象を引き起こしたことから始まった。

読売の九州進出で部数を喰われることに危機感を抱いた地元紙・西日本新聞は、関係するテレビ西日本が日本テレビとフルネットを組んでいることから、テレビ分野で大胆な防衛策に出た。日本テレビとのネットを打ち切らせ、キー局をフジテレビに鞍替えしようというのだ。六四年七月、九州にフルネットの局を持たなかったフジテレビはただちにこれに応じ、逆に番組の七割を提供していた九州朝日放送に、三ヵ月後のネット打ち切りを突如通告する。

仰天した九州朝日放送はネット先をどうするか、大きな岐路に立たされる。現状は、フジテレビとNETの二局から視聴率を稼げる番組を選べるのに対し、教育局の制約を抱えたNETだけとなれば売り上げが落ち込むことは目に見えていた。

一方、九州の〝異変〟を知った広岡の動きは素早い。社史によれば、六四年七月一日、ラジオ・テレビ室長の藤井が「えらいことになった」と血相を変えて報告に来たという。広岡は藤井とともにただちに福岡に飛び、九州朝日放送社長・比佐友香（朝日新聞・元論説委員）にNETとフルネットを結ぶよう詰め寄った。

「あなたのほうにもいろいろ事情はあるだろう。しかし朝日としてはテレビの系列を持たねばならぬ。まず九州を固めてから東京をとる。いまを外しては機会はもうない」

広岡は早晩、NETに触手を伸ばすという心づもりだった。しかし、NETの脆弱なネットワークと結ぶことへの九州朝日放送内の反対論は根強く、比佐は黙り込んだという。

ここで広岡は大胆な提案を出す。ネット切り換えによる減収分をNETに補塡させる、NETにそれができないときは朝日新聞が尻拭いするというのだ。朝日が主導する放送ネットワーク構築に懸ける広岡の意思は並みではない。

広岡は朝日新聞の経営責任者とはいえ、NETの役員でも何でもないし、朝日はNETの経営に関与していない。にもかかわらず大川だけと話をつけ、NETに損失補塡させるというのだから、もし会長の赤尾に知られると困ったことになる。

九州朝日放送は結局、広岡に押し切られ、ＮＥＴとのフルネットを決断する。大川、比佐、広岡の三者は、ＮＥＴによる損失補塡保証を織り込んだ協定書を密かに交わした。

広岡が大川と密約を交わして手を組んだ以上、赤尾への対応は自ずと明らかだった。

「もし大川方が敗れるようなことがあったら、さきの約束どおり九州朝日放送の赤字をＮＥＴで埋めてくれるかどうか――、大川陣営の敗退だけは何としても防がなくてはならんと思った」と述懐するとおり、広岡は必然的に大川と利害を共有する関係となっていた。

一方、大川は復権の目を残すべく朝日の助力に期待したが、その代償は高くついた。

広岡は大川を応援する見返りに、東映が持つＮＥＴ株のほぼ半分、五四万株（二一・五％）を七億五〇〇〇万円で譲り受け、朝日はＮＥＴへの大きな足がかりを得た。一方、東映、旺文社に次ぐ大株主である日本経済新聞社長・圓城寺次郎は、同業の朝日が経営に進出してくる事態に困惑、次のように回想している。

「すでに四十数％の株を集めていた大川氏がその半分を朝日新聞社に売却したため、朝日も一枚嚙むことになり、事態は一層複雑化した」（『追憶　赤尾好夫』）

この時点での持株比率は、旺文社系二七・二％、日本経済新聞二三％、朝日新聞二一・五％、東映二〇・二％と四社がほぼ並んでいる。

朝日を味方につけた大川は、十一月末に株主総会を招集し、多数派工作によって地位保全を図ろうとする。対する赤尾は日本経済新聞と手を結んだ結果、東映・朝日と旺文社・日経が対決する図式となり票数は拮抗した。

赤尾は、東映が持つＮＥＴ株の譲渡を受ける権利は旺文社や日経にあるとし、朝日への譲渡、名義書き換えは認められないと主張するなど、朝日の参戦は混乱に拍車をかけた。

もっとも広岡は、本心では抜き差しならない争いは避けたかったようだ。回想によれば、六四年十一月の決戦前夜、広岡は大川邸に出向いて夜どおし大川に付き添い相談に与った。朝方、二人は調停を依頼していた財界の大物、小林中（あたる）を訪ねる。小林も「禍根を残すような争いは止めたほうがよい」と大川を諭し、広岡と意見の一致を見る。

結局、総会での議決権争奪戦は回避され、大川は戦わずして敗れ去った。大川は肝心なところで脆かったのに対し、赤尾のほうはこうと決めたら梃子（てこ）でも退かない強さがあった。広岡にとっては、内紛のどさくさに乗じて株を入手できたことはきわめて大きかった。

もうひとつ、大川は刑事事件に進展することを怖れていたという。当時、東映側からテレビ課長として紛糾を見ていた渡邊亮徳が都内の自宅で回想する。

「実は東映出身の経理担当専務の二所宮さんが密かに赤尾側に寝返ってしまい、大川さんは強いショックを受けた。もし、赤尾側から刑事告発をされると、どんな証言をされるかしれたものじゃない。そこで田中角栄が仲裁に乗り出し、赤尾側の刑事告発はなしにさせることを条件に大川さんに退任を勧奨した」

時の東京地検特捜部長は鬼検事と称され、近年はその捜査手法が強引だったとして批判される河井信太郎であった。後に、河井と赤尾好夫は雑誌で対談しＮＥＴ紛争に触れている。

「**河井**　大川博さんとも大喧嘩になったわけですね。

赤尾　大川さんはみんなで苦労したものを政治献金として政治家の所に持っていった。それも億万の金をね。それで僕は、政治的に必要かどうか知らないけれども、そういうことはよくないからやめませんかと言ったわけです」

献金額などは誇張があるが、河井が率いる特捜部が政界をにらんで関心を示すには十分な事案であったろう。赤尾は思いのほかケンカ上手であった。

退陣した大川に代わる体制を、旺文社、東映、日経、そして首尾よく経営の一角に食い込むことになった朝日の四社で協議したがまとまらない。知恵を出したのは圓城寺である。

「一向に好転の兆しがないので、解決の方途を採るべく、私は赤尾さんに会うことにした。社にお出ねがって色々話しているうちに、赤尾さんが日本化薬の原安三郎氏と極めて親しい事を知った。原氏は私もかねてより尊敬していた方であり、朝日の広岡社長に話して、早速仲裁をお願いすることにした」(『追憶　赤尾好夫』)

先述したように、〝カミソリ安〟と呼ばれた原が、このときも調停役となり、翌六五年三月、原の推薦で四社共通の主力銀行だった住友銀行から社長を迎えることで当座の解決をみる。

世上を賑わしたこの内紛劇を、すでに電波行政に多大な影響力を持っていた田中角栄はどう見ていたのだろうか。同郷のよしみで大川から頼みにされた角栄だったが、事態の沈静化に努めた以外は目立った動きはしなかった。

広岡は、こう回想している。

「大川の問題が起こったとき、田中角栄は大川から頼まれもしていただろうが、ＮＥＴを今後どうするか、すでに一つの構想を持っていたと思う」

それはテレビの全国的なネットワークを構築、再編することであった。広岡によれば角栄はこう言っていたという。

以前の郵政大臣は一局、二局とチビチビ免許を出していたが、自分は隆盛を予想できたから大量に免許を下ろした。この判断は正しかったが、テレビ経営にネットワークがいかに大事かを見落としていたため、系列がねじれて支障が出ている。結局、新聞系列で整理するしか方法がない——。

これに対し広岡は——。

大変ありがたい。朝日は電波に出るのが遅れ、朝日だけがキー局を持っていないという状況に追い込まれている。どうしても電波のネットワークを手に入れたい。それは新聞系列に従ったテレビネットワークの完成につながり、あなたの言っていることとまったく一致する。ぜひお願いしたい——。

窺えることは、広岡と角栄は将来のネットワーク構想をにらみながら協調し、大川・赤尾紛争を軟着陸に誘導していったということである。ただし、テレビネットワークの再編が実現するまでには、さらに九年の歳月を要することになる。

広岡は「角栄は朝日に実に好意的であった。あらゆる面でよくやってくれた。角栄の好意がなかったら今日のテレビ朝日はできていない」と最大級の謝辞を述べている。新聞社の社長としては不用意な発言に映るが、それは隠しようもない真実であった。

大川・赤尾紛争で、大川側に立っているように見せても、広岡は冷徹に双方の動きと勝敗の行方を見きわめようとしていた。その上で、まとまった株を取得する好機ととらえたに違いない。それまで朝日の電波政策は決定的に立ち遅れていたが、劣勢を立て直す一大転機となり、結果的に漁夫の利を得た。

「村山家封じ込め」工作

同じ時期、広岡は勢いそのままに、朝日新聞本体での権力確立にも動いた。焦点になるのはやはり株である。

朝日における株の内訳と推移は、おおむね次のとおりであった。

戦後直後は、村山家四五・五％、上野家二一・九％、残りは役員、社員といった少数株主に分散していた。オーナー支配、とりわけ村山家のそれは強固だったと言っていい。森恭三は「村山家の持株比率（シェア）が過大であることは、社員出身重役のほとんどすべてが痛感し……それは村山家の人びとが朝日新聞を自分の個人商店視する有力な一因」と見ていた。

四九年になって、長谷部執行部はオーナー家の持株比率低下を狙って資本金を一〇〇〇万円から三五〇〇万円に増資、思惑どおり両家は既存株主への割当を消化できず、村山家三〇・三％、上野家一六・一％へ低下した。村山家は長谷部に深い怨恨（えんこん）を抱き、先述のとおり村山の追放解除後にただちに更迭した。

しかし、前述の今西の著作によれば、実は両家は朝日信用購買組合に株取得を肩代わりさせていたという。組合は、組合員である社員に住宅融資などをおこなうれきとした金融機関である。村山家の息がかかった幹部が理事長とはいえ、組合員ではない村山、上野一族への事実上の巨額融資は違法であったと同書は指摘している。

その後、経済的な余裕が生まれるに従って両家は組合から株を買い戻し、長谷部らの脱オーナー支配の企みは水泡に帰す結果となった。

　オーナー家の株式支配への執着は並々ならないものがあったと言える。騒動の六三年当時は村山家四〇・五％、上野家一九・五％と、やはり両家で六割を占めていた。

　ただし一方で、村山・上野家双方ともに、新聞経営に見切りを付けて朝日株の売却を検討したことがあったという。最初は村山長挙が公職追放となって弱気になっていた時期で、水野成夫、小林中ら新興財界人が受け皿になろうとしたと仲介した雑誌『財界』を主宰する三鬼陽之助が回想している（『私の財界昭和史』）。

　労組の反対などで潰えたが、新聞経営に強い意欲を持っていた水野は十年後、産経新聞の経営へと乗り出していく。

　朝日新聞の売却話は、その後も折々で浮上しては消えた。

　村山が解任された朝日騒動から十年後、七五年暮れには、田中角栄の刎頸（ふんけい）の友、小佐野賢治が療養中の長挙に代わって夫人の藤子に買い取りを申し入れたという。依然、経営陣と冷戦状態にあった藤子本人がインタビューで明らかにしていることから考えて、広岡体制に揺さぶりをかけたのであろう。

　広岡ら経営陣は、村山、上野両家を袖にして経営から遠ざけるほど、好ましくない相手先を含む株売却の可能性が高まるというジレンマを抱えることになった。

　こうした水面下の動きを睨みながら広岡が打った手は、広く社員に散らばる少数株の結集と村山・上野両家の分断、さらに村山家の中にも楔（くさび）を打ち込むことであった。

大川・赤尾紛争が勃発したさなか、朝日では「株式受託委員会」という村山家に対抗する株の受け皿組織が作られた。すでに株主総会で、経営陣は上野家を含む五八％の委任状を集めていた。

考案したのは広岡の盟友、論説主幹の森恭三である。森は敗戦の三ヵ月後、朝日新聞の戦争責任の罪を認めて再出発を謳う「国民と共に立たん」という宣言を書いたことで知られる。

イギリスの新聞社のトラスト制度に倣ったとし、識者で構成された委員会に株を信託し、資本と経営を分離することで経営を安定化させるとした。

「社主家の地位や財産を保証し、不安を除いてあげよう」というのが発想の始まりだったと森は言う。だが、どう論じても、実際は「村山家封じ込め」が目的であることは隠しようがなかった。信託は二年ごとの更新で、いつでも解約できる建前だったが、いったん信託された株を引き出す行為は現体制への造反を意味する。人事での報復を怖れる社員は、永久に白紙委任せざるを得ない。

準備過程からも外された村山家は当然、信託を拒否した。四割の大株主が不参加となった時点で、本来なら無理筋であるはずだが、二割近い株を持つ上野家は執行部とことを構えることを嫌い、信託に応じた。その結果、村山家を除いて過半数を上回る株が事実上、広岡の下に信託されることになった。

もっぱら株主権を制限する目的で信託が使われたという点で、歪んだ制度利用ということになる。いったんは信託しながら解約したという佐々は、「きわめてトリッキーな処理だ」と法的な問題を指摘している。

「(所有権を移転する)ボード株の事務処理が、そのうたい文句にもかかわらず、商法違反すれすれの手続き、合法、非合法の境界で処理されていたのではないか」(『病める巨象』)

大株主支配を否定しながら、広岡は自らが擬似的な大株主になったとも言えた。ただし、四〇・五％の村山家の持株がある限り、五〇％を少し超える水準で推移した信託株はちょっとした変動で過半数を割り込む脆弱性をも有していた。しかも、三分の一を超える村山株は、何といっても増資などの重要決議について拒否権を持っていた。

「造反」した創業家の次女

経営支配を巡る村山家と広岡の暗闘は、水面下で続いた。

社長解任の翌年の六五年、村山長挙は取締役からも外れ、村山家は以後、経営陣から完全に放逐された。残る肩書きは社主のみとなった。村山家の直轄と見られていた朝日ビルでも、夫人の藤子が社長を解任され、対立は深刻化した。

もっとも、六四年十二月の株主総会で、四割の株を持つ村山家は「累積投票」という手段によって、執行部提案によらない村山に近い役員を広岡執行部に送り込んだ。あの水野らの〝再生紙事業〟で登場した丹波で、公職追放中の村山家の世話を焼いた関係から、村山と広岡執行部の融和を試みた。結局はうまくはいかずに二年後に退任したが、以後、十数年にわたり、恒常的に〝村山派〟の役員が存在し続けた。いわば、広岡にとっては獅子身中の虫であり、経営情報が常に村山家に漏れることを含め執行部を完全には掌握できないもどかしさを抱えることになった。

佐々は、次のように記している。

「長期間、『受託委員会』vs.『累積投票』という歪んだ総会がくり返されることになる。会社側と村山家側が五〇％ラインの攻防をめぐって、しのぎを削りあうのである。その結果、えんえんと十余年も、泥沼の異常事態が日常の状態となり、さまざまの弊害が社内を『暗黒』の妖雲でおおうこととなった」（『病める巨象』）

弊害というのは、双方が過半数近くで拮抗したため、社員、ＯＢが持つ少数株ががぜん価値を増し、それをテコに人事ポストを要求したり、逆に経営側が人事で懐柔する者が出るなどの不公正が生じたことを指す。

その一方で数年後、今度は村山家の中から造反が出た。

村山長挙・藤子夫妻には二人の娘がおり、四人が朝日株を分散して保有している。このうち次女の持株八・五％が、信託こそされなかったが株主総会のたびに広岡執行部に委任されるようになったのである。佐々によれば、次女を懐柔したのは美土路社長だったという。

この八・五％という株数は会社法上、大きな意味を持った。村山家・本家の持株は三分の一を割り込む三二％になり、拒否権を失うことになったからだ。

広岡執行部はその機に乗じて大幅増資を計画、一気に村山家の株式シェアを引き下げることを目論んだ。だが、たった一人累積投票で残っていた村山派の役員が社員、ＯＢの少数株を密かに買い集め、村山家はかろうじて三分の一を維持することに成功、増資を阻止した。

広岡たちがどれほど手を尽くしても、村山家を〝抹殺〟することはできなかったのである。水面下で熾烈（しれつ）をきわめる株式攻防戦はその後も長く続くことになる。佐々によれば、騒動直前には約五〇〇〇人いた株主は十二年後、双方の買い集めによって一二二七人に激減した。

広岡は、潜在的な恐怖を常に感じていたのかもしれない。高級紙ロンドン・タイムズを買収したカナダの新聞王、ロイ・トムソンが六八年、表敬訪問したことがあった。通訳にあたった村上吉男（後にアメリカ総局長）の回想によれば、トムソンが「朝日の買収にも関心がある」と伝えるや、広岡の顔色がさっと変わったことに同席者が気付いたという。

信託株は五〇％をやや上回る程度しかない。譲渡制限があっても外部勢力が社員名義で買収に走れば、数％でもキャスティングボートを握る可能性があった。さらに村山家と結託すれば、広岡にとっては最悪の事態となる。

広岡は、村山家の封じ込めに一定の成功を収めたが、その内実は、村山家という資本の影に常に脅かされていた。結果、招来したのは、経営の不安定や社員の動揺、外部勢力の潜在的脅威であった。日本のリーディング・ペーパーとされる朝日新聞の経営者は、薄氷の上を歩いていたと言える。

トリックスター・三浦甲子二

長きにわたった朝日紛争の時代、理不尽な左遷や逆にあり得ない厚遇など人事が混乱したが、その中を巧みに遊泳した異能な人物が三浦甲子二である。草創期のテレビで、しかも激しい内部抗争を経験したテレビで力を持つには、やはり三浦のような異才を必要としていたのかもしれない。

赤尾が大川に退陣を迫る最後通告を出し、東京オリンピックが幕を閉じる六四年十月二十四日にかけて、所得倍増論を掲げて五年目に入っていた池田政権も風雲急を告げていた。

前日の夕刻、朝日新聞の編集局長室では、まだ一台しかないカラーテレビに中島清成ら政治部員たちが群がり、日本対ソ連の女子バレーボール決勝戦の行方に固唾（かたず）を呑んでいた。金メダルがかかった〝世紀の一戦〟は、実に八五％の視聴率を記録する。

そこにやってきたのが政治部次長の三浦甲子二である。「そんなものを見ている場合か！」と中島らにカミナリを落とし、「池田が間もなく政権を投げ出すらしい」と告げ、ただちに取材に回るよう発破をかけた。

三浦は、〝じゃがいも〟あるいは〝ポテちゃん〟というあだ名で呼ばれたあばた顔で池田勇人、河野一郎ら大物政治家に深く食い込み、後に読売新聞社長となる渡邉恒雄やＮＨＫ会長になった島桂次と並ぶ派閥記者として名を馳せていた。

渡邉の回想。

「三浦は、政治家との関係では凄いやつだったよ。たとえば河野一郎が『おい三浦君、これはどうだろう』なんて言うと、『ああ、そうだ』という調子なんだよ。僕はそんな口のききかたできませんよ。僕が『中曾根さん、この件はどうですか』と言うところを『おい中曾根、おまえはどうだ』だったからね」（『渡邉恒雄回顧録』）

三浦甲子二（テレビ朝日社史より）

周りにいる者にわざとこうした会話を聞かせ、凄い人だと思わせる処世術だったろうと渡邉は指摘している。

編集局長の木村照彦の下で、朝日における政治記事を仕切っていた三浦は、それまでは池田批判記事をいっさい許さなかったという。広岡は次のように回想している。

「（木村は）兄貴分のように接していた三浦から『いま池田をやめさせてはいかん』という政治判断を聞かされて、批判記事を握り潰していた」

先述したように木村は敗戦直後、論説委員から総理秘書官となった一方、そのころの三浦は発送部の現場仕事に就いていたに過ぎない。それが二十年の間に、実質的な上下関係は逆さまになり、三浦は上司の木村を「テル」と呼び捨てだった。

当時の三浦の権勢を、部下だった中島清成が回想する。

「政治記事は政党、官邸、役所詰めの記者から出稿されるが、政局を巡る記事は政治部の半数を占める政党、官邸から上がってくる。当時、政治部長は柴田敏夫さんだったが、実際に記者の配置を仕切って記事を決めていたのが次長の三浦さん。ぼくたちヒラ記者は毎晩のように三浦さんから招集がかかり、料亭で打ち合わせをやる。仕事でやっていても必然、社内で三浦派と見なされることになった。その中には筑紫哲也もいた」

ところが――。

十月二十五日の朝刊は、各紙にオリンピック閉会式が大々的に載る中で、朝日だけに「政局転換の方向へ」という事実上の池田退陣を示す〝スクープ〟が掲載された。喉頭ガンを患っていた池田はその日、病気療養で退陣を表明する。池田派に強い三浦が取ってきた情報による朝日の完勝である。

政局の始まりが首相退陣なら、当時も政治記事のハイライトは誰が首相になるかを一刻も早く報じることだ。翌月、池田首相による後継指名において、候補は佐藤栄作と河野一郎の二名に絞られた。三浦は特に河野と親しかった。中島が往時を思い出し苦笑する。

「大方の情勢分析では佐藤有利だった。しかし、三浦さんは河野派の身内というより、親分と同等に見られるほどだったから、『河野のほうの情報も取ってこい』とこだわってしまった。するとカネをいくら配ったとか、誰を取り込んだとか具体的に河野有利の情報も入ってくる。早版では佐藤有利の紙面だったのが段々ぐらつき、最終版では『最後まで難航』というどっちつかずの紙面になってしまった」

各紙が「佐藤有利」と報じる中での迷走——。

政治部では、これをオリンピックの体操になぞらえて「着地失敗」と呼んだという。一点突破で深い情報を取ってくることはできても、総合的な分析力には弱点があったということだろうか。

翌日、佐藤派の担当記者、小笠原龍三は責任を感じたのか、丸坊主になって国会にあらわれるという一幕もあり、朝日の敗北がより印象づけられた。なお、佐藤・田中派担当が長かった小笠原は、その後の朝日の電波政策で独特の働きをすることになる。

三浦は、一定の〝中立性〟という記者の矩(のり)をはじめから躊躇(ちゅうちょ)なく超えていた。朝日では戦後、三浦のような破天荒な政治記者はあらわれなかったし、許されもしなかった。徒党を組むタイプの三浦の下には惹かれる部下も集まったが、反三浦派も多く、この政局報道の敗着も一因に風当たりは強まっていく。

広岡は翌年の六五年三月、取得した二割の株を背景に、ＮＥＴに副社長（常勤）ポストを含め朝日から自身も含む役員六人を送り込む。旧体制の役員を新聞から放逐した面もあったが、その中に、まだ四十歳そこその三浦がいた。当時はまだ、新聞がテレビを見下していた時代だったこともあり、社内の大方は飛ばされたと見たが実際はどうだったのか。

三浦の前半生は、実は不明なことが多い。

本人が語るところでは、大正十三年に長崎県の今里家で生まれた。ほどなく秋田県の母方の三浦家に養子に出されたが、その経緯ははっきりしない。

ただ、戦後の財界で調整役、言い換えれば汚れ仕事もこなす策士として名をなした日本精工社長・今里広記は、回想録で「三浦甲子二は親類筋」で祖父は長崎県選出の代議士、今里準太郎だと記している。

昭和初期、秋田時代の養家でいい想い出はなかったようだ。かつての部下によれば三浦から「継母に盗みの疑いをかけられたことがある」と、泣きながら話すのを聞いたという。

三浦は昭和二十一年初め、二十一歳で大学卒業を前にして朝日新聞に入社したことになっている。ただ、戦前から戦時中にかけて何をしていたのか、本人は語ったことがなく、その間の履歴については不明で、入社の経緯もはっきりしない。

三浦と親しかった同僚らの話をまとめると、実際は小学校卒から新聞を各地へ送る発送部にアルバイトとして入りながら、六年後、三十歳を前にして地方支局記者へと引き立てられた。通信部の記録によれば、昭和二十七年に長野支局、二十九年に横浜支局へ移り、ここで地元選出の大物政治家、河野一郎に密着、あたかも河野派メンバーのように振る舞った。三十二年には社内エリートが占める東京本社政治部へ引き上げられている。異例中の異例と言ってよい。

三浦が底辺から這い上がった転機に、先に触れた戦後直後の朝日争議での次のような場面があった。ストライキ阻止に動いたため身の危険が感じられるようになった広岡に、「身辺は僕らが守ります」と防衛隊を買って出る復員服姿の見知らぬ若者がいた。広岡が誰何（すいか）すると「発送の三浦です」と返事があった。

入社まもない現業部門の三浦は、反共産党の立場の組合運動で広岡に近づき頭角をあらわした。広岡がやがて編集局の枢要な地位に進むにつれて三浦を記者に引き立てたのだという。三浦夫人の回想によれば、長野支局在任時、経済部長だった広岡が三浦の赤ん坊を見るために立ち寄ったり、三浦も広岡家に毎年年始あいさつに行ったという関係性から、相応の主従関係が窺える。広岡が東京編集局長に就いた年に、三浦はとうとう政治部入りを果たす。

こうした広岡頼みの履歴であれば、広岡が東京本社を放逐されている間、三浦も同様の憂き目に遭いそうなものだがそうではなかった。

三浦は一介の記者に過ぎないのに、いつのまにか村山家に自由に出入りしていた。

『佐藤栄作日記』（一九六三年二月十二日）には次のような記述がある。

「村山・朝日社長宅で岸（信介）夫妻と共に夕食に招かれる。例によって三浦君大いにシャベル」

三浦は社内でしぶとく生き残ったばかりか、新しい権力の在処（ありか）を嗅ぎ分けて渡りをつけ、幹部と村山家とのパイプ役を演じるようになった。朝日騒動の前年には次長に昇進する。政治部にいる利点を生かし、社内外の要路に深い人脈と情報網を構築する一方、奔放な振る舞いは一記者の分を超えて社内や政界人事などに影響力を及ぼすことをも意味した。

広岡の回想によれば、三浦は勝手に〝子分〟を自称する関係であったという。三浦の常人とは異なる才覚を広岡はわかっていたし、活用した面もあった。

三浦のテレビへの転出は、型破りで政治的な動きが目にあまり新聞本体から放逐されたためと見られた。たしかに三浦への反発は強かったが、広岡は違った。復権した広岡は「朝日も何としてもテレビを持たなくてはならない」という至上命令の下に、旺文社、東映、日経の三大株主の構図に朝日が殴り込み、利害がモザイクのように錯綜するＮＥＴで主導権を確立するには、三浦ぐらいアクの強い者でないと果たせないと踏んだ節があった。

さらに免許事業であるテレビは政治との折衝、直截に言えば利益誘導が欠かせない。清濁併せ呑んで汚れ仕事をやり切る力が必要だから、政界の要路にめっぽう顔が利く三浦は適任だと考えたに違いない。他方、三浦派と目され取り残された政治部の部下たちの多くは、その後、人事で傍流を歩むことになった。

思わぬテレビ行きを本人はどう感じていたのだろうか。

三浦がＮＥＴで始めたのはやはり〝徒党〟作りである。早速、「おもしろそうな奴を集めろ」と中堅社員を二十人ほど赤坂の料亭に集めたところは、いかにも三浦らしい。参加した若手の一人が言う。

「三浦さんの第一声は、『ヘンな会社に来てしまったよ』という愚痴めいたことばだった。私も生意気だったので『だったら新聞に帰ったらいかがですか』とやり返したんです」

呼ばれた社員たちは三浦の独特な政治力、いわば〝悪名〟をすでに聞き及んでいたから、踏み絵を突きつけられたと感じた者もいた。ただ、何ごともざっくばらんな三浦には包容力があり、反論した社員をかえって引き立てるという一面があった。

三浦は調査局長で着任後、編成、報道という現場中枢を牛耳ったほか、管理部門にも〝三浦派〟と呼ばれる手下を作る一方、赤尾や東映側とも如才なく接し、陰の実力者として確実に影響力を増していった。

「映画は始まって三分が勝負」

昭和四十年代のＮＥＴ経営陣の勢力図は、旺文社は現状維持、一方、東映が徐々に影響力を失っていったところへ朝日が浸食していった。加えて折衷案で就任した住友銀行出身の社長が五年後に急死すると、後継社長の椅子は朝日の業務畑出身の副社長・横田武夫にタナボタで転がり込む。以後、会長職は赤尾が終身ポストのように続ける一方、社長職は朝日が出し続けることによって人事面での主導権を確立していくことになる。

そうした中でも、有力な政治的背景を持つ幹部は安定した地位を維持した。松岡洋右の息子、謙一郎は、資本的に四大勢力に属していないが、拮抗する力学の隙間を縫って代表権を持った副社長に就き、ほどなく東映側を代理するようになった。

松岡謙一郎（テレビ朝日社史より）

喫緊の経営課題はどん底に落ちた視聴率を上げることである。娯楽番組中心の編成にしなければ視聴率が上向かないこともはっきりしていた。旺文社にしろ朝日にしろ、視聴率を稼げる番組制作、編成ができるわけではない。つまるところ東映出身者に頼ることになる。その編成部門の元締め、編成局長には松岡が留任、編成課長には外画課長だった大川の娘婿、吉田治雄が就いた。

松岡が吉田に指示したのは、外画つまり外国映画の大量買い付けだった。当時、部下だった編成課員が言う。

「松岡さんは『外国映画は絶対に当たるから他局がまねしてくるはずだ。だから追随しようとしても作品が残っていないぐらいに買いまくってから、ゴールデンタイムでスタートしよう』と隠密裡の買い付けを命じた。英語もフランス語もできるので、副社長室にモニターを置き、自分で実際に見てから放送する映画を決めていました。アイデアマンとして編成には適任で、テレビ・メディアを純粋に楽しんでいたという印象が強い」

ところが役員の過半が映画放映に反対する。中でも旺文社出身の常務、岩本政敏は「映画をテレビにかけるのは映画館に失礼じゃないか」と言い出す始末だった。

逆に別の役員は「映画館でやったものを誰が見るんだ」と端から否定にかかった。映画館の観客総数は関東のテレビ視聴率の一％にも満たないことを説明しても「おれは見ないね」とうそぶくのだった。こうした反対論を抑えて六六年、「日曜洋画劇場（当初は土曜放送、二〇一七年に終了）」として放送に及ぶと高視聴率を叩きだし、松岡はしてやったりの笑顔を浮かべた。

松岡の回想。

「一年半ほどの間に一〇〇本以上見たが、その経験から、始まって三分以内が勝負だと見当をつけた。三分以内に視聴者にショックを与えるシーンが必ず出てくる。こういう作品は受けた」

こうした屈託のなさがある反面、松岡は血筋に由来する別の顔を持っていた。たとえば、首相当時の佐藤栄作から、近しい親族ゆえの露骨な干渉を受けたりする。佐藤の秘書官・楠田實の日記（六七年九月二日）には、次のような記述がある。

「車中、総理『昨夜ＮＥＴの松岡謙一郎がきたので、この前のベトナム裁判の番組、きつく叱っておいた。番組を作るのはそちらの勝手だが、免許のことはこちらの勝手だからなと言っておいたよ』。

……テレビの件は責任者と後日話すことにする」

このころ、アメリカのベトナム戦争は激化し、反戦運動も高まりを見せていた。二年前には、やはり佐藤政権下の官房長官・橋本登美三郎が、日本テレビのドキュメンタリー『ベトナム海兵大隊戦記』を「残酷すぎる」として経営トップに電話でクレームを入れ、その後の再放送、続編が中止になるという事件があった。

アメリカによる北ベトナム爆撃支持を表明していた佐藤にとって、政府批判につながるような番組は身内の松岡が阻止すべきであり、できないなら免許を取り上げることも辞さないと恫喝しているつもりなのだろう。佐藤は、やはりＮＥＴを自身の影響力が及ぶテレビ局ととらえている気配が濃厚だった。

松岡は編成担当として映画で当てた後、電波政策を扱う社長室担当となり、新局の免許獲得の責任者に就くことになる。本来なら三浦が適役だが、佐藤派から田中派へと続く郵政族の主流派への政治工作は、佐藤家とつながる松岡の守備範囲となった。

松岡は大川が去った後の東映を代表しながらも、温厚な性格もあって赤尾好夫と友好的に接することができた。松岡の部下はこう見ていた。

「松岡さんは海外出張の前には赤尾会長の元に必ずあいさつに行き、帰国後はお土産を持って報告に行くことを欠かさなかった。私が『赤尾さんはほとんど非常勤に近い会長なのに、大変ですね』と言うと、『代表取締役というのは、大株主の機嫌を取り結ぶのがとても大事な仕事なんだ』と答えていた」

松岡は七十一歳で退任するまで、代表取締役副社長を二十一年にわたって務めることになる。

政商と地方テレビ局

一九六〇年代後半、周波数が限られていたテレビ業界に大きな変革期が訪れる。

それまでのテレビ周波数、V波ではチャンネル数が限られていたが、全国ネットワークを増やしたいフジテレビの鹿内信隆らが強力に運動した結果、新しくU波がテレビ用に使われる情勢となり、第二局あるいは第三局といった新局設置の動きがまたたく間に全国に広がった。

記事を書くことがない、俗に「波取り記者」と呼ばれる新聞記者が大量に出現する。

「在京民放四局は監督官庁の郵政省の手前表面に出られず、系列の中央の新聞社に政治工作を任せた。各新聞社には社長特命の機関として電波企画室が作られ、昭和三十六年ごろには、郵政記者クラブにブロック紙を含め一挙に五十数名が登録」（『テレビ静岡二十年の歩み』）し、大臣、幹部官僚、逓信族議員に新局割当を盛んに働きかけた。

佐藤政権下の六七年から六九年にかけて、元逓信官僚の郵政相・小林武治と事務次官の浅野賢澄が、三十五のテレビ局に予備免許を与えるという第二次大量免許を主導した。もっとも、権益を守りたい既存のテレビ局と新規参入側との利害が錯綜するだけに、政治的にまとめるには田中角栄の腕力が必要だった。浅野は郵政相時代の田中に側で仕えて第一次大量免許に道を拓き、田中が電波行政に通暁するとともに官僚トップの事務次官に駆け上がったとされる。

三十五局のうちフジテレビの番組供給率が五〇％以上の局が十四を占め、フジテレビは一挙に全国ネットワーク構築に成功した。

浅野は次官退官の二年後、フジテレビに社長含みの副社長で天下る。選挙区が静岡の小林は、フジテレビがネットするテレビ静岡の相談役となった。利益誘導への露骨な事後処遇に、後任の郵政相・広瀬正雄でさえ国会でこう答弁することになる。

「私は、いちばん利権を伴う心配のあるのは電波行政だろうと思っている。したがって、放送事業と郵政省首脳の退職者とのつながり、就職、人事というものはもっとも注意しなければならないと考えている」（一九七二年六月一日・参議院逓信委員会会議録概要）

だが、その後も、いわゆる電波利権を〝政官財報〟で仕切り、分け合う構造に変わりはなかった。

U波開放の初戦はフジテレビの圧勝だったが、色めき立ったのは朝日も同じである。NETの最大の弱点は、全国ネットワークが他局に比べ貧弱なことであった。広岡がNETの経営に関わりだした当時、完全ネットは福岡のみで、名古屋といった大都市でもほかのキー局と並存するクロスネットに甘んじていた。

六五年八月、広岡は北海道・札幌での第三局を目指して申請母体を立ち上げ、その設立会合でこう表明した。

「朝日新聞は新聞以外の事業をしない建前だが、今日、電波は新聞社がニュースを提供する媒体として欠くことはできない」

多くの競合他社が予想される以上、勝ち抜くには地元政財界の有力者を看板に掲げなければならない。朝日は、発起人の中核に北海道選出の代議士で地崎組（土建業）社長の地崎宇三郎（後に運輸相）を据えた。

ネットワークの拡大が最優先だったから、多少のリスクには目をつぶっていった。政治力にものを言わせる地方の有力経済人、いわゆる「政商」とも積極的に連携し、テレビ局新設を目指していくのだが、結果的に重いツケを払うことになる。

札幌第三局にはほかに、大川の東映、読売新聞、雪印、地元代議士など六グループが競合し、最後の七番目に名乗りを上げたのが岩澤靖である。香川県出身の岩澤は敗戦直後、二十代半ばの身一つで北海道に渡った。姉が嫁いだ先が拓銀副頭取の兄弟だったのを頼ったという。二台のタクシー経営から身を興し、トヨタの販売会社・札幌トヨペットで経営基盤を確立、ガソリンスタンド、大学経営などへ事業を拡大し、社員五〇〇〇人に上る北海道有数の企業グループ総帥となった人物である。タクシー、大学といった〝許認可事業〟を手がけることに商機を見出し、政治力をつけることで事業を一気に拡大、北海道の「政商」と呼ばれるようになっていた。その意味で、政治力がもっとも要求されるテレビ事業への進出は必然だったと言える。

六七年十月、地崎が調整役を務めて七グループは一本化され、十一月、はじめてのU波民放として北海道テレビ放送（ＨＴＢ）に予備免許が交付される。岩澤は地崎の後援会長を務めていた関係から、社長に就任した。

「キー局の選定では、岩澤は『ＮＥＴとＣＸ（フジテレビ）が争ったが、ＮＥＴの方が熱心だった』（ＨＴＢ社史『この10年』）と触れるだけだが、そんな理由で最弱キー局をわざわざ選ぶはずがない。U波のチャンネルにハンディがあったことが、ＮＥＴに幸いした。受信するにはテレビにコンバータ（周波数変換器）を取り付ける必要があり、そこで活躍するのが先の高橋義治である。ＮＥＴ元幹部が言う。

「当時、技術局長になっていた高橋さんはなぜかコンバータの特許を持っていて、岩澤と組んで製造・販売し、二人は大儲けをした」

一台一万円ほどかかるとされたが、岩澤は価格を二七〇〇円に抑え、「ＳＩ（シングル・イワサワ）コンバータ」と名付ける。決して安くはないが、岩澤グループ社員を大量動員して広大な北海道で売りまくり、取り付け作戦を展開、瞬く間に普及させた。

岩澤のＨＴＢはＮＥＴをキー局とし六八年十一月、Ｕ波の第一号局として本放送を開始する。朝日の電波担当、藤井も役員に就き、弱小ネットのＮＥＴにとって二局目のフルネットとなり大きな橋頭堡となった。

功績をあげた高橋はＮＥＴ取締役に昇進したほか、コンバータで一財産を築き羽振りがみるみるよくなっていく。

「高橋さんは、右ハンドルに改造したベンツで出勤するなど、生活がますます派手になっていった」（前出・ＮＥT元幹部）

高橋と岩澤は切っても切れない関係になった。開局から五年後、高橋の次男、治則と岩澤の次女が結婚する。治則はまだ日本航空の社員だったが、帝国ホテルでの披露宴には福田赳夫、三木武夫、石田博英といった岩澤が応援する大物政治家が顔を揃えた。治則は、義父の飛ぶ鳥を落とす勢いを間近に見ることになった。

岩澤によるテレビ局経営の内実はどうだったのだろうか。

開局時の編成にあたった業務部長の坂本秀信によれば「岩澤社長から『東京キー局の番組表から人気番組を抜き出して、仮のタイムテーブルを作れ』と指示された」という。もちろん、全局から番組を引っ張ってくることはできないが、地方局はキー局の番組を右から左に流せば経営は成り立つのである。これほど、旨味のある事業はほかにない。

仕手戦「敗北」の末路

岩澤は、ＮＥＴ編成本部の責任者だった三浦甲子二とも昵懇の間柄になった。北海道に飽きたらず中央進出をもくろむ岩澤にとって、政界要路に顔の利く三浦は恰好の入口であった。

二人は似た者同士であったのだろう。融通の利かせ方は相身互いであった。三浦は、岩澤の長女と結婚した娘婿を「預かりものだ」と言ってＮＥＴに入社させ、管轄する編成職に配属した。その一方で、自身の子どもをＨＴＢに入社させようとしたが、あまりの成績の悪さに現場が抵抗、岩澤が断念するという一幕もあった。

岩澤ははじめから、常勤役員は自分一人だけでいいとワンマン体制による経営を公然と宣言した。なぜ、そうしたことが可能だったのか。

岩澤に当初、割り当てられた株式は一〇％に過ぎない。残りは朝日、読売に七％など、申請企業を中心に十数社に表向きは分散していたが、実態は違った。政治家が関係する会社などに割り振られた株は最初から名義だけで、実際の保有者は岩澤だった。

その後も、岩澤は隠れて株集めを進める。岩澤の持株が相当多くなっていることは推測できたが、実数は長く不明だった。

巧妙だったのは、岩澤は「株主はきちんと処遇する」とし、設立時の株主企業の幹部を役員（非常勤）から外さなかったことだ。株主名簿を管理する取締役総務局長でも、株主の実状はわからなかったという。

「雪印や読売などはずっと役員を出していたので当然、株主だと思っていたら、実はとっくに岩澤社長に売却していた。それを隠すために、売却後もそのまま役員にしていたのだろう」

読売グループからは自治官僚上がりの青山行雄が長年、役員に就いていた。

岩澤はライバルの他局へも密かに手を突っ込む。ＨＴＢの四年後に開局した第四局・北海道文化放送の株を他人名義で一九％買い集め、介入の機会を窺った。

岩澤がＨＴＢの過半数の株を取得していたことが明らかになったのは、開局から十三年が経った八一年、経営を揺るがす危機が訪れてからである。

テレビほどボロ儲けできる商売はない、岩澤はそう感じたはずだ。実業と虚業の境目が徐々に失われ、岩澤が投機にのめり込んでいくのは必然だったろう。

岩澤はＨＴＢを含むグループ各社に金融機関から融資を受けさせ、その資金を早くから株式投資にあてていた。ＨＴＢの社長秘書には、指南役として日興証券札幌支店の次長だった人物が就いたり、東京支社には山一證券出身者が常駐するようになる。

やがて岩澤は、仕手筋として一世を風靡した誠備グループの加藤暠(あきら)と組んで、巨額のカネを注ぎ込む仕手戦で名前が取りざたされるようになった。八〇年には、三菱系とされる機械商社、西華産業の株式を買い進めて四割弱に達し、大株主として名前がはじめて公然化した。

娘婿の治則も、大株主として名前が出る。治則は、義治がテレビ朝日の取締役退任後に社長に就いた電子部品の輸入販売会社、ＥＩＥの副社長になっていた。

岩澤は代表権を持つ会長に就任し、買収目的だったように装ったが、実際は売り抜けに失敗していた。翌年、高騰していた株が暴落し金利負担が重くのしかかったうえに、加藤が脱税で摘発され、岩澤はとたんに窮地に陥る。

悲壮な顔をした岩澤がグループの経理担当幹部を呼び集めたのは八一年二月下旬である。当時、HTB経理担当役員だった坂本の回想。

「岩澤社長は『資金に詰まった。グループ各社に一層の資金を頼みたい』と。これは大変なことになると、その時覚悟した」

坂本は一ヵ月前のHTB取締役会を思い出していた。岩澤は株投機にのめり込んでいたため、主たる居所を東京に置くようになっていた。在京する日が多くなるに従って、取締役会は東京で開くのが常態化する。場所は赤坂の料亭「川崎」で、半時間ほどの形式的な取締役会の後は宴会となるのである。

HTB役員には朝日新聞の出身者が常勤の副社長を含めて三人、東映の岡田などがいたが、それまで岩澤のやることに文句がついたことは一度もなかった。

その日の議案には、岩澤の資金運用会社に上限一〇〇億円の資金運用を委ねるという一項があった。グループの財政基盤を強化するという目的が示され、岩澤はいつものように「運用は私に任せてください」と言ったが、東映の岡田が「いいかげんにしたらどうか」とはじめて異を唱えた。

岩澤が仕手戦にのめり込んでいることはすでに経済誌で報じられていた。テレビ局から持ち出される巨額資金の度を超した運用に危惧を覚えていた坂本は、いいことを言ってくれたと成り行きに期待したが、すぐに裏切られる。

「まあ、岩澤君のやることだからしようがないか」

岡田は、こう言って矛を収めたという。朝日の三人は何も発言せず議案は承認されたが、株投機の資金繰りはすでに破綻しており、こうした追い銭は傷口を拡げただけであった。

三月十九日、岩澤グループの中核企業、札幌トヨペットが巨額損失を公表する。簿外債務の総額は四〇〇億円、そのうちの一四〇億円はＨＴＢのものだった。

肝心の岩澤はＨＴＢ社長を辞任したものの、その日から行方をくらましてしまう。身を隠した岩澤から坂本に、東京に来るよう連絡があったのは三月末のことだった。都内の駅に着くと黒塗りの車が迎えに来て、小さなホテルの一室に連れて行かれた。しばらく待つと憔悴（しょうすい）した岩澤があらわれ、連れてきた会社再建に詳しい弁護士を紹介し、「後のことは相談してくれ」と、用向きはそれだけだった。

別れ際、岩澤はこう言ったという。

「おれも裸になるから、おまえたちも裸になれ」

岩澤にとっては、自身の破滅はテレビ局を含めたグループ数千人の破滅と同義であった。

消えたＨＴＢ株の行方

電波行政を司る郵政省にとって、免許事業であるテレビで戦後はじめて発生した〝経営危機〟である。ただし、ＨＴＢは開局からわずか十年あまりで毎年の利益が一〇億円にもなる優良企業で本業はすこぶる順調だから、冷静に考えれば倒産のおそれはない。当時の総務課長は「免許事業だから会社がなくなるとは思わず、危機感はさほどなかった」という。

問題は経営責任の所在であった。監督官庁の責任を問われた郵政相は「厳格な姿勢で対処したい」

としたが、仮に追及するとしたら郵政省も無傷ではいられない。認可したこともさることながら、HTBには郵政省OBが常勤役員として天下っていたから、岩澤の暴走を許した責任があった。

いわば朝日や郵政省、拓銀をはじめとする地元銀行など経営陣を構成する関係者すべてが経営責任を負うなかでは、〝厳格な対処〟は空手形に終わる。

当時、テレビ朝日側から事件処理にあたった経理局元幹部が振り返る。

「会社更生法の適用まで検討されたが、郵政省放送部長の富田徹郎と朝日新聞、テレビ朝日の電波担当、この三者で話し合い、再免許不可といった強硬措置は避け自主再建することで幕引きが図られた」

なお富田はその後、郵務局長を経てフジテレビ常務に天下ることになる。

行政当局は、地元経済界の有力者といえども、安直に免許を出せば破綻する事態を招きかねないという教訓を得た。以後、郵政省は新局開設にあたっては、ますます新聞社に依存するようになっていく。朝日にとっては、災いが好機へと転じていくことになった。

後任社長には、朝日出身で設立時から参画し経営責任が重いはずの副社長が就いた。その後も朝日の政治部出身、電波担当幹部がHTB社長に続けて天下り、〝植民地〟の様相を呈した。

一方、岩澤の行為は特別背任といった刑事事件となる可能性が十分にあった。だが、「刑事上の告発は、すでに社会的制裁を受けていることを主な理由にこれを行わなかった」（『HTB25周年記念誌』）と封殺し、立件はなされなかった。民事上の賠償責任についても「わが社の融資および債務保証が形の上では取締役会の議決を経ているので、非常勤を含めた当時の取締役全員を巻き込むおそれがある」（同）ことを理由に追及を見送る。

朝日出身の役員らは、自らの保身のために責任追及を回避したと取られても仕方がなかった。緊急を要するのは経営権を左右する株の行方であった。

岩澤が雲隠れしたことで坂本らがもっとも当惑したのは、ＨＴＢ株の過半数が行方不明だったことだ。名簿の上では雪印や読売新聞などが持っているはずのＨＴＢ株はとうに岩澤に渡っており、どこに保管しているかは岩澤にしかわからない。精査すると岩澤の持株は五五％にも達しており、取り戻さないと総会で決議を上げることもできない。さらに、これらの株が反社会勢力などに渡れば、債務とは次元の異なる一大事となる。

坂本が三月末、岩澤と親しく付き合ってきたテレビ朝日専務・三浦甲子二に「株の行方がわからない」と苦境を口にすると、驚くべき返答があった。

「おれが預かっている」

三浦が盟友関係にあった岩澤から託された株券をテレビ朝日の金庫に入れたと聞き、坂本はひとまず安心した。ところが、テレビ朝日社長の高野信は「持っていると事件に巻き込まれる」と返却を指示。三浦はすぐに株券を持ち出したが、今度はありかを容易に言わなかった。

岩澤が、ＨＴＢ株に最後まで執着したことがその背景にあった。刑事告発を怖れるあまり、テレビの株券が自身の安全を図る拠り所であると考えているようだった。一ヵ月が経ち、岩澤は顧問弁護士を通じてようやく株券の引き渡しに応じた。坂本が取りに来るよう指示された場所は、永田町の議員会館にある地崎宇三郎の部屋であった。

「迷惑顔の秘書から、セロハン紙に包まれ紐で縛った株券の束を受け取った」

岩澤は地元代議士を始め派閥領袖など多くの政治家に献金し、影響力を誇示してきた。だが、破綻したとなれば厄介者扱いであったろう。

岩澤時代の社長室扱いの伝票類を精査すると、警察庁や文部省の官僚を接待した記録が次々に出てきたという。いずれも運送業や学校法人といった許認可に関係する官庁であり、岩澤がテレビ局社長の肩書きを持つから招きに応じてきたに違いなかった。

なお岩澤事件からわずか四ヵ月後、同じ北海道の「政商」、萩原吉太郎が会長として営む第二局、札幌テレビ放送（ＳＴＶ）でも似たような事件が発覚した。経理担当常務が商品相場に手を出して失敗、四億円を横領し逮捕される。金額のケタは違うが、岩澤事件に通じる要素はほかにもあった。常務は萩原の甥で、経理を一手に任されていた。ＨＴＢも監査役は岩澤の長女の夫であった。

二つの事件は、電波使用料がタダ同然でキー局の番組を垂れ流せばいい地方都市のテレビ局が法外に儲かること、政商及び親族による野放図な経営がはびこる一方、行政当局、新聞社がそれに加担してきたということを露骨に示していた。

坂本はその後、かかってきた電話で一度だけ岩澤と話した。耳を澄ましても雑音がしないので「静かですね」と問いかけると、岩澤は「座禅を組んでいます」と言うのだった。

その後も岩澤は、消息が途絶えたまま九三年一月、都内の病院で死亡した。

無一文から事業を興し、「政商」と呼ばれ、人が羨むテレビ局のオーナー社長の地位を手に入れながら、自身のマネーゲームで破滅した岩澤の姿は、後に娘婿の高橋治則や村上世彰、堀江貴文が歩んだ激しい浮沈の足跡と重なるものがあった。

佐藤栄作や田中角栄のような大物政治家がテレビ局を大きな枠組みでとらえ、影響力を及ぼそうとした一方、地元密着型の政治家はもっと直截に自分のテレビ局を欲した。

中でも香川県は、二人の政治家一族がそれぞれテレビ局を事実上、所有するという利益誘導がおこなわれ、互いに覇を競ってきた。

NETやフジテレビ設立の際、郵政相として登場した平井太郎は、家業の土建業から手を広げ戦後になって地元の新聞社を買収した。地方政界から国政にも進出し、五一年、電気通信省（逓信省が電通省と郵政省に分割）の政務次官に就いたことで放送局の利用価値に気付く。当時、毎日新聞の電波担当だった田中香苗（後に社長）によれば、次官在職時に同郷の縁で訪ねてきて「民間放送をやりたい」と協力を求めてきたという。二年後の五三年に結実しラジオ四国（後の西日本放送）を開局、社長に就く。そのまま五六年に郵政相となり、退任のわずか三ヵ月後には自身の西日本放送にテレビ免許が交付された。郵政相在任中は激しい免許争奪戦を踏まえ、「電波の割当は微妙な問題が絡む」と慎重な姿勢を見せたが、ふたを開ければ我田引水の所業だった。次の社長には娘婿をあて、自身は六十八歳で死ぬまで会長に留まった。

一方、同じ香川県で海運業を営む加藤常太郎は、平井とは小学校の同級生で、参議院議員になったのは一期早いが次の選挙で平井が当選、自身は落選の憂き目に遭う。その後、衆議院議員に返り咲いたが、政敵の平井とは何かと因縁深い。

平井が地元に帰ると西日本放送が熱心に報じるのに対し、加藤はまともに取り上げられないことに業を煮やす。国会の逓信委員会に所属して委員長を務め、立法府における郵政・逓信族の実力者となり六七年、郵政省にねじ込んでテレビ免許を獲得、瀬戸内海放送を設立する。初代社長は弟、次は息子と加藤一族のテレビ局とすることに成功する。

電波行政に睨みをきかせる政治家が二人もいると、免許も特別扱いとなる。地方の放送免許は県単位が基本だが、香川県の高松地区は違う。七九年に、瀬戸内海を挟んで岡山・高松が一つの区域に合算される準広域地区となり、最終的に四つのテレビ局（香川二局、岡山二局）でパイを分け合うことになった。県域免許なら七、八の置局になるところを抑え、しかも相対的に弱小の高松のテレビ局が岡山までエリア、商圏を拡げられたのは、無理筋を通す加藤の政治力によった。瀬戸内海放送の売上げは、岡山まで電波が延びたとたん倍近くにまで急増した。

平井、加藤一族はいまも二つの放送局を事実上、支配している。

後継者・赤尾一夫

テレビが家庭の隅々にまで浸透した七〇年代、NET内で旺文社と朝日新聞間の主導権をめぐる神経戦が決着を迎える。その前に、赤尾家の放送株などの資産を継承する次世代の動向を見てみよう。

六六年五月、赤尾好夫は「旺文社創立三十五周年」の園遊会を椿山荘（ちんざんそう）で開いている。まだ四十代なのに自民党幹事長となった田中角栄があいさつに立ったのは、好夫が二つのテレビ局にまたがる大株主、かつ東京キー局会長だからこその扱いであった。七年後、長男・一夫の最初の結婚式にも、首相となった角栄が出席している。

この瞬間が赤尾家と旺文社の絶頂期であり、後には長い下り坂が待っていた。

普段、好夫は旺文社に出勤する。文化放送には月一回の役員会に、NETには毎週の常務会と月一回の役員会に出席した。そのほか、番組審議会に欠かさず出席するのは〝エロ・グロ〟に目を光らせる好夫らしいと言えた。

本業の旺文社の業績は好調で、大学生の長男、次男など子どもも三人おり、後継者に不足はないように見えた。

赤尾一夫は一九四七年、赤尾好夫・鈴子の長男として生まれた。数少ない長年の友人によれば、人の後ろに隠れているような地味で目立たない学生生活を過ごしている。一方、一夫にとって父好夫の存在はあまりにも大きく、その存命中は常に抑圧されていたと本人は口にしていたという。たしかに、一代で出版とテレビで大きな成功を収めた父の存在は息子には重かったのかもしれない。

慶應大を卒業した七〇年、父親が代表取締役会長を務めるＮＥＴに入社、国際部渉外課に所属した。といっても入社式に出ただけである。

皮肉なことに、大川の娘婿と同じく一夫はすぐにパリに渡った。娘婿の赴任は妻の希望だったが、好夫の長男は本人のそれだ。当時、パリに支局があったわけではなく、一夫のためだけに駐在事務所を設けている。本人は形式的な業務にさえ従事することはなく、現代絵画など美術の造詣（ぞうけい）を深める気ままな遊学であった。

赤尾一夫（朝日新聞社提供）

こうした大株主・会長の子弟だけに許された特別待遇を、好夫も後ろめたく感じたのだろう。駐在事務所経費など一夫の遊学にかかる費用は、自身の報酬から賄うように経理部に指示している。

しかし、実際はそうではなかった。一夫からは毎月、事務所経費の総額が一行だけ記された〝会計報告〟が送られてきた。上司の東映から来た渉外課長は毎回、顔をしかめながら処理していたという。

そもそも会長の息子が入社し、パリに遊学していることを知る者も少なかった。

一年後に帰国してからも、特別待遇に変わりはない。一夫は父親に頼んでNETや旺文社に出資させ、七四年、アート・エージェンシー・トウキョウなる美術商の会社を設立している。当時、社長室に所属し、同社の設立にも携わった知識洋治（後に事業局長）の回想。

「赤尾会長から松岡副社長に『息子の頼みを聞いてやってくれ』という依頼があり、松岡が所管する社長室で会社設立から店舗探しまで手伝った。青山で店舗を決めると、会長が『見に行きたい』と言うので案内したこともある」

特命を担当する社長室からは、一夫の元に社員も派遣された。

「事務所にあらわれる一夫氏はハイヒールの靴を履き、毛皮のコートを身につけ、身なりも芸術家然としていた。若い美人秘書を連れて、『こんにちは』も言わずに黙って入ってくる変わった男だった」

当時、美術評論家の峯村敏明は一夫から現代美術についての相談を受けている。

「アート・エージェンシーという社名を付けたのは、空間に絵を並べるだけではなく、もう少し文化的、総合的な活動をしたいということだった。現代美術のセンスは抜群で好みも非常にはっきりし、研ぎ澄まされてムダをそぎ落としたものに深い理解を持っていた」

一夫がそこで手がけたことは多くはないが、評価された企画がある。NETで七六年から深夜の十五分枠で放送された「アートレポート」がそれで、伊丹十三が現代美術をさまざまな切り口から紹介した。企画に携わった先の峯村が言う。

「現代美術に興味を持っている人は少なく、テレビ局にとっては迷惑な話だったと思うが、たまたま父親がテレビ局で力を持っていた一夫氏が番組を発案し実現した。伊丹さんの起用も、一夫氏の提案だったと思います。ただ、内容に介入してくることも、現場に顔を出すこともなかった」

レポーター役の伊丹は自身でも演出をこらし、熱心に打ち込んだという。たとえば、番組内でシルクスクリーンを質屋に持ち込み、親父にいくらで買うかと交渉する。これは印刷だと呆れる相手に、伊丹がよさを講釈するという寸法だ。

テレビ局の営業面でうまくいったとは言いがたいものの、一方でビジネスとリンクしていたことも疑いない。知識が振り返る。

「一夫氏はまだ注目されていないころのアンディ・ウォーホルにいち早く目を付け、シルクスクリーンのマリリン・モンローなどを格安で仕入れ『これを売ってください』と頼まれたりした。しかし、そんなものの売り先があるわけもなく、仕方がないから開局記念の地方局や子会社に無理やり買わせたりした。当時は、顔をしかめられたが、いまではお宝になっているはずです」

現代美術について相応の目利きであったのだろう。他方、藤田嗣治の作品を仕入れ値の三倍を超える三〇〇〇万円でＮＥＴに買わせたこともあった。

東京と大阪の「腸捻転」を解消せよ

そのころの朝日にとっての喫緊の課題は、ネットワークのいわゆる〝腸捻転〟とＮＥＴの免許変更、それに社名問題であった。

朝日新聞大阪社会部長から大阪編集局次長になっていた岩井弘安は七二年、編集担当専務の渡邉誠毅から電話でラジオ・テレビ室長への異動を内示された。それまで電波に関わったことがまったくない社会部育ちの岩井は抵抗したが、続けて東京本社代表（総合企画室担当）の田代喜久雄からも自宅に電話があった。

「私は元々、東京社会部出身で、田代さんが部長の時に次長として仕えた。ところが村山騒動が起きて、関西に本拠のある村山家の面倒を見る者を東京から送らないといけないということで、当時の美土路社長から『大阪に行ってくれ』と。そろそろ東京の編集部門に戻りたいと思っていたところへ、今度は畑違いの電波だと……。嫌だと言ったんだが、兄貴分の田代さんからも電話があって『つべこべ言わずに行け』と言われ観念した」

田代は朝日にあって社会部畑の出世頭だったが九年後、社長レースに敗れ、テレビ朝日に転出することになる。

社長の広岡に着任あいさつに行くと、「君には重大な任務が五つある」と特命を受けたという。

第一にNETを教育局から一般局に変更する、第二に日本教育テレビ（NET）という社名も変更する、第三に大阪の局とのネットチェンジ、つまり朝日放送とネットを組む、第四に名古屋の「半欠け茶碗」を直す、第五にネット局を増やす――。

次々に繰り出す注文の多さに「こんなこと、いっぺんにできるんですか」と岩井が悲鳴を上げると、広岡は「それをやるのが君の仕事だ」とにべもなかった。

中でももっとも難しいのがネットチェンジ、〝腸捻転〟の解消である。大阪の朝日放送は設立の経緯からTBSとネットを組んでいた。片や、NETが大阪でネットを組んでいるのは毎日放送である。

つまり、東京―大阪で朝日系と毎日系がネットを組むという捻れた状態になっていた。朝日放送は、売上げ、収益の面からは民放の雄であるTBSとこのままネットを組んでいたほうがいい。

朝日放送は社長も副社長も朝日新聞出身、しかも岩井と同じく大阪の社会部長経験者であった。岩井が電波担当に配置された理由は、新聞社特有の人間関係が有利に働くと考えられたのかもしれない。岩井はともかく、二人を訪ねた。

「でも、平井社長は私の十三代前、原副社長は八代前の社会部長で雲の上の大先輩、当初はとても交渉するということにはならなかった」

ネット問題は、朝日新聞と朝日放送の間で以前からくすぶる懸案事項であった。広岡が朝日新聞の経営にあたることになった当時、朝日放送社長だった鈴木剛、副社長の平井常次郎、専務の原清との間では次のようなやり取りがあった。

広岡が「いまＡＢＣ（朝日放送）は朝日新聞とやや離れているが、将来はよろしく頼みます」と言うと、住友銀行元頭取の鈴木は「ＡＢＣは朝日新聞だけのものでもないし、子会社でもない。朝日のネットワークと言われても到底実現できない」とにべもなかった。

鈴木は、洋画は玄人（くろうと）はだし、また関西交響楽団の育ての親と言われるほどの趣味人で、大阪で初のテレビ局、大阪テレビ設立の際に準備委員長となって奔走した。初代社長を務め、熾烈なライバル関係にある朝日新聞と毎日新聞の合弁テレビ局をまとめ、融和を図ってきたという自負がある。しかし、それも束の間、大阪にテレビ局が増局され、毎日が新局に移ったため、大阪テレビは朝日放送と合併、ラジオ・テレビ兼営の朝日系放送局になるという難産を経験したため、新聞社に振り回されてきたという苦い思いがあった。

これに対し、広岡は十歳以上も年上の鈴木に怒りを露わにしたという。

「鈴木さん、朝日という名前の付いている放送局の社長として、そのようなことを言ってもいいんですか」

広岡は戦前、最初の任地である大阪経済部で四年を過ごし、戦後も一九四八年に大阪経済部長を経験していたから関西財界に通じている。朝日放送設立の際は東京の経済部長だったが、夜行列車で急遽関西入りして資本集めなどに走り回った経験がある。だから、朝日放送は朝日新聞が苦労して作ったという意識は強い。

その〝威嚇〟に気圧されたのか、鈴木はネットを組む場合の条件としてＮＥＴが一般局になること、名古屋をはじめとして東京、大阪、九州で朝日系列が確立されることなど、いずれも難題を提示したという。

広岡が岩井に命じた五つの課題は、玉突きのように相互に密接に関係していた。最終目標は、朝日新聞の傘下にテレビの全国ネットワークを築くことである。まずＮＥＴを朝日のものとし、大阪民放のトップであるＡＢＣとネットを組みたい。そのためには教育局の制約を取り払い、ＮＥＴを一般局に変更しなければならない。読売・日本テレビと相乗りしている名古屋放送も完全ネットで結ぶ必要があったし、さらに地方に系列局を拡げなければならない。

難問が山積していた。

しかし、こうした構想はあくまでも新聞社の都合でしかない。現在は、新聞社とテレビ局が系列化されている状態が当然のように思われているが、そこに必然性や正当性があったわけではない。むしろ、メディアの寡占化に伴う弊害は当初から懸念されていた。放送局が独自の発展を目指す気運が盛り上がった時代もあった。

原清は、広岡と同い年だが社歴は二年古い。広岡が大阪経済部長に着任すると原はすでに大阪社会部長で、そのころからNHK大阪の番組に出演していた。ラジオ放送に多少土地鑑があったため、西部本社編集局次長だった五一年、朝日放送設立に伴って放送部長として送り出され組織作りなどの実務を任された。

転出を命じた上司からは「放送会社は三年もたないだろう」と言われたといい、原は「新聞を辞めて放送に行けとはなにごとかと悔しくてたまらず、男泣きに泣いた」という。片道切符であることを自覚し、後にこう回顧している。

「当社（ABC）にせよ、TBSにせよ、一貫して放送は放送である、という姿勢だった。TBSは毎日新聞系なのかというと、決してそんなことはない。毎日新聞とて株主の一員にすぎないというとらえ方で自主的に運営し、TBSの主張を打ち出している。当社においてもそれは然り、新聞側の都合で放送会社の編成方針を変えてもらっては困る、とはっきり言っていた」

肩を叩かれたゆえの意地もあったのだろう、原は後に朝日放送社長、会長となり、八十三歳でパリ出張中に急死するまでその在任期間は十八年にも及んだ。

「教育テレビ」からの脱皮と角栄

七〇年代、新聞社が自社系のテレビ局を増やす政治工作は激しさを増した。

広岡は岩井に田中邸に行けとは言わなかったが、電波を司る権力の在処を調べれば、目指すべき場所はそこしかなかった。それが七二年から十年間、電波担当を務めた岩井の実感だ。

「歴代の郵政大臣は田中派が多かったこともあるが、訪ねても『おれの所に来てもダメだ。目白に行け』と言うんだから……。原田憲郵政相に至っては、『自分には権限がないんだよ』と寂しそうに言っていた」

岩井は毎朝六時に都下目白の田中邸を訪ねるのが日課となった。バスを連ねて新潟方面からやって来る地元客との応対が終わるまで二時間ほどをじっと待つのだが、それでも会える時間は十分ほどだ。

岩井が現状と問題点を話すと、角栄は「そうか」と聞き置くだけである。だが、放送界を統べる実力者の耳に適時情報を入れていくことこそが重要だった。新聞社とキー局、地元経済人との複雑に入り組む利害や人的関係などを、田中はメモひとつ取らずに記憶したという。

さしあたりの最優先課題は、一般局への免許変更である。

「私がラジオ・テレビ室長になったとき、郵政相は広瀬正雄。後にテレビ朝日社長になる広瀬道貞氏の父親で、こちらの事情に理解があったが、官僚がなかなか言うことを聞かなかった」（岩井弘安）

岩井の上司の電波担当（七一年～七七年）である柴田敏夫も、政治部長だった時のつながりを活かし、政官の要路に働きかけをおこなってきた。柴田の回想。

「（教育局の）〝枠外し〟は実に厄介な問題だった。朝日新聞の電波担当になって、私は歴代の郵政大臣に対し、繰り返し強硬にＮＥＴの教育局の枠を外し一般局にせよと申し入れたが、なかなか思うようにいかない」

大臣が理解を示しても、郵政官僚は、いったん教育局で免許を出したことにこだわりを見せた。一般局にしたいのなら新しく申請させ、テレビ免許が欲しいその他大勢の申請者と併せて処理するという原則論をとった。だいいち、開局してまだ十年ほどしか経っていないのに免許を変えろという要求は、本来、通るはずのない無理筋である。

ＮＥＴの番組内容は、実際は教育局の制約を有名無実化し一般局とさほど変わりがなかった。むしろ〝エロ・グロ番組〟の横行を好夫が嘆いたほどである。ただ、教育テレビという社名や教育局ゆえについて回る赤尾・旺文社という表看板は、朝日が主導権を確立し電波政策を自在にふるうには障害となる。東映が自滅し、教育出版の旺文社が残ったＮＥＴを、朝日が横合いから乗っ取るには是非もなく必要なことだった。

朝日の影響力を盾にそうした縛りを解き、自社の権益拡大のために既成事実を積み重ね、特段の配慮を政治に要求する――。それは今日の森友、加計学園への利益供与に通じる、日本の政治社会の変わらない悪弊であった。

官僚の〝正論〟を覆すには、やはり田中角栄という政治力が必要だった。

七二年六月、首相の佐藤が引退を表明、八年近くに及んだ長期政権が幕を閉じる。

翌月、札束が乱れ飛ぶ〝三角大福戦争〟と呼ばれた激しい党内闘争の末に田中政権が誕生する。広岡は待ちかねたようにこう振り返っている。

「第二次田中内閣（七二年十二月成立）で、彼はかねての構想を実行に移すべく、自派の久野忠治を郵政大臣にすえた。テレビ系列の抜本的整理統合について、角栄はまだ時期が早いとも考えていたようだが、あれはチャンスだった。ちょうど再免許の時期にあたっていたし、あのときをはずしたらどうなっていたか、実に危ないところだった」

久野と懇意にしていた柴田もまた強力に働きかけ、「尽力する」という言質を取った。柴田の回想によれば、七三年九月末、首相外遊の際に、久野は角栄の名代として一気に免許変更を進めたという。

十月、NETと教育（科学）局の東京12チャンネルは一般局への移行が認められた。五つの東京キー局はこれで同じ土俵に上がるとともに、五つの全国紙に対応する枠組みが整った。

新聞とテレビが完全に系列化するには、キー局にまたがって複数存在する朝日、読売、毎日、日経の各新聞社の持株をそれぞれ交換し、一局一社に整理する必要がある。朝日の場合は七四年四月、保有していたTBS株を毎日へ、日本テレビ株を読売へ譲渡、そのカネで日経が持っていたNET株を買い取るシナリオを組み立てた。

そうなれば朝日の持株は三四・二％となり、旺文社二一・四％を抜いて拒否権を持つNETの筆頭株主に浮上する。主導権を奪われることを懸念した好夫は日経社長・圓城寺と会談し、第三位の日経が持つNET株すべてを朝日へ譲渡することに強い反対を伝えていた。

そのころ、岩井が旺文社に好夫を訪ねると、いきなり叱責されたという。

「朝日新聞綱領に『品位と責任を重んじ、重厚の風をたっとぶ』とあるが、どこが『品位』と『重厚』か。ここぞと株を買って、会社を乗っ取ることか！」

「NETの社名にはこだわらないが、日経の持株は現在の持株比率で株主に配分するのがあたりまえじゃないのか」

綱領を持ち出されると、岩井には返す言葉がなかった。それに、応分の株の配分は、拒む道理のない正論であった。

赤尾の警戒心は、社名変更以上に、朝日が筆頭株主になることに向かった。持株比率での配分ならば、わずかに旺文社が筆頭の地位を守ることができた。

「赤尾さんからすると、朝日は当初、12チャンネルに行ったくせに、都合が悪くなると10の筆頭株主を狙いだした。それは自分が作ったテレビ局が乗っ取られることだと思った」

事態の打開を期して七四年四月四日、財界人たちの社交施設、クラブ関東で広岡・赤尾会談が開かれた。

しかし、岩井の回想によれば、広岡は長時間の会談を終えて青白い緊張した面もちで社長室に戻ってきたという。さしもの広岡も、好夫から真正面から詰問されれば返答に窮するのだった。

広岡らは好夫を欺く一計を案じることにした。

日経の持株は計画どおり朝日で保有する。半分は名義を朝日に書き換えるが、残り半分は名義をそのままにし日経が持ち続けるように装う——。その名義人には、野村證券の瀬川美能留、味の素の鈴木恭二と記されていた。

株式をめぐる実務については、好夫もそれなりに通じている。株式獲得をめぐる工作、駆け引きは、時には少なく見せたり、突然、持株の実勢を明かして一気に主導権を握る、互いに化かし合いの世界であった。

朝日のこうした小手先の工作に、好夫が易々と騙されたとも思えないが、新聞社がメディア業界を主導するようになり朝日と日経がテレビの棲み分けで合意した以上、抵抗の道はすでに閉ざされていた。

残された課題は大阪のネットチェンジである。新聞資本の力が弱く自立性の強いＴＢＳにとっては、ネットを結ぶ大阪民放の雄、ＡＢＣを朝日サイドの一方的な都合で奪われることを意味しており、迷惑な話であった。だが、テレビ局の株が各々、新聞系列に整理された以上、抗することもできない。朝日サイドから通告されるのは沽券に関わるからか、逆にＡＢＣに〝円満離縁〟を申し入れた。

十一月、ＮＥＴはＡＢＣ、ＴＢＳはＭＢＳと新聞系列に従ってネットを組み直し、東京と大阪の〝腸捻転〟が解消されることが決まった。

翌年の七五年四月、ネットをＮＥＴに変更したとたん、予想されたこととはいえそれまで視聴率、売り上げともトップを走っていたＡＢＣは急落の憂き目に遭う。回復にはしばらく時間がかかった。

「テレビ朝日」に社名変更

これまで見てきたように一九五〇年代半ばから二十年にわたって、新聞社、テレビ局のほとんどが放送免許で田中を頼りにし、借りを作ってきた。

田中への借りで言えば朝日新聞も同様か、むしろより大きい。岩井によれば田中は、「広岡は愛想のない奴だ。よく言っておけ」と苦言を呈すことがよくあった。ことばにしなくても、あれだけ世話したのに、という含意が透ける。岩井は「社長は酒も呑まないし、無愛想な男ですから」とごまかしたという。たしかに広岡は新聞社トップの割に、政治家との付き合いを嫌ったが、それでも角栄とは年に数回は会食した。角栄だけは特別だったからで、広岡にもその自覚はあったのだろう。後にこう回顧している。

「角栄の好意がなかったら今日のテレビ朝日はできていない。にもかかわらず朝日は角栄に対しビタ一文出していないし、記事に手心だって加えていない」

後段のくだりは、広岡個人はそのつもりだったかもしれない。だが、少なくとも経営サイドは田中型の政治手法を批判できるわけもないし、実際の報道もそうだった。持ち上げてきたと言ってもいい。

その田中はしかし、首相就任から二年で、放送免許とは関わりを持たない出版社による〝金脈批判〟で窮地に陥り、政権は倒れた。他方、新聞もテレビもそれまで、田中にまつわるカネと利権についてはほとんど触れてこなかった。

朝日放送社史は、自戒してこう記している。

「（新聞が田中金脈批判に）手も足も出なかったということでは、電波メディアも同様であった。佐藤首相に〝頼りにされた〟記者会見といい、文春の田中金脈スクープといい、われわれ電波媒体に投げかけられた教訓は大きい」

四十年以上も前のできごとだが、いまの安倍官邸とＮＨＫをはじめとする放送との関係に通じるに違いない。

朝日はＮＥＴの一般局への変更を勝ち取ったものの、社名は相変わらず〝教育テレビ〟であった。郵政官僚からは、免許変更をあれだけ強硬に迫ったのにいまだに教育テレビか、と揶揄される始末である。

朝日としては、なんとしても社名変更を好夫に応じてもらわなければならない。

七四年十一月、広岡は社長人事で転換を図る。テコ入れのため、調整型の横田に代えて朝日新聞西部本社代表を経て九州朝日放送社長だった高野信をＮＥＴ社長に持ってくる。さらにＮＥＴ取締役会

岡田茂（テレビ朝日社史より）

で、朝日側の意を受けた社外役員で北海道テレビ放送社長の岩澤靖が「いつまでも教育テレビでは恥ずかしい」と応援発言するなど、好夫包囲網は狭まっていった。

広岡の回想。

「朝日がNETの大株主になったあと、赤尾氏と事をかまえることはまずいと思ったけれども、こんなことでは困ると思って僕は高野君に『今度の総会で断固たる措置をとる』と決意を伝えた。彼は『そこまでやるか』、『そこまでやらなきゃ片付かないではないか』とそう答えた」

赤尾家を力でねじ伏せ強行突破するというのである。村山家に対してきたのと同様に、いざというときの広岡の地は常に力ずくであった。

そこへ登場したのは東映社長の岡田茂である。東映では、大川が内紛から七年後の七一年八月に死去、二十年に及んだワンマン体制に終止符を打った。一時、後継者は長男と目されたが、第一期入社組の岡田が台頭、東映の母体にあたる東急総帥の五島昇の支持を得て、社長に就任していた。東映はなおNETの第三位株主であり、岡田もNETの社外役員だった。

岡田の真骨頂は、左右やヤクザを問わず、もめごとを仲裁、調整する時に発揮される。

朝日と旺文社の間で社名問題が暗礁（あんしょう）に乗り上げた時、岡田は広岡の意を受け赤尾にこう提案したという。

「一年以上も議論して社内も混乱している。ここは、赤尾さん発の社名変更で調整するしかない」好夫が社名をどうするか聞くと、岡田は「全国朝日放送網でどうですか」と答えた。

つまり、社名は朝日そのものだが、会長の好夫が提案することによって花を持たせ、プライドが傷つかずに済むというわけだ。好夫は了解し、広岡は岡田の調整力に感謝したという。

七七年四月、朝日は念願のNET社名変更を果たし、名実ともに主導権を確立した。角栄と広岡がかねて談合してきた新聞とテレビの再編、一体化という、日本の報道・言論界を画する大きな枠組みが完遂され、好夫と旺文社が占める役割は失われようとしていた。

それはメディアの寡占・集中へ道を開く決定的な一歩となった。とともに、日経・12チャンネルを除く四つの全国ネットワークの形成は、経済力の弱い地方でも県単位のテレビ局があまた作られる引き金となった。

ネットワーク拡大の悲願

広岡が岩井に課した最後の特命、地方のネットワーク拡大でも最後のカギは田中が握っていた。第二次大量免許でフジテレビがTBSに並ぶ全国ネットワーク形成に成功する一方、立ち遅れた朝日と読売両グループは、郵政省に対し新たな周波数割当を強力に働きかけた。その結果、七三年に静岡、新潟、長野の比較的大きな県に第三局が認められることになった。

この三県で、朝日と読売のどちらが第三局を取るか。

「新局獲得は、朝日と読売の対決をむき出しにして、その激しさは各地の新局作りで周囲を驚かせた」(『静岡朝日テレビ二十年史』)

岩井が電波担当として最初に取り組んだ静岡で見てみよう。

両社はまず静岡県内の経済人、団体を囲い込んで名義を借り、大量の申請書を電波監理局に提出することで優位性をアピールした。二七四本に上った申請のほとんどは両社のダミーで、朝日が多く一五〇本ほどを占めたという。ダミー申請書の数を競う不毛な争いがその後各地で常態化していったが、相手が有力マスコミだけに行政当局が断を下すのは荷が重い。

当時、NET社長室にいた先の知識は、ネットワーク構築にあたる政治工作の特命を受け、静岡に派遣された。

「NETのネットは数の少なさ、有力な資本の裏付けがないといった貧弱さゆえに〝犬の小便ネットワーク〟と呼ばれていて、拡大が急務だった。七〇年代後半、NET（七七年、テレビ朝日に社名変更）は静岡の第三局を取りに行き、読売・日本テレビとの激しい争いとなったが、どちらも譲らず行き詰まってしまった。いっそのこと、三、四局同時に作ったらどうかという考えが出てきた」

行政当局は、当該県の経済力を考慮し、過当競争にならないよう免許交付に慎重にあたるのが常だ。それをメディア側が強行突破しようというのだ。

知識は、先の加藤常太郎の瀬戸内海放送がNETとネットを組む際に三ヵ月ほど現地に派遣されたことがあった。加藤が郵政省相手に、免許を準広域の特例にさせた腕力をまのあたりにしてきた。

知識は加藤に、事務次官に働きかけてくれないかと依頼する。まもなく、ホテルオークラに事務所を構えていた加藤から「知識君、ちょっと来てくれ」と連絡があった。

「十分もしたら次官が来るから、隣室に隠れて、わしと次官が話すのを聞いとれ」

知識がメモを構えていると、来訪した次官に加藤が吠えた。

「おい、役所もいい加減にせえや。いつまでも放っといたら、話がまとまるわけないやないか。三、四を同時に出して何が悪いんや！」

「いや先生、それは郵政省のいままでの方針に反します。一局ごとに地元の意見を聞いて電監審にかけて手順を踏まないといけません。同時開局は無理です」

「そこを何とかするのがおまえらの仕事やないか！」

加藤の荒っぽい圧力が効力を発揮したかはわからないが、知識は大物逓信族の気迫に感心した。ただ、裁可する本命は田中である。岩井は相変わらず田中邸に通うものの、「また来たのか」と田中はつれない。岩井の要請にはっきりしたことも言わないが、最後に大臣や次官に何らかの指示ないしは了解を出すはずだった。

「両方とも顔を立てるには、同時か少なくとも一年以内の遅れで三と四を開局させるしかない、と角栄もわかっていた」

七七年十月六日、田中派の郵政大臣、小宮山重四郎はテレビ朝日社長・高野信と日本テレビ社長・小林與三次らを呼び集める。岩井、読売新聞ラジオテレビ推進本部長の青山行雄ら電波担当の〝工作員〟らも同伴したが、小宮山は「社長二人と話したい」と席を替え、第三局を朝日、第四局を読売とする、ただし四の免許もすぐに出すよう努力するという裁定を伝えた。

先の〝着地失敗〟で頭を丸めた佐藤派の担当記者だった小笠原龍三（後にラジオ・テレビ本部副本部長）は、岩井と同じ電波担当として政界工作にあたっており、小宮山から裁定前に「おやじ（角栄）の了承を取り付けた」と結論を聞いていたという。

一方、青山は後に、静岡は両社がにらみ合ったままで免許失効寸前となったから朝日に譲ったと回想したが、おそらく分の悪さを自覚していたのだろう。

最初に調停を一任された知事の山本敬三郎は結論を出さなかったが、朝日支持だったとされる。朝日側が早くから用意していたテレビ局社屋が、知事とつながりがあったからだ。

七六年夏、知識は静岡派遣中に偶然、市内中心部に空き家同然のビルを見つけた。翌日、知事に会ったときに話題にすると、「テレビ局として使ってくれないか」という。そのビルは元々、映画館だったのをボウリング場に改修したが、ブームが去って処分に困っていた。持ち主は東日本で有数の新聞販売店で事業も多角化し、知事の有力な後援者だった。免許の調停をおこなう知事の依頼だけに、引き受ければ有利に作用する。日を置かずにNETとして購入を決めたが、知事とのやりとりは表には出せない。購入したことはひた隠しにした。

当時のNET経理局幹部が言う。

「売り主の言い値に近い額で買い取った。私が銀行の預金小切手を静岡まで持っていき、社長室スタッフが売買契約にあたった。暗黙裏に、これでウチに免許が出るという話だった」

裁定が出た翌日早朝、岩井は田中邸に飛んでいき「お世話になりました」と礼を言った。

結果として、七八年七月に朝日系の第三局が、そして一年後に読売・日本テレビ系の第四局が相次いで開局する。免許が欲しい政・報の側が、渋る官側の原則論を打ち砕いたことになる。わずか一年で立て続けに開局したことは過去になく、しかも事前に免許交付業者が決まっているのだから、いわゆる〝官製談合〟に酷似していた。

また、郵政大臣が「郵政省の職員（局長級）を取締役に選任した後、第四局の陳情に来るよう示唆した」（『静岡朝日テレビ二十年史』）ことを見ると、官僚の天下りを条件にしたことも窺われた。

静岡での朝日勝利、その後日談を小笠原が振り返った。

「小宮山大臣側には政治資金を出さずに高価な壺を持っていっただけだったので、大臣側は話が違うじゃないかと怒ったという話があった。その点、朝日は渋かった。もっとも、現金を贈ったことが明るみに出たら大騒ぎになる」

「電波談合」

この静岡モデルが呼び水となり、以後、新潟、長野など規模の大きな県での朝日と読売・日本テレビの第三局争い、詰まるところ両者が立て続けに免許を得るという電波談合が相次ぐ。

田中のお膝元の新潟で、その推移を見てみよう。

第一局のラジオ新潟（一九五二年開局、五八年にテレビ兼営の新潟放送）は、田中も傘下のファミリー企業、越後交通を通じて株を保有している。だが、田中に批判的な地元紙やＴＢＳが大株主のためもあって、意のままにはならない。

対照的に第二局の新潟総合テレビ（一九六八年開局、フジ・ＮＴＶ・ＮＥＴクロスネット）は、スタジオなど制作部門が入る事実上の本社を田中の地元である長岡市に置き、はじめから田中の翼下にあった。

〝終身社長〟として君臨したのは、田中と昵懇で「長岡の天皇」と称された駒形十吉である。無尽会社から大光相互銀行を興した典型的なワンマン経営者で、田中が落選した戦後の第一回選挙からスポンサーを務め、田中が蔵相のときには田舎の相銀にもかかわらず関東に三つの支店を作った。新潟総合テレビ設立にも中心で動いたが当初は表には出てこない。

七〇年、駒形の銀行私物化の振る舞いを四十九人の支店長・部長が告発、家族内の争いも手伝ってクーデターが発生する。債権取り立て益の私物化、あるいは私邸の改修費や一年の半分を保養で過ごす熱海の施設経費を銀行から支出したり、親族企業へ不正融資をおこなうなど、告発内容は多岐にわたった。

だが、銀行を追われている七二年、初代社長の急死で空いたテレビ局の社長ポストに、田中の全面支持を得て滑り込んだ。

十歳以上若い田中のことを、近しさから「角」と呼び捨てにできるのは駒形ぐらいであった。

駒形にとってテレビ局は追われた銀行と同じく私物に等しく、新潟総合テレビの元幹部によれば、総務部の雇員リストには駒形夫人や個人的に使う運転手、小間使いの名までが記載され、給与が支払われていた。「テレビの経営も家業でなければならない」というのが持論で、九十八歳で死ぬまで経営権を放さなかった。社長在職は二十六年余に及んだ。これほど〝公共の電波〟を扱うのにふさわしくない人物もいない。

駒形は無尽から銀行を創業しただけあって、収益にはきわめて敏感だった。逆に、キー局にとってはすこぶる厄介な地方ボスであった。

駒形に応対したキー局元役員が不快な記憶をたどる。

「開局にあたってはフジテレビ、日本テレビ、NETから幹部が派遣され、三キー局のクロスネットだったが、やがて相互に競わせてネット保障費を釣り上げるようになった。われわれを手玉に取るやり方は、まるで強請(ゆすり)のようだった」

三つのキー局が一つの地方局のゴールデンタイムに自局の番組を流してもらうには、他局以上に

「ミルク代」と称されるネット保障費を積まなければならなくなる。ミルク代というのは、手のかかる新局を赤ん坊に見立て、泣けば与えねばならないという意味で使われる符丁で、金額はどんどん競りあがっていく。さらに、社員数を第一局の新潟放送の三分の一に抑え、自社制作もきわめて少ないため経費もかからず、労せずに儲かる。新潟総合テレビの申告所得は、開局からわずか十年後には県内企業で第四位へと跳ね上がった。

設立時に出資した企業の経営が傾いたりすると、水面下で株の取り合いになる。新潟総合テレビでは設立から数年後に二万株（三・三％）の株主である新潟映画社が倒産、フジテレビが手中に収めたことがあった。駒形もその株を狙っていたので、後々まで遺恨となる。

後に駒形に面談したフジテレビ・ネットワーク担当常務は、駒形の発言について「要注意」とする報告書を日枝あてに出している。

「駒形社長発言：十数年前、駒形氏はK氏（新潟映画社）名義の株を購入したい旨、当時の浅野社長に申し入れたが拒否された。現在、K株はフジテレビの名義となっている。したがって、フジテレビは朝日、読売の倍以上の株を持っているはずである」

続けて「駒形氏は『株』に対してかなり執着が強く、株式比率にも敏感と見受けられました」と記し、いずれ朝日、読売との株交換も予想されるから留意が必要だとした。駒形はフジテレビがこれ以上持株を増やすことを強く牽制していた。

駒形に振り回されるキー局はやがて見切りを付け、新天地を目指す。

フジテレビから派遣され、開局時から営業部長だった新谷一も言う。

「ＮＥＴは朝日新聞社会部出身の営業編成局長を通じて駒形社長を抱き込み、好業績の新潟総合テレビをフルネットにしようと動いていた。ＮＥＴの横田社長、松岡副社長らが東京、長岡の料亭で盛んに接待していたが、三局からいい番組が取れるタイムテーブルがカネになることを駒形社長はよくわかっていた。結局、朝日・ＮＥＴはいいようにあしらわれた」

フジテレビ出身者が要の営業現場を握っていたことから、同居する日本テレビとＮＥＴ（テレビ朝日）がそれぞれ新局設立へと動き出す。

岩井は、通い詰める田中邸で、読売新聞ラジオ・テレビ推進本部長の青山行雄としばしば鉢合わせをした。内務官僚から政治部記者という珍しい経歴を持つ青山は、読売のドン・務台光雄の側近として、十八年にわたって電波対策の長を務めた。岩井は「静岡、新潟、長野、福島の第三局獲得で読売と争う形になり、青山君と随分ぶつかった」という。

各地の免許申請では、どこの社も地元の大物経済人などを囲い込み、旗頭として押し立てる。新潟では、朝日が商工会議所会頭の等々力英男を、読売は副会頭の大久保政賢を代表発起人に擁して張り合った。

それでも、妥協点を見出すために青山と会合を持ったりしたが、腹のさぐり合いに終わるのが常だった。普段から新聞の部数競争にしのぎを削り、メンツや意地も絡むだけに、お互いに譲るわけにいかない。

新潟に第三局のチャンネルが割り当てられたのは、実際に開局する八年前の七三年にさかのぼる。はじめは新潟県知事・君健男が調整に意欲を見せたが、朝・読の睨み合いを前にすぐに斡旋作業を投げ出している。岩井が知事室に君を訪ねても「目白の意向があるから……」と煮えきらず、結局足を向ける先は田中邸となる。

「第三局免許をお願いしても『また来たのか』という感じで、角さんははっきりとしたことを言わない。だが、最後の場面で役所と大臣に指示を出すことは間違いないから、何度でも通うことになった」

その間、七六年に田中が摘発されたロッキード事件を挟んだためにさらに停滞したが、田中がいわゆる〝闇将軍〟と呼ばれ、政界を裏で仕切るようになってからは話は早い。

八〇年夏、テレビ局の許認可を管轄する郵政省電波監理局放送部に、事務次官室から一枚のペーパーが降りてきた。新潟第三局の株式割当表で、地元経済人や新聞社に割り当てる株数などが赤ペンで書き込まれてあった。もっとも、事務当局トップの次官が割り振りを決めたわけではなく、放送行政を実効支配する者の意向を取り次いだに過ぎない。

当時、それを受け取った放送部長の富田徹郎によれば、筆跡は田中角栄のものであった。

「新聞社間の話さえつけば免許は下りるのに、新潟は読売の青山と朝日の岩井が数年間争った。こんなことをやってたら行政が進まない。結局、角さんの裁定を待つしかなく、第三局は日本テレビになった」

朝日は新潟の前に、中部地方の中核県である静岡の第三局を獲得したことが不利に働いた。田中は、朝日と読売を交互に三局、四局に割り振っていく腹案を持っていた。

ペーパーは早速、「目白裁定」の印とともにオモテの調停者である知事の元に届けられた。

並行して田中邸に、朝日と読売をそれぞれ代表する新潟の経済人、等々力と大久保が呼び出された。田中は等々力に日本テレビ系の第三局社長、大久保には遠からず設立されるはずの第四局社長に回るよう簡単に指示した。二人とも否応もなく承諾したが、等々力から報告を聞いた岩井は仰天した。

静岡の第三局が朝日になったため、新潟では朝日が第四局に回ることになったのは諦めるしかないが、どう考えても人事がおかしい。

「等々力さんはウチの発起人で、大久保さんは読売の発起人なのに、二人がなぜか入れ替わっていた。角さんは土壇場で勘違いしたんじゃないかと思った」

翌朝六時ごろ、岩井は田中邸に駆け込んだ。

「総理！　ちょっと待ってください。これ、間違えてますよ」

岩井は、田中を常に総理の敬称で呼びかける。

「なにを間違えてるんだ」

「大久保さんが読売で、等々力さんが朝日ですよ。第三局は日本テレビ系なんだから、社長に等々力さんがなったらおかしいじゃないですか」

田中はしばらく「うーん」と唸っていたが、やがて「もう二人に言っちゃったんだからダメだぞ」とだみ声を上げた。

田中の裁定は覆らない。

岩井は、新潟では等々力の会社である新潟トヨタの一角に前線基地を置いていたが、荷を引き揚げる際も周りに説明ができなくて往生した。朝日の申請書が読売のそれに入れ替わることになり、電波監理局の担当課長には「どうなってるんですか」と呆れられる始末である。

覚書

新潟地区民間放送テレビジョン第三局（以下第三局という）及び同第四局（以下第四局という）の開局について全国朝日放送株式会社（以下甲という）と日本テレビ放送網株式会社（以下乙という）の間に於て調停者新潟県知事（以下丙という）を立会人として次の通り覚書を交換する。

第一条　第三局の予備免許交付后、可及的速かに（一年以内）第四局の開局を前提として、第三局は日本テレビ系、第四局はテレビ朝日系として設立、運営する。東京12チャンネルは、第三局において収容する。

第二条　第三局の一本化申請、予備免許の手続きは、乙が責任をもってこれを行い、甲はこれに全面的に協力し、テレビ朝日、朝日新聞系申請者を取下げる。

第三条　第四局の申請、予備免許の手続きは、甲が行い、乙及び読売新聞系はこれに協力し、一切申請を行わない。

第四条　第三局への株主構成については、別紙調停案通りとし、第四局の発足まで中より、役職員が選任されることは、妨げるものではない。

第六条　甲及び乙は第三局、第四局の設立に際し、放送機器等の設置について協力するものとする。

第七条　福島県第三局免許に関しては、甲と乙は全面的に協力する。

第八条　本覚書に定めのない事項については、調停の主旨にもとずき、甲、乙、丙協議の上、誠意をもって処理するものとする。

以上約定の証として、本覚書三通を作成し、甲、乙、丙記名捺印の上各自一通を保有するものとする。

昭和55年8月7日

甲　テレビ朝日　副社長　松岡謙一郎

乙　小林與三次

丙　新潟県知事　君健男

テレビ朝日・松岡謙一郎と、日本テレビ・小林與三次の間で交わされた「覚書」

だいいち、読売から朝日に鞍替えさせられた大久保とは、ろくに話をしたこともなかった。

「原因として思いあたるのは、駒形さんの言動だったんじゃないかと思う。最終局面で駒形さんから『朝日とネットを組みたいと角に言ってきたから』と聞いたことがあり、おかしなことになってきたなと思っていた」

朝日が駒形の第二局とフルネットを組むなら、朝日系の新局は要らないことになる。ただ、駒形がフジテレビを切って本当に朝日のネットに入るつもりだったのかはわからない。複数のキー局を手玉に取って翻弄するぐらいのことは、駒形にはたやすかったろう。その余波で、社長人事の取り違えが生じたのかもしれない。

結局、取り違えられた二人はそのまま、それぞれの社長に就任することになる。

八〇年八月七日、知事の君健男を立会人に、日本テレビ社長・小林與三次とテレビ朝日副社長・松岡謙一郎との間で密約と言うべき「覚書」(前ページ参照)が交わされた。

第一条に「第三局の予備免許交付後、可及的速やかに(一年以内)第四局の開局を前提として、第三局は日本テレビ、第四局はテレビ朝日で設立する」とあった。ポイントは、わずか一年以内と明記して第四局を事実上、開局すると謳っていることだ。

まだチャンネルプランも出ていないのに静岡方式を踏襲し、郵政省の稟議、決定といった行政手続きを無視していた。しかし、郵政省が調整を依頼した知事が立ち会って署名し、知事には放送行政を実質的に仕切る田中が指示を出したのだから否応もない。

第三局のテレビ新潟は翌年四月に開局、そして大久保を社長にテレビ朝日系列の第四局、新潟テレビ21が開局したのは、覚書の取り決めより少し遅く八三年十月一日のことである。

田中に近い関係者で、役員の過半が占められた。十一日後、開局に水を差すかのようにロッキード裁判で田中に実刑四年の有罪判決が下りたが、二ヵ月後の総選挙では史上最高の票数でトップ当選を果たした。

安倍晋太郎のタニマチ

「目白裁定」の要諦は、一方だけを勝たせたり利害対立を放置することのない、バランスの妙にこそあった。

先の覚書には、次のような一文がある。

「福島県第三局免許に関しては、テレビ朝日と日本テレビは全面的に協力する」

謳われた協力というのは、福島第三局についてはＴＢＳと争っていた朝日に免許を与えるということだ。新潟で読売に軍配を上げた田中は、他地区では朝日に花をもたせるなど、マスコミ各社の力量を踏まえ全国を鳥瞰（ちょうかん）するとバランスが取れているように仕向けるのである。

舞台を福島へ移そう。

ちょうど新潟第三局の開局に向けた動きが大詰めを迎えつつあった八〇年、放送行政に携わる郵政省高官の一人が福田派（当時）で運輸・郵政族議員の加藤六月から呼び出された。加藤は、いまや安倍晋三首相の懐刀と言っていい加藤勝信（自民党総務会長、厚労相などを歴任）の義父である。指定された料亭に出向くと、加藤の脇で待っていたのは「政商」の小針暦二だった。

小針は福島交通を経営するほか、地元紙の福島民報社長、中波のラジオ福島社長を務めるなどマスコミ経営者の肩書きを持っていた。テレビについても第一局の福島テレビに二〇％近く、第二局の福島中央テレビに一〇％ほどの株を保有し、息子を役員に送り込むなど福島のマスコミ界に幅広い影響力を誇っていた。

新潟と同じく、福島でも第三局がどうなるか、申請者の一本化調整が佳境を迎えていた。小針はこれまでどおり新局に影響力を持ち、いずれは一局を支配したいと考えていた。だから関心事はキー局がどこになるかではなく、もっぱら新局の株をどれぐらい割りあててもらえるかにあった。その日の宴席も、加藤六月の口利きを介添えに郵政当局と渡りをつけたいという動機に根ざしている。

座持ちのいい小針が、その場から見はからったように電話をかけた。ほどなく自民党政調会長の安倍晋太郎が姿をあらわした。

高官がその日を振り返る。

「小針に会うのははじめてで、安倍晋太郎をすぐさま呼び出したのにはさすがにびっくりした。要は、安倍のような大物でもいつでも呼び出せる、自分は福田派の大スポンサーなんだということを見せつけるために呼んだのだろう。他方、福田派のタニマチだったから角栄と疎遠になっていたのだろうか。小針はその時、『角さんにこの件で会ったことはない』、つまりテレビの株で角栄に頼む必要などないと豪語していた」

安倍は「(小針のことを)よろしく」と口利きし、二十分ほどで引き揚げていった。

「小針に免許申請を取り下げてもらわないと、いつまでも新局ができない。そのためには、ある程度の株を渡さなければならない。小針は、少しでも多く株が欲しいわけだから、どのぐらいのパーセンテージにするかでもめた」

難問であるほど、解決策を求める関係者のまなざしは目白へと向いた。

福島は、田中が郵政相の時にチャンネルを割り当てた第一局でも、二つの地元紙が主導権を主張したまま一歩も譲らず、激しい争いを繰り広げた土地柄だ。田中の斡旋案も通らないほどで、予備免許を二度も失効する憂き目に遭っている。

当時、郡山青年会議所専務理事として第三勢力の結集を目指した今泉正顕が振り返る。

「後ろにそれぞれ毎日と読売がついた地元紙二紙の利権争いが凄まじく、役員の数が一人多いか少ないかで膠着した」

今泉は郡山市に誘致すべく朝日に助力を求め、南極越冬隊から帰還した藤井を広告塔に招いたりしたが、五年の間、進展はないままだった。

結局、第一局は県の調停の末、二つの地元紙にともに主導権を与えず、民放でありながら県が五〇%出資するという特異なテレビ局として六三年に開局した。社長も副知事の指定席となり、役員にも複数の県議が就任するなど、官側が漁夫の利を得た。

しょせん急場しのぎだったから、ただちに第二局の新設運動が沸き起こり、再び政争まがいの免許争奪戦がはじまる。

地元紙二紙に加え、新たに参戦してきたのが、少し前に福島交通を高値で小針暦二に売り払って豊富な資金を持っていた織田大蔵という風変わりな事業家である。織田は座布団を三枚重ねた上にどっかと座り「貧乏人は引っ込んで、カネのあるおれにテレビをやらせろ」と参会者を睨みつけるのだった。

全国紙は読売、朝日、産経が申請を出しており、全部で九グループが一本化の話し合いを続けたが、「社長はおれだ」と言い続け株を余計に割り当てろと迫る織田の扱いに申請者のほとんどが苦慮した。

郵政省も同様で申請却下したいのはやまやまだが、訴訟に持ち込まれるおそれが強い。却下やむなしと思わせる理由が必要だ。田中の意向を背中に受け、事務次官だった浅野賢澄は読売の電波担当、青山行雄と朝日のラジオ・テレビ室長である柴田敏夫と相談し一計を案じた。元政治部長の柴田は温厚な性格だったため、度胸の据わった青山が織田を挑発して怒らせ、問題発言を連発させて議事録に留めて却下理由にするという。

議事録では、織田を怒らすための「乗っ取り野郎」といった青山の罵詈雑言(ばりぞうごん)は省略され、織田がいきなり当たり散らしたことになっていた。

「殺してやる！」

青山の回想によれば、終いには顔面蒼白の織田がわなわな震えながらこう言って立ち上がったとある。すかさず柴田が止めに入り、織田の著しく不穏当な発言ばかりが記載された議事録が郵政省にまんまと提出された。

同席した今泉によれば、実際には織田が「社長が柴田ならそれでもいい」と一本化を呑んだのだという。だが、こうした発言はカットされ、織田は排除された。一方、福島交通を手に入れたばかりの小針は、ダミー申請によって密かに一〇％の株を手中にし、第二局・福島中央テレビの初代役員に就任するなど抜かりなく立ち回った。

専務に就いた今泉が事実上、切り盛りする第二局も経営はすこぶる順調で、肝心のネットは次のように再編成された。

第一局にはＴＢＳ、日本テレビ、第二局はＮＥＴ、フジテレビが同居するクロスネットである。ところが二年後、地元紙とキー局との系列関係、創立時の紛糾、福島テレビの足かせである五〇％の県保有株など複雑な事情が絡み合い、日本テレビとフジテレビの両社はお互いがそっくり入れ替わるネット変更を画策し、移行先で主導権を強めるために密かに持株を交換した。その結果、第一局でフジテレビの持株は三〇％に、第二局で読売・日本テレビ系のそれはおよそ四〇％に上昇した。この読売の株は二〇〇四年に、読売・日本テレビグループの地方局に持つ持株シェアが総務省令違反として問題となった。

第二局に新たに同居することになった読売・日本テレビと、寝耳に水の朝日・ＮＥＴはネット交換をめぐって激しく対立、内紛の一歩手前まで騒ぎが発展した。読売陣営は株主総会での決戦に備え、四〇％の支配株に加え、小針らの支持を取りつけて五一・五％を確保し、朝日に競り勝った。ところが小針はやがて、読売と朝日の対立構図のなかで、自分の持つ一〇％株がキャスティングボートを握ることに気付く。

二つのテレビ局に、地元紙二紙、四つのキー局と全国紙、過半数株主としての県、それに政商・小針までごった煮のように収容しているのだから、利害や人間関係は複雑に錯綜するばかりだった。

第三局設置の動きが進展するにつれ、キー局はいわば四人で三つの椅子取りゲームを演じることになった。

第二局の持株数で読売に劣勢を強いられた朝日はあっさりと、再び新しい椅子に進むことを選択する。一方、第一局に同居するフジテレビとTBSは、持株数でフジテレビ優位だが番組ネットでは逆にTBSが強い。さらに自立経営を縛る大株主の県と何をするかわからない小針の存在を、どう評定するかである。小針は県政界への影響力を強めて、県が保有する五〇％株を虎視眈々と狙っているフシもあった。

結局、フジテレビは残留に傾く一方、TBSは外に出ることを選択する。

TBS常務テレビ本部長でネット政策の責任者だった濱口浩三（後に社長）が振り返った。

「僕は県が過半数の株を握っている放送局というのがどうしても嫌でね。小針の存在もそうで、当時、ウチの山西社長がネットのことで小針と大ゲンカしたこともあった。東京が大震災で放送不能になったときに、代わりになる系列局を福島に作っておいたほうがいいという考えもあり、三局目を取りに行こうと決めた。新局については角さんが牛耳ってたから、私もフジテレビの浅野さんとともに何回か相談に行きました。その後も、日本テレビの常盤さん、テレビ朝日の松岡さんを交えキー四局で角栄邸に集まり何回か協議した」

「直紀をよろしく」

福島での最後の椅子取りは、珍しくTBS対朝日となった。

新潟の裁定から三ヵ月後の八〇年十一月十七日、田中は第三局は朝日、ただし新潟と同じく一年後に第四局をTBSで開設すると決した。

田中邸には、TBS常務の濱口浩三、日本テレビ常務の常盤恭一、フジテレビ社長の浅野賢澄、テレビ朝日副社長の松岡謙一郎、それにラジオ福島社長である小針暦二の五人が集まり、田中の前で用意された覚書にサインした。

濱口が「よく覚えていないが」と断ったうえで、記憶をたどった。

「小針がいたことは覚えてないが、浅野さんがTBSに何かを求め、角さんが『まあ、いいじゃないか』とたしなめる場面があった。サインするだけだったから三十分ほどで会合は終わったと思う」

骨子は、第一局をフジテレビ、第二局を日本テレビ、第三局をテレビ朝日、第四局をTBSとあらためて交通整理するものだが、それなら四つのキー局が集まれば済む。

項目が九つ並ぶ手書きの覚書に、最初にサインしているのは小針で、形の上ではキー局首脳らと対等の扱いだ。覚書に従えば、小針が出したダミー申請は十九本で、取り下げる代わりに申請一本につき三〇〇万円分の株を割り当てるとあった。福島民報への割り当て分も併せると、第三局でもおよそ一〇%を手中にした。

キー局四人の中で、小針と昵懇だったのが日本テレビを代表した常盤である。常盤は読売の元政治部記者で、福田派に近く、その関係から小針暦二番と称されるほど食い込み、小針もまた常盤を支えた。政商を後ろ盾に持つ政治記者の存在は県内でも評判で、二人はまるで身内のように見られた。福島第三局では、日本テレビは利害関係がさほどなかったから、常盤は陰に陽に小針支援に回っていたという。

TBS系の第四局の開局はその三年後である。社長には郵政省事務次官上がりの神山文男が就任した。彼の重要な職歴は、田中が郵政相の時、秘書官として仕えたことだ。郵政省元高官は「田中の意思が働いた人事であることは疑いない」という。

その間、女婿の田中直紀は福島三区から出馬する準備を進めていた。今泉によれば、福島のテレビ関係者が目白詣でをすると、田中は「直紀をよろしく」と側面支援を要請することを忘れなかった。後に今泉は、福島の新局設立をこう総括している。

「田中角栄氏にとっては、娘婿の選挙の際にはよろしくという高度なマスコミサービスであったと思われる」

その年の十二月におこなわれた総選挙で、直紀は当選を果たした。

福島に四局が出そろったことで、いよいよ小針がオモテ舞台に立とうとしていた。

先の郵政省元高官によれば、小針の狙いは、明らかにテレビ局の経営権にあった。

「小針は四つのテレビ局で獲得した株を交換によって一局に集約し、過半数に迫る持株比率を得て経営権を手に入れる野望を持っていた。手に入るならどこの局でもよかったはずだ」

だが翌年、朝日新聞が福島交通に巨額の使途不明金が発覚したことを報じ、小針は窮地に追い込まれ、テレビ局奪取の野望は遂げられなかった。

小針はなぜメディア経営に執着したのだろうか。小針は四十代半ばに、県下の首長に対する贈賄容疑で逮捕された経験を持つ。小針の元側近によれば、それを境に新聞社とラジオ局を手に入れ、さらにテレビ株を集めて経営権奪取を目指すようになったという。それは身の安全を図る「保険」の意味合いがあった。

小針は大小の疑惑に頻繁に顔をのぞかせたが、塀の内側に落ちることはなかった。佐川急便事件でも金丸信、渡辺広康といった中心人物たちをつなぐ疑惑の交差点に位置するキーマンとして登場したが、本人は逃げ切って九三年に死去した。

「平成新局」と政治家

朝日と読売の全国ネットワーク構築の争いは八三年に一区切りがつき、以後五年間、新局はほとんど作られなかった。その間、取りざたされたのは、衛星放送が宇宙から電波を降らせれば地上波ネットワークは不要になる、いわば「ローカル局は炭焼き小屋になる」という論議であった。

しかし、技術論として正しくとも、政治はそれを反映しない。九〇年前後から、真逆に採算があまり見込めない「平成新局」と呼ばれる小規模局が作られていく。

八九年、山口県のケースで見てみよう。人口や産業規模、また福岡県から海峡を越えて電波が飛んでくることからテレビ局はせいぜい二局が限度だったが、当時、有力政治家が二人いた。安倍晋太郎は派閥領袖の首相候補であり、吹田愰は安倍の側近で自民党通信部会長を務めるなど、どちらも郵政省にとって大事な政治家である。しかも選挙を控えているので、赤字覚悟のテレビ局を認可しようと郵政省は忖度した。

ただ、消費税導入が焦点となった七月の参議院選で自民党が大敗、自民党政治家はこれをテレビ朝日の看板番組「ニュースステーション」の報道のせいだと非難していた。安倍も吹田も、テレビ朝日ではなくフジテレビに来てもらいたいと考えていたが、フジテレビは赤字が見込まれる新局を抱えるつもりは毛頭なかった。

その経緯を、社長の日枝が出席したフジサンケイグループで電波政策を統括する会議の議事録から引いてみよう。総合開発局長の報告。

「（新局は）愛媛（三局目）、石川（四局目）、山口（三局目）の予定。このうち山口については、フジテレビかテレビ朝日になると思われる。山口は郵政省中国電波監理局長の岡田氏より非公式にフジテレビでという依頼があったが、どう逃げるかが問題」（八九年九月二十五日　電波委員会議事録）

これに郵政省の元幹部でフジテレビ常務の富田徹郎が答える。

「山口は、郵政としては選挙がらみもあり、安倍、吹田両代議士に対するサービスで早ければ来年一月にチャンネルプラン発表となり、四月に申請〆切となる見込み。反自民のテレビ朝日が山口に来るのは困るという吹田代議士の考えでフジテレビに依頼が来ているものと思われる」（同前）

日枝も「山口については政治的な動きがあるので頭に入れておくように」（同前）と慎重姿勢に終始した。

他方、朝日側には電波政策においてやや異なる事情があった。朝日新聞ラジオ・テレビ本部の元幹部が解説する。

「当時、朝日がどうしても欲しかったのは石川の第四局だったが、割当を受けるには地元実力者の森喜朗の了解を取りつけないと郵政省も免許を出せない。渋る森にうんと言わせるには親分の安倍から言ってもらうのが早いが、朝日は安倍とも関係はよくなかった」

朝日新聞が安倍や森を含む自民党の有力政治家が連なったリクルート事件を報じ、一大疑獄となった年である。安倍や森は朝日に悪感情を持って当然だったが、ここから政治とテレビの〝玉突き〟が始まる。

「安倍派の吹田は、山口県に二局しかないのはみっともない、なんとか三局目を作りたいと。フジテレビが嫌だと言っている以上、朝日の誘致でもしようがないと割り切った。朝日は山口を引き受けろと。その代わり、安倍派として石川県のほうは森を説得するということになった」

安倍らが押しつけたい不良物件をフジテレビは拒絶し、テレビ朝日はそれを優良物件との抱き合わせ販売で買ったということになる。

九一年十月に北陸朝日放送、九三年十月に山口朝日放送が相次いで開局したのは、こうした事情による。


続いて、高知のケースも見てみよう。九二年、同じく日枝が出席した会議で、産経新聞取締役電波本部長は次のように報告している。

「(郵政省から)三月末までに新しいチャンネルプランが出る。フジテレビが関係してくる局は、高知の第三局で、最終的にはやらざるを得ない状況になるのではないか。

政治家関係では、すでに加藤（紘一）官房長官を通じてフジテレビにアプローチがあった中谷元（宮沢派）、関西テレビを通じての話で山本有二（河本派）、中内前知事の三つの政治勢力が大きく絡んでいる」（九二年二月十三日　電波委員会議事録）

フジテレビ系列はすでに民放最多の全国ネットワークを作り上げていたから、積極的に引き受けるつもりはない。

だが、政治家は道路や橋と同じく地方に新たなテレビ局を作りたがり、自身の影響力を及ぼそうと動く。うまく運べば、自身の〝宣伝テレビ局〟になる。新聞社やキー局は政治家の意向を無下にはできないし、恩を着せておけばいずれ役に立つときが来る。こうした政治的な理由から、採算を無視したテレビ局が作られるのである。

高知の場合は、最終局面で首相が乗りだしている。

当時、田中角栄の系譜を継ぎ、放送免許について力を発揮した政治家、いわゆる族議員に野中広務がいた。野中は、かつて郵政省電波監理局で免許実務の責任者を務め、当時はフジテレビ常務の富田徹郎に打診した。舞台裏で何があったのか、富田が明かす。

「野中さんにこう伝えました。『橋本首相から日枝社長に〝高知を頼む〟と電話させて下さい。そうでないとフジテレビはなかなか引き受けない』と。すると野中さんから後で『龍ちゃんに電話させといたからな』と連絡があった」

日枝は首相からの依頼に、即座に「わかりました」と返答したという。

高知第三局の場合は、山本も影響力を及ぼしたが最終的に奏功したのは中谷で、家業の建設会社が筆頭株主となり実父が会長に収まることになった。

その前後に、山本、中谷それぞれの親族がフジテレビに入社している。地元テレビ局の設立に伴って、彼らはフジテレビの半ば〝身内の政治家〟になったと言っていいだろう。高知さんさんテレビは九七年四月に開局した。

二人は九〇年に同じ衆議院選挙区(高知全県区)から初当選したライバル同士だが、いまや安倍政権を支える有力政治家となった。

朝日経営陣の悲喜劇

朝日と読売が各地でテレビ新局の争奪を演じていた時代に戻ろう。そのころ、朝日の経営内部は大きな変動期を迎えていた。

社主の村山長挙は七七年八月、数年に及んだ闘病の末に香雪記念病院で死去した。ホテルのような豪華な造りの病院は、一族が設立した際に朝日経営陣が求められた出資を拒否したことで対立の火種のひとつとなった曰(いわ)く付きのものだ。

夫人や娘は、長挙の返り咲きを長く熱望していたが叶わなかった。広岡執行部とは断絶していたとはいえ、社主として大阪・フェスティバルホールで社葬が営まれている。客席数三〇〇〇の大劇場は五八年、会長時代の長挙が事実上、朝日新聞の事業として造ったものだ。除幕を朝日ビル社長(当時)の藤子夫人、テープカットを娘の美知子がおこなうなど、村山家との関係が深かったから、葬儀の場所としてふさわしかったのだろう。社葬には友人代表の元首相、岸信介ら二〇〇〇人が参列した。

広岡は社長にもかかわらず葬儀委員長を務められなかったばかりか、参列さえ村山家から拒絶された。弔辞は代わりに葬儀委員長となった副社長の渡邉誠毅が読むことになり、広岡と村山家の対立が修復不能であることがあらためて内外に明らかとなった。村山家は、追放劇を演じた者を許すことがなかった。

創業家から忌避された広岡の終幕は村山の死から四ヵ月後、自身が定めた役員定年の内規によって訪れる。社長と会長の年齢上限は六十七歳で、七十歳の広岡はすでに超過していた。村山を追放し社長に就いてから足かけ十一年に及ぶ長期政権の末に七七年十二月、社長を退任。もっとも、なおも内規を破る形で会長に残り、後継社長の渡邉誠毅から引導を渡されるのは三年後のことである。

広岡退任による変化、いわば〝雪解け〟は、村山家の影響力が依然大きい朝日発祥の地、大阪で始まっていた。

一九八〇年の年始、朝日放送社長の原清が突如、「三十周年記念事業」としてクラシック音楽ホール建設を発表する。社史は「社員はもちろん役員さえ初耳の話であった」と記すが、その事情については何も触れていない。それが事実上、村山家のための事業だったからだろう。

村山長挙の死去後、株の多くを相続し朝日新聞社主となった長女の美知子は七九年、朝日放送の取締役に就任していた。村山家は朝日放送株を八％保有する大株主でもある。彼女は作曲をよくするなど、クラシック音楽に深く傾倒していたから、大劇場・フェスティバルホールに加えて、テレビ局でも新たに専用ホール（ザ・シンフォニーホール）を造るというのだ。冗費があふれるテレビ局とはいえ、桁違いの過剰投資であった（二〇一二年に売却）。

新聞本体のほうでも渡邉は、これまで村山家が送り込んできた累積投票による役員を執行部推薦に変更、また村山家直轄の美術館への寄付をおこなう。ポスト広岡の朝日経営陣は、村山家との和解に舵を切った。

収まらないのは広岡である。

暮れも押し迫った八一年十二月二十二日、大阪で開かれた朝日新聞株主総会では奇妙なやり取りが交わされていた。一年前に会長を退いた広岡が一株主として出席し、経営陣を追及する質問を投げかけるのだった。直前、社長室長がホテルに広岡を招き、何とか質問を止めてもらえないかと頼んだが、「私は私の道を行く」と断られたという。

前経営トップが総会で質問すること自体、日本の企業社会ではまずあり得ない光景であった。

経営陣の融和姿勢を断じて容認できない広岡は、社員、ＯＢに向けて「あえて朝日人諸氏に訴える」というアピール文まで送るようになった。

「信託制度」を開発し、「村山家封じ込め」に成功したはずの元論説主幹、森恭三は、退職後の八一年にこう締めくくっている。

「歴代の社長のいちばんの仕事は、村山家との紛争の解決に心をくだくことです。朝日の経営陣がこういうことにいまだに悩まされているのは、まったく残念です。男一匹、甲斐のある仕事とはいえない。悲劇です、喜劇かもしれない……」

次元の低い不毛の争いにもかかわらず、メディアもまた利潤を目指す企業であり、場合によっては計り知れない影響力を持つメディア権力を巡る闘争は、双方がなりふり構わず非妥協的に対峙することも自明であった。

広岡は経営機密に属することも含めて手記を発表し、自身の正当性を主張することも検討したが、すでに勝負の帰趨は決していた。

資本と経営の相克、クーデター、暗闘、オーナー家に対する分裂工作、トリッキーな信託の活用、水面下の株式攻防戦といった朝日騒動で起きた一連のできごとは、三十年以上も経ってから、社論では左右の両極にあると見られがちなフジサンケイグループにおいて、そっくり再現されるのである。

10と8、赤尾と鹿内の棲み分け

このころ、8チャンネルのフジテレビを巡っても、赤尾好夫と鹿内信隆との間で取り引きと棲み分けがおこなわれた。

フジテレビの設立時、ニッポン放送と文化放送の持株比率は対等のはずだったが、鹿内は密かに文化放送の持ち分から金融機関に株を割り当てた。このため実際はニッポン放送が筆頭株主で四〇％、文化放送が三六・七％と、この二社で大部分を占めた。社長は文化放送社長の水野成夫が、№２の専務はニッポン放送専務の鹿内が兼務したが、実権は鹿内が掌握し、開局から五年後の六四年に社長に就く。親会社のニッポン放送では開局から、専務、社長として実権をふるってきた。

六八年、水野成夫が病に倒れて再起不能となり、文化放送では赤尾が実権掌握を目指すようになった。朝日に「こそこそ株を買って」と非難した赤尾だが、自身もそのころから文化放送株を密かに買い集め筆頭株主になっている。ただし過半数には届かず、社長には講談社出身の友田信が就いた。

友田は、フジテレビ創立時には文化放送から参画し常務・営業局長になったが、水野が倒れた後は文化放送に戻ってラジオ局の経営に専念していた。友田は鹿内とは元々、早大の学友グループの一人だったが、フジテレビの人事が鹿内の下、次第にニッポン放送出身者で要職を占めるようになって反旗を翻す。七三年十一月、巻き返しに転じてフジテレビの代表取締役ポストを要求し獲得する（文化放送との兼務）。

鹿内がフジテレビの支配権を確立するためには友田を放逐する必要があった。それには、出身母体の文化放送で失脚させればよく、赤尾との連携の道を探る。文化放送を赤尾が支配する会社にすることで、友田を排斥させるという筋書きだ。

鹿内は、五島昇の東急や野村證券から二〇％近い文化放送株を取りまとめ、赤尾に提供した。その結果、旺文社が保有する文化放送株は、その後の買い増しも伴って実に五七％に達した。

鹿内と赤尾は念書を交わし、以後、文化放送からフジテレビに代表取締役は出さないことを約し、それぞれ棲み分けることになった。フジテレビには文化放送の資本は残るものの、株主が新株引受権を有することを定めた定款の規定を削除することにも合意し、増資をニッポン放送に割り当てた。こうした一連の工作によって、ニッポン放送はフジテレビ株五一％を保有する親会社となることに成功する。

この結果、赤尾好夫は文化放送を資本、経営で支配した。テレビ朝日では二割の株と会長職、フジテレビでは四割弱の株を事実上、手中にした。他方、鹿内信隆は資本についてはニッポン放送株を少しずつ増やしたとはいえ、最大時で一八％ほどに過ぎなかったが、ニッポン放送と子会社・フジテレビの経営権は完全に掌握した。

友田は七七年、フジテレビ代表取締役の座を追われ、その二年後には文化放送社長も退任を余儀なくされた。

文化放送は一応、フジサンケイグループに属しているが形式に過ぎない。赤尾家と旺文社は放送局の資本は有していてもテレビの経営からは次第に遠のき、巨大化する朝日とフジサンケイ、両グループの狭間の中途半端な立場に甘んじることになった。そうした客観的な位置を踏まえ、内部では代わりに向けた準備が進んでいく。

一夫は七九年十一月、財団法人・センチュリー文化財団を設立する。資産として、旺文社グループの打ち出の小槌のひとつ、日本英語教育協会から現金七億円、旺文社から好夫が収集した書画など二〇〇〇点あまり、そして好夫からはいわゆる「赤尾の豆単」著作権、併せて七億三三〇〇万円が寄付された。

言語に係わる文化への理解を深める、というのが設立目的だが、それは表面的なことにすぎない。本当の目的は、やがて訪れる赤尾家の相続を見すえた節税である。時に好夫は七十二歳、一夫は三十一歳であった。

赤尾家の資産の源は、旺文社株である。規模の違いはあっても、かつての堤家のコクド株、村山家の朝日株、佐治、鳥井家の寿不動産株（サントリーＨＤの事実上の持株会社）といったオーナー一族の資産と同じだ。

寄付された資産で財団は、赤尾家から二五％分にあたる旺文社株を取得した。さらに六年後、赤尾家は一二・四％分の旺文社株を財団に無税で寄付した。この結果、財団は旺文社株三七・四％を保有する大株主になった。

要は、財団が旺文社グループの持株会社になったと言っていい。旺文社はテレビ朝日株を二一％、文化放送株を五七％、さらに文化放送を通じてフジテレビ株を三一・八％間接保有しているから、実質的にセンチュリー文化財団が、これらのメディア株を支配する仕組みができたということである。

理事長には友田に代わって文化放送社長に就いたばかりの岩本がなったが、財団の権限を握るのは常務理事の一夫である。残りの理事は好夫など赤尾家の二人以外は、「頼まれてハンコを預けただけで、理事会には一度も出たことがない」（理事の一人）という名義貸しであった。

こうした節税目的の財団作りには当然、専門家が必要である。

センチュリー文化財団には、監事として、日本公認会計士協会の会長を務めたことがある斯界（しかい）の重鎮、辻真が就いた。そして実務にあたったのは、辻会計事務所に所属する麻植（おえ）茂という公認会計士であった。麻植は赤尾家の家庭教師となったことを接点に関係を深め、会計士として独立後は、赤尾家の〝節税・資産運用請負人〟としてメディア株の海外移転などの操作を考案していくことになる。

もうひとつ、英検の収益が財団に移転していく仕組みも見てみよう。

当該財団を作ったころから、一夫は現代美術への関心が急速に薄れ、代わりに骨董などの古美術にのめり込むように傾倒していった。その変化に驚いたという先の峯村は、こう推測する。

「旺文社がある横寺町に小ぶりな美術館（センチュリー文化センター、八〇年十月開館）を作ったときは、まだ現代美術と古美術、両方を手がけていた。書画、鏡などを展示する一方、イギリスの現代美術作家を呼んで、その場で泥を使った大きな壁画を描いてもらったりしていました。その時点では、まだ現代美術への関心を持続していたと思う。

その後、新しい美術館を設けた時は、あれだけ入れ込んでいた現代美術の匂いもなくなっていた。不思議だったが、現代美術を手がけるには生きている作家を相手にしないといけない。トラブルがあったとは思えないが、一夫氏はある意味で繊細な人だから、人間を相手にしていくことはしょせん無理だったのかなと思う。反対に、自分を裏切ることはないと考えて骨董に傾倒していったのかもしれない」

一夫はしばしば京都などに出向き、書画、経筒、鏡といった古美術品を収集した。峯村は一夫からそうした品々を見せられ、こんないいものをどうやって集めたのだろうと驚いたという。

財団の財産目録によれば、設立から八五年までの六年間に限っても、鏡、書画、工芸品の八十五点を四億四六〇〇万円で購入している。

その購入資金の多くは、いわゆる英検を主催する日本英語検定協会と日本英語教育協会からの寄付金によって賄われた。英検収益は年々、古美術品に化けて財団に集積された。

後に、この財団は、テレビ朝日株などのメディア株を一夫が私するための重要な装置になる。

実力専務・三浦の蹉跌

テレビ朝日内部では、三浦甲子二がますます権勢を強めていた。三浦に跳躍の舞台を与えたのは、テレビ朝日社長の高野信である。

経済部出身の高野は戦後、村山追放の十月革命で、部長から長谷部体制を支える役員に飛び級したいわゆる〝三等重役〟で、村山体制が復活すると左遷、広岡体制に変わると復活するといった浮沈を味わった。最後に任されたのがテレビで、七四年十一月、九州朝日放送社長からＮＥＴ社長に栄転する。当時、社長室にいた知識の回想。

「高野さんはテレビへ転出を命じられたときは気落ちしたが、行ってみると待遇など居心地が断然いいことがわかった。ＮＥＴに移る際には、九州朝日放送時代に使っていたベンツを運転手ごと持ってきて、ホテルオークラに部屋を借りて住んでいた。ＮＥＴは営業成績では三強に対して一弱に甘んじていたが、しょせん免許事業で傾く心配もなく経営に目の色を変える必要もない。テレビの実務は、三浦に任せておけばいいとなった」

高野は同じく朝日出身の副社長、中川英造と相談し、三浦をテレビ局の要である編成、制作担当役員に抜擢した。社長のお墨付きを得たことで、三浦の持ち前の行動力、勢いに拍車がかかった。

七七年三月十日、ＮＥＴ（四月から全国朝日放送網）はモスクワ五輪の独占放映権を獲得し世間をあっと言わせた。その立役者が三浦で、長く対日工作の責任者だったソ連共産党国際部副部長のコワレンコらを入口に、日本人としてははじめて最高権力者のブレジネフ書記長と会見するなど下準備を重ねてきた成果であった。高野はこうした水面下のスタンドプレーを容認していた。

三浦は独占放映を、社名変更を果たしてテレビ朝日に生まれ変わる、その門出を祝す最高の舞台装置にしようとしたのである。そのためには、かつての朝日騒動の時にそうだったように、村山家であろうがソ連要人であろうが「三浦じゃあ！」と言って突き進んでいくのだ。

二週間後には、図ったように新社名披露パーティが開催され、話題は五輪の独占放映に終始し三浦はしてやったりであった。片や、ＮＨＫをはじめとするライバル各社は四年に一度しか訪れない最高のコンテンツから閉め出されたことに驚愕し、やがて三浦を敵対心の対象とした。

ただちに報復措置もとられた。当時、海外からのニュース映像は太平洋に走る一回線をＮＨＫなどテレビ各社が団体を組織しプールして使っていたが、テレビ朝日を除く全社が脱退、別団体を作った。業界の互助組織から事実上、放逐したわけである。もっとも、こうした制裁が逆に思わぬ副産物も生んだ。報道局幹部が言う。

「それまでは、たとえばアメリカで事件が起きると、良くも悪くも各局とも同時刻に同じ絵しか入ってこない。プール組織から閉め出された結果、ウチはカネがかかってもいいから独自にやることになった。これはニュースだというものを自分たちで判断する。この訓練を重ねたおかげで、局員は随分と成長した。その中には初の生え抜き社長となる早河洋もいた」

業界の横並び組織からはじかれて、かえって活力が生まれるのである。三浦が意図したわけでもないだろうが、業界秩序を打ち破る突破力は、やはり異端者だからこそ備わっているに違いなかった。

三浦は七九年六月、テレビ局経営を実質的に切り盛りする実力専務となった。

だが、その半年後、ソ連のアフガニスタン侵攻によってにわかに雲行きが怪しくなった。八〇年五月、アメリカに追随した日本のモスクワ五輪不参加決定で一転窮地に追い込まれる。日本チームが参加しない五輪など誰も見ない。予見可能なことではないとはいえ、かつての「着地失敗」のように詰めが甘かったと言うべきだろうか。

この時、読売紙上で五輪ボイコットの論陣を率先して張った渡邉恒雄はこう述懐している。

「政府やＪＯＣも、読売社説の主張する線でボイコットを決めるわけです。そこで莫大な損害を被ったのはテレビ朝日でね。モスクワ・オリンピックの独占放送権を得るために三〇億円もかけたというんだな。しかも、ＫＧＢを買収しながら交渉を行ったという疑いをかけられて、警視庁や国税庁からも調査を受ける。当時、テレビ朝日の専務だった三浦甲子二から『お前のせいだ』と恨まれましたよ」（『渡邉恒雄回顧録』）

三浦と渡邉は古い派閥記者仲間だが、抜け駆けした者への渡邉の視線は冷やかだ。

「当時、三浦が僕の家に夜中にきましたよ。朝四時まで帰らないんだ。酔っぱらってね。それで、『おれはもうこれでおしまいだ、お前のせいだ』と言う。……『読売新聞には、そんな力はないよ』『ある』と、三浦は言うんだな。『だから、お前の社説で日本はボイコットし、おれは失脚した』と。実際、失脚しちゃったんだけれどもね」（同前）

突進する者はすねにキズがつきものとはいえ、このどんでん返しは痛打となった。二ヵ月後のモスクワ五輪放映は大幅に縮小、円高などが幸いし結果的に赤字幅は縮んだが、それでも約二〇億円の損失を被った。10チャンネルの新しい船出にいきなりケチが付き、三浦の権勢に大きな翳り（かげ）が差すことになった。

八三年六月には、二年前にテレビ朝日に天下ってきた田代喜久雄が八代目の社長に就任した。それは三浦の仕事師としての人生が暗転する直接の引き金となった。陸軍将校としてガダルカナル戦の生き残りだという田代は社会部出身の実力者であった。配下に多くの子飼いの部下を擁する親分肌のところは三浦と共通し、二人が並び立つことはできなかった。

ほどなく監査役から経理局に対し、三浦に関係する交際費、番組制作費などの伝票、帳簿類の提出要請がなされたという。当時の経理局幹部の証言。

「監査役が勝手に命じるわけもなく、社長の許可の下でやっていることは明らかだった。経理局長は、『ケガ人がたくさん出る』と抵抗したが、結局、出さざるを得なかった」

三浦は海外出張などの際、大量の土産品を買い込み、羽田空港から車二台で帰社するのが常だった。こうした要路に配る物品は、すべて経費から捻出されていた。この時の経理調査が問題にされたわけではないが、実力専務の尻尾を捕まえようとする動きが継続していった。

テレビ朝日内部の地政学に大きな変化が始まっていた。

社内では失脚しつつあった三浦だが、時々の政局では、陰の仕掛け人とも呼ぶべき本領を発揮した。中でも語り草になっているのが、盟友の中曽根康弘を頂点に押し上げたときだ。渡邉恒雄とともに、キングメーカーの田中角栄に中曽根への支持を頼み込むといった地ならしをおこない、八二年十一月、政権誕生に寄与した。

組閣の直前、三浦の部下は手伝いを命じられて仰天したという。

「たまたま西日本の系列局に出張していた三浦さんが、社長室を借り、おまえも中に入ってカギをかけろと……。何をするのかと思ったら、彼は糖尿で目が悪くなっていたので手帖を私に渡し、いろんな政治家のところに電話をかけさせた。相手が出ると『三浦じゃあ』と言って、要は第一次中曽根内閣の組閣人事をやっていました。それまでは半分法螺(ほら)だろうと思っていたが、中曽根への並々ならない影響力を実感した」

三浦にとっては番組編成も組閣も、業務の内か外かも判然とさせる必要のないひとつらなりの仕事なのだった。

政権は「田中曽根内閣」と揶揄された。自民党の派閥政治に通じたプロの目から見ると、内閣の顔ぶれは田中派を重用するのみならず角栄の性格を知っている者の手でなされたことは明らかだった。ロッキード裁判を抱える角栄にとって最大の関心事は翌年に控える東京地裁判決である。法相に就いた元警視総監の秦野章は三浦と親しく、〝隠れ田中派〟として知られ、裁判批判を繰り返していた。秦野は後に、一審判決で無罪が出たら検察に控訴をさせないよう指揮権発動するつもりであった、と回想している。

そうした人物を露骨に法相に配する人事は、角栄の痒いところに手が届く三浦らしいやり方だったに違いない。

三浦の部下が言う。

「系列局の社長会があり、夜の二次会でのこと。三浦さんが突然、『さあ、みなさん。中曽根総理をここに呼ぶから』と。ソフトを被った総理が二十～三十分で本当に飲み屋に来て『三浦さん、なに』……と。『いや系列の社長会があったから紹介しようと思って』などと親しく話している。こういうことをいくつも経験しました。

とにかく中曽根に影響力があった。ローカル局の波取りで世話になった代議士から、今回はどうしても大臣になりたいから三浦さんに取り次いでくれないかと頼まれたこともある。清く正しい朝日には置いておけないタイプです」

テレビ局専務――しかもジャーナリズム倫理に人一倍うるさいとされる新聞の系列で――が一国の内閣にここまで付け入るという事態は、良し悪しを別に前代未聞であった。

六本木の新社屋

モスクワ五輪で手痛い失敗をしたテレビ朝日では八〇年九月、六本木六丁目の社有地で新たに新本社ビル建設の目標を掲げた。後の六本木ヒルズとして都心の名所となった一帯である。

好夫は不動産には独特の嗅覚が働く。フジテレビが建つ河田町の土地を世話したのも好夫であった。少し前から専務の岩本に命じてテレビ朝日周辺の土地を買い集めさせ、社有地は九八四〇坪まで広がっていた。七九年、旺文社派遣の専務が岩本から赤尾家の親戚にあたる阿部三郎（八一年から副社長）に交代し、新社屋建設を担当した。

約一万坪の土地は、道路に接する敷地が少ないなどの難点があってそのままでは高層ビルは建てられない。

当初、好夫はとりあえず低層ビルを建て、残余の土地は値上がりした後に売却し建て替える案を検討していた。これに対し田代は、朝日新聞の築地移転の責任者だった経験を活かし、最初から土地の高度利用を構想した。結局、朝日新聞主導の計画として進められることになり、これがその後の旺文社との対立、〝黒船〟騒ぎの引き金になっていく。

八二年五月、田代は六本木再開発を進めていた森ビルと、テレビ朝日敷地を含む一帯を広域共同開発する計画を立てた。手はじめにちょうど放送の中枢機器の更新期を迎えていたため、森ビルが着工直前だった赤坂谷町のアークヒルズ地下にスタジオ棟（土地六三〇坪、床面積四一〇〇坪）を建設し、六本木六丁目の社有地三〇〇〇坪と等価交換する案を提起する。好夫は「原則賛成」「社内的な意思の統一を図り、有終の美を発揮してもらいたい」という意見書を出していったんは承認、翌月、取締役会で了承された（八五年十月から移転）。

続いて八四年十一月には、六本木六丁目を森ビルとテレビ朝日が主導して再開発する覚書を締結する。テレビ朝日と森ビルの敷地一万坪について、その開発利益（容積上昇分）を両社で折半するという内容だったが、赤尾家はその根拠が不透明だとし、より多くの土地を供出するテレビ朝日に不利ではないかという疑問がくすぶった。アークヒルズのスタジオ棟が地下のため、使い勝手が悪いという制作現場からの不満もあった。

だが、旺文社側にも不協和音が生まれる。社長室にいた知識が言う。

「田代社長は阿部副社長とは妙に気が合い、阿部を後継社長にしようとしたぐらいに評価していた。そうした関係の下、旺文社が再開発に反対する中で阿部は推進派になった。ただ、あくまでも旺文社派遣だったから、出身母体に反旗を翻したことでテレビにいられなくなった」

阿部は更迭されることになる。


しかも、森ビルと契約を交わした後に空前の不動産バブルが出現、条件がテレビ朝日に不利だという意見が東映からも出てきた。開発利益を折半するという中身は、軒を貸して母屋を取られかねないという懸念となった。

当時、朝日新聞からこの社屋問題を見ていた電波担当幹部が言う。

「赤尾会長は、側近に周辺土地を買い集めさせたこともあって、自分の資産のように思っているところがあった。また東映の岡田社長も、貪欲という森ビルの経済界での評判を踏まえ、警戒心を強めた。二人は、このままでは森ビルにしてやられる、せっかくの資産が台無しになるのではないかと計画の凍結、契約変更を求めるようになった」

ただ一方で、新社屋をめぐっての親族の離反と断絶は、老齢の好夫に心痛となったという。好夫にも、人生の幕引きが近づいていた。

八三年六月、社長に就任した田代と朝日新聞ラジオ・テレビ本部長から新任役員になった大倉文雄（後にテレビ朝日専務）は、四谷の料亭、福田家に好夫を招き懇談した。大倉は新聞社で、築地の社屋建設の実務に携わった経験があり、テレビでも六本木開発を担務する。ただ、この日、経営上の問題について話すこともなく、当たり障りのない話に終始した。痩せぎすの好夫の総入れ歯がカタカタと鳴る音がやけに大倉の耳につき、体がだいぶ弱っていることが推察された。

翌年、喜寿を迎えた好夫は五十年あまり務めた旺文社社長を退き、三十六歳の一夫に譲った。出版社の社長ともなれば主催する賞でのあいさつなど対外的な行事がつきものだが、一夫は性格もあって大勢の前に出ることは滅多になかった。ほとんど唯一、旺文社が主催する学芸科学コンクールの授賞式には出席したが、壇上であいさつするのは副社長の弟のほうである。ただ、会場の京王プラザホテルには旺文社の古手の幹部たちがまだ若造にすぎない一夫を恭しく出迎え、かしずくのだった。

そうした跡取りの姿を好夫はどう見ていたのだろうか。少なくとも、周囲に特段の懸念を示唆した様子はない。ただ、好夫の選択を、満を持してそうしたと前向きに評価する声はおよそなかった。表舞台に出ることの少ない一族だけに、世間的に注目されることもなかったが、株を持たれている三つの放送局は世代交代がもたらす変動を注視することになる。

社史から消された男

八五年、体調が悪化した好夫は六月のテレビ朝日株主総会を最後に、設立以来、二十八年の長きにわたって務めた代表取締役社長・会長職から名誉会長へ退くことになった。

好夫の後継である一夫はテレビ朝日で無役だが、大株主として六本木再開発を認めようとしなかった。一般住宅の買収も伴う大規模開発だけに計画は停滞、遅延が続いた。建築にも一家言を持つ一夫は、新社屋のデザインについても辛辣な悪罵を投げつけ、朝日側との関係は冷える一方だった。だが、契約済みでいったん走り出した森ビルとの再開発共同事業は止まりようがない。

一方、森ビルの側は開発利益に加え、報道機関と組むことの絶大な恩恵を味わう。五十四階建となる六本木ヒルズは、六本木の台地の上に建ち羽田空港に比較的近いため、その分、ビルの高さが制限される。

大倉文雄は次のように回想している。

「森稔（森ビル社長）の『なんとかなりませんかね』という無念な気持ちを汲んで、私は当時の村岡兼造運輸大臣への直訴を試みることにした。後援会の有力者である東北新社の植村伴次郎社長に紹介してもらって九一年十月ころ森稔らと大臣室で会った。『大臣、最後の仕事として高さ制限をはずして下さいよ。東京タワーの近くですから』と単刀直入に切り込んだ。内閣改造が近く、お役御免は見えていた。そこは新聞記者上がりの強面か、テレビ朝日のご威光か、あるいはバックの朝日新聞の影響か。大臣は、その場で航空局長を呼んで『検討してやって』と前向きの返事。あまりのあっけなさに森ビル関係者は唖然としていた。『願いの件については、これを許可する』という、これだけでは何だかわからない一枚の正式な返事がくるまでに時間はかからなかった」（『惜別　仕事人生』）

森ビルが仰天したのは、航空機の安全に関わる高さ制限を緩和するという便宜供与が、メディアに対してはあっけなくなされる光景をまのあたりにしたからに違いない。朝日新聞という看板を前面に出せば、相当な無理が通りそうであった。

好夫の退任を控えた春先、一夫と母・鈴子、番頭格の岩本らが、好夫に代わってテレビ朝日に派遣する役員について協議した。当時、赤尾家と通じていたテレビ朝日幹部によれば、一夫と夫人から、「三浦を会長に推してはどうか」という奇抜な案が持ち出されたという。岩本の反対で話はそれで終わったが、かつて村山家に食い込んだように、出自は朝日側でも赤尾家から評価される三浦の異能はやはり際立っていた。

しかし、赤尾家でそうした話があってまもなく、三浦に突然、終幕が訪れる。五月十日、六十歳の若さで急死した。死に至る兆候は直前までおよそなかったという。

モスクワ五輪で失敗した心中はともかく、見かけはいつもと変わらず精力的に飛び回っていた。前夜は赤坂の料亭で電通社長の田丸秀治、元法相の秦野章らと懇談し、お開きになった帰途、翌朝にかけて死亡したというのだ。

この時期の三浦の内面には、何が去来していたのだろうか。東映の岡田茂の回想によれば、死の一年半前に次のようなことがあった。

「彼はテレビ朝日が絶対自分を放すはずがないと確信していた。だが、情勢は急変しており、種々の角度から検討して、私がある会社を勧めたところ、『兄貴はそういう気だったのか。今日限り絶交だ』と、昂然とはねつけ、別れた」（『友よ　まず一献　三浦甲子二さん追悼』）

一年半前といえば、モスクワ五輪の悪夢から三年ほどが経過した時分である。実際には岡田が懸念したとおり、三浦は編成担当の要職から外されて無任所となり、担務すべき仕事がなくなった。残務処理などでモスクワを四、五回も訪れるなど、忙しく活動しているように見えたが、上辺だけだったのだろう。そのころ、田代が進めていた再開発を指して「あのわからずやの新聞屋じゃあ、森ビルにとっては赤子の手をひねるようなものだ」と部下にぼやいたりしたが、潰しにかかる力はない。三浦をテレビの世界に送り込んだ広岡も、少し前に退任し先述のとおり朝日経営陣と対立、後ろ盾にはなれない。

半年ほど前の年明けから長野市の禅寺に数週間こもり、座禅、写経に打ち込んだりした。

三浦は一ヵ月半後の六月改選で、社長の田代から最終的な引導を渡されることになっていた。新聞社時代から機微な人事情報に精通してきた三浦のことである。この時期、自身の退任を知らなかったわけがないが、一方で認めたくなかったのかもしれない。そうした微妙な時期の突然の死であった。

そのころの三浦は火宅の人となっており、遺体は別宅から病院へ運ばれたという。その後、自宅に戻り、夕方から通夜がおこなわれた。

三浦がテレビ朝日に来たときに「新聞に帰ったらどうか」と反発しながら、かえって三浦から頼りにされた幹部は早い時間に駆けつけた。

「まだ人は少なく三浦さんの枕元に座ってお別れしたが、首に太く厚いガーゼが巻かれていた。そのときは気に留めなかったが、傷でもあったのかと後から思った」

急病としか知らされなかったゆえに、死因についてさまざまな情報が交錯したが、はっきりしたことは三浦子飼いの部下たちにもわからなかった。

三浦が事実上の組閣まで手助けし、後押しした現職の首相、中曽根康弘は、まっさきに通夜に駆けつけ、葬儀にも参列し弔辞を読んだ。

「私にとっては、中曽根内閣成立に生涯をかけた一人であると信じている」

中曽根は三浦の特質を「特有の伝法肌の迫力と、本質に直入する直感力」と言いあらわしている。

片や岡田茂は「一見豪放磊落だが、非常に細心、かつ気の弱い男だった」と見ていた。失脚から死に至る、失意がもたらしたような結末を省みると、岡田の人物評が近いのかもしれない。

三浦を師とも友とも慕い一番弟子を自任する制作局長の中島力は「三浦さんが仕事を続けていたら

六十という歳で突然死ぬことはなかったのではあるまいか」と、死の真相を匂わせつつ無念の気持ちをあらわした。

　メディア業界の汚濁の中を縦横に駆けめぐった〝異端児〟は、仕事を取り上げられては生きられなかったのだろうか。

　三浦の死から半年後の十月、テレビ朝日のワイドショー（「アフタヌーンショー」）で「ヤラセ・リンチ事件」が発覚する。二ヵ月前に、女子中学生のリンチ事件に遭遇したとして生々しく報じた内容は、始めからディレクターが暴力を唆（そそのか）してやらせたものだった。被害者の母親が自殺する悲劇も生み、ディレクターは逮捕される。

　三浦がテレビの世界に来て、はじめて手がけたのがワイドショー（モーニングショー）だった。視聴率は二％台に低迷し、広告を買い切っていた博報堂が止めたいと言い出して風前の灯火だった番組を、三浦は素人ゆえに大胆に改造した。古巣の広岡からカネを借りてテコ入れ資金とし、いまでは当たり前だが主婦一〇〇人をスタジオに呼び、反射神経でしゃべるスポーツアナを司会者にし、復活させたことがある。

　この不祥事は、その後、続発するいわゆるテレビのヤラセ事件の端緒となった。大きな社会問題になると同時に国会でも連日、激しく非難され、社長の田代がテレビ画面での謝罪に追い込まれる。番組は打ち切りとなった。

　リンチをけしかける悪質なヤラセへの強い批判が噴出したことは疑いない。その一方で、三浦の失脚と死への同情から、永田町の気脈を通じる勢力から必要以上の追及、意趣返しがなされたのではないかと囁かれた。

三浦の死後、モスクワ五輪独占放映の経緯を記した社史から三浦甲子二の名は消えた。

第二章　喧噪の時代へ

赤尾好夫の死

八五年九月十一日、赤尾一夫から文化放送・経理担当常務の杉山健史に至急の電話があったのは夜が明けて間もない早朝であった。

「もう危ないようだ」

赤尾好夫はその三ヵ月前、開局から三十年近くにわたって保持してきたテレビ朝日の代表権を手放し、代表取締役会長から名誉会長に退いていた。株主総会に出たのを最後に表舞台からも姿を消した。頭はしっかりしていたが、足腰は弱り心機能の衰えは防ぎようもない。

東京・六本木の心臓血管研究所付属病院に入院していたが、命が尽きようとしていた。すぐに駆けつけ臨終を看取った杉山は、関係先への連絡などを一夫と相談する必要があった。その場に、赤尾家以外の者は杉山しかいない。

文化放送社長で番頭格の岩本に知らせることはすぐ決まったが、滞ったのはテレビ朝日関係だった。元はテレビ朝日出身の杉山が「やはり田代社長に知らせたほうが……」と言うと、一夫は「いやだ」の一言で斥けた。

そうは言っても、臨終から一、二時間しか経っていないのに、赤尾家の人々が居を構えるマンション、赤坂プラザには早くも電通から弔花が届いている。情報はほどなく拡散するに違いなく、いまも名誉会長を務める会社に知らせないわけにはいかない。

すると一夫は「東映の岡田さんはどうだろうか」と問いかけてきた。杉山は、テレビ朝日社外役員としての岡田茂の位置と各勢力の按配に思考を巡らせ「中立的立場だから、いいんじゃないでしょうか」と応じた。一夫はすぐに岡田に電話を入れている。

四ヵ月ほど前、好夫の会長退任に伴い、一夫は旺文社からの役員として川村豊三郎をあてることに決めた。杉山らが朝日側の役員と赤坂の料亭で会談し、候補者リストを手渡していた。

そのうえで、一夫が田代と会談して最終説明をしたところ、屈辱的な対応を受けたのだという。激戦地ガダルカナルで銃創を負いながら生き延びたという経験を持ち、社会部の鉄火場を経てきた田代にとって、三十代半ばで苦労知らずの二世が考える人事案など笑いぐさなのだろう。株式の二割を持つ大株主をつかまえて、「あんたに何がわかるんですか」と言い放ったという。

朝日新聞で連載された名物記者の評伝には次のような記述がある。

「田代は毒舌家であったが茶目っけもあったから、敵もいたが味方もいた」「『名社会部長』と称されたけれど、田代はその半面でえこひいきをし、取り巻きを作ったとの批判がある」（『記者風伝』）

二年前にテレビ朝日社長に就いた田代は、新聞社時代には社会部で一派を成した。朝日騒動では反村山家の急先鋒で鳴らした一方、出世の階段を上り詰め、社長の椅子を目前にすると村山家懐柔に動くなど、目的のためには手段を選ばない面もあった。結果的に、専務止まりで新聞社の頂点には立てず、テレビ社長へと転出した経緯がある。もっとも、実力者だけにテレビ朝日での存在感は時日を経るごとに増していった。なお、田代以降、朝日新聞の社長レースに敗れた者がテレビに移るというのは定番コースとなる。

朝日新聞電波担当幹部によれば、田代はテレビ朝日社長になってから「赤尾家は村山家ほどのスケールはないが、かなり似たところがある」と漏らし、かつての朝日騒動を踏まえて経営陣にとって厄介な存在として認識している風であった。しかし、自ら赤尾家と融和する姿勢は持ち合わせていない。そのためもあって、一夫と朝日新聞の間は会話さえ滞る冷え切った関係になっていく。田代の補佐としてテレビ朝日に派遣された大倉文雄が回想録で、旺文社は「テレビ朝日のガン」と罵るほど関係は悪化した。

片や旺文社をまがりなりにも代表することになった一夫のほうも、朝日に対する不満は強く、テレビ朝日株の処分を嫌がらせに近い形で匂わせたりした。

杉山の証言。

「好夫さんの死去後、一夫氏は『テレビ朝日株を船舶振興会に売ろうかな』と言ったことがある。振興会側から話があったわけではなく、どこまで本気だったかもわからないが、私は『笹川に売るのはやめましょうよ』と言いました」

こうした一連の伏線が、後の売却騒動にもつながっていくことになる。

好夫の葬儀は十七日、旺文社、テレビ朝日、文化放送の合同社葬として港区増上寺でおこなわれた。本業の旺文社はもちろん、放送二社でも代表権を有した在任期間はきわめて長い。というよりテレビ朝日では、設立からこのかた、死ぬ直前の三ヵ月間を除いて代表権を手放したことは一度もなかったのである。

好夫を教育出版に貢献した大御所として悼む弔辞が並ぶ中で、岡田茂のそれはやや型破りだった。岡田は、激しかった大川・赤尾紛争に触れ、好夫の激しくかたくなな一面に触れている。いわく紛争が大川敗退で収まった後も、赤尾会長は東映を許さず、NETは東映制作のテレビ用映画を一本も買わなくなってしまった。窮した私は赤尾会長の下に何度も足を運んで関係修復に努め、なんとか納品できるようになった——。

岡田は、一夫と田代喜久雄の冷え切った関係をいくらかでも修復しようと努めている。実務的にはほとんど必要もないのに、朝日新聞、旺文社、東映の三大株主企業にテレビ朝日社長を加えた四社代表による「オーナー会議」を定期的に開催するようにした。築地の吉兆や四谷の料亭・福田家で持ち回りで開くのだが、飛び抜けて若い一夫は岡田の顔を立てつつも「健康の話ばかりでつまらない」と陰で言い、関係改善にはさして役立ちはしなかった。

一方、テレビ朝日の制作部門にいた一夫の数少ない学友によれば、好夫の死によって息子は生まれて初めての解放感を味わうことができたという。同時に、家業である教育出版社を切り盛りするという意識は希薄だった。先の朝日新聞電波担当幹部が言う。

「一夫氏が旺文社グループを継いでほどなく、旺文社派遣の川村豊三郎副社長を通じて私の耳に入ってきたのは、彼は出版やテレビも含めておよそ事業に関心がない、唯一関心があるのは美術関係だけだということだった。ただ、テレビ株の資産価値はよくわかっているから、時期が来れば売るのではないかという。私のほうからは、上場していない株だし、譲渡制限もかかっているからやたらと売れるものではない、ということを一夫氏へ念を押してくれと川村氏に伝えた」

朝日は早くから一夫がマネーゲームに走りかねないという警戒信号を受け取っていたわけだが、結果的に十年後、譲渡制限といった従来からの抑止機能は抜け穴だらけだったとほぞを噛むことになる。

岡山の政商・林原

一夫はオーナー一族の出自ゆえ、株の価値に敏感で、扱い方の知識も豊富だった。

八三年四月から六月にかけて、一夫はテレビ朝日株の買い集めを密かにおこなった。ただし、旺文社より資金に余裕があった文化放送に買わせている。設立時から小口の株主だった二十四の出版社などから、一株あたりの評価額は三六万七〇〇〇円で、計一六八七株（七％）を六億二〇〇〇万円で購入し好夫名義とした。

二年後の八五年、好夫死去に前後して、旺文社でも次の三つの保有先からテレビ朝日株を買っている。

六月二十四日　個人株主　一〇〇株　一株七五万円
八月二十日　音楽之友社　四〇株　同七八万二〇〇〇円
十二月十二日　アメリカン・ブロードキャスティング・カンパニー　四〇〇株　同八四万四〇〇〇円

ところが八月一日、文化放送が二年前に買ったテレビ朝日株も旺文社が買い取ったが、価格は一株三六万八〇〇〇円で、前後の三件の取引価格に比べるとほぼ半値である。

一夫側からすると、文化放送には一時的に肩代わりで取得させたに過ぎないのだから、旺文社が同価格で引き取ることに問題はないという理屈である。しかし、文化放送から見れば、保有する資産を旺文社によって価値の半値で吸い上げられたという構図になる。

一年後、国税当局は税務調査で、この取引を不当な低廉譲渡として問題にした。こうした場合、差額分の六億円あまりは文化放送から旺文社への寄付金となり、両者に課税される。結局、そうした事態を避けるため、旺文社の取得価格をしぶしぶ引き上げる形で決着させた。

文化放送はみすみす損失を被る取引をおこなったわけで、その経営の意思決定はどうなっていたのだろうか。一夫は当時、文化放送取締役に過ぎなかったが、五六％に上る株主として、七九年にテレビ朝日から文化放送社長に横滑りした岩本政敏を通じ、実質的な経営判断を行使していた。

おそらく国税当局は、この段階で、旺文社と文化放送との間に赤尾家という支配株主を通じて不明朗な取引、不当な資産移転が生じるという蓋然性に注目したに違いない。逆に一夫のほうも、国税に付け入られないためのさらに精緻な仕組みの必要を意識したはずだ。

以後も一夫は、文化放送の資産をいかに旺文社や傘下の財団に合法的に移転するか、さらに次段階で赤尾家に吸い取るかに腐心することになる。

八五年六月、旺文社に不釣り合いな書籍が出版された。『ザ・ファイナンシャル・ウォー』――。アメリカ発の金融、資本の自由化が日本にも到来する時代が始まったとし、いわゆる財テク・ブームを背景に財務戦略に熱心な企業を紹介する内容である。巻末では二人の筆者から一夫への謝辞が述べられ、ホテルオークラで開かれた出版パーティには、珍しく一夫も出席している。

先の一夫の学友が言う。

「筆者のSは一夫の中学時代の先輩で、外資系銀行に勤めており、児玉誉士夫の長男とも学友だった。そのSからもう一人の筆者、菅下清廣氏を紹介され、二人が一夫の投資指南役になり、やがて大和証券との関係が始まった」

菅下清廣は六九年に大和証券に入社、支店営業を経て外資系証券会社に転じていた。菅下とSは、その後の一夫のマネーゲームの多くに関わることになる。

本で取り上げているのは東京銀行、住友生命、三菱商事、三井物産といった有名企業がほとんどだが、最後に財務戦略とも関係なく唐突に一社だけ異色企業が登場する。

林原株式会社――。

岡山に本社を置き、明治期に水飴屋として創業した林原は当時、四代目社長の林原健の下で、研究開発型のでんぷん化学工業・バイオ企業として急成長していた。四年前には、新製法でインターフェロン量産化に成功したことで世界的な脚光を浴びつつあった。

そんな伸び盛りの企業に証券マンが注目する理由はひとつしかない。林原は非上場だが八一年、インターフェロンの製薬化で事業提携した持田製薬株が急騰し仕手株化するなど、ガン治療薬の開発ニュースが株式市場を賑わせていた。当時、菅下らは一夫に持田製薬株を盛んに推奨していたという。そうした投資資金には会社のカネが使われることもあった。学友によれば、大儲けすることもあったといい、実際の収支はわからない。ただ、仕手戦に深入りするにつれ、筋の悪い人脈が一夫の周りに形成されていった。

そうした投資話はともかく、林原と旺文社、健と一夫には、共通するところがいくつもあった。むろん、業種も規模もまったく違うが、底流に流れるのは外からは窺い知ることのできない創業一族に固有の閉じられた世界である。五歳年上の健と一夫はそのころから親交を深めていくのだが、二人をつないだのは児玉誉士夫の長男である。一夫、林原、児玉の三人は一時、北海道にゴルフ旅行に行くなど親しい関係だったという。

林原健は日本経済新聞に連載した「私の履歴書」で、児玉誉士夫の長男との付き合いに触れている。慶應高校の同級で同じ空手部員だった。健は児玉家にも出入りし、誉士夫とも面識を持ち、林房雄の「大東亜戦争肯定論」を読むように勧められたことなどが記されている。

健のように、戦前、戦後の裏社会ともつながる児玉家との関係をあえて公にする経済人は珍しい。そこには、健の父親、先代の一郎の存在が関係しているのかもしれない。

一郎は戦前、地方の水飴工場に過ぎなかった林原を、戦後の物不足の時代に水飴生産で日本一の規模にするとともに、地元岡山で一等地の不動産や銀行株といった優良資産を形成した。

二十代のころ、恩師で満州国総務長官・駒井徳三の秘書官の世話で渡満し、現地の諜報機関に勤務した経験を持つ。事実上の上司はあの甘粕正彦であった。ほぼ同時期に、やはり駒井に師事し満鉄に勤務していたのが講談社四代目社長となる野間省一（当時は高木）である。

一郎は父の死去に伴い昭和九年に帰国、林原商店を継いで水飴製造の事業拡張に成功する。日本が米英と戦火を交える直前、闇ルートから原料調達しているうちに検事局に検挙されたこともあった。だが、諜報時代の人脈の働きなどによって釈放、そのまま陸軍（姫路）の主計少尉になった。

一〇万円の大金を用意し入隊した一郎の物資調達力は抜きんでていたため、師団長らは側に置きたがった。戦地には出ないで済み、しかも任官中であっても始終岡山に帰って会社の仕事をしていたという。味方同士で物品の取り合いになっていた当時、物資調達で活躍し力を持ったというのは、内外の違いはあっても児玉誉士夫を彷彿とさせる。

終戦を迎え除隊、工場は焼失したが、陸軍に納めるはずだった大量の原料を元手にいち早く工場を再建、誰もが甘いものに飢えている時期だけに増産に次ぐ増産となり、急成長したという成功談だ。

旧藩主の池田家などから岡山駅前の広大な土地や、国宝、重要文化財級の大量の美術品を引き取ったりしたのも、戦後まもなくのことである。

健は慶應大学二年、十九歳の時、一郎の死去に伴って社長業を継いだ。その経営姿勢は相当型破りである。「十年かけても独創的研究をする」「ニーズを考えた研究はしない」「他人がしないこと、新しいものを目指す」――。

林原は健と靖（専務）兄弟のオーナー企業ゆえに上場せず、目先の利益を追う必要がないために長丁場の研究開発体制が構築され、インターフェロンやその後のトレハロース（甘味料）量産の成功などで、異色の優良企業と評価された。一方、効果のほどが不確かなサプリメントや効果を誇大に謳う商品も多かった。健の個人的趣向で類人猿研究、超能力研究といった特異な文化活動も熱心に展開された。

一夫はきわめて用心深い性格だが、林原の商品には無条件の信頼を寄せた。林原が製造したサプリメントなどを愛用するほか、傘下の会社にも斡旋した。文化放送元役員が苦笑する。

「文化放送では〝目がよくなる〟という触れ込みの一万円の卓上ライトを三〇〇〇個、三〇〇〇万円分を買わされたことがある。使い道に困って、多くは倉庫に眠っていた」

こうした林原の商品販売では、東京スポーツの関連会社（広告代理店）社長を務める児玉誉士夫の長男も代理店として関わっている。

自らも美術館を持つ健は、一夫の要請でセンチュリー文化財団理事にも就任している。

その後も林原は、岡山を本拠とする非上場系の優良企業という評価を維持した。岡山駅前の広大な所有地に、「ザ・ハヤシバラシティ」と名付けた未来型の大規模タウンの建設にも着手、順風満帆に見えた。

だが二〇一一年、三十年以上にわたってトップ主導で不正経理、粉飾決算を続けてきた実態が発覚、「林原王国」はあっけなく崩壊する。

一夫と児玉人脈とのつながりは、岡田茂を通じても深まったという。一夫の大学時代からの数少ない友人で、旺文社でも一時、側近だった人物の証言。

「一夫の母親が心臓病を患っていて、一夫は権威とされる児玉誉士夫の主治医だった東京女子医大教授に診てもらいたいと考え岡田さんに相談した。岡田さんは、児玉の元秘書で教授に太いパイプを持っていた太刀川さんを一夫に紹介し、診てもらえることになった」

岡田と太刀川に恩義を感じた一夫、文夫兄弟はその後、毎年暮れか年始には必ず、東映と東京スポーツ両社を訪ね二人にあいさつをする関係となった。

一夫と児玉長男は、その後も親密な付き合いを深めていき、後述する〝事件〟へとつながっていく。

世代交代

赤尾一夫は、旺文社社長室長に命じて文化放送株の一層の買い集めにも動いた。たとえば大日本印刷は六万四〇〇〇株を持つ大株主だったが、「半分を譲渡して欲しい」といった買い受け交渉をおこなった。フジテレビの含み益を考えて断った企業もあったが、大日本印刷をはじめ銀行や東京電力、関西電力などが売却に応じ、一〇〇社近くあった株主は二〇社ほどに減った。

この結果、旺文社は文化放送株の五六・六％を占める支配的地位を手に入れた。総務部元幹部が回想する。

「赤尾家から買い取りを持ちかけられた企業から、売ってもいいかと総務に問い合わせがあった。寝耳に水の総務局長は岩本政敏社長に報告したが、彼は赤尾家から社長にしてもらった手前、内心はともかく結局は黙認した。株式譲渡は取締役会の承認事項のため、凸版印刷の鈴木社長などは『やりすぎではないか』と苦言を呈したりしたこともあったが、なし崩し的に決まっていった」

文化放送への支配を強める一夫だったが、来社するのはせいぜい月一回の取締役会ぐらいであった。先の総務部元幹部によれば、会議室に向かうエレベータで凸版印刷の鈴木社長や大日本印刷の北島社長らと一緒になっても、目も合わせずあいさつもしないのだった。

文化放送元役員の証言。

「役員会当日、総務部長らが社の玄関で一夫氏を出迎える。秘書役らは、会議室前で出迎え『おはようございます。お待ちしておりました』と言っても、頭を少し動かしたかどうかぐらいで何も話さない。一夫氏が役員会で発言したこともほとんどなく、兄が口を開かないから弟の文夫氏も何も話しません。兄がいない時だけ、多少しゃべることがあるぐらいだった」

一夫の所作は不遜を通り越し、無感情のような異様さであった。

一九八五年は、8と10とともに世代交代の年となった。

8では、鹿内信隆の長男、春雄がグループ経営の最高責任者である議長職を譲り受け、名実ともに世襲権力を確立した。10では、好夫や三浦といった異能の実力者の死が続き、以後は朝日新聞の二番手あたりが順送りにトップに就く体制が定着した。さらに、8と10のいずれにも資本を通じて足をかける赤尾一夫が、体制固めを図った。

先述のとおり相続対策を急ぐ一夫は八五年六月、旺文社株をセンチュリー文化財団に集めた結果、そのシェアは三七・四％に増大した。

旺文社が保有する文化放送株と、そこにぶら下がるフジテレビ株、そしてテレビ朝日株を財団が差配することになり、実質的には理事長に就いた一夫の意思ひとつで決めることが可能だ。

ただし、財団が保有することになった旺文社株は議決権のない優先株である。財団であるがゆえにかけられた縛りを解くには、もう少し時間が必要だった。

放送と通信の世界は八〇年代半ばにかけて、大きな変動期を迎えようとしていた。衛星やケーブルといった新しい伝送手段が飛躍的に発達、普及し、護送船団として長らく寡占利益を享受してきた放送局にも一定の危機感が求められるようになった。

放送と通信は伝達、情報の送受信という機能は同じである。その相手が不特定か特定かという違いがあるに過ぎない。どちらも国家による強力な統制の下、限られた放送局と電電公社という特殊な寡占ないしは独占体制、そして周辺産業が築かれてきたことが共通していた。

そうした守られた世界にいる者はどうなるか、八〇年に元郵政事務次官でフジテレビ社長の浅野賢澄が新入社員に向けて発したことばがよく物語る。

「こういう準独占企業に腰を降ろしますと、どうしても甘えというものに浸りやすい。世間も大事にしてくれる。企業もまずはつぶれない。そして、もっとも時流にのった仕事である。ということはどうしても、これは全員甘えといったものに陥りやすい」(『社内ニュース』八〇年四月十五日)既得権勢力にあまり基盤を持たない中曽根政権は、政策の目玉として規制緩和を掲げ、急速な技術革新の下で放送と通信という情報産業の既存の枠組みに介入を図るようになる。

ひとつは、通信自由化という競争政策が導入され、それに伴って国内通信網を独占してきた電電公社が民営化されたことであった。もうひとつは、衛星放送の時代が幕を開け、ここでも既存放送業者のほかに商社などの新規参入が図られようとしたことである。加えて、どちらも幅広い裾野に新たな周辺産業が築かれていく。

いわゆる「ニューメディア時代」という人目を引く惹句と、喧噪の始まりであった。

リクルートという「潜在敵」

八〇年代、鹿内春雄は停滞していたフジテレビに、いわば無軌道な放埒(ほうらつ)と躁状態を持ち込んで活力とし、結果的に視聴率の飛躍的向上を実現、救世主扱いされる成功談を数年で作り上げた。一方、八五年から八六年にかけて、しばしば強い危機感を表明している。

「われわれは、(放送)免許あるいは免許に類似するもので利権、権益を確保してきたが、もっと幅広い人たちが情報産業に参入してくるという環境ができてきた。その代表は三井、三菱、住友、安田といった財閥系企業、東急、西武という戦後の日本を引っ張ってきた企業集団、また新日鉄、トヨタという異業種と思われていた企業集団、そしてＮＴＴ、ＡＴ&Ｔ、ＩＢＭが情報産業への参入を始めている」(八五年七月十五日、グループ全体会議での訓示)

規制領域で新規参入が難しかった情報通信産業が、旧財閥や大手資本などから明確に投資対象となりつつあった。

「放送衛星のBS－3の株の割当にしても、従来ならわれわれ新聞なりが得ていた出資比率を彼ら（三井、三菱、住友）が取っていった。これは、われわれの情報産業というものが、大資本の進出によって危機にさらされ始めたということになる」（八六年四月三日、新入社員研修での訓示）

一方、異なる立場から、情報産業に起きつつあった変動を注視していたのがリクルートの創業者、江副浩正だ。リクルートは六〇年代に、江副が大学新聞の広告取りから就職情報誌へと展開、衣食住など生活にまつわるあらゆる情報誌を次々に創刊、急成長した。ただし、八〇年代を迎えて、情報誌はニューメディアに代替されやすい、いずれ消えるのではないかと不安に駆られたと江副は述懐している。

現実には江副が想定したような急激な変化は訪れなかったが、インターネットが席巻する近未来は的確に見通していたと言える。江副は十年間でおよそ二〇〇〇億円を投じ、社を挙げて通信事業にのめり込んでいく。

鹿内春雄（フジテレビ社史より）

放送領域とのあわいに次第に近づいてくるリクルートを、鹿内は、〝潜在敵〟とみなしていた。現状では大資本の陰に隠れているが「いずれは激しく競合せざるを得ない」（「フジサンケイグループ長期計画　提案事項のまとめ一九八四年十二月」）と、将来のぶつかり合いを強く想定している気配があった。

フジテレビとリクルートは、六〇年前後に一年違いで開局、創業した。一方ははじめから相応な放送設備を備えた免許事業であり、もう片方はエレベータもないビル屋上の物置小屋からのスタートである。

だが、徒手空拳ゆえの知力はリクルートの創造性の源となった。リクルートの知名度がまだ低かった六九年、フジテレビ事業局長は社内で次のように発言している。

「日本リクルートセンターという会社がありまして、求人求職を結びつけていく仕事で、非常に成功している。調べてみると、ラジオ、テレビ、新聞をうまく使ったやり方でやったら、もっと伸びるのではないか。我々のラジオ、テレビ、新聞を結びつけた力で、ひとつ開発してみようということをいま考えている」(『フジテレビ社内報』)

フジサンケイグループも、儲けになりそうなことは何でも手がけるという特質があった。この発言の翌年には人材紹介会社を設立した。二年後、いわゆるフリーペーパー(無料紙)の先駆けとなる「リビング新聞」の発行も始め、十年で一〇〇〇万部を目指すとした。

片や江副のほうは「同業者の出現は歓迎するが一位であり続ける」ことをリクルートのポリシーにしていた。

両社には、新規に開拓した分野でも、すぐ隣に居合わせるような似かよった面があった。

鹿内春雄は八四年半ば、グループが進むべき道を提示する長期計画の中で、「夢工場」と名付けた情報通信の未来技術を披瀝(ひれき)する一大イベントを企画する。三年後に東京と大阪で同時開催、予算規模は一五〇億円と民間イベントとしては空前の規模である。

春雄は「フジサンケイグループが誰も開けることのできなかったニューメディア時代の扉を開け

る」と大見得を切った。

そのためには技術面はもちろん、資金も含めて何から何まで電電公社（八五年四月以降はＮＴＴ）の全面協力が不可欠だった。

組織委員会事務局長を務めた中村勉が振り返る。

「ＮＴＴの協力がなければこのイベントは成り立ちません。ＮＴＴを攻略するために、現場レベルでも、いろんな人間がアプローチしている。プロジェクトの準備が始まってほどなく、フジテレビ会長だった浅野賢澄さんに『これからＮＴＴ社長の真藤さんに会いに行くから』と言われて同行し、夢工場への協力を直接働きかけた。

真藤さんは出始めたばかりのショルダーフォンを『何としても普及させたい。誰もが持つようになったら、生活革命が起きる』と力説し、協力しようと」

だが、そもそも民営化されたばかりで役所体質を色濃く引きずるＮＴＴに、「メディアの覇権を目指す戦闘軍団」などと自己規定する相手を助ける動機も義理もない。いったい、どうしたのか。

事前の工作は春雄自らがおこなっていた。産経新聞の元編集局幹部が振り返る。

「春雄氏は、郵政の裏まで知り尽くす古手の担当記者にＮＴＴの内情、不祥事や弱みも含めて秘密裏に調査させていた。その上で協力を求めに、藤村編集局長を通じて真藤との面会をセットさせた」

春雄はメディアが持つ暴力性を背景に、真藤に協力を迫った結果、ＮＴＴは「夢工場」に巨額の協賛金を支出したほか、光ファイバーなど当時の最新技術を提供するなど異例の協力体制を敷いた。

八七年七月に開幕すると、メディアの影響力を駆使し、中曽根首相ら政府要人、皇族などが次々と訪れ世辞を寄せるのだった。

成否を左右する宣伝は、グループのすべての媒体を駆使して展開した。影響力が大きいのはむろんテレビの特番だが、普段、他社批判をやらないライバル社は辛辣だった。「一億人のテレビ夢列島」なる二十四時間生放送を取り上げた読売新聞は、「この局は、自制とか節度とかいった言葉を忘れてしまったらしい。それどころか、電波が公共のものとの自覚にも欠けるのではなかろうか。……これほど企画が貧しく、結果が低劣、そのうえ品の悪い番組も珍しい」（『読売新聞』八七年七月二十二日）とこきおろした。

会場の狭さ、順番待ちでろくに見られないといった悪評をよそに、一ヵ月半の会期で「来場者は五七〇万人を記録」と豪語した。こうしたイベントでは異例の二〇億円もの黒字化も達成したとし、自らを「大衆の感動を創造するセンセーション・グループ」と規定するほど、鹿内と取り巻きにとっての強い成功体験となった。

そうした「夢工場（東京）」の九つのパビリオン（社史では十一だが食堂も含む）の中に、リクルートが冠スポンサーとなった3Dビデオライブがある。来場した中曽根が「音と光と物語が調和し、迫力に体が包まれた」と称えたひとつでもある。

リクルートは、八つの大口スポンサーの一社であった。だがほかの七社、NTTや日産自動車、日本生命といった名だたる巨大企業と比べると、違和感が拭えない。3D映像とリクルートにも関係性はない。情報ソフト、コンテンツを扱うリクルートがフジサンケイグループに協力する義理はなく、むしろ競合関係なのだ。

それではトップ同士が親密ないしは協力関係なのかと言えば、まったく逆であった。

当時、リクルートの取締役だった真石博之が言う。

「役員会で、江副さんが鹿内春雄氏をフジテレビに訪問した折りの話をしたことがあり、『向こうはこちらを凄く気にしている。注意しないといけない』と、春雄氏を怖い存在として認識していた。夢工場にリクルートが積極的に協力した事実はなく、むしろ脅かされるようにして嫌々付き合ったのが実態だと思う」

やむなくカネだけ吸い上げられたということだろう。

こうした競合関係は今後、ますます激化する予感を孕(はら)みながら、フジテレビもリクルートもともに取り込む標的にしていたのは情報インフラのガリバー、ＮＴＴであった。「夢工場」なるイベントは、そのための大仕掛けであったに違いない。

ＮＴＴ初代社長人事をめぐる暗闘

通信と放送の裾野には、インフラ設備や端末機器などで広く巨大産業が形成されている。通信自由化に伴って仮に新興勢力が入り込もうとするなら、郵政省と電電公社の統制下にあったその権益をめぐって、既得権益者と政官財の各方面で衝突することになる。

真藤恒（西日本新聞／共同通信イメージズ）

その象徴的な激しい争いとなったのが八五年、電電公社民営化に伴う新会社、ＮＴＴの初代社長人事であった。

電電公社総裁には四年前、本来、通信世界には門外漢である石川島播磨重工業の前社長、真藤恒が就いていた。

瓢箪から駒のような人事で、中曽根が進める「行政改革」に伴って設置された第二次臨時行政調査会・会長の土光敏夫が、石播で後輩の真藤を推挙して異例の抜擢となった。

一方、副総裁で公社プロパーの北原安定には、NEC、富士通、日立などのいわゆる「電電ファミリー」が応援団を構成するほか、何よりも田中角栄が強力に後押ししていた
両陣営とも一歩も退かず、人事は膠着状況に陥る。こうした場面に必ず登場するのが、放送免許のときの知事のような〝調整役〟である。当初、こうしたもめごとでは常に表に立つ中山素平が浮上したが、田中派が難色を示したため、今里広記が新電設立委員会の責任者に推された。

今里が社長選出のキーマンになったのは、三年前の八二年に同郷（長崎）で田中派の郵政相から依頼され、政策検討をおこなう電気通信審議会の会長に就いていたことが決定打となった。

〝財界の官房長官〟と称された今里広記は経済社会の表と裏の街道を渡り歩き、晩年はその接合点に位置した人物である。本業の肩書きは長らく精密機器製造の日本精工社長だが、放送との関係は古い。ニッポン放送設立から二十年にわたって役員を務め、その後はフジテレビ監査役に就くなど、8チャンネルとの関わりはかねて深かった。

自らを「獣勘がある」という今里が、情報通信に注目したのは七〇年代初頭、二人の親戚を通じてであった。一人は戦後、「再建王」として名を馳せ、8チャンネル系列の仙台放送を経営した早川種三で、ニッポン放送に一時務めていた今里の娘が早川家に嫁いでいる。また、その早川の女婿で、半導体研究の大家である東北大教授、西澤潤一から、半導体の進歩によって情報通信に革命が起きると教えられたという。なお、早川のいとこにはソニー創業者、盛田昭夫の母親もおり、今里ともなかば

親戚づきあいの関係だった。

今里は、八四年には鳴り物入りで始まったキャプテンサービス社長に就任した。キャプテンは電話回線で家庭のテレビとコンピュータを結ぶ、いわばインターネットの日本版萌芽のようなものである（〇二年終了）。

当時、ニューメディアの代表と見られ、朝日、読売、毎日、日経、産経といった五つの既存メディアグループやメーカー、金融機関など三百社あまりがこぞって出資したが、寄り合い所帯の常で主導権争いも絶えなかった。

今里は「朝日新聞社が人の面で強く出てくると、読売も黙ってはいない。日経も出てくるという具合でなかなかまとまらない」と苦心する。このため、真藤も設立発起人だったことから、資本や運営、技術などの全般を電電公社が主導する体制にした。つまり、今里自身が情報通信分野では新興の利害関係者となっており、新しい電電公社を体現する真藤をすでに支持する位置にいた。

一方、八〇年代の情報産業の急激な発展は、郵政省と通産省という官界での権益争いも激化させた。八〇年代初頭に郵政省で放送部長を務め、キャプテンの名付け親でもある富田徹郎が言う。

「この部長時代に、自由化に向けた電気通信事業法（八四年十二月成立）を担当したが、主導権を巡っては通産省などと闘わなければならない。その際に、政財界対策でこちら側（郵政省）の大将だったのが今里さん。途中から牛尾治朗も介入しようと出てきたが、僕は今里さんと逐一対策を立ててやっていた」

根回しに長けた今里は中山素平とともに財界を代表し、最大の障壁である田中角栄の説得に乗り出す。今里の追悼録（『回想　今里廣記』）によれば、次のような場面があった。

「二月二十一日午前、今里は中山と連れ立って東京・目白の私邸に田中元首相を訪ね、昼食をはさみながらヒザ詰めの調整をする。機関銃のようにまくし立てる元首相を制して、『北原社長を強行するようなら、財界を敵に回しますよ。田中さんはもっと大事なことをなさって下さい』と今里がダメを押す。田中も『わかった』と渋々ながら真藤社長案に同意するが、帰り際に『真藤社長は新電電発足後、一年間だけ。後は北原にバトンタッチすることで手を打とう』とねばる。今里と中山は『それでは民営化の意味がない。NTTが民間会社として本当に軌道に乗るまでは、社長は真藤君でいく』と応酬する」

田中はロッキード事件で刑事被告人となった後も闇将軍として君臨していたが、この二週間前、後継を目指す竹下登が金丸信とともに〝派中派〟の創政会を結成、分裂の危機を迎えていた。一方、通信権益を仕切ってきた田中派の混乱に乗じて、首相の中曽根も密かに動き出す。

八五年二月二十六日、料亭・口悦で中曽根、藤波官房長官と今里の秘密会合がもたれ、社長を真藤とすることを大筋で合意したとされる。

とはいっても、田中がクビを縦に振らない限り人事は膠着する。ところが翌日、政財界を激震が襲う。ロッキード裁判や最大派閥の分裂騒ぎなど、極度のストレスで昼間からアルコールを浴びるように飲んでいた田中が脳卒中で倒れたのである。

田中の離脱で潮目は大きく変わり、四月一日、NTT設立で真藤は初代社長に就任、今里も取締役相談役となった。

真藤は「電電改革」や民営化によって、実力経営者と目されるようになった。通信の自由化が緒についたとはいえ、依然、巨大な通信権益を差配する立場の真藤の周辺には、裏社会とつながる経営者を含む取り巻きの人脈が形成された。それは同時に、通信やその実用化であるカードビジネスの世界に歪みをもたらすことになる。

リクルート事件の深層

八〇年代後半、中曽根民活に伴い、マネーは株や不動産へ怒濤のように流入し、狂乱とも言うべき株式相場と地価が形成された。八七年二月のＮＴＴ株上場が株ブームの頂点となり、バブル経済は爛熟をきわめた。

こうした活況に、利に聡い企業は軒並み財テクに走った。多くは証券会社に余剰金の運用を任せたに過ぎないが、赤尾一夫の場合は、錬金術のように自身がマネーゲームのプレーヤーになり暴利を上げた。

最初に手を付けた〝種銭〟は文化放送の子会社、文化放送ブレーンという就職情報会社である。元々は出版社のダイヤモンド社が営んでいた事業を社員がスピンアウトし、文化放送から七〇％の出資を得て、七五年に設立した。当初は、年一〇〇万円の利益を出すのがせいぜいだったが、八〇年代後半、就職情報市場が右肩上がりに急成長する波に乗っていく。

八八年に入社した鈴木あきらは当時の社内を次のように言う。

「そのころの売上高は四〇億円弱だったが、年明けには社長が『今期の目標は五〇億』とぶち上げ、バブル景気にも乗って売上げはどんどん膨らんでいった」

一夫は八七年、自身の投資顧問と言うべき先の菅下を、文化放送顧問へ送り込んでいる。代表取締役だがめったに文化放送には顔を出さない一夫の代わりに菅下は秘書室の奥に机を置き、そこには投資専用の情報端末が用意されていた。

菅下は、就職情報への需要が急増する労働市場を見て、文化放送ブレーンの株式を公開できないかと考えるようになる。

八九年二月から三月にかけて、菅下は古巣の大和証券事業法人部長の前哲夫（後に日本証券業協会会長）に相談を持ちかけた。菅下とは同期で親しかった前は、公開引受部・担当課長の池田謙次に「上場を考えているようだが、困っているようだから手伝ってやってくれないか」と依頼した。

江副浩正（共同通信社提供）

折しも、前年からのリクルート事件が燃えさかり、政界に捜査の手が及ぼうとしていた時期である。

同じ就職情報を扱う文化放送ブレーンとリクルートは、かつては強く意識しあったライバル会社である。文化放送ブレーンの前身、ダイヤモンド社開発事業部は六六年、先行するリクルートを追って「ダイヤモンド就職ガイド」を発行、その内容は江副も脱帽する出来映えだった。

老舗出版社の参入にリクルートは危機感を募らせ、「非常事態」「臨戦体制」を敷いた。

「そのころ、江副はさかんにこんなことをいっていた。『生か死か』『この事業の創始者であるわれわれは二位にはなれない。二位になることは死を意味する』」（『月刊かもめ20周年記念誌』）

なりふりかまわない徹底した営業活動で巻き返す一方、ダイヤモンド社のほうは労働争議などで徐々に停滞しスピンアウトに至る。

リクルートは急成長を遂げて業界のガリバーの座を不動のものとし、同業としてのライバル関係に変わりはないとはいえ、文化放送ブレーンをはるかに引き離した。だが、その巨人を率いる江副が政財官界の有力者たちに未公開株をばら撒いたことが発覚、政権が倒れる一大疑獄事件が勃発する。結果的に、文化放送ブレーンの株式公開にも大きく影響することになった。

リクルートと文化放送ブレーン、この巨象とアリのような情報系企業による奇しくも相前後したマネーゲームの足跡と因縁、また直前に起きた疑獄事件をたどってみよう。

当時、大和証券の前と池田の二人は、実はリクルート事件のただなかにいた。

三年前の八六年十月、リクルートの不動産部門である関連会社、リクルートコスモスが店頭公開した際、主幹事を務めたのは大和証券である。前は事業法人部でリクルートを担当し、池田は公開引受部の担当課長として公開実務を一手に手がけた責任者であった。

リクルート事件は八八年六月十八日、川崎市の小松秀熙助役に、リクルートコスモスの未公開株が譲渡されていたことを朝日新聞が報じて幕を開けた。

まもなく首相の竹下登、前首相の中曽根康弘や自民党幹事長の安倍晋太郎など政界の有力者多数に、秘書を通じて事実上、譲渡されていたことが発覚する。さらに事務次官などの官僚、財界人、新聞社首脳といったマスコミにもリクルートは未公開株をばら撒いており、譲渡された政治家らは店頭公開直後に売却、莫大な差益を得ていた。「濡れ手に粟」ということばが流行語となり、人々の憤激に背中を押された検察が、政治家と官僚によるリクルートへの便宜供与を立件する贈収賄事件に発展する。

事件の大きな特徴は、贈収賄がカネではなく株でおこなわれたことだ。便宜への見返り、その手段として株が使われたことから株式市場の公正性も問題となった。

多くの政治家は、店頭公開の約一ヵ月前にリクルート関連会社のファイナンス付きで譲渡されていた。リクルートがコスモスの店頭公開を準備し実施したプロセス、とりわけ〝環流株〟と呼ばれるようになる未公開株のばら撒き方がルール上、許されるかが問われた。

日本証券業協会が定める店頭公開のルールでは、江副といった特別利害関係者は公開前の一定期間、当該株式を売買してはいけない。この場合の関係者とは、江副ら役員、その親族、主要株主、関係会社やその役員などを指す。

この規制をすり抜けるために江副は、いったん公開前に親密な経営者仲間へ割り当てた増資株を一部環流させて政財官界の有力者に譲渡していた。江副の理屈では、自分は斡旋したのであって売買したのではないということになる（判決では、江副が発案し譲渡価格を決めたこと、譲渡書類の譲受人欄が空白のまま記名押印させたこと、経営者仲間は譲渡先の選定に関与していないことなどから江副が実質おこなったと認定）。

専門知識を必要とするこうした手法を駆使するにあたっては、証券実務に一定程度通じた者が指南した可能性が高いと思われた。それは主幹事を務める大和証券であると見るのは自然の流れであった。

当初、コスモス株を譲渡された政財官の有力者たち、とりわけ財界人の多くは「正当な経済行為であり、何も問題はない」と主張した。江副も事件から二十年以上が経ってから出版した著書で、事件当時、大和証券の千野宜時（よしとき）会長、土井定包（さだかね）社長から「公開前の株譲渡はこれまでどこでもやってきていることで、問題にされることではない」と言われたと回想している。

しかし、公開実務を担当した当の池田は、これらの主張を斥ける。

「日証協のルール上は、特別利害関係人ではない政治家や経済人がコスモス株を譲渡されても違反ではない。しかし、ルールが意図する意味合いを考えれば、やってはダメに決まっている。未公開株が譲渡されたのは店頭公開（登録）のわずか一ヵ月前。私が逐一、公開が大丈夫かどうかをリクルート側に報告し、ほぼ間違いない中で譲渡している。店頭公開の過去の実績ではすべて、公開初日に分売上限価格の値が付いてきた。コスモスの場合は五二七〇円の値が付くことが確実なのに、三〇〇〇円というはるかに安い値段で公開直前に譲渡するのは相手が誰であろうと不公正だからだ」

大和証券の実務担当者と首脳が、正反対の認識を示すのはどういうことだろうか。

「第一に、千野さんも土井さんも公開実務を何も知らない。第二に、彼らのような証券業界の古い慣習、体質に浸かって生きてきた人たちは過去、実際に未公開株の譲渡をやってきた面がある。私が以前、新規公開株の募集事務に携わっていた時、専務だった土井さんからその株を『××万株用意して』と指示する電話を受けたことがある。政治家や総会屋に持って行ったのかもしれない。しかし、過去にやってきたから違法ではないなどということはない」

池田の立ち位置は明快だ。

「公開に関しては公開担当の私がルールブックで、リクルートに対し譲渡はダメだと繰り返し何回も言っている。株式公開に携わる人間としてクビを縦に振るわけがない。私にとっても、コスモスの公開は初案件で慣れていなかったので、なおさら慎重にあたった。だから、リクルート側から公開担当の私には一言も相談がなかった。言えば反対されると彼らもわかっていたからです。そして私が同意しない限り公開はできなくなる」

しかし、公開実務の現場の意思はともあれ、大和証券の上層部にはリクルートに是が非でも協力する経緯と動機があった。

池田によれば、コスモスの店頭公開は、江副から直接、当時の土井定包社長と越田弘志秘書室長に依頼された話だったという。江副の意図は、手はじめにコスモスを大和証券で、次にファーストファイナンスを日興証券で、そして本命のリクルートを野村證券で上場させることだったとされる。トップバッターで株式公開を引き受ける大和にすれば、ここで得点を挙げ、急成長するリクルート本体の上場も手がけたいという動機が強く働く余地はあった。

大和証券はなぜ逃げ切れたか

発覚から二日後、コスモスの公開実務を担当した池田らは、店頭公開を所管する日証協、さらに大蔵省証券局への説明と弁明に追われた。

「大蔵省は激怒し、未公開株譲渡のやり方を指南したのが大和だったら大変だと考えていた。しかし、環流のやり方を見ても荒っぽく、われわれのような現場の専門家が取る手法ではない。大和で環流株に関わった人間はいると思うが、いくら調べても組織的な関与は出てこなかった」

ほどなく小松案件を抱える神奈川県警の事情聴取があり、続いて秋口から、担当専務の山中一郎、前、池田らに東京地検特捜部から呼び出しがあった。池田自身はその後、もっとも多い三十回を超える事情聴取を受けることになる。

朝から夜までかかる聴取はあくまでも参考人としてだが、トイレから部屋に戻るときにふと見ると

「取調中」の札がかかっていた。参考人だからタバコもコーヒーも飲めるが、その時は「おれは被疑者か」とショックを受けた。

当初、〝共犯〟ないしは〝指南役〟を疑われ、窮地に立たされた大和だったが、比較的早く立件されることはなくなった。ただし、池田によれば、公開日の初値形成の過程で、大和が株価操縦をおこなっていたと見られかねない弱みを抱えていたという。

大和側の心配は、検察の関心がこの点に向くのを防ぐことに収斂（しゅうれん）していく。同時にそれは、当局の見立てに沿ってリクルートの犯意の証明に協力することにつながっていった。他方、上顧客であるはずのリクルート側は、検察に全面協力する大和の〝裏切り〟に激怒した。

捜査当局の狙いはもっぱらリクルートと政官の贈収賄という伝統的な〝特捜事案〟に絞られ、懸念した株価操縦に光があたることはなく、大和証券が摘発されることはなかった。池田たち現場担当者への聴取も十一月に終了した。しかし、池田が想定したように、大和の上層部に江副に助言した幹部がいたのではないかという疑惑は残った。

年が明けて二月からは、リクルート会長の江副浩正や株を譲渡された文部、労働官僚などが次々と逮捕された。続いて複数の政治家に捜査の手が伸び、さらにＮＴＴ会長の真藤ら幹部三人が贈収賄に問われる一大疑獄事件となった。

「口酸っぱく『譲渡はダメです』と言っていたので、あんなにばら撒くとはまったく思ってなかった」

譲渡された株数がもっとも多く疑惑の本命とされた中曽根は、江副を政府税調特別委員、土地臨調委員などに任命、未公開株譲渡はその見返りではないかと見られた。また、通信自由化に伴ってリクルートが巨額投資したスパコン導入にも便宜を図ったのではないかと見られた。

記者会見で、江副が政策に関与したかを問われた中曽根は、「江副なにがしが政策に介入する余地は全然ない」と言い放った。その後、中曽根は証人喚問、離党へと追い込まれていったが、結局、立件には至らずに逃げ切ることになる。

ばら撒いた株の譲渡先について、八〇年代半ばの政治経済状況とリクルートが目指す方向性を考えれば、いわゆるＮＴＴルートが事件の本筋だったに違いない。

その背景には、ＮＴＴと情報通信権益をめぐる勢力図の変化があった。

通信事業への参入を目指す江副は当初、京セラの稲盛和夫やウシオ電機の牛尾治朗、セコムの飯田亮などの新興財界人を中心に作られた第二電電への参加を希望した。ところが、新興財界人の中でも格下に見られたリクルートと江副は、稲盛らから「君はまだ早い」と外される。

残された道はＮＴＴへの接近である。江副は牛尾から真藤を紹介され、牛尾や飯田が作っていた真藤を囲む集まりに参加した。真藤への接近が存外にうまくいったことが、未公開株譲渡による利益供与につながっていくことになる。

真藤は相手の肩書きや序列にこだわらずに、おもしろいと思った人間を重用する独特の感覚があった。それは進取の気風であるとともに脇の甘さへも通じる。

真藤がＮＴＴ社長を射止めた状況と江副、中曽根の関係を整理しよう。

八〇年代後半、派閥内の造反と病による田中角栄の退場は、永田町で放送・通信を一手に仕切ってきた田中派の牙城が切り崩されることを意味した。代わって台頭したのは首相の中曽根である。

それまで〝角影内閣〟などと揶揄されてきた中曽根だったが、田中支配の終焉とＮＴＴの初代社長選びの大詰めの瞬間が偶然重なったことを利用し、自身の影響力を誇示する動きに出た。そのため、一方で今里ら財界の要請を受け流しつつ気を揉ませ、真藤ＮＴＴの誕生を容易には認めなかったのである。こうした虚実の駆け引きで、最大級の利権ポストの値を吊り上げようとするのは格別珍しいことではない。

さらに社長就任の一年後、中曽根は真藤の「勇退」にまで言及する。中曽根は田中派に代わって自派から郵政相を出すなど、通信業界への影響力を強めていた。真藤サイドは、こうした人事権をちらつかせるような中曽根の言動に翻弄され、その対策で江副に頼らざるを得なくなったという。これが株ばら撒きのリクルート事件に至ったもうひとつの背景である。

八四年から八五年にかけて、電電公社の民営化とＮＴＴ社長の座をめぐる争い、田中角栄の退場と中曽根の台頭、日米貿易摩擦によるスパコン購入といった通信権益の行方を左右する大事と、江副によるリクルートコスモスの店頭公開準備はちょうど重なった。

当初、江副は個人でコスモス株の四九・五％を所有、公開時には巨額のキャピタルゲインを得ることが確実だった。八四年十二月から翌年四月まで、複数回にわたって大量のコスモス株の第三者割当をおこなった時期は、まさにＮＴＴの社長争いのただ中である。

自由化に道が開いたとはいえ、通信の世界は一貫して強固な規制で縛られ、だからこそ政財官による利権の牙城として存在してきた。

その巨大利権に、リクルートの特徴である場当たり的にまず行動する方法論から触手を伸ばすには、政財官に広くく投網をかけるようにカネをばら撒くというのが江副のやり方だった。

江副はおそらく、通信とコンピュータ事業でＮＴＴと密接不可分となる大仕掛けを構想し、そこにコスモスが手がける不動産もからめた情報通信インフラの一大事業展開を目指したに違いない。江副に〃借り〃があった真藤は、ＮＴＴを挙げた破格の協力でこれに応えようとした。

先に見たフジサンケイグループの華々しいお祭り騒ぎは春雄が真藤を脅かしたのに対し、リクルートの場合は江副が真藤に恩を着せたということになるのだろう。

だが、後者は二人とも摘発されたことで、果実を得る前に退場を余儀なくされた。前者に至っては、リクルート事件が発覚する直前に急死を遂げ、抱いていた野望は潰えた。

「成功者」ゆえの足かせ

情報通信の世界がＮＴＴ社長をめぐる争いや新規参入で沸騰していた八四年から八五年にかけて、先に記したとおり、鹿内春雄が率いるフジサンケイグループは「敵をたたき、潰す論理の確立」を掲げ、長期計画を策定した。

春雄が仕掛けた「夢工場」は、情報通信の自由化と技術革命の時代の訪れを先取りし、自分たちがその先頭を走るという宣言でもあった。長期計画では通信事業への進出も、最優先課題として位置づけられている。

「フジサンケイグループとしては、地上の光ケーブル網を単独で設置するのは難しいが、衛星回線の設置には可能性」があるとし、ＮＴＴや第二電電と並ぶ「第一種電気通信事業への進出を具体的かつ速やかに検討する」と謳った（「長期計画報告書資料編　河野分科会」）。

情報通信・放送分野を明確に利権と位置づけている春雄は、閉幕直後に次の手を打つ。当時、郵政省電気通信政策局で通信自由化政策を仕切っていた富田徹郎をスカウトした。

富田がその経緯を説明する。

「電気通信政策局次長の時、フジテレビ監査役だった今里さんが春雄さんに僕を推薦した。ただ、局長にもなっていなかったからお断りしたが、二、三年後に本省の局長を一年やり、そろそろ辞めごろかなと」

先のネットワーク争奪戦やＨＴＢ巨額損失の時に放送部長だった富田は、電波行政にも明るい。八七年九月にフジテレビ顧問に就任、翌年には常務となり、放送・通信を司る郵政省とのパイプ役として特殊な任務を担うことになった。

日枝久は編成局長として番組編成を統括する傍ら、マスメディアの未来を展望する先の長期計画の策定にも携わった。八四年末、長期計画の中で「日枝分科会」は踏み込んだ認識を示している。

「大切なことは本業意識にとらわれないことだ。企業は進化しなければならない。新聞は新聞紙という形態にとらわれたとき、ニューメディア時代に一歩遅れる。テレビ局も、テレビというメディアに固執したときに立ち後れる。話題と興奮を伝えるのに現状のテレビをしのぐメディアがあらわれたら、それに乗らないと遅れる。……カゴ屋はカゴの改良にばかり気を取られ、自転車にまで発想が及ばない。こういう産業や企業のライフサイクル上の隘路（あいろ）を切りひらくには異業種の高感度人間からのインテリジェンスが不可欠だ」（「長期計画報告書資料編　日枝分科会」）

インターネットの隆盛を予見しているかのように、大胆にも、テレビを捨てることさえ選択肢に入れるというのだ。実際、通信自由化からわずか一年後の八六年、フジテレビは子会社で商用パソコン通信サービス（ＥＹＥ－ＮＥＴ）を開始するなど、先進性において動きの鈍い他メディアグループとの違いは際立っていた。

だが、稀少性の高い電波権益に頭から爪先まで依拠し、足元の業績が絶好調な時に、新しい地平へ本気で足を踏み出すことは難しい。

そうした近未来を見届けることもなく、「夢工場」を成功させたわずか半年後の八八年四月、鹿内春雄は四十二歳の若さで死去する。

他方、リクルートも早くから似たような問題意識を持っていた。八〇年、先の真石は次のように記している。

「われわれは駅馬車の経営者であってはならない。駅馬車の経営者たちは、その機能がTransportation全般であることに気づかず、馬による輸送にこだわりすぎたため、その地位を鉄道に奪われた。われわれは新しいシステムで成功をおさめてきたが、われわれよりさらに新しいシステムに敏感でなくてはならない」（前出・『月刊かもめ20周年記念誌』）

どちらも共通する認識をもっていたことがわかるが、やはり困難なのは、現状で成功を収めているビジネスモデル、とりわけ権益ビジネスを捨てる決断ができないことだろう。その点、リクルートは放送局のような電波権益を持たないぶん、情報の容れものにこだわる必要はなく身軽であった。

江副は八八年七月、事件の責任を取って退任したが、その後もリクルートは、インターネットの伸長に合わせるように自身の業態を変えて成長し続けることになる。

「濡れ手に粟」の株割当

リクルート疑惑を切り抜けた大和証券だったが、その後、五人いる副社長のうち三人が事実上の引責辞任をした。江副の〝暴走〟には、大和上層部の影がついて回ったからだろう。

前、池田らはリクルート疑惑の発覚から半年ほどの間、取り調べなどで緊張した生活を強いられ、自らは放免されたものの、真藤や労働、文部事務次官らが逮捕された時期に、先述のように菅下から〝赤尾案件〟を持ち込まれている。迷うことなくただちに着手したという点では、株式市場に生きる者の宿痾（しゅくあ）というべきだった。

菅下の目的は、あくまでも赤尾一族を儲けさせることであり、その手段としての株式公開である。ただし、リクルート事件を受けて大蔵省は、店頭公開ルールの規制強化に乗り出していた。四月から、公開前の第三者割当増資が一定制限されることになっていた。

赤尾一族にまさに濡れ手に粟で儲けさせるには、規制が強化される前に、株式を割り当てればよい。その期限は一ヵ月を切っていた。

「私の言うとおりにして下さい」

池田は、特捜部による三十回以上の聴取を経験したことでむしろ自信を深めていた。株式公開が可能かどうかの見きわめ、公開までの段取りといった実務については誰にも負けない自負がある。リクルートコスモスを手がけた時にリクルート本体の経営状況もつぶさに調べたから、就職情報事業の現況と将来性にも土地鑑を得ていた。リクルートに比べ小なりとはいえ、同業の就職情報会社の経営環境が良好であることの見通しはついた。

文化放送ブレーンは規模が小さく財務の専門家もいないから、手玉に取ることも可能だ。

池田は必要な経理資料を至急提出させ、文化放送ブレーンの経営状況を数日で調べ上げ、二年後の株式公開が可能と判断した。社長にはすでに、一夫の命じるままに動く旺文社出身者が送り込まれている。さらに旺文社から経理部門にスタッフを送り込んで〝占拠〟し、公開実務にあたらせることにした。

菅下からは「兄弟に同じ株数を割り当ててくれ」と言われていた。兄弟に差を付けてはいけないのだという。なぜかは聞かなかったが、しこりになりそうなことは極力排除するのが鉄則だ。

問題は割当価格である。菅下の要望に応えるには、なるべく安く大量に赤尾一族へ割り当てる必要がある。一方、不当に安い価格は有利発行として認められない。

店頭公開の場合、価格算定は直近の決算数字を元にすればよいことになっている。八七年度は経常利益が八〇〇〇万円ほどに過ぎず、株価はかなり低く算定できる。一方、足元の数字、年明けの二ヵ月を見ても業績は飛躍的に伸びており、八八年度決算は前年の三~四倍の利益が見込まれた。

本来、企業価値の向上を旨とするなら、足元の業績を反映させた株価にすべきだ。しかし、文化放送ブレーンは一年前の数字を元にした一株一六五〇円という安値で、一夫、文夫、旺文社にそれぞれ六万株、計一八万株を割り当てる四倍増資を実行した（その後、株式分割と無償割当で、それぞれ一五〇万株、計四五〇万株となる）。

池田が言う。

「安い割当価格は厳密に言えば〝反則〟かもしれないが、ルール上は違法ではない。また、親会社の文化放送も経営に執着していなかった」

執着以前に、そもそも増資の真の目的が文化放送には知らされなかったし、旺文社出身の社長、小林正巳が一夫に異を唱えることはあり得なかった。文化放送の管理部門の元役員が見たのは、主従を示す光景だ。

「小林社長が、センチュリータワー最上階にある一夫氏の部屋を訪ねた時について行ったことがある。社長は一夫氏に相対すると、地べたにはいつくばるように頭を下げていた。文化放送にいる旺文社出身者はみんなそうした態度で、一方、一夫氏のほうはウンともスンとも言わず、少しうなずくだけでした」

一夫の意を受けて、文化放送の代表取締役が動けばことはたやすい。取締役会でも異論はなく、赤尾兄弟への第三者割当が決議されている。

情報のちょっとしたタイムラグが巨利をもたらす。結果がわかっている未来から、当たり目に賭けているようなものだった。

ルールが変わる三月末日の二、三日前に株の代金が払い込まれ、ギリギリ間に合うという綱渡りだった。その結果、事実上、赤尾一族で株式の七五％を支配することになった。対して文化放送の持株は七〇％から一七・五％に激減する。

二ヵ月後に出た八九年三月期決算は、案の定、売上高九五億円、経常利益は前年度の三倍、二億三〇〇〇万円に急伸した。赤尾兄弟は事前に好業績になることを把握したうえで、安価に株の割り当てを受けたのである。

リクルート事件で政官財の有力者が未公開株を得た構図と基本は同じことであった。

その夏、池田は「店頭公開がうまくいきそうです」と一夫に報告した。一夫は期待しつつも「（投資した）一億円が何十億円になるなんてことは、さすがにないですよね」と返事したという。

その後も、池田の読みどおり、就職情報市場は好調に推移した。しかも、旺文社グループで運営する英検の業務を文化放送ブレーンに委託することでさらに売上げを膨らませた。

二年半後の九一年十一月、文化放送ブレーンは店頭公開を果たした。

割当を受けた者の差益は、予想をはるかに超えた。赤尾兄弟は、公開の際に保有株のうち二〇万株を放出、二人あわせておよそ一五億円の売却利益を得た。そして二年後には、進行中のゲームにいきなりトドメを刺す。

九三年三月、二人は保有する全株を旺文社の子会社（センチュリータワー）に売却、七四億円の巨利を得ている。

彼らが投じた〝賭け金〟は一人九九〇〇万円、それがわずか四年でざっと五十倍、二人で九五億円になって戻ってきたのである。

この時も、情報のタイムラグを利用した。バブル崩壊とともに文化放送ブレーンの業績は急降下、この期の経常利益は前年の三分の一以下に急落したが、その発表前に全株を売却した。

一夫にとって、文化放送ブレーン株は錬金術の道具であった。自身が売り抜けた後も、旺文社グループが保有する六一五万株を使って高値で換金したり、高価値の株式と交換するといったマネーゲームを次々に仕掛けていく。その過程で、文化放送ブレーン株はあっという間に劣化し、最後はクズ株へと落ちていった。

あぶく銭を得た成功体験は麻薬に似る。

一夫は池田に、めぼしい子会社を見繕っては「上場できないか」と相次いで持ちかけた。

ラジオ通販で三〇万人の会員を持っていた文化放送の子会社や、旺文社の物流子会社に決算で〝化粧〟を施し、文化放送ブレーンの二番煎じを狙ったが、池田の腕でもさすがに無理だった。

ただし、物流子会社の場合は準備には着手し、一夫、文夫、菅下の三人にほぼ額面で株を割り当てたという。

仕組んだ池田の回想。

「一年経たずに上場は断念したものの、そこそこの業績は出していて、株価算定したら十数倍の価格になった。これを三人は旺文社に売って、菅下氏の場合は一億八〇〇〇万円ほどの利益になっている。いわば旺文社は〝腐っていくリンゴ〟のようなもので、三人はその分儲けたことになる」

しかし、こうした所業には、落とし穴もつきものだ。

「この物流子会社の件ではその後、菅下氏が『旺文社に査察が入った』と連絡してきた。濡れ手に粟だから、自身に累が及ぶのを怖れたのだろう。結果的に、摘発されなかったようだが、国税は相当怪しいと考えたようだ。こういうケースが度重なると伏線となって目を付けられ、後々、合法的な〝節税〟であっても摘発されることがある」

数年後にそれは現実となる。【筆者注：菅下には赤尾一族との関わりについて取材要請したが、「それについて話すことはない」と拒否した（〇九年五月）】

赤尾兄弟の絶頂

文化放送ブレーン株で巨利を得た九一年、一夫は東京・お茶の水に新たにグループの拠点ビル、センチュリータワーを建設した。同地には大正末期、日本におけるアパートの先駆、お茶の水文化アパートが建ち、戦後、好夫が買い取って修学旅行生などを泊める日本学生会館として運営していた。教育出版社らしい営みに見えたが、そうした思考と無縁な一夫は好夫が死んで間もなく解体した。

モダンアートの目利きらしく、建設計画の途上で訪れた香港上海銀行ビルに強く惹かれ、最初に頼んだ設計者を降ろし、同ビルを設計したイギリスの著名建築家、ノーマン・フォスターに依頼するこだわりようで、設計料は一八億円にもなった。建設費は二一二億円で、旺文社の体力からすれば分不相応に金融機関からの借り入れは一八一億円に上った。

すべてが一夫の好みどおりに造られたものの、二層でワンフロアの特異な構造であることなど二十一階建ての容積の割に床面積は少なく、維持管理費も割高で使い勝手がいいとは言えなかった。

ビル地下には、趣味の高級クラシックカーが多い時は二十台も並んでいた。そこから専用エレベータで十八階に上がると、一夫と文夫の執務室、秘書や側近の部屋がある。百畳ほどもある一夫の部屋に入る者がまず度肝を抜かれるのは、正面に台座も含めると三メートルはあろうかという金色の巨大仏像が鎮座していることだ。机がひとつ、ポツンと置かれ、応接セットがある以外は殺風景で、周りを古美術品が囲んでいた。

造りが吹き抜けのために、各執務室は仕切られているものの天井は素通しだった。かつて一夫の執務室近くに部屋を持っていた側近によれば、証券会社幹部や日枝らフジテレビ幹部が訪ねてきた時の会話が自然と聞こえてきたという。

「その後に起きたクーデターの前には、日枝社長は三ヵ月に一回ぐらい、赤尾の担当だった中出常務は週に一回の頻度で訪ねてきていた」

その上の階は〝迎賓館〟のようになっており、ガラス張りの天井の下、風呂までしつらえられていた。フィットネスクラブも作り、法人会員一口五〇〇〇万円でフジテレビにも買わせている。

地下二階には、二〇〇〇点の古美術品を収蔵するセンチュリーミュージアムを開設した。そのころの一夫は、かつてあれだけ熱中した現代アートから離れ、古美術にのめり込むようになっていた。館長には一夫が古美術の世界で師と仰ぐ古筆学の泰斗、小松茂美が就いた。

このころが、一夫と赤尾家にとって、もっともいい時代だったかもしれない。

都心のタワービルに続いて九二年十一月、静岡県伊東市に「潮音第」と命名された一夫の別荘が完成した。タワービルと同じフォスターの設計で、イギリスからスタッフを呼んで建設にあたらせた。海沿いに走る国道から側道に入ってすぐ、国立公園にかかる切り立った断崖の細長い土地に二棟の建物が配置されていた。門から玄関までは、一基二〇〇〇万円という韓国の石灯籠が並んでいる。まるで宙に浮いているように相模湾を眼下に見下ろし、見上げればガラス張りの天井から満天の星が降り注いだ。

伊東市街には、好夫の時代から「此花別業」と呼ばれる和風別荘があり、毎春、関係者を招いて観桜会が開かれるのが習わしだ。その招待客のうち何人かはこの一夫自慢の新しい別荘にも招かれたが、落ち着いて休むことができないのか、音を上げる者が多かった。招かれた日枝も、薄気味悪さのゆえか「こんなところにいたら命が縮まるから帰る」と宿泊を辞退したという。

バブル経済崩壊のとば口にもかかわらず、赤尾兄弟をぼろ儲けさせた大和証券公開引受部の池田にとって最大の収穫は、赤尾兄弟が事実上、二つの東京キー局の大株主であることを直に知り、肌で感触をつかんだことだ。

「この人たちは、いずれ売るなと……。いま、うまく立ち回って、兄弟を儲けさせることができれば、来たるべき日に必ずプラスになると思った。あの手の人たちは、ゲンナマを提供しない限り信頼関係は得られない」

ただ、やや複雑な心境も抱いたという。

「文化放送ブレーンのＩＰＯ（新規株式公開）が思いのほかうまくいったために、一夫氏はＩＰＯが簡単なんだという先入観を持ってしまった」

小さなボロ会社でこれだけ儲かるなら、東京キー局の上場では計り知れない利益を上げられるに違いない、一夫はそう確信したに違いなかった。そのキャピタルゲインをどうやって私のものにするか、一夫は徹底的に研究していく。

その過程において一年後、８で勃発した「クーデター」に承認を与え、五年後には10で「黒船」を呼び寄せることになる。

第三章　マネーゲーム

社主・赤尾一夫の「城」

赤尾一夫は四十歳そこその若さで八九年、旺文社の社長職を弟に譲り、社主ということになった。もっとも、当初から社業にはさして関心がなく、社長を退いたといっても何かが変わるわけではなかった。

先に見たように、自分好みにデザインされたタワービルをお茶の水に建て、普段は一族がまとまって暮らす赤坂のマンションから、大仏が鎮座する自室に出社した。伊豆半島の断崖絶壁にはこだわりの別荘を作り、ロールスロイス、ジャガー、フェラーリなどのクラシックカーを買いそろえ、ふた月に一度ほど京都に古美術品を買いに行くといった暮らし向きである。

一夫のカネ目当てに近づく者も多く、プロゴルファー、元カーレーサー、デザイナー、アパレル経営者などが遊興仲間として取り巻いた。赤尾家の親族によれば、次のような場面もあった。

「赤坂の自宅マンションに〝祈禱師〟を呼んでお祓(はら)いさせたことがあった。栃木からベンツで来ていたその四十代の男はパンチパーマのチンピラ風で、一回のお祓いに三〇〇万円も取る。一夫の周りにはこうしたワルばかりが集まってきた」

小さな就職情報会社のＩＰＯで巨額の利益を上げたが、彼自身は何かを手がけたわけではなく、文字どおりクビを縦に振っただけであった。

ただし、バブル崩壊の影響はタワービル運営そのものに暗雲を投げかけた。一夫は自社で使用する分を除くほとんどのフロアを住友不動産に年二〇億円で十五年間、賃貸するサブリース契約を結んでいた。だが、賃料相場の急激な悪化で、住友不動産は竣工からわずか三年後にはリース料の大幅な減額を次々と請求、八年後には四分の一にまで縮小し、訴訟に発展した。当初計画の黒字化はご破算になり、重い金利負担を抱えることになる。

テレビとの関わりでは八〇年、文化放送を代表してフジテレビ取締役に就任している。二歳年上の鹿内春雄も同年、副社長としてフジテレビ入りし「八〇年改革」を実行、高視聴率を支えに強固な求心力を社内に確立し、巨大イベント、映画制作などを矢継ぎ早に繰り出して話題を集めたことは先述した。

赤尾家と鹿内家の交わりは、好夫と信隆がテレビ局設立に動いた昭和三十年代に始まり、息子たちも交誼を結んだ。

鹿内家によれば、当初、似たような育ちの二人の関係は良好だった。だが、春雄が成功を収め自信を深めるにつれて疎遠となり、月に一度の取締役会で顔を合わせても口もきかず、目も合わせない絶縁状態になった。

鹿内宏明（共同通信社提供）

その春雄が八八年に急死し、にわかに後継問題がクローズアップする。議長に復帰した鹿内信隆は次女の夫で興銀マンだった佐藤宏明を養子にし、後継者とした。

一夫は春雄との絶縁の反動もあってか、宏明とは自ら積極的に関係を築こうとした。もともと、信隆の次女とは慶應大学同級生で、遊び半分に始めた逗子のヨット同好会で一緒だったこともあり（一夫はすぐに辞めたが）、赤尾兄弟と宏明夫妻はしばしば会食するなど、良好な関係が続いた。

一夫がタワービル地下二階に、父・好夫や自身が集めた書跡、絵画、彫刻など古美術品を展示するミュージアムを設けたことは先に触れた。理事長を務めるセンチュリー文化財団による文化事業だが、それは表装で、財団の真の目的は別にあった。

ミュージアム館長で古筆学を研究する小松茂美の進講を受ける会を、一夫は千代田区一番町の料亭・藍亭で定期的に開いていた。「藍亭会」という経済人四、五人の集まりには投資アドバイザーの菅下清廣も入っており、時に鹿内宏明を招くこともあった。古美術の進講と言えば聞こえはいいが、古美術品は〝節税〟のツールとしても使われた。菅下が一夫と時々の仕手戦といった投資話を始めることもあり、辛気くさい古美術にもカネの臭いが漂うのだった。

赤尾一夫がテレビ株のマネーゲームに乗り出す第一歩は九一年初め、そのセンチュリー文化財団の寄付行為（会社における定款）を変更することから始まった。

文部省認可のセンチュリー文化財団は設立以来、所有する株式について議決権を行使することができない規定になっていた。一月、それを可能にする条項変更を、元文部事務次官を含む評議員会で決議した。

財団はこの時点で旺文社株三七・四％を所有し、この株の議決権行使のためというのが理由だったが、秘匿された目的は四年後に明らかとなる。

オランダの節税会社

半年後の九一年夏、一夫は鹿内宏明に「フジテレビ株を現物出資して、オランダに現地法人を設立したいので認めてほしい」とする申し入れをおこなった。

フジテレビ株は譲渡制限株だから、名義変更はフジテレビ取締役会で承認を得なければならない。その許可を求めてきたのである。

一夫の説明によれば、フジテレビ株の保有を文化放送から旺文社に移すことを考えており、そのために節税目的でオランダに移したいのだという。租税回避国として知られる同国を通じて、親会社の旺文社ひいては赤尾家が文化放送の資産を収奪することを含みとして持っていた。

「それは具合が悪いな」

話を聞いた鹿内は婉曲に再考を促した。

鹿内家はニッポン放送を通じて、赤尾家は文化放送を通じて、濃淡はあるが間接的にフジテレビを〝保有〟ないしは影響力を及ぼす関係だ。一夫と宏明の二人は世襲による〝オーナー同士〟であり、株式資産の運用・管理、節税といった面では基本的な認識や利害を共有している。一夫を信用しないわけではないし、節税に資するという理由もわかるが、放送局の株を外国法人の保有にすることは前例もなく危険性を感じた。

だが、赤尾は「決しておかしなことはしない。ぜひお願いしたい」と食い下がった。そこまで言われると、同じオーナー家の立場を尊重せざるを得ない。ただし、保有する全株を移したいという要望は認めるわけにはいかず、およそ三分の一に留められ、勝手に転売される事態も抑止する前提で了解した。

その年、九一年十月二十三日、赤尾一夫と鹿内宏明の間で協定書が結ばれている。

両者は「フジテレビの大株主として同社の長期的経営の安定と継続を期する」「信頼関係の維持とそれぞれの共存共栄をはかる」との主旨で、次のことを定めた。

①文化放送が所有するフジテレビ株の一部譲渡をフジテレビ取締役会で承認されるよう協力する。

②同株はオランダ（アムステルダム）に設立される文化放送一〇〇％出資会社（ジェイ・ジー・アイ・コーポレーション・ビーブイ、以下ＪＧＩ）に現物出資する。

③同社が一〇〇％出資会社でなくなる時は両者で協議しフジテレビの経営安定に支障がないようにする——。

二人の立場はともにフジテレビ取締役であり、かつ鹿内は代表権を持つ会長だが、協定書には肩書き等はない。ただし、鹿内はニッポン放送の代表取締役会長、一夫は文化放送の代表取締役で、ともにフジテレビの二大株主の代表権を有しているから、いわばオーナー同士の取り決めである。

この鹿内・赤尾の合意を踏まえ、ほぼ同内容の協定がフジテレビと文化放送の社長間でも交わされたが、日枝久と小林正巳の二人は事後承諾を求められただけである。社長とはいえ両者ともに当事者にはほど遠く、権力の在処はあくまでも鹿内と赤尾にあった。

日枝はこの時、経営における株式支配の問題を認識する。それを促す次のような場面があった。協定書を交わす三ヵ月前の七月初旬、フジテレビ株の移動を了承した鹿内は、法務担当者を通じ顧問弁護士の藤森功に法的瑕疵(かし)がないかの助言を求めた。

藤森が「担当役員や社長は知っているのか」と法務担当者に質(ただ)すと、「会長に言われてきただけ」という。藤森は「担当役員さえ知らないのは筋違いではないか。まず知らせるべきだ」と引き取らせた。

藤森が夕刻、帰宅すると、日枝から伝言があり「これは大変なことなのですぐに来てほしい」と要請され、駆けつけることになった。夜遅く帰社した日枝は、藤森から会社法上の論点などの説明を受け、社長が与り知らないままに重要事項が決められることへの危機感をあらためて抱いたという。日枝はすでに鹿内追放の意思を持っていたが、この日以来、藤森の法的助言を得ながらクーデターに向けた遠謀が深まっていく。

他方、オランダへのフジテレビ株移転は、保有する文化放送にとってはさらに重大な問題だった。協定締結、譲渡承認とともに設立されたＪＧＩにはフジテレビ株四五〇〇株、総発行数の九・九％が現物出資され、代表者には赤尾一夫が就いた。

協定書には、ＪＧＩが将来増資をおこない文化放送以外の第三者に新株が割り当てられることを想定し、その場合は双方で協議するという項目が入っている。

ＪＧＩへの株移転に隠された真の設立目的は、この一項から読み解くことができる。

一夫の最終目的は、フジテレビ株を文化放送から旺文社に、つまり自身の支配下に合法的に移すことだ。なおかつ、課税を回避して現金化することだった。

ＪＧＩ設立時の資本構成は、フジテレビ株の現物出資（簿価）のみであり莫大な含み益がある。ＪＧＩは文化放送が一〇〇％出資するペーパーカンパニーで、代表者である一夫の意思が反映される。いずれＪＧＩで大規模な増資を決定し、文化放送ブレーンで試みたように身内Ｘに第三者割当をおこなえば、事実上、Ｘにフジテレビ株の価値を移転させることができる。

しかし、文化放送内での説明は異なる。当時、専務だった峰岸慎一が言う。

「フジテレビ株をオランダに移すのは配当金の節税対策だと……。懸念はあったが、顧問の公認会計士からもそうしたほうがいいと言われた」

この顧問は、センチュリー文化財団の設立で登場した麻植茂である。赤尾家親族によれば、一夫の弟、文夫の家庭教師となったのをきっかけに、赤尾家のいわば〝節税・資産運用請負人〟を務めるようになった。旺文社が文化放送支配を強めるに従って同社に顧問として入り、資産収奪の仕組みを考案する役割を担うようになる。

文化放送の取締役会では、少数の社外役員から疑問視する声が出たものの、大きな混乱もなくＪＧＩ設立が決議された。一夫が何をしようとしているのか正確に把握しようと努める役員は一人もいなかった。

実は、配当金が節税になるという理由はまったくの虚偽であった。後に、旺文社出身の経理担当常務が社内でこう弁明することになる。

「配当課税について、オランダのほうが有利だと思っていたが、調べたら日本のほうがオランダより有利であることがわかった。お詫びして訂正します」（九七年六月十二日　労使団体交渉記録）

その後の団交記録を通読しても、ＪＧＩの役員、定款、設立目的などについての経営陣の説明は二転三転し、経営の体をなしていなかった。オランダの会社法、税制の基本を知る者がいないのだから当然で、説明できるのは麻植茂だけだが、要請されても姿をあらわすことはなかった。

ただ、経営陣が当初から、お宝のフジテレビ株が奪われる可能性を認識していたことは間違いないだろう。下手をすれば、背任に加担することになりかねない。しかし彼らは、そうしたリスクと取締役更迭の不安を天秤にかけながら、結局は赤尾家と一夫に対して抗するということがなかった。

同じことはテレビ朝日株などでもおこなわれた。フジテレビ株が海外に飛ばされる一ヵ月前の九一年九月、一夫は旺文社が保有するテレビ朝日株（三五五九株、一四・八％）、文化放送株（一五万株、一四・七％）をやはり現物出資し、オランダに現地法人、旺文社アトランティック社を設立している。一夫は保有する三つの放送株の相当部分を九一年、立て続けに海外に飛ばすことに成功した。後に、このうちテレビ朝日株の処分をめぐって国税当局から脱税で摘発されることになる。

フジ上場計画とニッポン放送

翌年の九二年七月、フジサンケイグループではクーデターが勃発、鹿内体制が終焉し事実上、日枝久を新たな実力者とする新体制が始まった。もっとも、日枝があまりに若かったこと、基盤であるフジテレビがグループの資本構造上は下位にあったことなどから、その後の十年は長老を含めた集団指導が過渡的におこなわれた。

日枝久（共同通信社提供）

鹿内支配を打倒するために日枝は、以前からフジテレビの事実上の第二位株主である赤尾家、一夫にさまざまな便宜供与を図ってきた。四月には、一夫から頼まれて児玉誉士夫の孫をフジテレビに入社させるなど、最高経営責任者の宏明も知らないうちに密かに実行したものもあった。

日枝は東映の岡田に、宏明解任支持を一夫に働きかけてもらうとともに、クーデターの直前には自ら直接一夫に理解を求めた。当初、良好だった宏明と一夫の関係は、そのころには冷え込んでいたこともあり、一夫は解任を了承する。

しかし、追放された鹿内宏明はニッポン放送株の一三・一％を持つ筆頭株主の地位に留まり続ける一方、日枝体制は資本の裏打ちに乏しいという脆弱さを抱えていた。この弱点を補完するために、日枝はフジテレビ上場を目指す。それには赤尾一族の賛同は欠かせない要件となり、彼らに配慮する姿勢をいっそう強めたことで、一夫のマネーゲームには拍車がかかることになった。

フジサンケイグループはかねて新社屋建設を予定していたこともあり、日枝にとって、資金調達と資本の脆弱性を一石二鳥で解決する株式上場は妙案だった。

難題は、ニッポン放送との親子関係をどうするかである。ニッポン放送は現状維持を望む一方、フジテレビはラジオが母体となった設立の経緯はあるにせよ、小さなラジオ局に親会社然と振る舞われるのはシャクの種だった。

クーデターの早くも三ヵ月後、国税庁の元徴税部長（フジサンケイマネジメント専務）を長とする委員会にグループの資本関係についての諮問（しもん）がなされている。

「フジテレビの株主構成におけるニッポン放送のシェア」をどうするか、その問題意識は「ニッポン放送がフジテレビ株式の五一％を保有しているのは持ちすぎではないかという意見がある。委員会は、これを平穏裡に五〇％未満にダウンさせる方法がないかを検討した」というものであった。

フジテレビが第三者割当をおこなう、ニッポン放送が株の一部を第三者に譲渡するなどの方策が検討された結果、「フジテレビの株式公開の過程において解決するのが唯一の方法」と結論づけている。その場合、「フジテレビと親会社・ニッポン放送の両トップマネジメント間で合意を得る必要」があった。

九三年二月、フジテレビ社内に経理担当役員を長とする上場研究チーム（小梶研究部会）が発足、山一證券がサポートに就き、七月には副社長が「上場検討」を公言したことから、東京キー局では三十年以上も途絶えていたテレビ局上場への思惑が資本市場で一挙に高まっていく。

まもなく日枝は、盟友で常務の中本逸郎を担当役員に、上場などの資本政策を担当する経営企画室を設け、本格的な準備作業「Ｊプロジェクト」を開始した。

ただし、当時の東証の規則では、フジテレビ上場には決定的な障害があった。

子会社が上場するには、その親会社（二〇％以上の持株）が上場していることが必須だった。フジテレビが上場するには、親会社のニッポン放送がまず上場するか、親子関係を解消するかのどちらかの方法しかない。

当のニッポン放送は長年、鹿内家の専制だったこともあって、経営陣はグループ経営についての自覚と責任をさして感じなくてもやってこられた。だから、フジテレビから社屋建設資金、一〇〇〇億円超の調達を親会社としてどうするのかを問われると、返答に窮するのだった。結局、彼らが行き着くのは、フジテレビが上場しようがしまいが親会社の地位を失いたくないという願望であった。

一方で、フジテレビからの圧力は強まるばかりである。親会社の維持とフジテレビの上場、この両方を満たす策として、ニッポン放送社長の川内通康は禁じ手と言うべきニッポン放送上場への道を開いていく。クーデターで勢力地図が激変した以上、追放された鹿内の持株シェアを減らし、離反する方策としても上場を視野に入れるようになっていた。

危ない橋を渡る

十一月、クーデター後のグループの意思決定機関である「水曜会（各社トップの六人で構成）」でフジテレビとニッポン放送、両社を上場させる方向性が確認された。フジテレビは早速、四大証券（当時）から主幹事を決めるコンペを二日に分けておこなった。

大和証券からは副社長を筆頭とするチームが参加したが、フジテレビと付き合いのある者はほとんどいない。プレゼンテーションの責任者を務めるのは、リクルートコスモスや文化放送ブレーンを手がけた公開引受部長の池田謙次である。話題性も十分の大型案件だけに是が非でも勝ち取りたいが、池田ははじめから不利を自覚していた。

「大会社がコンペという形式を装うことは珍しくない。当時、すでに場数を踏んでいたので、コンペが真剣勝負なのかセレモニーなのかは日程などから感触が摑める。プレゼンの順番は山一證券が最初、大和は後回しで、フジテレビのコンペはセレモニーだと判断した」

実際、メインバンクの関係から主幹事は山一證券にはじめから決まっていた。ダメ元であれば、プレゼンで利害関係先に気を遣う必要もない。

フジテレビが主導したクーデターはニッポン放送を完全に無視して決行された。メンツを潰された恰好のニッポン放送の発言力は低下し、両社の関係にも大きなひびが入ったが、フジテレビにとって親会社であることに変わりはない。ニッポン放送経営陣が認めない限りフジテレビの上場はあり得ず、慎重な配慮と対策が欠かせない相手である。さらに、絶対権力を喪失したとはいえ、いまもニッポン放送筆頭株主である鹿内が承諾しないことは自明であり、ニッポン放送の上場計画がセットになっていることはおくびにも出せない。

そうした機微を知らない池田は、プレゼンで「フジテレビが上場するには、ニッポン放送とフジテレビの親子関係解消が必要だ。ニッポン放送の上場はやってはいけない」と正面から主張した。

フジテレビとニッポン放送では、売上げ規模で七倍、利益では十倍（九二年度）の開きがある。そんな有力なテレビ局を傘下に抱えたまま小さなラジオ局が上場し株価が低迷した場合、市場で〝一物二価〟となる危険があった。テレビ局の株を事実上、ラジオ局の安い株価で買うことが可能となり、嵩じれば買収される怖れさえあったからだ。

だが、コンペを仕切る経営企画担当常務の中本にとって、池田の力説は正論であってもニッポン放送を考慮しない空論だった。一顧だにしない姿勢を見せると、遠慮のない池田との間で激しい議論となった。

「これで私は中本常務から『失礼な人間だ』と出入り禁止になった」

主幹事を諦めるつもりがなく、掻き回したところで失うものがない池田は、奥の手を繰り出す。勝手知る赤尾一夫の下に駆け込み、フジテレビへの働きかけを要請した。

一夫にとって、日枝のクーデターとその後の暗闘は、マネーゲームを仕掛けるまたとない好機をもたらした。

フジテレビの上場自体には双手を上げて賛成の一夫は、フジテレビに宛てて〝五項目の要求〟文書をただちに送りつけた。「ニッポン放送と文化放送の現状の持ち株比率を維持する」というのはともかく、大和証券を主幹事にする、赤尾家御用達の公認会計士である麻植を使う、中本常務を上場担当から外す、といった要求はおよそフジテレビ経営陣を愚弄する内容と言ってよかった。

ただし、証券業界に通じるようになっていた一夫なりの先見性もあった。当時、上場を担当した経営企画担当者が言う。

「赤尾さんは、山一證券は経営的に危ない会社ではないか。そんな先と組んで、将来の株価維持ができるのかと……。結果論で言えば、それは正しかった」

いずれにせよ、一夫は資本上は脆弱な経営基盤しか持たない日枝の足元を見ていた。事実、日枝は第二位大株主の無理難題に頭を悩ませることになる。

十二月十四日、一夫の意を受けた文化放送社長の峰岸がフジテレビ専務の出馬迪男、中本と面談、「フジテレビジョン資本政策（案）」と題された文書を示し、強硬な申し入れをおこなった。会談メモから引こう。

峰岸「ウチは三一・八％の（持株）比率を維持したい」
出馬「それは話が随分違う。（フジテレビと）グループ本社の合併によって、ニッポン放送の持株比率が高まることが問題だと主張していた。（文化放送は）上場まで三一・八％を維持したいということか」
峰岸「ウチはシェアが問題だ。シェアが落ちるということは、文化放送が損をするということだ」
中本「第三者割当をやるということは、既存株主に、等しくシェアが下がることを了解していただかない限り成立しない」
出馬「これでは第三者割当をやるな、上場するな、と言っているに等しい。この案をニッポン放送に見せたら笑われるだけだ。ニッポン放送と文化放送のシェアの差を現状のままにしろ、ということであればニッポン放送と話のしようもある」

峰岸「ニッポン放送のことは関係ない。ニッポン放送の問題はフジテレビが解決することだ」

出馬「そんなことを言っても、ニッポン放送は五一％の株主だ。ニッポン放送が納得するわけがない」

峰岸は前年の六月、一夫から指名されて社長に就いていた。学生時代から加山雄三のバックバンドを務め入社後も続けていたという自身を、「サラリーマン出世物語の好見本」というのが口癖で、文化放送生え抜きとはいえ一夫の指示どおりに動くと見られた。

フジテレビが上場基準を満たすためには、先述の親会社問題のほかにも解決すべき点が二つあった。

ひとつは既存株主（七社）、とりわけニッポン放送、文化放送の上位二社で八〇％を超えているシェアを落とすことが求められ（少数特定者持株比率）、そのために第三者割当増資を予定していた。もうひとつはグループ資産を現物出資して作られたグループ本社には、河田町にあるフジテレビの社屋、敷地などの重要資産が供出されている。そのままの状態では上場できないので、フジテレビに吸収合併することにしていた。しかし、グループ本社にはニッポン放送も送信所の敷地などを現物出資しているため、合併後にはニッポン放送が持つフジテレビ株が増え文化放送とのバランスが崩れる。

フジテレビ側は、文化放送がそのことを問題にしていると理解していたところ、峰岸はバランスではなく現状の持株比率三一・八％を固守するというのだ。そのために、峰岸が持ち込んだペーパーには、文化放送グループにグループ本社の第三者割当増資をおこなうことが提案されていた。その価額も低くなる計算方式を採用し、グループ本社の合併比率を高くするといった具合に、文化放送にきわめて有利な案だった。逆にニッポン放送は五一％から三〇％未満に激減する。これではニッポン放送が受け入れるはずもなく、上場は不可能となる。

顧問弁護士の諫言

会談では、主幹事証券会社についても注文があった。

峰岸「主幹事証券会社を決めることは取締役会の決定事項なのに、事前の了解もなく山一證券に決めてしまった」

出馬「私たちの経営判断の問題です」

峰岸「文化放送は株主であると同時に、私は取締役ですよ」

中本「私たちが言いたいのは、主幹事証券会社を決めるのは役員の業務執行の権限だということです」

出馬、中本の二人は会談を終える際、峰岸に対し「率直なところ、大変な驚きだ」と困惑を隠さなかった。

対する峰岸は、その時の真意をこう振り返る。

「一夫氏に言われたままに、旺文社のためというか文化放送のために頑張ったつもりだ。文化放送が持っている約三割の持株比率を崩すのなら上場しなくていいというのが、基本的なスタンスだった。『三〇％以上持っているんだから、ウチが反対したら上場できないはずだ』と日枝さんともやり合い、『フジサンケイグループを乗っ取るのか』みたいなことも言われた」

会談結果などを受け二日後の十二月十六日、フジテレビ顧問弁護士の藤森功は日枝あてに報告書をしたためている。

「『(ニッポン放送との)支配率の差』を維持したいという文化放送の意図は、……フジテレビは創設以来の生まれながら半血(ママ)血族として歴史的な運命にあり、どうしても避けて通れない難問である。これに手を付ければ容易に解決できない火中の人となる。欲を言えば、文化放送は血族(株式)関係を見れば旺文社を中心とした『テレ朝系』に行くのが運命であるが、昭和五十一年当時、亡鹿内信隆氏が果たせなかったものであることを銘記していただきたい。文化放送もその点はわかっていると思う。だからこそ、ニッポン放送との潜在的な闘争意識がある」

〝半血〟というのは、ニッポン放送と文化放送が表向き対等に資本を出し合って設立したという意味だ。弁護士の作成した文書としては芝居がかった言い回しだが、放送局の裏面史に通じる藤森の真骨頂でもあろう。

藤森が言いたいのは、先述した赤尾好夫と鹿内信隆の「棲み分け協定」を踏まえれば、旺文社が支配する文化放送はフジテレビではなくテレビ朝日と系列化するべきだったということだ。だが、テレビ朝日内の勢力地図は、旺文社が追いやられ朝日新聞の支配が確立したために、文化放送と系列化する特段の理由がない。むしろ、朝日側は旺文社・文化放送グループを厄介視し、関係は希薄なほうがいい。このため、文化放送は宙ぶらりんに孤立する放送局となり、フジサンケイグループの資本再編に必要以上に介入してくるという分析である。

だから、こう説く。

「二大株主の過去の経緯から思考して最大限に支配を排除しなければならない。……そうでなければ、固定株主としていままでとなんら変わらない状態になる。（株式を）一般公募し、資金調達と同時に結果として過去の苦難しなければならなかった会社環境を排除することをも考慮に入れた意義がまったく失われてしまう」

「過去の苦難」とは、株式の八〇％を持たれる二つのラジオ局、そしてその上に位置する二つの一族に人事や経営の細部にまで介入され、自由度が阻害されたというつらみである。そうした「会社環境を排除」する目的もフジテレビの上場にはあるということを藤森は言っている。

主幹事証券会社のごり押しにも、拒否を進言する。

「（大株主の）文化放送は……公募による新株式発行の主幹事証券会社を大和証券にやらせるべきである、さらに『株式支配率』の永遠の維持等の無理難題を提示してきている。……主幹事証券会社の指定まで指示してくること等は、大株主の権限外の取締役会の権限であるフジテレビの経営に直接強制指示をなすものであって許容しがたい指示、言い分である」

受け入れる必要などないという強硬意見であった。

文化放送を満足させる「最終譲歩の解決策」として、藤森はいくつかの案を提示はした。

そのうちの一つは、グループ本社がフジテレビと合併する前に、ニッポン放送との「支配率の差」に相当するグループ本社株（合併後はフジテレビ株となる）を時価で文化放送に譲渡するというものだ。ただし、価額決定や文化放送の支払い能力が問題だし、そもそも譲歩する必要はないというのが藤森の一貫した考えだった。

「8」という数字へのこだわり

だが日枝は、藤森が提示かつ否定した譲歩の道へと舵を切る。

一週間後、日枝は峰岸に上場理由を包括的に説明する書簡を出し、「（グループ本社の第三者割当について）文化放送が提案した価額だと低すぎ、東証の短期利得規制に抵触する。了解できない」とした。この件はさすがに後日、価額や合併比率が訂正され、持株シェアについては文化放送とニッポン放送との相対比率（五：二）を崩さない方針に落ち着いた。

九四年の年明け早々には、日枝は一夫を訪ね「主幹事は山一で決定したので、申し訳ないがこれは変えられない」と頭を下げた。

日枝と一夫は、フジテレビを上場するという基本方針では利害が一致する。上場によって日枝は支配権を、一夫は端的にカネを得ることが目的だ。

実を取りたい一夫は、日枝の弁明を了とする一方で条件を出した。上場計画については今後、すべて大和証券の池田と相談し、彼のプランでやってほしい――。事実上、主幹事を袖にしろと言っているのだが日枝は了解する。春になって、一夫は池田を呼び、日枝に引き合わせた。

更迭を求められた中本については、社内的には上場担当に留まるが、対赤尾、文化放送の折衝からは外れることで妥協が図られた。一夫の介入で出入り禁止が解けた池田は、それからは連日のようにフジテレビに通い、主幹事の山一證券をさしおいて計画を詰めていった。

池田が言う。

「日枝社長は赤尾氏に気を遣う立場だったから、上場に関することは中本氏ではなくもう一人の側近の尾上氏と話してくれと……。その後、日枝、尾上両氏と何度も会議をやって意向を聞き、それを赤尾兄弟、菅下、麻植が集まった席で伝え、答えをまたフジテレビに持ち帰る。私は赤尾氏の事実上の代理人ではあったが、双方を斟酌(しんしゃく)して調整し、フジテレビにもなるべく負担がかからないように努めた」

総務担当常務の尾上規喜は日枝の二歳年上の先輩だが、その盟友関係は若手社員の頃からと古く、最側近を任じていた。

大和証券は表向き副幹事に回ったものの、実質は主幹事のような発言権を得た。

役員への株割当(九五年三月・第一回第三者割当増資)も、一夫、池田が介入している。

「私は当初、日枝社長五〇株(一株二六五万円)、専務三〇株などと考えていたが、一夫氏は日枝さんへの割当数を倍の一〇〇株にしろと。意図は単純で、一〇〇株ともなれば三億円弱の資金が必要になり、日枝さんは借金漬けになる。そうなれば後に引けなくなり、確実に上場させるだろうという悪知恵です。その案を日枝さんに示すと、社長の年俸は一億円前後、五〇株一億三五〇〇万円の借金なら大丈夫だが、倍となると返せない怖れがある、そんなに要らないからと……。さすがに当初案どおりになったが、役員全員で三十数億円という凄い金額になり、全額、富士銀行から融資してもらった。それまでは議論でよかったが、この役員割当でのっぴきならなくなり、皆さん本気になった」

一夫も非常勤取締役として二〇株の割当を受けている。執行部にいると売却に制約が多いが、池田によれば「一夫氏は上場からまもなく売却した。一億五〇〇〇万円ほどの利益を得ているが、本来は危ない行為」という。

五対三の持株比率の維持については、上場を縛る絶対的な条件となるとともに、一夫の無体な要求にできるだけ応じることが必須となった。求めるものとは、つまるところカネである。

一夫による想定外の横槍は、予定していた上場日程にも大幅な遅延を招いた。当初、日枝が定めていたのは三年後の平成八年八月八日である。この日は、８チャンネルゆえに「フジテレビの日」とされるばかりか八が三つ揃うまたとない記念日だ。
日枝は若手社員のころから八の数字に強いこだわりを持っていた。開局から十年目の広報部員の時にこう記している。
「故人となった池田勇人前首相の『８』に対する執念、愛着は相当のものだった。彼は自分の大切な行事、たとえば内閣改造、外国訪問、お祝いなどの日程を組む場合、『８』の日を中心に考えていたようだった。私が記者クラブに詰めていたとき、側近筋からもよくその話を聞いた。要するに、八の末広がりに縁起をかついでいたのだ。……さて、私の社員番号は『０７０８号』。日頃、『第８チャンネル、母と子のフジテレビ』と『８』の番組、局イメージを新聞記者、視聴者にＰＲしているのだから、『８』に対する執念は池田前首相に劣らない」（『フジテレビ社内報』）
そうした一念から決めた日取りだったが、赤尾の賛同を取り付ける出だしでつまずき、一年の停滞を余儀なくされた。

赤尾一夫の錬金スキーム

一夫の錬金術は、急激に業績悪化する文化放送ブレーン株を超優良株のフジテレビ株に替えることであった。本来なら無理筋だが、上場を最優先する日枝の足元を見切っていた。

九一年の文化放送ブレーン株の公開では、赤尾兄弟がまず二〇万株ずつを放出し一五億円の利益を上げたことは先述した。その直後の赤尾兄弟と旺文社の持株は、赤尾一夫・文夫＝各一三〇万株、旺文社＝一五〇万株の計四一〇万株（一年後に分割で六一五万株）。この大部分がやがてフジテレビ株に化け、赤尾一夫の支配下のオランダ法人に飛ばされるのである。

一夫の意図の下、フジテレビ上場の過程でおこなわれた文化放送ブレーン株の主な移動をまとめると以下のようになる。

①九三年三月　赤尾兄弟→旺文社子会社（センチュリータワー）へ売却　三九〇万株（一株一九〇〇円　七四億円）

②同年五月　旺文社子会社（旺文社パシフィック）→文化放送へ売却　一〇〇万株（一株一九六〇円　一九億六〇〇〇万円）

③九四年三月　旺文社子会社（センチュリータワー）→JGIへ現物出資　三三五万株

④九五年三月　JGI→グループ本社（フジテレビ）へ現物出資　三二五万株（一株七〇〇〇円　二二億七五〇〇万円）
旺文社→グループ本社（フジテレビ）へ現物出資　六七万株（一株七〇〇〇円　四億六九〇〇万円）

①で赤尾兄弟は、先述のように持株すべてを子会社（センチュリータワー）に引き取らせ、七〇億円超の利益を得た。本来は文化放送が享受するはずのキャピタルゲインを二人は収奪した。

池田が予想していたように文化放送ブレーンの好業績は長続きせず、九三年三月期決算では売上げが三割減、利益は三分の一に激減した。九四年からは赤字に転落、以後は年々悪化していく。赤尾兄弟はそれを見越したように、続けて②で、旺文社が保有する文化放送ブレーン株を子会社を経由させて文化放送に売りつけている。文化放送はキャピタルゲインを奪われたばかりか、業績悪化が明らかになる前に文化放送ブレーン株の一部が押しつけられたことになる。半年後、図ったように株価は半値の九〇〇円台へと急落、旺文社もうまく売り抜けたと言っていい。

しかも文化放送は銀行から一五億円を借りて購入に充てている。この取引は、赤尾兄弟が文化放送の取締役であったから、後に背任疑惑へとつながっていく。

そして③と④が、錬金術の核心である。

フジテレビ上場の準備作業の中で、一夫はニッポン放送と文化放送の持株比率維持を主張しフジテレビ株の割当を要求、日枝はそれを丸呑みする。

「カネの匂い」に群がる者たち

仕事納めの迫った九四年十二月二十七日、フジテレビとグループ本社の取締役会が開かれ、それぞれ第三者割当増資と両社の合併（九五年四月一日付）が決議された。

グループ本社の増資では、旺文社に二九八七株、文化放送に九六七株、文化放送子会社のオランダ法人・ＪＧＩに六六四六株、計一万六〇〇株（三六・三億円）が割り当てられた。実質的に赤尾家の支配下となる株だ。一株三四万円あまりと最初に赤尾側が提示した価額のほぼ倍の価額ではあったが、それでも土地の含み益や四ヵ月後にはフジテレビ株に化けることを考えれば安価であった。

赤尾側に利益をもたらす仕組みは、ただ安いだけではなくカギは支払いの原資にあった。年末年始を挟んで十日後の九五年一月六日、峰岸の名前で、旺文社とＪＧＩに割り当てられた分を文化放送ブレーン株の現物出資で充てると通知された（また、旺文社に割り当てられた分は合併までにＪＧＩに現物出資された)。

一夫はあらかじめ③で、JGIの第三者割当増資をおこなっており、旺文社の子会社(センチュリータワー)に二五・一%分を割り当て、現金ではなく文化放送ブレーン三三五万株の現物出資で対価にあてていた。一年後、今度は④でJGIはこの三三五万株を、また旺文社も保有する同株六七万株を現物出資し、グループ本社株を手に入れた。グループ本社株は合併に伴ってフジテレビ株となり、JGIは五五三五株(フジテレビ株の九・五%)を保有することになった。このうち旺文社は二〇%を現物出資していることになり、事実上、赤尾家は二〇〇億円超の利益を上げることになる。

一夫の周囲には、かねて児玉誉士夫の親族を含め〝裏社会〟とのつながりを持つ交友関係があった。友人らの話を総合すると、一夫は人見知りで用心深い性格ではあったが、寂しさの裏返しなのか、いったん付き合いが深まると過剰になるところがあった。金融や会社資産をいかに私するかといった知識には長けていたが、反面、世智に疎くそうした方面への警戒心は希薄だった。こうした裏社会の人脈は一夫が関係するテレビ局の関連会社にも及んでいた。

九〇年代半ば、バブル崩壊にもかかわらず赤尾一族からカネの匂いが漂い出すと、遊興仲間を含む一夫の人脈はにわかにざわつき始める。

赤尾家親族や一夫側近の証言を総合すると、フジテレビの上場が動き出した九四年春、次のようなことがあった。一夫の素行には攻勢にさらされる弱みがあり、情報は本人の周辺人脈から〝裏社会〟に伝わった。右翼の岡村吾一の傘下にいた人物らが〝敵方〟に回り、窮地に立った一夫には懇意だった児玉誉士夫の親族が〝味方〟に就き半年にわたる交渉がおこなわれた結果、数億円単位の〝解決金〟が支払われたという。だが、敵味方は対決しているように見えて実は同じ穴の狢(むじな)で、両者は裏で通じ合ういわゆる〝マッチポンプ〟の手口であった。

「この一件には、児玉の親族と親しかったフジテレビの中出（伝二郎）常務も関わっていた」と言うのは、中出と知己だった赤尾家親族だ。

「本人を呼び出して『伝ちゃん、それ（一夫へのマッチポンプ）はないんじゃないの」と。彼は『仕方がない事情がある』ということだったが、『赤尾には言わないから止めてほしい』と頼み、彼は手を引いた。赤尾はこの件があって、児玉の親族とは絶縁したが、中出氏との関係はその後も続いた」

中出はフジテレビ上場の前から、赤尾対策を日枝から任されていた。日枝と中出は、かつては編成局長―部長として低迷していたフジテレビを立て直したという意味では盟友関係だが、中出は政界、警察から右翼、果てはヤクザ筋まで広い人脈を持ち、日枝にとっても両刃の剣であった。

この一件で一夫と児玉誉士夫の親族との関係は切れ、日枝がフジテレビに受け入れた誉士夫の孫も九六年二月、退社した。

こうした強請は一度成功すると何度でも連鎖する。

一夫は情報漏れに疑心暗鬼となり複数の側近を解任したが、放逐された側近が今度は敵方に回った。その中には、素行に通じていたり、旺文社グループで経理担当幹部を務めた者もおり、一夫は傷口を拡げることになった。

この旧側近グループは右翼団体・白龍会と結びつき、九六年一月、一夫や旺文社に素行や金銭疑惑などを糺（ただ）す質問状を送りつけ攻勢を開始した。一方、一夫は前回で学習し、交渉などにいっさい応じない姿勢を取った。埒があかないと見て取った右翼団体は公然と姿をあらわし、一夫の関係先である旺文社、文化放送に街宣車を連日乗り付け、大音量で〝疑惑〟を連呼した。九月末からは対象をフジテレビにも拡大、台場への移転を控えた河田町の本社にも街宣車を回し一夫との不明朗取引を攻撃した。こうした異常事態が、足かけ三年にわたって執拗に続くのである。

ただでさえ乏しかった一夫の事業意欲はさらに萎え、資産の私物化と現金化を急いでいくことになった。

「不愉快な記憶」

フジテレビが赤尾一夫の要求を丸呑みしてまもなくの九五年春、今度は朝日新聞社に旺文社・赤尾家の不穏な動きが伝わった。

朝日新聞顧問になってまもない佐伯晋に、社長の中江利忠から次のような話があった。

赤尾一夫氏が東映・岡田茂社長に「朝日新聞か東映、あるいは両社でテレビ朝日株を引き取ってほしい」と言ってきた。どうもその値段が高いらしい――。

佐伯は翌日、岡田を直接訪ねて確認してみると応じた。

佐伯は社会部長、編集局次長などを経て代表取締役専務で退任したが、通常は社長経験者が就く本社顧問に名を連ねていた。社歴で目を引くのは八三年から六年間、新聞社の電波担当（電波総務、電波担当常務など）を務め、社長の渡邉誠毅からテレビ局に関する政策全般の舵取りを任されたことである。

八〇年代は、第一章に記したテレビ朝日の地方局ネットワーク強化、いわゆる〝波取り〟を新聞社側から進めた。佐伯が振り返る。

「従来、電波政策はトップ専管のところがあり、僕も編集局にいる間は、〝波取り〟などというのは怪しい政治工作をしていると思っていた」

　その佐伯は、一夫の株売却の意向を聞いて、父・赤尾好夫が死去した十年前のことを思い出した。当時、電波担当だった佐伯にとって、テレビ朝日大株主の旺文社・赤尾家と次期当主の人品、動向は注視するべき対象であった。

　テレビ朝日に派遣されている旺文社の幹部からは、一夫には事業意欲がほとんどない一方で、資産形成には強い執着がありテレビ朝日株を手放すこともあり得ると聞いていた。その際、「譲渡制限株だから、取締役会の承認がなければ勝手には売れない」と釘を刺した覚えがあった。そうした制限は実際は有名無実なのだが、株を手放すこと自体には驚きはない。

　そもそも朝日の旺文社対策の基本は〝封じ込め路線〟である。芳しくない評判がしばしば聞こえてくる一夫がテレビ朝日から手を引くというのなら、歓迎すべきことであった。

　問題は価格であった。

　記録によれば旺文社側が希望する価格は保有する全株（二一・四％）で四三〇億円（一株あたり八三七万円）ほどであった。岡田は佐伯に「べらぼーな額だ」と言い、直感的に〝高い〟と感じているようだった。バブル期の土地投資で傷を負った東映には買う余力はない。ただし、破談にするつもりもなく、もう少し安くならないか、結論を先延ばしにしていた。

　朝日新聞も経理担当役員を中心にテレ朝株の査定作業を始めた。監査法人に鑑定させた結果は一株三二二万円、旺文社の希望価格とは倍以上の開きがあり、とても買える値段ではない。

　しかも一夫は、朝日に対して直に申し入れてくることは一度もなかった。九三年までテレビ朝日社長を務めた桑田弘一郎は、一夫との対話に努めていたが、桑田の退任でそれも途絶えた。弟の文夫は八七年からテレビ朝日取締役に就いているが存在感はなく、朝日と一夫の間は岡田が取り持つだけで迂遠(うえん)な交渉にならざるを得ない。

その岡田からもまもなく、中江に由々(ゆゆ)しき申し入れがあった。

伊藤邦男社長はこの問題に十分に対応できていないので、社長交代を検討してもらいたい、それが無理であれば佐伯氏をテレビ朝日顧問に派遣してほしい——。

中江は当初、断ったが、複数回に及んだ岡田の申し入れを無下にできなくなった。中江は佐伯に新聞とテレビ、両方の顧問に就くように要請した。要は、テレビ朝日の次期社長含みの派遣である。

佐伯は三つの項目——①赤尾の株問題②新社屋建設と六本木再開発③株式上場——を示し、これは三位(み)一体でやる必要があり、任せてもらえるならという条件を付け、通常とは異なる特別顧問に就いた。

しかし、この三項目はすなわち経営の最重要事項であり、社長の所管を事実上、奪ってしまう。

しかも②は、第一章で触れたように朝日、旺文社、東映の三大株主の間で不協和音がくすぶっていた。朝日側が森ビルとの連携を主導したのに対し、一夫と岡田は、森ビルに有利な契約になっていると懸念を示してきた。ここにきて一夫は、契約を白紙に戻せとまで言い出していた。これに対し伊藤は、両者を十分説得できておらず、こうしたことも岡田による社長交代要請につながっていた。

当の伊藤は佐伯が示した条件を了解したものの、経営の意思決定に混乱が生じるおそれがあった。

上場についてはテレビ朝日でも、二年前にフジテレビが「検討」を表明したことに刺激を受けていた。だが、伊藤は「役員のほとんどは上場に反対している」とし、「ウチは考えていない」と否定的だった。一方、一夫はフジテレビの上場計画が進むにつれて「テレビ朝日も準備したらどうか」と考えていた。岡田も上場には双手で賛同したから、社屋建設に加えて上場をめぐっても伊藤との温度差が目立ちつつあった。

佐伯は顧問の肩書きとはいえ経営に参画する立場となり、三項目の推進を図った。この問題が三位一体であるというのは、再開発をきちんと仕上げて資産価値を上げなければ上場も叶わない、また赤尾からの株買い取りも、上場準備の過程でおこなう株価算定によって適正な判断を下せるという関連性があるからだ。

九五年末からは繰り返し旺文社に一夫を訪ね、「上場作業を始めさせてもらいたい」と要請、株買い取りの件もその過程で解決する含みをもたせた。

だが、一夫は一筋縄ではいかない。フジテレビの時と同じである。

佐伯の回想。

「赤尾氏は買取価格について不動産などの実物資産価値を反映させるべきだと終始言っていた。かつて好夫氏が命じて買っていた六本木周辺の土地のことをよく知っていた。そのうえで、自分が考えている値段は決して高いものではないという主張で、後で振り返ればその評価は正しかった」

朝日としては上場準備を優先させ、一夫の買取要請を当面、「塩漬けにする」ことにした。まさか、上場の前に売却するなどということは想像の外であった。それは激震に見舞われる十ヵ月ほど前のことである。

前述したように一夫は四年前、フジテレビ株と同じようにテレビ朝日株もオランダ現地法人に現物出資し、換金の準備を整えてきた。テレビ朝日はこの移動に注意を払うべきだったが、当時の取締役会はほとんど無警戒に承認している。九五年三月、つまり一夫が買い取りを要請する直前にも、旺文社は六・六％分のテレビ朝日株を現物出資して旺文社メディアという子会社を設立していた。

佐伯が言う。

「下手なことをされたら困るとは思ったが、譲渡制限株だから取締役会の承認を受けないと売却できないのでそれほどの心配はしていなかった。それに当時の桑田社長は仏教美術への造詣が深く、一夫氏は敬意を払っていて話ができる関係に改善していた。険悪だった田代時代と異なり、意思疎通ができていると思っていた」

だが一夫のほうは、すでに経営者の道を閉ざしており、信義や暗黙の了解といった慣行に縛られるつもりはなかった。フジテレビ経営陣に対し抱いた感想と同じく、「朝日も資本政策や大株主への対応をわかっていない」と不満を口にした。

朝日新聞の経営陣は、一夫が塀の内側に落ちかねない疑惑を抱えていたことをもちろん知っている。八〇年代後半から九〇年代にかけて、朝日新聞からテレビ朝日役員に派遣され〝赤尾対策〟を担当した岩田進は、「不愉快な記憶しかない」と口をつぐむ。

田代のように頭ごなしに一喝するか、桑田の融和路線か、その間で朝日新聞の対赤尾姿勢は揺れ動き、腰は定まらなかった。

「黒船」マードック登場

九六年の年明け、佐伯が上場準備の件で岡田を訪ねると主幹事の話になった。岡田は「大和がいいわ」と言い、すぐに首脳に電話し顔合わせの日取りを決めた。

「岡田氏は大和証券に借りがあったようで、主幹事を任せることで借りを返すという意識があった。朝日としては、岡田氏が積極的に上場に賛成してくれないと困るので、特別な支障がない限りはその意見を容れようということになった」

顧客のはずの岡田と佐伯が、なぜか大和首脳を料亭に招くというあべこべな事態となり、主幹事は大和証券に決まった。

またも公開引受部長・池田の登場である。大和からテレビ朝日に出向者を派遣するなど、ただちに上場準備に着手する。池田が言う。

「テレビ朝日は上場に向けて、一年遅れでフジテレビと同じことをしている。ただ、一夫氏の感触として、フジテレビは上場がまがりなりに進んで結果が得られそうだと踏んでいたが、テレビ朝日は業績も規模も半分以下のため上場には時間がかかると懸念していたと思う」

池田の査定でも、テレビ朝日の株価は一夫の希望価格の半分程度だった。

「旺文社の持株分は二〇〇億円程度。しかし、それでは一夫氏が納得しないので、利益を底上げして株価が上がるという前提で三〇〇億円（一株当たり三九一万円）というのが、ありったけのイメージだった」

六月中旬、池田が最終的に業績、経営計画を作り、「株価はこれぐらいになります、いかがですか」と言うと一夫は「うーん、前よりは数字は大きいが……」と返しただけで、反応は芳しくなかった。

そのころの佐伯は適時、講談社や大日本印刷などの株主を回って上場準備を報告、特に旺文社・一夫の元には毎週出向いて進行具合を説明するのが大事な業務である。池田が訪ねた翌日、佐伯と経理担当役員も一夫に直接、株価の見通しについて報告した。その後、テレビ朝日側から池田に連絡があった。

「『赤尾さんは、なかなか物わかりのいい人じゃないですか』と……。私が説明した時の印象と随分違うので、勘違いしているのか、何か変だなと思っていたら、二、三日後に孫、マードックによるテレビ朝日株買い取りが明らかになった」

しびれを切らした一夫は、朝日側の報告を聞き流し、言い値で買う先を探していたのである。それは、護送船団で守られてきた日本の放送業界が、外資の買収攻勢にさらされるはじめての事件となった。

ルパート・マードックは、二十代の時にオーストラリアの地方新聞社を父から受け継いだ二世経営者に過ぎなかったが、八〇年代から欧米の名だたる新聞社やテレビ局を次々に買収し、一挙に〝世界のメディア王〟へと駆け上がった。

近年はアジアに触手を伸ばし香港で衛星放送を開始、次の有望な市場として日本上陸を模索、しばしば来日し、フジテレビや日本テレビ、テレビ朝日など主だったキー局首脳と面談していた。

六月十二日の朝方には来日したマードックが都内で会見を開き、二年後に日本で多チャンネルの通信衛星放送（CS）、JスカイBを開始することを発表する。日本市場への本格参入を表明するマードックの動向は、放送各社にとって注視の的である。

テレビ朝日の局長会では、次のような場面があった。国際局長が「来日中のマードックが本社に表敬訪問に来る。テレビではウチだけだ」と胸を張ったところ、事業局長の知識洋治がこうまぜっかえ

ルパート・マードック（共同通信社提供）

したという。

「目的もなくマードックが来るわけがない。乗っ取りに来るんじゃないか」

もちろん根拠などなかったが、知識の直感はまもなく的中する。

マードックが十四日に離日した数日後の夕刻、テレビ朝日の顧問室――。

社長の伊藤が顔をのぞかせ、佐伯に「ちょっと来てくれないか」と別室に誘った。そこには前社長で顧問の桑田と朝日新聞編集委員がいた。

伊藤から「もう一度、さっきの話をしてくれ」と促された編集委員が口を開く。

「ソフトバンクの孫正義さんから『まとまったテレビ朝日株を買ったんで相談したい』と言われた。私はテレビのことはよく知らないので『まず伊藤社長に伝える』と返答したんです」

編集委員は数年前に孫と知り合い、親しい関係だという。佐伯は驚き「買ったってどういうことだ」と大声を上げた。まっさきに考えたのは、テレビ朝日株が譲渡制限株だということだ。

「譲渡制限があるんだから、取締役会が承認しないと買えないはずだ。どういうことなのか、孫に聞いてくれ」

それ以上のことは編集委員も聞いておらず、その日は事態の詳細がわからないままに過ぎた。翌日になっても、誰から買ったかを含めてよくわからなかった。佐伯は孫のことはよく知らない。「とにかく会わせてくれ」と編集委員に依頼すると、今夜でもいいと伝えてきた。

佐伯は伊藤から「君が会いに行ってくれ」と任される。

七時半、ホテルオークラ地下のバーに行くと孫が待っていた。あいさつを済ませると孫が口火を切る。

「旺文社の赤尾さんからテレビ朝日株を譲り受けることになりましたので、お仲間としてよろしくお願いします」

気負った様子もなく淡々とした口ぶりだった。

佐伯は一番の気がかりを質した。

「譲渡制限株だからウチの取締役会で承認しないと買えないはずでしょう」

孫は落ち着き払った表情で答える。

「テレビ朝日株を買ったのではなく、保有する会社を買ったんです。ですから譲渡制限にはかからず、懸念には及びません」

前述したように、旺文社が保有するテレビ朝日株はオランダ法人を含む子会社二社に移されており、孫はその会社を買うのだという。ほとんどの新聞社、放送局が定款で定めている株式の譲渡制限といっても、実態は抜け穴だらけであった。

株の引き渡しが済んでいるかを尋ねると、夕方、赤尾兄弟と契約書にサインした足でここに来たという。佐伯は新聞社で長く電波担当を務めてきたが、譲渡制限をかいくぐるこんな裏技があるとは思いもよらなかった。完全に裏をかかれたとほぞを嚙んだ。

さらに、あなただけで買ったのか、いくらかと聞くと、金額は言えないとしながらも「マードック氏と一緒に買った」という驚くべき答えが返ってきた。

佐伯は電波担当として衛星放送を研究してきたので、マードックについての基礎知識はあった。

孫は、株購入は偶発的だったと話し始めた。

――先ごろ、アメリカで知り合ったマードックが来日したので、数日前に吉兆に招待した。マードックは来日目的を、日本で衛星事業をやるための調査で、いいパートナーを探しているという。私はテレビ朝日株のことがひらめいた。というのも、テレビ朝日株が売りに出されるという情報が入っていたから、彼にこう言った――それは私のことだ。私はあなたのビジネスに役立つプランを持っている。その時は、まだテレビ局の名は出さなかったが、二、三日後に問われてテレビ朝日のことだと話すとマードックは飛びついてきた――。

続けて孫は「乗っ取ろうとか、買い増ししようといった野心はありません」と先回りで安心させたが、「もっと買ってほしいと言われたら別ですが……」と付け加えることも忘れなかった。

佐伯は、孫の言う主目的がマードックとの衛星事業にあるというのは、自身が衛星放送に携わってきたから理解はできる。闘う姿勢を取るべきか、それとも懐柔すべきなのか、ただちには判断がつかなかった。

「いや、ひょっとしたら敵対的買収ではないかと思いましたよ」と、言外にこれ以上勝手な振る舞いはするなと牽制すると、孫は笑って否定した。

最後に念のため聞いた。

「役員ポストは求めるのですか」

「ええ。赤尾さんがやってたことをやらせてもらえれば、それでいいんです」

孫はごく軽い調子で答えたが、佐伯はそれは問題だと思った。旺文社は取締役二人と監査役のポストを持っている。しかも一人は代表権を持つ副社長（常勤）である。これらの人事ポストを踏襲すると、孫とマードックが経営陣の一角を占めるという話になり、旺文社とは違って経営体制そのものに強く介入してくることは疑いない。なにしろ相手は、買収に次ぐ買収で新聞社などの気むずかしい相手でもねじ伏せてきたマードックである。

赤尾・大川紛争から三十年あまりを経て、ようやく朝日新聞主導のキー局を軌道に乗せたというのに、根底から揺らぎかねない事態となる。佐伯は拒絶のことばを口にしかけたが、思いとどまった。

「それは……にわかには返答できない」

会談は一時間だった。

夜半、佐伯はテレビ朝日社長の伊藤や朝日新聞の次期社長が内定している松下宗之らに電話で報告した。誰もが予想外のことで、譲渡制限をかいくぐるような企業買収の手口や防衛策には疎く、はっきりとした方向性は見通せなかった。

西海岸での直接交渉

翌日、朝日新聞では社長の中江が対策会議を招集した。テレビ朝日株の三四・一％を保有し経営を事実上、主導してきた朝日新聞で対策を練らなければ、一歩も前に進めない。さしあたっての問題は、東映との関係だった。

孫とマードックの真の狙いがどこにあるのかは、依然として読めない。最も懸念する点は、株を買い増す可能性があることだ。

持株六・三％の小学館をはじめ上位に名を連ねる大日本印刷、講談社といった株主は容易に売ることはないだろうから、二〇・九％の株を持つ第三位株主、東映の動向がやはり焦点となる。もし東映が売却に応じれば、孫・マードックは三分の一超の拒否権を持つどころか筆頭株主に躍り出る。売却しないまでも共同戦線を組んだりすると、朝日新聞の主導権は根底から揺らいでしまう。

テレビ朝日における東映の位置は、激烈な内紛によって枢要なポストを追われただけに半端なものであった。設立当初に握っていた経営の実権は朝日に移り、番組供給はあるものの経営には関与できていない。本業の映画事業は相変わらず思わしくなく、岡田が進めた不動産事業もバブル崩壊で大きく傷ついていた。

岡田は株売却を一夫から事前に知らされている。岡田は大和証券社長の同前雅弘には「赤尾がテレビ朝日株を売る」と電話を入れたが、朝日には知らせなかった。六本木再開発での不協和音も引きずる中で、岡田の動向には注意が必要であり、そのためにははじめから陣営に取り込んでおくほうがよい。

対策会議には中江、松下、佐伯、伊藤の朝日関係者に加え、岡田も招かれた。

議論の方向は徐々に、マードックとどう向き合うかに絞られていく。特に強く主張したのは岡田だったという。

「孫もさることながら、マードックが問題だ。直接、彼を訪ねて真意を確かめるのが先決だろう」

その役は再び佐伯が担うことになるとともに、国際担当役員の村上吉男が補佐に就いた。村上はかつてロッキード事件の際に、贈賄工作のキーマンである副社長・コーチャンの独占インタビューをとった切れ者である。

六月十九日、赤尾兄弟が伊藤を訪ねて株売却を正式に伝達した。赤尾側には、父親が設立したテレビ局への一族としての愛着も矜持もなく、うまく換金することが重要だった。一方の朝日にとっては、彼らとの縁切りは喜ばしいが、やり口は後足で砂をかけられたに等しかった。翌日には孫と文夫が共同で記者会見をおこない、テレビ朝日株の売買が正式に公表された。一夫が課税を回避するために、株保有するオランダ現地法人を複数介在させた巧妙な売却手法は、むろん隠されていた。

ほぞを噛んだのが代表取締役副社長の川村豊三郎ら、旺文社からテレビ朝日に派遣されていた役員らである。彼らは出身母体の株売却の動きをまったく知らされていなかった。

一夫にとって、彼らはどうでもいい存在なのだろう。川村は三ヵ月後に役員を退く羽目になったのをはじめ、旺文社勢力はほどなくテレビ朝日から一掃された。

朝日側はマードックにあてて、中江社長名で面談希望の手紙を出した。一週間ほどで承諾の返事があった。

夏の盛り、佐伯たちはアメリカ西海岸に飛び、フォックス映画社でマードックとの会談に臨んだ。マードックの答えは、孫が言ったことから外れてはいなかった。

「乗っ取るとか、買い増すとかはいっさいない。日本でおこなう衛星放送事業に協力してもらいたい、それだけだ」

とはいうものの、番組提供の要請などもなく、具体的に何を求めているのかははっきりしない。

佐伯はさらに念押しした。

「買い増しはやらないですね」

マードックは鷹揚(おうよう)に肯いてみせた。その後、フォックス幹部も交えて会食し、〝友好的〟に会談を終えた。

買い増ししないという言質はひとまず取ったが、彼らが第二位の大株主であることに変わりない。受け入れるのか、それともブロックするのか、基本方針を定めなければならない。

受け入れてもいいのではないかという考えは意外とあった。

社長の伊藤がそうである。孫・佐伯会談の後で伊藤も孫と直に話し、取締役と監査役ポストを与えることで早々と折り合いをつけたという。あまりの拙速な結論に仰天した佐伯は、「相手は勝手に押し入ってきたのだから、受け入れる道理がない」と押し留めた。伊藤は「そうかなあ」と不満げだった。

彼らと組むことを積極的に評価する声は朝日新聞内にもあり、電波担当役員は受け入れ賛成だった。旺文社を「テレビ朝日のガン」と呼んで憚(はばか)らなかったテレビ朝日元専務の大倉文雄（当時、静岡朝日テレビ社長）も積極的賛成派で、朝日新聞社長の松下に意見具申の手紙を出したという。

「大株主の権利を時には不条理に押し通す旺文社よりもマードック・孫グループの方が、付き合い方によっては将来の事業展開に有利になる可能性もあると感じた。……国際的になるのは難しいと考えられてきた日本のテレビ業界の国際化の突破口にテレビ朝日がこういう形でなるのは、よいと思う」（『惜別仕事人生』）

もちろん大勢は、日本的な根回しを踏まない彼らの行動を「乗っ取り」として感情的に反発する声が占めた。後に買取価格をめぐって争われた株主代表訴訟で、次のように認定されている。

「朝日新聞社は……ソフトバンクらによる本件株式の実質的取得をいわゆる『敵対的な買収』に当た

るものと受け止め、強い危機感を抱いた」（九九年五月二十六日　大阪地裁判決）

実際、買い増ししないと口約束は取ったものの、朝日側がいざ協定書の締結を求めると難航した。「交渉に当たり、朝日新聞社はソフトバンクらに対し、その役員派遣を認める前提として、①ソフトバンクらが全国朝日放送の経営における朝日新聞社の主導的立場を認めること②ソフトバンクらが全国朝日放送の株式の買増しをしないこと③朝日新聞社に対し全国朝日放送の株式の先買権を認めることと④ソフトバンク・ニューズ・コープ・メディアの株主構成に変更があったときその内容を朝日新聞社に通知することなどを要求した」（同前）

孫・マードックからすれば、同じ株主として公平であるべきなのに、なぜ自分たちの行動だけが制約を受けなければならないのか不満が募る内容である。孫・マードックは②を文書にすることを拒否、事情によっては買い増しする権利を留保すると主張した。さらに彼らは「第三者が資本参加する可能性を示唆した」（同前）ため、朝日側は第三のプレーヤーによる買収戦への参入まで危惧しなければならなくなった。

ただ、朝日側が対抗策を見出せなかった一方、マードック・孫のほうも手詰まり感が強くなる。抜き打ち的な買収方法に対する放送業界の拒絶反応も強く、彼らが期待した衛星放送向けコンテンツの手当ては難航した。

両者は対峙したまま事態は膠着し、年を越した。

上場する必要はなかった！

10チャンネルの買収騒ぎは売り主が赤尾、買い主にマードックが含まれていたことで、8チャンネル、フジサンケイグループを二重に揺さぶることになった。

第一に赤尾側が、譲渡制限がかかっている株であっても計画的な手口で売却したことである。これを踏襲すれば、一夫の指示でオランダに移して間接保有するフジテレビ株も同じやり方で売却されかねない。しかも、売った相手は鹿内宏明と太いパイプを持ち、かねてフジテレビに強い関心を持つマードックなのである。

第二に、〝マードック旋風〟が起こった時、ニッポン放送は上場を半年後に控えていた。上場すれば市場で直接的に買収の危険にさらされるのだから、テレビ朝日を襲った異変は他人事どころではないはずだった。

先述のように、無理筋のラジオ局上場を止める手だてはなかったのだろうか。実は騒ぎになる前に、ニッポン放送には引き返す貴重な機会があった。

東京証券取引所は九五年十一月、従来は親会社が上場していることを条件としていた子会社の上場を緩和し、子会社の単独上場を可能とした。フジテレビの単独上場の道が開いたわけである。

当時の経営幹部は「上場の一年前では、さすがに止めようがなかった」というが、実際には、その数ヵ月前に、東証の担当幹部を親族に持つ郵政省高官からニッポン放送とフジテレビに情報が内々にもたらされていた。放送局が郵政官僚への接待などを欠かさないのは、こうした機微な情報を入手するためでもある。

緩和条件をそのまま適用すれば、ニッポン放送の上場は不要となる。親子上場、しかもクーデターを引きずるゆえに注目度が高い放送局同士となれば、「一物二価」の危険性はより増大するのだから何としても止めるべきだった。

ニッポン放送自身に上場すべき理由があればまだしも、何ひとつないのである。ニッポン放送で緩和情報を入手した役員を中心に「上場は必要がないのではないか」という声が出たが、社長の川内はさしてためらうこともなく、上場準備を進めていく。

川内は「ラジオ局初の上場企業」となることに魅せられているかのようだった。

他方、上場二ヵ月前の九六年十月末、ニッポン放送経営陣の三人——川内通康、羽佐間重彰、小林吉彦に対し株主代表訴訟が起こされている。原告となったのは経理担当の元常務や元報道部長といった鹿内時代の幹部たちである。一見すると、宏明と意を通じた反日枝派のように見えるが、そう単純ではない。

彼らが問題にするのは、フジテレビの上場準備過程における三人の行為についてである。先に見たようにニッポン放送は増資の割当を受けなかったことで持株比率が五〇％を割り込み、親会社の地位を失った。ニッポン放送は親会社の地位を守るべきだったのに、三人は兼務するフジテレビ役員として取締役会でこれに賛成したというものだ。しかも、役員としてフジテレビ株の割当まで受けていることを悪質だと指弾していた。

川内らは、彼らの背後に解任された宏明がいると疑ったが実際は違う。後述のように中心人物は鹿内信隆の甥で、この時点でもフジテレビ子会社に籍を置いていたことを考えれば、事実上は日枝によるニッポン放送包囲網の一環という面があった。

九六年十二月二日、ニッポン放送は東証二部に放送局としては三十六年ぶりに上場した。初日は買いが殺到し売買が成立せず、翌日、ようやく付いた初値は公募価格の二倍超の七五五〇円、終値も八三八〇円の高値に達した。

　上場を自身の誕生日にもってきた社長の川内は、超の付く人気ぶりに「率直に驚いている」とし、「最近、アメリカのラジオ産業が躍進していることも背景にあるのではないか」と気持ちの高ぶりを隠し切れなかった。

　だが、ニッポン放送が日本のラジオ業界でトップを走り続けてきたとはいえ、買いに殺到した外国人をはじめとする投資家は、その上場を「事実上のフジテレビ上場」と見ていたに過ぎない。市場では、ラジオの将来性とともに、ニッポン放送の株価が好調を維持できるかを危惧する声は早くも聞かれていた。注目のフジテレビが翌年には上場するのだから、もしニッポン放送の株価が低迷しフジテレビとの時価総額との差が広がれば、買収の危機につながりかねない。

　他方、ニッポン放送はかつての最高権力者で筆頭株主の鹿内宏明について、その持株シェアが一〇・九％から九・五七％へと減じ主要株主ではなくなったと発表、もはや関係ない存在なのだと言外に滲ませた。

　二ヵ月後、私はニッポン放送に川内を訪ねた。台場への社屋移転が間近に迫り、本社を置く有楽町の糖業会館は建て替えが予定されている。上場、移転と続く慌ただしさも手伝ってか、昂揚感が持続している川内へのインタビューは噛み合わないものとなった。

——上場はいつから考えたのか。

「九四年二月に、郵政省の『多メディア時代における放送産業のあり方懇談会』の答申が出た。これまで放送局の上場は事実上、規制されていたが、多チャンネル状況を迎え打ち勝っていくには、むしろ戦略的に奨励策に転換すべきであると。これを受けて郵政省が積極的に推進するという情報が入り、当社も上場を最大の目標にしていこうと作業を開始した」

――だが、テレビならともかく、ラジオで市場から調達するほどの資金需要があるのか。

「デジタル化が目前に迫り、欧州では実験が始まっている。時代の趨勢はデジタルで、そうなると放送設備を全部替えないといけない。相当な資金需要があり、借入金でやると利子だけで利益が圧迫される」

――フジテレビの上場希望が先にあり、東証の規定からニッポン放送の上場が求められたのでは。

「そんなことはなく、本当に資金需要がある」

――フジテレビの上場とは関係ないのか。

「そうです。まずニッポン放送として上場していこうと。もちろん、グループ各社が連動して上場していくのは大歓迎です」

――ニッポン放送がフジテレビの親会社の地位を失ったことについては。

「これは、フジテレビの上場を全面的に支持したいということだ。株主間のシェアが変わらないということだから支援すると決めた。筆頭株主の地位は失っていないし、過半数を抑えてないといけないんですか？　上場するということは、パブリック・カンパニーの道を歩むということです。それを悪いことのように言われるが、メリットのほうが大きいと判断した」

――お互いの上場は、日枝氏と相談したのか。

「そうです。上場するべきであるということで双方合意したし、意見はまったく一致している」

――事実上の持株会社であるニッポン放送が上場することで、外国資本などの買収脅威にさらされるのでは。

「これは厳然とした外資二〇％規制があるわけだから。日テレもＴＢＳもそうした規制の中で上場している。同じことだ」

――しかし、ニッポン放送を抑えればフジテレビをはじめグループ全体を牛耳れる。あえて上場する必要があるのか。

川内通康（産経新聞社提供）

「それは短絡的な見方だ。年頭のあいさつでも言ったが、本当に上場してよかったと思っている。パブリック・カンパニーの道を歩んでいくということで、社員の士気も高い。海外でも、いまニッポン放送の社名は一気に浸透し、社会的な評価も高まっている。上場のメリットは凄まじいものがある」

隣に座る常務の天井邦夫は、上場準備を含め財務のいっさいを任されている。かつてオールナイトニッポンのパーソナリティを務めたこともあるのだが、饒舌な川内とは好対照に顔も上げず、ついに一言も発しなかった。

鹿内体制の下で元来、天井は忠実な財務担当役員であったが、予期せぬクーデターで道標を失っていた。それでも同僚の役員によれば、フジテレビからかかってくる〝圧力〟に対し当初、「ぼくは闘うからね」と口にしていたが、ずるずると後退を重ねていた。

川内のほうは、フジテレビを懐に抱えたままの上場という〝危険水域〟に船出した自覚は皆無であった。

「一物二価」の矛盾を防ぐには、少なくともフジテレビとの時価総額に差が開かないように株価を維持しなければならない。それは別面、質量ともに圧倒的に優位なフジテレビとも、同じ放送メディアとして容赦のない競争関係に入るということだ。株式を公開するとは本来、そういうことである。

川内にはそうした覚悟があったのだろうか。

海外で社名が広まるほどにハゲタカファンドを含む国内外の投資会社が、この小さなラジオ会社に照準を合わせてくるのは明らかだ。〝鴨ネギ〟ということばが、ニッポン放送ほどふさわしい例はかつてなかったと言っていい。

危機感のなさという点では、日枝も同じだ。年明け早々、日枝は「ニッポン放送も昨年十二月に幾多の障害を乗り越えて株式の上場を果たし、外国の投資家にも大変な人気で国際的にもその名を高めました」（九七年一月　新年全体会議）と称賛するのだった。

元報道部長らの株主代表訴訟グループは、上場前に次のように記している。

「先のマードック氏によるテレビ朝日株の大量取得の例を見るまでもなく、仮にニッポン放送の株式が上場され、その株式が買い占めを受けた場合、グループの株式持ち合いの関係からしてフジテレビ、産経新聞、ポニーキャニオン等の、グループ主要各社までもがその傘下に置かれることは必然であり、長年にわたり築きあげてきたフジサンケイグループは一夜にして崩壊に瀕するとの差し迫った危機感を現経営陣は抱かないのであろうか」

川内は宏明の側近役員だったから、マードックと議長時代の宏明に親交があったことを知っている。マードックは母体のニューズ・コーポレーションが六年ほど前に苦境に陥った際、宏明に統合を持ちかけてきたことがあり、かねてフジサンケイグループには強い関心を払ってきた。

その〝買収王〟が日本市場に、しかもフジテレビの事実上の大株主である赤尾家から株を買って参入したのを見てもなお、川内らニッポン放送経営陣に危機感はほとんどなかった。彼らがほぞを噛むのはそれから十年後である。

ソニー・出井の仲介話

10チャンネルは、九七年の年明け前後から動きがあった。

一月二十四日、佐伯は日本経済新聞が報じた「ソニー、放送事業に参入／『ＪスカイＢ』に出資へ」という一面トップ記事に目を奪われる。

当時のソニーは、二年前に社長に就任した出井伸之が脚光を浴び、放送と通信の大変革期を迎えてどのような戦略を打ち出してくるかが注目されていた。実は孫・マードックは密かに、ソニーに対してテレビ朝日株の共同保有を持ちかけている。佐伯はそうした水面下の動きを知らなかったが、資金力の豊富なソニーが孫・マードックと衛星放送の提携に留まらず、テレビ朝日株の取得にも動くのではないかと警戒したのである。

佐伯と出井は東京の六番目の地上波Ｕ局、東京メトロポリタンテレビの役員として面識があった。真意を確かめるため、すぐに面談を申し入れた。

数日後、相対した出井に佐伯は警戒心が先に立つ。

「ご承知のとおりウチは彼らに株を買われているのでお尋ねするが、なぜソニーはＪスカイＢに参加するのですか」

すると出井は、思いがけない台詞を口にした。

「あなたがお望みなら、テレビ朝日株を買い戻してあげましょうか」

佐伯が意図を図りかねていると出井が続けた。

「日本の言論報道機関の雄である朝日のテレビを買っても、うまくいくはずがない。マードック氏は手放したほうがいいと思っています。私はマードック氏と親しいので、買い戻してあげます。マードック氏が売るとなれば、孫さんはどうにでも……」

出井の自信ありげな態度を訝しんだが、特に条件もなさそうなので佐伯は即座に応じた。

「ぜひ買い取りたい。彼らの買い値ならすぐに引き受けます。ただし、ビタ一文でも高かったら買うことはできない」

出井は、二、三週間後にマードックと会うので、その条件で話してみると請け合った。


〝技術のソニー〟にあって、出井の社長就任（九五年）は内外に衝撃を与えた。指名した前社長の大賀典雄が「消去法で選んだ」と語ったように、いくつかの偶発が重なって社長ポストが転がり込んできたと言っていい。

大賀の評価にとりわけ影響したのが、開局を控えた東京メトロポリタンテレビの件だったとソニーの経営中枢にいた人物が証言する。

「新局の開設は東京商工会議所が主導し、副会頭だった大賀が担当責任者として積極的に推し進めていた。広報・メディア担当役員だった出井は大賀の意向を踏まえ、足繁く大賀の部屋を訪ね報告を欠かさなかった。それまで大賀は出井のことをほとんど知らなかったが、この一件で彼のことをはじめて認識した」

大賀は新局の社長就任に意欲を示すほど熱心に取り組んだものの、郵政省が認めず実現はしなかった。出井は後に、ソニーが地上波の新局へ参画することには反対だったと回想するが、大賀のために献身したことも間違いない。

そこに出井なりの野心を見出すこともできると元幹部は言う。社内でまったくの傍流だった出井は、このプロジェクトで大賀に認められ、技術出身の候補を押し退けてトップに上りつめるのである。

出井は当時、次世代の放送・通信の世界を占うにあたり、その動向や考え方がもっとも注目された企業経営者である。朝日のためにマードックとの間を取り持つという出井の狙いはどこにあったのか。

ソニーのＣＥＯ退任後、投資顧問会社を経営している出井に話を聞いた。

出井によれば、テレビ朝日の買収話は本筋ではないという。

出井伸之（共同通信社提供）

「マードックは本来、海外の地上波テレビ局の株を二〇％持つことには何の興味もない。マードックの本心は、あくまでも朝日新聞を買いたかった。村山家などとどういう話になっていたのかはわからないが、社主の村山さんが株を売りたいとか（の意向）があった。それが結局、（孫氏の提案に乗って）テレビ朝日の買収のほうに行ったのかもしれないが、テレビの買収について私は一度も口出しはしなかった。ただ、マードックの本音は朝日新聞だったと思う。私は『それはやめたほうがいい』とマードックに忠告したんです」

――ではなぜ、マードックはテレビ朝日株を買ったのだろうか。コンテンツ集めとも言われたが。

「いや、そのために買収までやるかね。JスカイBに出資してもらえば、コンテンツは自動的に出てくるのだから。何も自分が地上波テレビに出資する必要はない。だからマードックが買った理由は全然わからない……。まあ、孫さんに勧められたんだろう。孫さんのほうは、いま携帯電話に行っているのと同じような意味で、その時は地上波テレビに行きたかったのかもしれない」

朝日新聞の買収案がどこまで現実化していたのかは判然としない。しかし、かつて田代が言いあらわしたように赤尾家と村山家に似たところがあるとすれば、新聞株の売買は十分にあり得ることだった。

出井の忠告と仲介が功を奏したのか、マードックは朝日グループへのさらなる介入を断念する。代わりに出井ソニーとの共同事業の道を選択した。

マードックはこれまでM&Aを繰り返すことで事業の拡大に成功してきたが、最後の護送船団と呼ばれる日本のメディア業界には通じなかった。

「その後、朝日新聞から感謝されて、一席設けてもらったのは覚えている」

出井は自身の勢いそのままに、対峙する両者を仲裁に導いた。さらにソニーは、マードックと組むことで放送事業への参入を実現する一方、朝日新聞の衛星放送会社、朝日ニュースターにも役員を派遣したことで両社の関係は深まり、出井は漁夫の利を得た。

「ディズニーがフジを買収」情報

出井はコンピュータ事業の担当だった八〇年代前半、マードックが欧米に進出する前から親交があった。

「私はマードック氏が個人的に好きでしたし、実際、私たちはよく気が合いました。彼には傍流からのし上がってきたたくましさや発想の面白さがあって、そこに私は好感を覚えたのです」（『迷いと決断』）

出井自身が、放送事業に進出する意思を強く持ち、とりわけ有料の衛星放送への進出を狙っていた。出井の回想によれば、インターネットよりも先にペイテレビの時代が来ると予測していたからだという。だが、結果的に日本でのペイテレビの普及は早々に頭打ちとなり、一気にインターネット時代が到来し、出井の思惑は外れることになる。

マードックはかねて〝世界のソニー〟を陣営に引き入れようとし、出井にとっても、メディア・ジャイアンツであるマードックと連携することは魅力的であった。ただし、対等な関係を結ぶには有力なキー局を巻き込むべきだというのが出井の考えで、日枝にJスカイBへの共同参加を提案した。

本来、圧倒的な放送機器のシェアを誇るソニーは、特定の放送局と親密になることは得策ではない。しかし、デジタル革命の到来を予感する出井は、この機会を逃すことはできないと考えた。

九六年暮れ、会食の席で出井は、「ひえちゃんがやるならソニーはやるよ」と誘ったという。日枝も、ソニーとの関係を深めることに前のめりになっており、出井の誘いかけは願ってもない機会であった。

この時期以降、出井と日枝は古くから〝盟友関係〟にあったかのような風説が流れるようになった。実際は、出井が社長になる九五年以前に二人が親密だったという話は聞こえてこない。

こうした風説が流布されたのは、そもそもCSへの進出が合理的には説明しにくい経営判断でもあったからだろう。

各テレビ局にとって、目指す衛星放送の本命は、二〇〇〇年に打ち上げが予定されているBS－4なのである。売り上げトップを走るフジテレビにしても、BSとCSの二兎を追う余裕はさすがにないはずだった。実際、九六年夏から、マードックは来日のたびに日枝に参加を呼びかけていたが、日枝は「フジテレビはBS－4に参加するので受けられない」と断ってきた。

となれば、別の要因が比重を増したということである。

電撃的なテレビ朝日株の買収で示したように、マードックは日本の放送市場への強い意欲を持ち、その行動は敵対的買収も辞さず、常に即断即決である。日枝は、次に買われるのは自分たちではないかという恐れを抱くようになる。親会社のニッポン放送は上場した直後であり、フジテレビのそれも間近に迫っている。前議長の鹿内と個人的なパイプを持っているマードックは十分に潜在的脅威であり、彼が株の買い占めに乗り出せば日枝の足元は業火に見舞われる。

日枝が買収の影に脅えるメディア・ジャイアンツはマードックに限らない。

朝日が孫・マードックと対峙していた九六年十月はじめ、日枝はニッポン放送社長の川内と連名で、ディズニー会長（兼ABC会長）のマイケル・アイズナーに書簡を出している。

「私たちの元に次のような未確認情報が届いている。『ディズニーの関係会社が証券会社を使い、フジテレビやニッポン放送株を買う動きに出ている』。この情報に根拠があるのかは不明だが、確認をさせてほしい。なお、鹿内宏明氏はニッポン放送の一〇・九％の株主だが、彼は私たちと敵対する関係にある」

当時、アメリカのいわゆる三大ネットワークは異業種による買収が相次ぎ、すっかり様変わりしていた。アイズナー率いるディズニーが買収したABCとフジテレビは、昔から提携関係にある。だが日枝は、アイズナーがABC会長に就いた時に就任祝いの書簡を出したことがあるくらいで、会ったことはない。その相手に〝未確認情報〟を問い合わせるのは、危機感とともに牽制の意味合いがあったのだろう。

十月二十日、アイズナーからは「当社及び関係会社は、フジサンケイグループの株を買い占める意図はない」という返信があったが、担保を欲する日枝は、JスカイBへの共同出資を望んだという。実現はしなかったが、提携によって買収を封じ、〝安全保障〟を図る意思が強かったことがわかる。同様に、マードックと提携すれば買収といった敵対行為は未然に封じることができる。だが、同じテレビ局への敵対的買収の挙に出たマードックと、このまま話を進めることはできない。それを容認することは、上場を控えたフジテレビにとっても危険であり、テレビ朝日株を放棄させる必要があった。

だから、出井の佐伯への提案は、フジテレビを引き込みつつ朝日には恩を売る、一石二鳥の妙手でもあった。

次の標的

まもなくマードックはテレビ朝日を放棄、ソニー、フジテレビと提携する道を選択する。孫は最後までテレビ朝日に執着を見せたが、「孫社長はやりすぎだ」といった声は政財界から日増しに強まり、出井が言ったとおり頼みのマードックにハシゴを外されては撤退するしかなかった。

三月はじめ、朝日新聞は孫・マードックから彼らの買い値でテレビ朝日株を買い取った。孫とマードックに挟まれた社長の松下はにこやかに握手し、平和的解決を演出した。

続いて五月、フジテレビの膝元である台場の日航ホテルで、ソニー、フジテレビ、ソフトバンク、ニューズ社四社の対等出資によるJスカイBの設立が発表され、出井、日枝、孫そしてマードックが壇上に並んだ。この四社連合の実現には電通首脳が一枚嚙んでいたこともあり、メディアの将来を占う試金石としても注目を集めることになる。以後、ソニーとフジテレビが主導権を強めることになり、孫は脇役に押しやられることになった（九八年二月、孫はJスカイB社長を退任）。

一方、護送船団としての放送業界を揺さぶる動きに、民放連会長（日本テレビ社長）の氏家齊一郎は系列局の社長会で日枝を名指しし「マードックと組むような男とは思わなかった」と不快感を表明した。

出井は次のように総括している。

「マードックと孫さんは、テレビ朝日の株を大量に取得し、朝日新聞に弓を引くという、今から考えると時代の十年先をいっていた『暴挙』にでたわけですが、あの頃がまさに放送と通信とインターネットといったメディアの世界が動きはじめ、それが一般の人たちに『事件』となって見えてきた時期ではないでしょうか」（『迷いと決断』）

メディア環境の激変と淘汰の時代の予感——この先駆けとなった事件は、十年後に再び、そして本格的に今度は8チャンネルで火を噴くことになる。

しかし、メディアの将来という意味では、出井が予想したような「ペイテレビの時代」は来なかった。日本には事実上、視聴料が強制徴収されるNHKという有料放送が長く存在してきた。Jスカイ

Bをはじめ CS 放送は三社が競合することになったが、折しもインターネット時代の到来とともに市場拡大は思うに任せず、経営不振に陥る。三社は結局、合併・吸収を重ね、衛星会社とも統合（スカパーJSAT）し生き残りを図ったが、ソニーは一三年、全面撤退することになる。

九〇年代、10と8、両チャンネルの経営中枢を揺るがせてきた当人、赤尾一夫は、メディアの将来については関心の外であった。

それよりテレビ朝日株を売却した四一八億円をどうするか、その行き先が問題であった。一夫がテレビ朝日株を私物化する仕組みは、フジテレビ株を現物出資して作られたJGIと基本的に同じである。

旺文社はNET創立時から大株主だったが、前述のとおり九一年九月、保有する二一・四％のテレビ朝日株のうち一四・八％（簿価・一株三二万円、一一億五〇〇万円）を旺文社がオランダに設立した現地法人、アトランティック社に現物出資した。

九五年二月、旺文社株の過半数近くを保有（四九・六％に増加）し赤尾一族が支配するセンチュリー文化財団が、やはりオランダにアスカファンド社を設立する。アトランティック社もアスカファンド社も、税逃れのためのペーパーカンパニーである。

アトランティック社はただちにアスカファンド社に著しく安価で第三者割当増資をおこなった。その割当数は凄まじい量で、旺文社の持ち株シェアは一〇〇％から六・二五％へ激減、代わってアスカファンド社が九三・八％の圧倒的株主になった。

翌年、旺文社による株売却が公表された一ヵ月後、テレビ朝日株はJGI（オランダ法人、売却額二八六億円）を経て旺文社メディア（日本法人、二八九億円）に売却。同社に九五年、現物出資されていたテレビ朝日株と併せ、四一八億円で孫・マードックに譲渡されたという流れになる。

この複雑な操作によって、オランダに移され売却で顕在化したテレビ朝日株の含み益、およそ二五六億円は、オランダ法によって課税を逃れ事実上、旺文社からセンチュリー文化財団に移転した。

旺文社は一貫して赤尾家の家業であって、大方、一夫の意思が通ってきたが、労組もあり完全に自由になるわけではない。一方、財団のほうは理事長・赤尾一夫の下、林原健をはじめとする仲間内かつ名ばかりの理事五人で構成され、実質的に一夫の意思決定が完徹し、税務面でも有利であった。

時期的にはちょうど、一夫が資本政策で難渋する日枝の足元を見て、フジテレビ株を安価に取得した直後のことだ。また、前年には、一夫は素行の弱みにつけ込まれて億円単位のカネを失うなど、一夫の周囲ではカネが乱舞した。


一夫のマネーゲームに注目していたのは、内外の企業買収を生業（なりわい）にする投資銀行の担当者である。当時、ＳＢＣウォーバーグ証券（スイス銀行の投資銀行部門）でエグゼクティブディレクターだった房広治が放送業界に注目し始めたのは、八〇年代後半と早い。以後、九二年のフジサンケイグループのクーデターから上場計画に向かう過程を見ながら、戦略を練ってきた。

その房は当時、次のように観測していた。

「旺文社の赤尾さんがテレビ朝日の持ち株を売却したいという意向はある程度業界では摑んでいたんですが、まさか発行会社の許可も取らずに、しかもマードック氏が参加するチームに売却するとは、私を含め皆さんも思っていなかったと思います。……仮に旺文社が保有する株式が買収できることがわかっていたなら、ソフトバンクとマードック氏以外にも買収候補は複数いたと思います。最近は発行会社に持株売却の相談をせずに政策投資を見直し、実行する企業が多くなりました。マードック氏のようにメディアがメインビジネスではないソフトバンクと合弁を組んで、日本の放送法である外国人持ち株比率の上限枠をかいくぐって市場参入する。大変戦略性に富んだ株式取得、市場進出だと思います」（『M&A Review』九六年九月号）

Ｍ＆Ａ担当者がまず目を付けるのは、対象企業の敵対株主あるいは非安定株主である。当時の東京キー局関連で、この条件にあてはまるのは８の鹿内家と赤尾家、10の赤尾家である。後者が日本的な根回し抜きで売却したことで、衝撃が走るとともに、事前了解なしの売却があり得ることが既成事実となった。いまだ敵対的買収がほとんどない日本だったが、Ｍ＆Ａをメシの種にする者たちにとってはハードルが下がったと言える。

彼らが注目するのは、残された8において鹿内家が持つニッポン放送株と赤尾家が自由にできるフジテレビ株である。

こうした株の入手方法、連携策などを見すえながら、房はフジテレビの経営企画部門にも頻繁に接触する。

その後、ＳＢＣウォーバーグは、本体のＳＢＣ（スイス銀行）がＵＢＳ（スイスユニオン銀行）と合併する。利益のためには提携先を潰すことすら辞さない新ＵＢＳで、房は後述するように、日本初のテレビ局に対する敵対的買収を発動する準備を進めることになる。

旺文社と赤尾家の闇

赤尾のマネーゲームでテレビ朝日に激震が走り、また玉突きのようにニッポン放送が自滅への道を歩み始めた時期、文化放送も重大な岐路を迎えていた。

新宿通りから神宮外苑に向かって少し入ると、四谷小学校の隣に、教会のような佇まいの文化放送社屋がある。敗戦から六年後に聖パウロ会館として建てられ、裏手には修道院もある。普段は表通りの喧噪も届かない。

だが、九六年九月三十日からは連日、右翼団体・白龍会の大型街宣車が玄関前に乗り付け、長い時間二〇分も赤尾を弾劾する大音量の宣伝を繰り広げていた。街宣車は旺文社から文化放送へ、そしてフジテレビへと転戦しているらしかった。

やや古びたロビーには受付もなく、そのまま一階にある文化放送労働組合の部屋に直行できる。私はそのころ、しばしば労組を訪ねて委員長の長峰光雄から話を聞いた。

テレビ朝日株を高値で売り抜けた一夫だったが、足元は揺らぎ始めていた。一夫に切られた元側近を背景に持つ右翼団体が押しかける一方、文化放送労働組合が〝赤尾支配〟に反旗を翻し行動を起こした。

正確に言えば、危機感を抱いた一握りの現場の社員ということになるだろう。

制作部のディレクターだった長峰光雄は、漏れ伝わってくる会社の現状を憂慮、もはや座視するわけにはいかないと九六年、労組委員長に復帰し檄文を書いた。

「文化放送はいま無法地帯になっている。問題の核心は、赤尾一夫を筆頭とした赤尾一族による支配体制だ。それは文化放送を食いものにするマネーゲーム体制だ。赤尾体制を一新しなければ文化放送の未来はない。ただ、赤尾体制は社内に迎合する動きがあったからこそ成立したものでもある。その赤尾一夫はいま塀の上を歩いている。赤尾体制の一新は、社内の一部が言っている司直の手など外部の力によってのみ可能なわけではない。私たち自身の手によって解決しなければならない（要約）」（九六年八月七日『組合ニュース』）

先に触れたとおり、一夫の身辺にはきな臭さが漂い、司直の手が及ぶのではないかと囁かれていた。そうした動きを反映し、一部の出版系メディアには一夫の行状、あるいはフジテレビとの不明朗な取引などが取り上げられていた。ただし、旺文社と同じテレビ朝日の株主企業、朝日新聞系列や講談社、あるいは文化放送の株主企業である小学館の媒体は、いっさい触れなかった。

組合は深い反省の上に立ち、方向性を見出そうとしていた。

「文化放送はこれまで愚民政策がおこなわれてきた。それは内外への情報非公開を武器におこなわれた。社外へは未上場を口実にした経理の不透明さ、社内へは赤尾一夫への隷従による情報遮断で、文化放送の資産は一夫のほしいままになってきた。私たちは今まで赤尾一夫の横暴を許してきた。問題から意識的に目をそらしてきた。一夫のこれ以上の横暴を阻止し現状を回復することは私たちの自立にもつながる」（九六年九月三日『組合ニュース』）

こうした〝隷従〟の背景には、長年にわたる採用の問題があった。長峰によれば、コネ入社が七〜八割を占め、体制に逆らうような空気はそもそも生まれにくい。

当時の組合の動きは、プロパーの経営陣や管理職に問題の所在を質し、自主的な解決を図ろうとするものだったが、経営側の反応は鈍く膠着状態が続いた。

もっとも、社長の峰岸にしろ、奪われようとしているフジテレビ株の重要性をわかっていないわけではない。

「私は文化放送の役員として、経営者になった者として、いちばんの財産はフジテレビ株だと思っている」（九七年五月二十日　労働組合との団交の席での発言）

組合と経営陣の立ち位置は、団交での組合側の発言に象徴されている。

「赤尾問題に関してあなた方は会社側ではなく、赤尾の代理なんじゃないか。私どものほうがむしろ会社側で、会社の財産を守るためにあなた方と話しているのではないか」

ただ、経営陣も積極的に〝赤尾の代理〟を務めているわけではなかった。彼ら自身が実情を知らされていないのである。

埒があかないままに時間が過ぎ、焦燥感を強めた長峰は強硬路線に舵を切る。九六年十一月二十六日、組合は臨時大会で赤尾兄弟の取締役退任とオランダ法人ＪＧＩの解散要求を決議した。また、プロパーの経営陣は当事者能力に欠けると厳しく突き上げた。

「あなた方（経営陣）が何もしなかったから、文化放送ブレーンは食いものにされた。出世すれば責任は重くなり、その責任を果たせなければ、恥を知らなくてはいけない」

「われわれは、文化放送を食いものにしているのは赤尾一族とその手先になっている旺文社から来た人間だと認識している」（九七年三月十八日・団交記録）

旺文社から来た役員とは、会長の小林正巳、経理担当常務の小林郁夫らを指し、彼らが一夫の指示どおりに動いてきたと指弾された。

交渉は進展がないまま堂々めぐりとなった。その間、孫とマードックが支払ったテレビ朝日株の売却代金の多くはオランダにある事実上、赤尾家の会社に入金されていた。早晩、ＪＧＩに置かれたフジテレビ株も同じように売られることになると長峰は危機感を深めた。

焦点はオランダ現地法人の存在に尽きた。

「許認可を受けた放送局が（電波という）国民の財産を預かって利益を出し、それを国民に還元しない、国税として納めないで（国外の）現地法人に持っていくというのは国民の利益に反する。ただちにＪＧＩを解散して正常な形に戻してもらいたい」（九七年四月十五日・団交記録）

年が明け、しびれを切らした長峰ら組合執行部は、取り得る最後の手段として赤尾兄弟の特別背任、利益供与について刑事告発の準備を始めた。六月、組合は会社側の回答期限を一ヵ月後に区切り、ＪＧＩを解散しなければ兄弟を刑事告発すると最後通牒を発した。

組合による刑事告発というのは禁じ手でもある。組織全体に与える打撃は長峰も十分認識しており、できれば回避したいのはやまやまであった。

「報道機関としての自浄能力を放棄する可能性を告げた決議でもある。刑事告発ということになれば文化放送は報道機関として最悪の汚名を被る」（九七年六月二十七日『組合ニュース』）

だが、以後の告発の実行は、長峰ら執行部に一任することを決議をする。

組合の要求には、こうした労使交渉には珍しい公認会計士など〝専門家〟の解任も含まれていた。

「文化放送ブレーン株についても、菅下清広と元会計事務所（代表・麻植茂）、このコンビが文化放送を害している。赤尾の私物化のプランナー、知恵出しと考えている。中立性の高い監査という立場から別の公認会計士の選出を要求する」（九七年六月三十日『組合ニュース』）

峰岸ら経営陣は長き赤尾支配に囚われ、赤尾抜きで意思決定することができない。期限を過ぎ、組合はいつでも告発に踏み切れる準備に入った。組合員はまがりなりにも文化放送社員の三分の一を占めている。

一方、刑事告発だけは避けたいのは経営陣も同じである。赤尾兄弟が告発されるにしろ、取締役会で決議したことは全役員に責任が及ぶ。告発が目前のスケジュールに上ってくるにつれ、組合の強硬姿勢と赤尾の間に挟まれた経営陣は回避の道がないか、連日のように団交を開いた。

七月末、峰岸らはJGI株主総会の名目でオランダに飛び、欧州で休暇中だった赤尾兄弟と合流し善後策を協議したが、埒があかない。赤尾兄弟にとって、労使のもめごとは使用人扱いの経営陣が解決すべき問題であった。

結局、こうした膠着状況を打開する解決策として経営陣は文化放送の上場を構想する。当時、労務担当役員だった工藤英雄の回想。

「刑事告発を回避することも含め、問題解決には旺文社の絶対的支配から脱することが必要だった。その方法として、第三者割当増資、上場によって旺文社の持株比率を五〇%未満にすることを考えた」

九月、社長以下、生え抜きの役員四人で秘かに勉強会を持ったが、すぐに旺文社側に知られてしまう。役員室などに盗聴器が仕込まれているのではないかと調べることまでしたという。

十月になると、文化放送はギリギリの局面を迎えた。二日に組合を訪ねると、長峰が一人で事務作業をしていた。

「できれば避けたかったが、もう踏み切る。告発するしかない」

捜査当局もすでに動き出している。かねて「赤尾問題」を注視してきた警視庁捜査第二課が八月、文化放送関係者に資料提供を要請してきていた。

経営陣と組合の交渉は、もっぱら告発の行方に絞られていく。

長峰「もう告発状を出す」

峰岸「一ヵ月待ってくれ」

長峰「もう待った」

峰岸「もし立件されなかったら三役（組合幹部）を処分することになる」

峰岸らは手を替え品を替えて、誇張した空手形を切ることも厭わず、組合をすんでのところで思いとどまらせた。刑事告発を回避するため、峰岸は組合幹部と非公式の会談を翌年まで六回おこない、次のような案を示した。

①株式を上場する

②社員持株会をつくる

③第三者割当増資をおこなう

④旺文社の持株比率を五〇％未満にする

労使双方にとって最も重要なのが④、旺文社支配からの脱却である。

ただ、内心でもっとも刑事告発を怖れていたのは赤尾兄弟自身であった。

このころ、一夫の身辺にも変化があった。文化放送が告発で紛糾していた九月はじめに一夫は結婚し、月末には滞在するタックス・ヘイブンのモナコ公国で長男を誕生させている。一夫の視線の先にあるのは、時価一〇〇〇億円を優に超えるテレビ株を現金化し、それを赤尾家が無税で取得し相続する手段についてである。いわば〝公共財〟として設立されたテレビの資産を国外に持ち逃げしようというのだ。

そのためには、さしあたり告発される事態は避けたい。それまで労使を含め文化放送側を一顧だにしなかった一夫だったが、上場提案に理解を示すそぶりを見せ始めた。

労組も当面の交渉継続を選択する。

経営陣は上場準備を大和証券に依頼する。一夫と大和証券の親密な関係に加え、峰岸は前出の大和証券の実力者である越田とは大学の同級生で懇意にしていた。

リクルートコスモスや文化放送ブレーン、フジテレビ、テレビ朝日に続いて五度、〝上場請負人〟の池田が登場する。

ただ、ＩＰＯを熟知する池田の認識はかなり異なる。

「文化放送の上場について一夫氏からは『折を見てよろしく』ぐらいの話はあったが、彼は本気ではなかった。文化放送と勉強会は何回かやったが、詰めてやったわけではなく一般論に留まっている。要は組合対策のアメとして上場という話になっていただけで、一夫氏のおためごかしだったと思う。また、仮に本気だったとしても、文化放送は他局と比べて収益力が弱いので上場は難しいと思っていた」

十一月、峰岸は社員に向けて次のような方向を示した。

①東証二部上場を目指し、最終的に旺文社の持株比率は二〇％を切る②年内に上場準備の枠組みを固め二〇〇一年に上場③来年三月までに第三者割当増資をおこない、その時点で旺文社の持株比率は五〇％を切る④社員持株会を作る⑤新社屋建設などの大型プロジェクトを推進する

実際に十二月、社内に上場準備をおこなう経営推進室が設置され、作業が始まるかに見えた。

だが直後、一夫は峰岸に「市場が荒れているので上場、第三者割当の実施は時期尚早だ」とし、引き延ばしを指示する。猛反発する組合に対して峰岸は、「もし組合が告発の挙に出れば上場は不可能になる」と、これまでの協議をひっくり返して開き直った。

結果的に組合も経営陣も、一夫の甘言に翻弄され続け、不毛な交渉が翌春まで続いた。

『週刊文春』の脱税報道

九八年五月、一夫は峰岸に「市場環境が悪いので上場は時期をずらす。上場を約束した覚えもない」とさらに態度を豹変させた。

峰岸は「ハシゴを外された」とうろたえ、立場を失う羽目になった。

五月というタイミングには大きな意味があった。一夫が文化放送ブレーン株を文化放送に高値で購入させた一件には特別背任の疑いがかかっていたが、五年の時効が迫っていた。この疑惑追及が本人にとって大きな不安の種だったことは明らかだが、罪に問われることがなくなった直後に一夫は言を翻したのである。

結局、組合は空手形を信じたがゆえに最大の武器であった告発の機会を逸することになった。ただ、組合の執拗な追及が、さらなるマネーゲームを抑止する力となったことも疑いない。一方、長峰の対決路線は孤立を余儀なくされ、翌春に委員長を辞任、まもなく社を去った。

闘いに敗れた長峰はこう思っている。

「『赤尾問題』とは、文化放送とフジテレビ、テレビ朝日が手玉に取られ続けた事件だった。特に文化放送は違法な利益供与を繰り返した。フジテレビやテレビ朝日も、赤尾兄弟の無理難題を聞いてきた。公共性の強いマスコミ三社が赤尾兄弟を甘やかしたのだと思う。上場といった目的があったにせよ、そうしたことが許されるのだろうか」

一夫は足元の反乱から逃げ切ったかに見えた。

九月には、テレビ株収奪の立役者である麻植茂をはじめ金融専門家など四人を文化放送役員に送り込み、取締役会でも旺文社系で多数派を握った。社内報に新任取締役として掲載された麻植の顔写真は一人だけ不鮮明なもので、異様さが増す。当時の役員によれば、麻植は取締役会でもほとんど発言することはなかった。

峰岸は次のように回想する。

「一夫氏には、外部から役員を入れるように、またマッキンゼーなどいろんなコンサルティング会社と契約するように言われてひっかき回された。この時はさすがに反論したが、景気が悪かった時代でもあり、文化放送は赤字続きだったこともあって押し切られた。そして翌年の九九年、一夫氏から『今期限りで社長は結構だ』と言われた」

「サラリーマンのプロ」を自称して社長に上り詰めた峰岸は、自身の足跡をこう振り返る。

「編成局長をやっていた時に、一夫氏から取締役になれと。次は常務に、専務にと二年おきに言われ、最後には社長をやれと。ぼくで社長は五代目だが、プロパーでははじめてだから社員に元気を与える意味でもと引き受けた。しかし、就任してみたものの、一夫氏、文夫氏の圧力というか口出しが強く、ぼくがプロパーを役員に上げようとしても、なかなか認めてくれなかった」

初の生え抜き社長であっても役割は赤尾家の代理人であって、人事権もままならなかったわけだ。自身もその任にあらずと判断されたとたん、地位を失うのはあっという間だった。

一夫は八〇年代後半から九〇年代にかけての十余年、関係するメディア企業を翻弄し続け、資産をわがものにすることに熱中し、それは成功しかけていた。

だが、国税当局にとっては、赤尾家と旺文社の〝租税回避〟は国家の徴税権を脅かす振る舞いだった。

組合の「赤尾兄弟告発」が不発に終わってまもない九八年九月半ば、『週刊文春』は「旺文社赤尾一族に『脱税２００億円』、国税が関心」と報じ、続いて共同通信、日経新聞、ＮＨＫなどが後追いした。さらに同誌は翌週号で、赤尾一族の脱税に「朝日と産経は沈黙している」とし、その理由を両紙がテレビ朝日株、フジテレビ株を通じて赤尾と利害関係にあるからだと報じた（朝日新聞は三ヵ月後、追徴課税が決定した時点で報道）。

赤尾一夫の妻の怪死

赤尾兄弟の身辺がにわかにざわついていた最中の九月三十日、一夫の妻美子（仮名）が東京の入院先の病院からモナコ公国に渡航してまもなく急死した。まだ三十三歳の若さだった。

美子はかつて芸能プロダクションに所属し、タレントの卵だった時期もあった。一夫とは遊び仲間のつながりで知り合い、死のちょうど一年前、九七年九月に結婚し、ただちにヨーロッパに渡った。そして、同月、モナコで男児を出産している。

目的は明確だった。

出産の一年前、赤尾一族が間接的に〝所有〟するテレビ朝日株を四一八億円で売却している。当時の赤尾家と一夫にとって、最大の関心事は、国家の徴税から資産をどうやって守るかにあった。そうすべき莫大な資産が赤尾家と営む事業にはあり、それを国外に移し、順次、換金する途上にあった。

モナコは所得税や配偶者・直系親族間での相続税などを課されない、いわゆるタックス・ヘイブン国として知られる。世界の一部の富裕層が、一年の過半をモナコで暮らすことで税金の支払いを回避しているという節税術はよく知られている。一夫も数年前からモナコに居住先を構えていたほか、西ドイツ（当時）で建造した豪華クルーザー「いざなみ号」を保有するなど、あたかも富豪の仲間入りをするかのような行動をとっていた。

さらに出生地主義を採るモナコで生まれた子には国籍が与えられる。一夫が生まれたばかりの男児に「国籍留保」の届出を出していることからも、モナコでの出産が意図したものであり、将来の相続税対策のためであったことが強く窺えた。

他方、一夫の母や妹にとって、後継ぎである長男と美子との結婚は認めたくないものであったという。主たる理由は、美子に財産を取られるのではないかという強い懸念であった。また旺文社の関連会社役員でもある妹はまだ小さい二人の息子を持つことから、以前より後継に強い関心を抱いていた。美子のモナコでの出産には、そうした一族の一部から発せられる雑音から逃れる意味もあったという。

出産から数ヵ月後に美子は帰国したが、体調が思わしくなく都内の大学病院に入院した。だが、死の少し前、体調不良は続いているのに一夫の指示で再びモナコに渡り、不慮の死を遂げることになる。急死であったこと、場所はクルーザーの中だったらしいこと――漏れ聞こえてくるのはそれぐらいであった。死亡日は、奇しくも子どもを産んだ一年後の同日であった。

現地で荼毘に付され、一夫はマッチ箱ほどの小箱に収まる小さな骨だけ持って帰国し、自宅に戻った。数少ない友人が何があったかを聞いても、一夫は口を開かなかった。事情を知っているはずの一、二の側近らも、固く口をつぐむという異様な雰囲気にしばらく被われた。そのため、折しも一夫の素行や旺文社グループの経営を注視してきた警視庁捜査第二課の捜査員や国税庁関係者が情報収集に走る一幕もあった。


九八年末、東京国税局は旺文社に対しテレビ朝日株売却に伴って二五〇億円に上る巨額の申告漏れがあったとし、一一〇億円（過少申告加算分を含む）を追徴課税した。国税当局は、旺文社による法人税法五十一条（旧法）とタックス・ヘイブン国を使った課税逃れの仕組みが先例になることを容認するわけにはいかなかったのである。

テレビ株の国外移転、換金に突き進んできた一夫にとって、最大の脅威は国税当局である。その対策は指南役で公認会計士の麻植茂に任せており、合法的装いをこらして成功したかに見えた。だが、国家意思を最後に見誤って足をすくわれ、麻植は一夫から「なぜ、こんなやり方をしたのか」と激怒されたという。二十年に及ぶマネーゲームを指南してきた麻植は放逐され、舞台から姿を消した。

旺文社は国税不服審判を申し立てたが裁決が出なかったため、東京国税局を相手取って訴訟を起こし、課税の当否を最高裁まで九年かけて争った。

その間、一〇〇億円を超す追徴課税をそのままにすれば延滞金が膨れ上がる。九〇年代後半以降、旺文社は業績悪化が続いており、赤尾家にはカネはあっても家業の出版社は金策に苦慮する状況が生じていた。また、グループとしても前述のようにセンチュリータワーの借り主が激減し、資金繰りに窮する事態が続いていた。

九九年一月、旺文社は文化放送や金融機関に追徴金や運転資金の融資を依頼し、追徴金九二億円を一括納付した。赤尾一族にとって文化放送はあくまでも財布代わりであり、資産を集積する金庫はテレビ朝日株の売却益を貯め込んだセンチュリー文化財団であった。

実際、一年半前に旺文社のグループ会社が、新しいミュージアムと一夫の居宅用に、鎌倉駅西口から徒歩数分の一万五〇〇〇平方メートル、二〇億円超の土地を購入し、その多くを〇二年に財団に寄付している。

一夫の関心事は、旺文社や文化放送の資産を自身が管理する財団に集積させ、不可侵の城を築くことであった。

一審の東京地裁では旺文社の主張が認められ、国税が敗訴する。だが、旺文社とオランダ子会社の関係について親会社の意思は及んでいないという判断は、形式でとらえて実態を反映してはいなかった。二審では修正され旺文社が敗訴、〇六年に最高裁で確定した（株式評価方法のみ差し戻され〇七年に確定）。この「旺文社裁判」の帰趨は、その後の租税回避のあり方を画する重要な判例となった。

相次ぐ裁判と敗訴の過程で、一夫は残された資産であるフジテレビ株売却の動きを本格化させる。だが、利殖や財務、税務に疎いテレビ局の人間相手には翻弄することもできた一夫だが、足元は脆く、身辺には常に危うさがつきまとっていた。

右翼に攻撃された日枝邸

赤尾一夫と旺文社を攻撃してきた右翼団体・白龍会と背後の旧側近グループは、成果を上げられないと見るや波状的にフジテレビに攻勢をかけ、思わぬ収穫を得ていた。九六年九月から始まった白龍会の街宣は、フジテレビの上場過程で旺文社・赤尾に不当な利益供与をおこなった疑惑についてである。

フジテレビがお台場に移転した後も一向に止む気配はなかった。九七年三月下旬、皇族や首相など内外の要人六〇〇〇人を招いた本社ビルの披露パーティ当日にも、白龍会は早朝から街宣車を乗り付け疑惑を連呼した。五月上旬には、グループが静岡県川奈で主催するゴルフコンペ「フジサンケイクラシック」にまで街宣車で乗り込んでくる始末だった。

後に日枝は、次のような陳述書をしたためている。

「フジテレビ本社の周辺に、寧日を挙げず、右翼団体白龍会と称するグループが街宣車一台もしくは数台を動員し、当社の勤務時間中、ラウドスピーカーにて白龍会の糾弾声明と称し、……放送（むしろ騒音と称すべきであります）を公衆と当社ビルディングに向って繰り返し流しております」

こうした行動に対し、フジテレビの姿勢は当初、すこぶる曖昧なものだった。総務部長として対処した永由頼寿の報告。

「警察当局に今後の当社の対応について相談したところ、まずは話し合い路線をとり、白龍会の代表者と面談をして街宣を中止するよう申し入れたらどうか、とのアドバイスをいただきました」

フジテレビ総務部長はこのアドバイスに従い、街宣行動を止めてほしいと要請する面談を繰り返したというのだ。こうした弱腰は右翼団体にとっては思うつぼであった。街宣活動は過熱し、やがて日枝の私生活にまで及んだ。

四月十六日、西荻窪にある日枝邸――。

午後、閑静な住宅街に大型バスほどの右翼街宣車が軍歌を鳴らしながらやってきた。白龍会はフジテレビとの交渉の過程で常々、「埒があかないなら日枝社長の自宅に行ってやる」などと揺さぶりをかけており、この日実行に移して日枝邸に横付けした。

二時ごろ、荻窪警察署に一一〇番通報が入る。警備課の課長、古川原一彦は自ら指揮棒を持って日枝邸に急行した。

古川原は三月末に警視庁公安部から荻窪署に異動したばかりだが、直後に永由から「日枝邸に右翼が来るかもしれない」と相談を受け、日枝夫妻にもあいさつを済ませていた。日枝が前年に転居してきて以来、邸は荻窪署管内の〝重要防護対象〟になっており、一～二時間ごとにパトカーが見回りに来る。

現場に着くと、街宣車が日枝との面談を求めて門の近くに停車していた。対向車がすれ違えないため、「停車を続けたら道交法違反で逮捕する」と警告し、街宣車が引き揚げるという一幕があった。

街宣車で自宅に押しかけるという右翼の戦術は、家族の心労を伴い、日枝にとって相当堪(こた)えたに違いない。その反動からか、日枝は三年後、まだ現職の古川原に自ら声をかけ総務局次長として採用、右翼・総会屋対策を含め株主総会の警備などを担当させることになる。

九七年五月二十三日午後、お台場のホテル日航の一室――。

白龍会の会長、幹事長二人が待っていると、フジテレビの決算役員会を終えた総務担当常務の尾上規喜と総務部長の永由頼寿が二枚の紙を持って入ってきた。

「よろしくお願いします」

尾上がそう言って会長に紙を渡した。

一枚目は新執行部を記した「役員のお知らせ」。今期限りで退任する役員の中に赤尾一夫の名があった。

もう一枚は白龍会・会長あてにフジテレビ総務局長名で出された有印文書だが、まるでひれ伏すような内容であった。

「貴会のご意見をよく承り、山下会長のご意向についても、深く受け止める」「山下会長から三回にわたる質問状のご意見、ご指摘を賜り、深謝の至り」「ことに弊社に対するご意見に関しましては、十分に認めさせていただきました」

総務部長の永由は、日枝の私的な雑用もこなしてきたばかりではなく、警視庁担当記者の経験もあることから交渉を任された。前年の十一月から白龍会側と十数回にわたって面談し、文案を練ってきた。

頭痛の種である一夫の退任は、フジテレビとしても異論はない。ならば〝一札〟入れてもらいたい、というのが右翼団体が出してきた交換条件であった。これは右翼団体が仕掛けた巧妙な〝罠〟なのだが、顧問弁護士の藤森は相手側と面談した上で了解、フジテレビは受け入れてしまう。そうせざるを得ないところまで、ほとほと手を焼いたというべきかもしれない。

だが、こうした団体にその主張を認めると明記する文書を渡すことは自殺行為である。その先に待っているのは、底なし沼のような魑魅魍魎（ちみもうりょう）の世界であるはずだった。

八月には待望の上場が控え、是が非でも右翼の街宣を終息させたいという動機が働くのはやむを得ない面があったが、ツケはその後に回ってくる。

八月八日、フジテレビは上場を果たし、初値は公募価格を一〇万円以上も上回る六五万三〇〇〇円をつける上々の出だしとなった。日枝は「日本はもとより世界からこの会社が広く注目され、また高く評価されている」と自信のほどを示した。

上場で既存株主のシェアは低下、とりわけ親会社のニッポン放送のそれは三四・一％に下がり、設立から四十一年にわたった株式支配から一歩抜け出すことになった。ただし、それは外部から買収攻勢にさらされることをも意味した。

折しもフジテレビの上場に前後し、野村證券をはじめとする四大証券や第一勧業銀行などが総会屋へ巨額の利益供与をおこなっていたことが発覚、東京地検特捜部が経営陣を多数逮捕する事件が勃発し、金融界は大混乱となった。四大証券の実力首脳たちが退場し、傍流の役員がトップに押し上げられた。大和証券でも会長の土井、副会長の同前ら実力者が退任する事態となり、常務の原良也が番狂わせで社長に就く。

当初、大和証券は特捜部の聴取に徹底した非協力姿勢で臨んだことが目を引いた。その背景には、前年から元検事総長の吉永祐介が顧問（非常勤）に就いていたことがあったとされる（吉永本人はそうした見方を否定していた）。だが、企業が検察幹部、中でも特捜検察を代表する人物を顧問にする理由は、対捜査当局の〝盾〟以外にはあり得ない。

池田によれば、吉永の存在が取りざたされたことで、いずれ社外役員に就くはずが取り止めになったという。ただし、大和証券はその後、歴代の検事総長を社外役員に招き続けることになる。

上場から三ヵ月後の十一月、証券会社の信用失墜、バブル崩壊から続く金融危機により、主幹事の山一證券が破綻、廃業に追い込まれた。フジテレビにとっては薄氷を踏む上場となり、その後は大和証券への依存と癒着がさらに強まっていく。

「放出」された実力者

一方、落着したはずの右翼団体とのやりとりは、半年も経たずに蒸し返され、今度は文書がネタにされて公表をほのめかされた。白龍会は自分たちの「意見を十分に認める」という文言を盾に、「単に認めたでは済まない。改善が見られない以上、文書を表に出さざるを得ない」と総務部長の永由を責め立てた。永由は「表に出すのはルール違反。紳士協定に触れると言いたい。桜（警察）もかなり情報収集しているが、五月二十三日に会合を開いて円満解決したと、紙の存在すら言っていない」と防戦に努めた。

だが、交渉を一手に引き受けてきた永由は弱みを握られただけで、解決する力はない。

一年後の九八年六月、右翼団体は街宣を突如再開した。へりくだった文書を出したがゆえに、フジテレビに攻勢をかければ成果が出ると足元を見られたのである。

前回の街宣との違いを総務部長は次のように認識している。

「今般の街宣が昨年までの街宣と異なるのは、その内容が、赤尾一族批判から、主に当社の社長である日枝久を誹謗中傷するものとなっている」（総務部長・永由頼寿『報告書』）

右翼団体は、日枝の自宅新築にまつわる大手ゼネコン・鹿島との癒着疑惑に焦点を当てた。ほぼ毎日、午前十時から午後一時まで、お台場の本社のまわりを街宣車で二、三周しながら大音量で疑惑を連呼し、軍歌を流し続けた。その間は屋外での放送収録もままならず、業務に支障を来した。

ようやく対応の拙劣さを自覚したフジテレビは十月、元公安調査庁長官の緒方重威を弁護団の筆頭に立てて街宣禁止を求める仮処分を申請、同じく街宣をかけられていた鹿島も同様の差し止めを求め、二件とも認められたことで右翼団体との不毛なやり取りに終止符が打たれた。

なお緒方はその後、朝鮮総連ビルの競売問題で詐欺に問われ、古巣の東京地検特捜部に逮捕されることになる。この詐欺事件では、緒方の共犯として逮捕された投資コンサルタントが文化放送ブレーン（九九年、賃貸住宅ニュース社が買収）の元社長であるなど、フジサンケイグループにはカネにまつわる腐臭や人脈がつきまとうことも垣間見せた。

それにしても最初から法的措置をとればよかったのだが、そうしなかったことが余計に〝疑惑〟を浮き立たせることになった。文書を出してしまったことも、かえっていつまでもネタにされる結果を招いた。

取りざたされた疑惑については、一七〇〇億円に上る社屋建設と自宅新築の時期が重なるような時に、企業トップがどのように対処すべきかと言えばはっきりしている。建設業界の常識として、大口の施主には最大限のサービスを図ろうとするものである。ニッポン放送側の建設担当責任者、天井も同じ時期に、鹿島の親密業者の施工で自宅を新築している。〝便宜供与〟の疑いを避けるには、社屋建設とまったく関係のない施工業者に依頼すれば済むことだ。

しかし、日枝らはそうはしなかった。

フジテレビが右翼団体と〝手打ち〟をおこなった翌日、辣腕とされた一人の編成幹部の人事が業界を波立たせることになった。

編成局長の重村一が、ＪスカイＢへの出向を日枝から唐突に打診されたのは一ヵ月前の四月二十八日であった。

フジテレビの幹部人事は通常、五月初旬の連休中に骨格が固まるとされる。幹部たちはグループが主催するフジサンケイクラシックが開かれる静岡県川奈のゴルフ場に集まり、そこで内示されるのだが、重村は外部への出向ということで早めの通知となった。

日枝は当初、八〇年代に「楽しくなければテレビじゃない」というキャッチコピーを打ち出した子飼いの編成畑出身役員を派遣しようとしたが、その力量に不安を感じたソニーから断られたという。

先行き不透明なＣＳテレビに行きたいと考える者はいない。将来のメディア戦略の策定なども手がけていた重村は「できれば勘弁してもらいたい」と答えた。日枝からは「ともかくクラシックが終わるまでに考えて」と言われ、連休明けに返事をするはずだった。

しかし連休中、系列のテレビ静岡から連絡を受けて愕然とする。静岡で配られた朝日新聞夕刊の早版に、ＪスカイＢにフジテレビから重村が行く予定だと載っていた。

広報室長の経験もある重村は、人事の前打ち記事を書きそうな記者を思い浮かべ、電話で質すとやはりそうだった。

「いいかげんにしろ。おれの名前を出すな！」

人事情報が事前に新聞に書かれると既成事実化する場合がある。次の版から重村の名前は削除されたが、情報は独り歩きをはじめ、日枝から「もう、しようがないだろう」とダメを押された。〝重村放出〟を意図するリークの気配が漂っていた。

重村は八七年、四十一歳の若さで編成部長に抜擢されるなど、八〇年代のフジテレビの快進撃を編成という中枢部門で担ってきた。そうした人事を主導したのは日枝だったから、早くから次代の経営を担う人材と見られてきた。

九六年には編成局長の仕事はほとんどせず、二十一世紀の放送がどうなるか、その中長期計画を構想する責任者だった。

「ちょうど戦略を策定している時に、家庭への衛星通信（CS）、パーフェクTVが始まった。CNNやディスカバリーチャンネルが始まり、なおかつそこにマードックが出てくる。このままでは地上波は間違いなく厳しくなるというのが基本にあった。当時で広告収入が九六％ぐらいあったが、二〇〇〇年には七割ぐらいにしないといけない。

そのためにはどうするか。放送局にはディストリビューションとプロダクション、スタジオという二つの機能があるが、このうち広告収入に頼らないペイテレビ、プロダクション機能を強化するしかない」

近い将来の環境変化に対応する体制を構築しようとしていた最中に突如、日枝からはしごを外された恰好となった。

この人事は、二重の意味が取りざたされることになった。ひとつは、現職の編成局長を派遣するほど日枝がJスカイBを重視しているというメッセージになったことだ。だが、もうひとつ、日枝が切れ者でとおる重村をフジテレビの社長コースから外したという見立てのほうがより重く受け止められた。

Ｊスカイ B はその後、すぐにパーフェクＴＶと統合、またディレクＴＶも吸収し、スカイパーフェクＴＶ！（スカパー）として再編成された。ＣＳ放送が一社にまとめられたのは、ペイテレビの市場が日本では広がりを持たないことを意味した（契約数は二〇一二年度の三七三万件をピークに減少が続く）。スカパーの経営も寄り合い所帯の常で一貫性を欠いた。創業筋のマードックと孫も数年後には資本を引き上げ経営から去った。

日枝は当初、「ＣＳデジタルは〝情報産業のビッグバン〟だ。21世紀にはＣＳデジタルは必ず成功している」（九七年六月『フジテレビ社内報』）と自信を見せたが、すぐにインターネット時代となり、確信は陳腐なものとなった。

社長はソニーか伊藤忠出身者から出し、フジテレビからは社長を出さないというのが当初からの日枝の原則だったため、重村は長く副社長として放送実務を担った。しかし、巨額累積赤字を抱え厳しい経営状況に対応するために原則は崩れ、重村は〇三年に社長に就任することになる。

日枝は当初、「将来は（フジテレビに）戻ってくるだろう」（朝日新聞インタビューの発言）と含みを持たせたが、その機会が訪れることはなかった。

ソニーとの「破談」

このころの日枝が最優先にしたのは、情報革命の先頭を走っているとされた出井ソニーとの連携を深めることだった。

背景にあったのは、フジテレビ株の現金化を急ぐ赤尾一夫の存在である。売却の動きを知った日枝は、ソニーに受け皿となってもらうべく出井に働きかけた。出井はトップダウンで了承する。

本来、すべての放送局と放送機器の納入で関係するソニーに、ひとつのキー局とのみ資本提携をおこなう合理的な理由はない。当時の日枝と出井の関係は、そうした合理性を無視するかのような蜜月だった。

二〇〇〇年四月二十四日、日本経済新聞が「ソニー、フジテレビに出資」と一面トップで報じ、表面化する。ソニー取締役会で検討会議の設置が承認され、一〇%前後の資本参加を調整している、買取先は文化放送から——と記述は具体的だった。一〇%の取得とあれば時価で一五〇〇億円ほどになる。放送と家電トップ同士の資本提携は、インターネット時代へ突入するメディア業界の再編を予測させ、フジテレビの株価は早速七%上昇した。だが、実際には何も決まっておらず、一報を境に流れが変わる。

ソニーの経営中枢にいた元幹部が語る。

「トップ同士が合意したことだが、もともとソニー内では特定のキー局と親密化することへの強い懸念があった。そこに新聞ですっぱ抜かれ、ソニーとしてはフジテレビから漏れたと考えざるを得ず、故意に流した可能性も含め、相手の情報管理はどうなっているのかと不信感が生じた。そうした無理強いに近いやり方にも反発が強まり、出資は立ち消えとなった」

重村の人事情報とは違って、ソニーの資本参加を既成事実にしようとした動きはかえってあだとなった。

半年後に出井は「フジテレビへの出資は戦略的な意味合いが少ない」と見送りを表明、提携話は反古(ほご)にされた。

当の出井には、この資本参加の件は記憶にないのだという。

「私は日枝さんには、『フジテレビの資本構成はまずいよ』『買収をかけられたら止まらないんじゃないの』ということは何度もアドバイスしていた。ただ、ソニーが独自にそのことに興味を示すということはあり得ない。私は地上波テレビに参加することにはずっと反対で、盛田さんや大賀さんがMX（東京メトロポリタンテレビ）をやる時も反対した。ソニーからすると放送機材ですべてのテレビ局が顧客だから、一社に肩入れするかというとそんなことはない」

〇五年、忍び寄る業績悪化を前にソニーを退任した出井は、投資顧問会社を始めていた。東京・赤坂のミッドタウンの足元、そこだけ閑静なオフィスで出井は首をひねったが、質問を繰り返すとようやく次のような答えが返ってきた。

「まあ、一時的に株を持つということがあったかどうかは覚えていないが、いずれにせよソニーが本気でそこに絡む理由はない」

周囲から出井の経営判断に疑問符が付けられ、後味の悪い顚末だったのだろう。以後も出井のメディア戦略は精彩を欠きソニー躍進に翳りが差していく。

九三年末には、日本でも一般向けのインターネット接続サービスが始まり、本格的なインターネット時代が幕を開けた。〇一年、孫正義が率いるソフトバンクの子会社が格安の回線ビジネス（ADSL）を始めたことで加速度的に普及、巨大な市場を手に入れつつあった。

孫正義はテレビ朝日やJスカイBといった放送分野への進出を目指したが、出井らに取って代わられ退場させられた恰好になった。だが、放送に拘泥せずIT（情報技術）分野への投資に注力したことで、ソフトバンクはインターネット時代のトップランナーに躍り出る。

変化のスピードは加速度的に上がるとともに、それゆえの軋みもまた増大する。沸き立つ興奮と昂揚感の裏には落胆、停滞といった反動も同居し、その振幅の激しさは時に大きな混乱も伴った。一攫千金を狙う若い起業家もあらわれ、その周辺には、いわゆる〝反社会勢力〟もまとわりつき、既存のメディア業界をも巻き込みながら、ＩＴ革命ともデジタル革命とも称される時代の転換点が幕を開けようとしていた。

第四章　簒奪者の影

「上場請負人」の退場

二〇〇〇年六月二十二日、首都圏郊外の住宅地——。

大和証券SBCM公開引受部長・池田謙次の出勤の朝は、いつもどおりだった。七時に自宅を出て歩いて駅に向かい、数分後、何気なく片足を横の縁石の上に乗せたところで、右上腕部に激しい衝撃と激痛が走った。

見ると金属バットを持った男が襲いかかってくる。とっさに次の攻撃を避けると、男は走って逃げていった。後ろ姿を見たが、小柄だったこと、帽子をかぶっていたことぐらいしかわからなかった。

池田は右腕の三ヵ所を骨折する重傷だった。

男の犯行は結果的に傷害容疑だったが、池田の認識は違う。

「後ろから襲撃される瞬間、たまたま縁石に片足を乗せたため体が持ち上がり、腕をやられた。実際は、頭を狙われた殺人未遂だと思っている」

当初、犯人の手がかりは何もなかったが翌日になって一変する。

夕方、大和証券の池田が所属する公開引受部門と本店営業、そして秘書部門といった複数部署に〝犯行声明〟のようなものがファックスで送られ、池田の〝悪行〟が書き連ねてあった。むろん、池田には身に覚えのないデマだったが、強い怨恨が窺えた。

襲撃事件が報じられるのは二ヵ月後のことで、犯人ないし周辺以外は事実を知り得ない。大和証券の部署ごとのファックス番号にも詳しいことから、犯人は池田の業務に関係していること、社内の人間も何らかの形で関与していることが強く疑われた。

池田の仕事と言えば、企業の新規株式公開（ＩＰＯ）に尽きた。否応なく浮かび上がるのは、ＩＰＯを資金源に狙ういわゆる〝反社会勢力（反社）〟である。

しかし、襲撃されるほどの具体的なトラブルに見舞われている担当先は思い浮かばないし、襲撃当時は公開引受部を統括するライン部長だから個別案件にそれほど深くは関わっていない。

一方、過去にＩＰＯを手がけた案件となると相当数に上る。

「私が関わって新規公開した企業は十年間でおよそ一五〇社に上る。公開を前向きに検討した会社となると三〇〇社にもなる。だから実現したのは五％に過ぎない」

犯人は、この三〇〇社に上る企業、そして何より世紀末からは、新興ＩＴ企業がこぞって株式公開を目指す〝ネットバブル〟の様相を呈すようになっていたから、近時に担当した先の周辺にいるのかもしれなかった。証券会社の総務部門が危ない目に遭うのならともかく、公開引受部門の人間が狙われたのは初めてのことだった。三日前には、孫正義による新しい株式市場、ナスダック・ジャパンが取引を開始したが、時代は急激に膨らんだネットバブルが早くも弾けようとしていた。

池田が襲撃事件を振り返る。

「犯人は結局、捕まらなかったし、原因もよくわからず終いだった。ただ、考えられるのはＩＰＯに絡んだ事後的な恨みか事前の脅し、あるいはその両方だろう。事後というのは、公開引受を頼まれたけれども主幹事を断った企業は何社もあるからだ。たくさん手がけていると熟慮する余裕はなくなるから、断るのも即断即決となる。そうしたケースで、誤解を受けるような発言、行動をし、人によっては感じが悪いと受け止める人もいるかもしれない」

いったん主幹事を引き受けた後、関係者にヒアリングする過程で当該社の〝反社〟にまつわる材料を聞き込み、万が一を考え降りたこともあった。相手先は当然、色をなして理由を質す。証拠もなしに、「おたくには反社の疑いがある」とは言えず、池田は「直接は言えないが、いくつかの理由で引き受けられません」と断った。だが、相手先は、公開がとても覚束(おぼつか)ないような企業を次々と公開させてきた池田の手腕に期待しているのだから納得しない。

事前の脅しというのは、ちょうど〝反社〟排除の活動を始めた直後だったからだ。日本証券業協会は前年秋、警視庁暴力団対策課長を呼んでＩＰＯへの反社会勢力の介入防止対策のセミナーを開いた。

それを受けて年明けの一月、大和証券でも同じく暴対課から講師を招くなど、池田は担当部長として排除推進の立場にいた。

〝反社〟とつながる株式公開企業といえば、まっさきに思い浮かぶのは音楽配信会社、リキッドオーディオ・ジャパンだ。ナスダック・ジャパンに先立つ新興市場、東証マザーズの第一号として九九年十二月に上場、年明けには帝国ホテルで記念パーティを開き、小室哲哉、ＳＰＥＥＤ、つんく、藤原紀香といった有名タレントを集めるなど注目を集めた。

一方、役員の一人が監禁されたり関係先に銃弾が撃ち込まれるなど、経営陣と暴力団との関係が囁かれるようになる。疑惑を払拭するため、村山弘義・元東京高検検事長、河上和雄・元東京地検特捜部長といったいわゆるヤメ検の大物を顧問に迎えた。だが、東証に最年少で上場したことで話題になった社長Ｏが退任直後の〇〇年十月、役員監禁の容疑で逮捕される。Ｏはいわゆるフロント企業に在籍したことがあり、その過去を知った役員の口封じのため監禁に及んだことが明らかとなった。

リキッドには上場の準備過程で大和証券から複数の人材が入っており、池田は彼らから公開業務を依頼されたが、主幹事をめぐっては大和証券と日興証券が競り合い、結果的に日興に軍配が上がっている。襲撃時はちょうどリキッドがきな臭くなる時期と重なり、池田も当初、リキッド関係を疑ったが、恨まれる筋合いはなく、警察の見立ても同様だった。

ＩＰＯにまつわることが原因としても、池田が担当した膨大な案件から絞り込むことは難しかった。

「ただ、脅し目的なら、襲撃した彼らにとってはまったく逆効果で、その後、少しでも疑いのある会社は急速にＩＰＯはダメだという空気になった。私の事件以降、ＩＰＯに関しての〝反社〟のチェックは厳しくなった。もちろん、手を替え品を替え怪しい連中はやってくるが、宣誓書を書かなければならなくなったりした」

ただ、業務に関わる襲撃の可能性が高く自宅の住所も割られている以上、今後も家族を含め身の危険が心配される。池田は公開引受部門からの異動を希望、四日後の週明け早々、社長ら関係役員の会議で了承され、電話の取次も排された。

池田がＩＰＯに邁進した十余年は、不本意な形で終結した。

ＩＴバブルのあだ花

池田が手がけたＩＰＯ案件、その主だった企業を時系列で並べてみると、その時代のありようが透けて見える。

前章で取り上げたリクルートコスモス、文化放送ブレーン、フジテレビ、テレビ朝日から始まり、サイバーエージェント、オン・ザ・エッヂ（ライブドア）、楽天といった著名なＩＴ企業へと続く。

二〇〇〇年初めから春にかけて、こうしたＩＴ企業のＩＰＯブームが頂点を迎える。

二月二日、六本木の人気ディスコ「ヴェルファーレ」で、ＩＴ時代を担う者たちが一堂に会するイベントが開かれている。

「ビットスタイル」と名付けられた集まりは一年前に始まり、その日が最後であったが、日銀総裁の速水優が足を運ぶほどの話題を呼んだ。会場には二〇〇〇人が集結、熱気にむせかえる中で、いまをときめくＩＴ経営者が次々と壇上に上った。

ハイライトはスイスからチャーター便を三〇〇〇万円で用意し帰国、駆けつけたという孫正義が登壇した時である。四十二歳の孫が、いままさに情報革命が起きていること、大人はそれがわからず否定しがちなこと、だからここにいる若手で革命を成し遂げたいとぶち上げると歓声が沸き起こった。

株式公開を控えたオン・ザ・エッヂ社長の堀江貴文も壇上に上がりスピーチをしたが、その視線はなぜか冷めている。

「頼まれたのでしゃべったけど、興味なかったのですぐに帰りました。烏合（うごう）の衆と話したところで、何も生まれない」

ＩＴ関連企業の株価は高騰し、経営者も投資家も、そして証券会社も狂騒を演じていたが、バブルは長くは続かない。二月中旬、ソフトバンクの時価総額は二〇兆円に達し、トヨタを凌ぐ規模となったが、その日がネットバブルの最後の宴であった。リキッドオーディオの株価も最高値を付け時価総額は一五〇〇億円に達したが、三月にはバブルを体現していた重田康光の光通信に架空契約の捏造が発覚する。それを境とするようにＩＴ企業の株価は下落しはじめ、またたく間にバブル崩壊となり、しばらく淘汰の時期が続くことになる。

池田の心中は複雑だ。

「私が手がけて株式公開した企業一五〇社のうち、仕事とはいえ、実のところ八割方は上場しないほうがいいと思っていた。実際、その後、潰れた会社やバイアウト（買収）でなくなった会社は三〇～四〇社はあると思う」

九〇年代のＩＰＯを一五〇人からなる公開引受の部隊で牽引してきた男が襲撃され、退場を余儀なくされたのは、泡沫の舞台の終演にはふさわしい出来事なのかもしれなかった。

池田は襲撃の二、三ヵ月前、バブル崩壊までのわずかな間隙を縫うように、まだ小さな二つのＩＴ企業の上場を主幹事として相次いで手がけている。

三月二十四日にサイバーエージェントが上場、株価は一五二〇万円をつけ時価総額は七〇〇〇億円に達した。続く四月六日にはオン・ザ・エッヂが上場、六〇億円の資金調達に成功するが綱渡りだった。

池田が言う。

「九九年夏に公認会計士（後にライブドア事件の証券取引法違反で有罪）から、オン・ザ・エッヂが上場を目指している、財務責任者の宮内（亮治）氏を紹介したいということだった。私一人で渋谷のオン・ザ・エッヂに行き、宮内氏から堀江社長を紹介され、すぐに大和証券で主幹事をやることになった」

もっとも、スムーズに進んだわけではなく、堀江は著書で次のように書いている。

「わが社でＩＰＯを担当していたのはＣＦＯの宮内だったが、彼は当時、顔を真っ赤にしては大和証券（原文は匿名）の公開引受部長と大げんかを繰り返していた」（『儲かる会社のつくり方』）

池田のことである。公開価格をいくらにするかで両者は激しく対立した。主幹事は売り出す株をいったん自社で引き受けるため、安く買いたい。公開企業は逆に高く売りたい。

池田の回想。

「法人営業部隊が宮内らを説得できなかった。価格を昼までに決めなければならない日の朝方、私が出て行き、『主幹事による引受行為という契約ができなければ株は売り出せない』と宮内を怒鳴りつけた。隣りには野口英昭（後に沖縄で死亡）がいて一言も話さなかったが、彼らは『安すぎる』と。だが、たとえ売り出せなくても大和証券にとってオン・ザ・エッヂは捨ててもいい会社だった。宮内が真っ赤になって怒ろうが関係ない」

池田はＩＴブームは三月で頂点を迎え、終焉に向かっていると判断していた。堀江や宮内は自社だけを見ているが、池田は全体状況を見通した上で公開価格を割り出しているという自信があった。

「九時半ごろ、宮内との話が決裂しエレベータで玄関に下りたら、ちょうど堀江が出社してきた。彼に『悪いけどウチの条件でなければやらない。彼らによく言ってほしい。もしあなたが部下を説得できたら、十一時までに連絡して。なかったら終わりだ』と。そしたら電話が来た」

結果的に六〇〇万円で売り出したが値は付かず、翌日、四四〇万円と堀江の出鼻をくじくスタートとなった。しかし、ネットバブル崩壊がすでに始まっていたことを考えれば、株式公開を果たした堀江には運があったというべきだろう。まだ小さな存在だが、これで資本市場の大海原に打って出る資格を得たのである。恒例の東京証券取引所での記念撮影では、堀江貴文と並ぶ池田の姿もあった。

堀江貴文とフジサンケイの接点

堀江は九六年四月、二十三歳でインターネットの将来に賭けてオン・ザ・エッヂを設立した。東大の学生時代からアップルのPCを使ったバイトに明け暮れた堀江にとって、それはごく自然な道だった。もっとも、六本木の雑居ビルのわずか七畳の一室に、インターネット専用回線もなく中古パソコンを備えただけの出発である。

わずか四年で上場に至る道筋をたどると、堀江とフジサンケイグループが深く関係していることが見てとれる。その際立った親和性と秘められた因縁を知ると、後の買収合戦はあたかも予定されていたかのようであった。

その一連の経過を見てみよう。

堀江が起業したのと同じ九六年四月、産経新聞でも、メディア業界で先駆けとなる夕刊フジ・ウェブサイト「ZAKZAK（ザクザク）」が立ち上がっている。

経営が苦しい産経新聞では、全国紙が二の足を踏んできた夕刊廃止が現実の検討課題となり、新たな収入源の確保を喫緊の課題としていた（〇二年四月、東京管内で廃止）。九五年十二月には、フジテレビの電波のすき間を使って専用受信機と携帯端末に記事を送る「電子新聞」を四億九〇〇〇万円の資本金で設立、多角化をいち早く模索する。

社長の羽佐間重彰は「マルチメディア関連は非常にリスキーな産業だ。よその新聞社がやっている通信衛星はほとんど成功していない。電子新聞など、オモチャじゃないかという冷たい目で見られていることも承知している。だが、これができるのはフジサンケイグループしかない以上、トライしないわけにいかない」（九六年一月　社員大会あいさつ）とし、「失敗、失費も覚悟している」と大見得を切ったが、高額な初期費用などから加入者は獲得できず大失敗する。

電波を使った鳴り物入りの事業が早々と消えたのに対し、当初、注目もされなかったインターネット事業、ＺＡＫＺＡＫは大化けを予感させ、一年半後には「金脈を当てつつある」（九八年一月　社員大会・清原武彦社長あいさつ）と評されるまでになる。

このＺＡＫＺＡＫの立ち上げの時、外部スタッフとしてシステムの保守管理を中心的に担ったのが堀江である。当時、堀江と産経新聞をつないだＩＴ会社を経営する松川甲（仮名）は、そもそもニッポン放送との縁や人脈があった。

松川は七〇年代中ごろの学生時代に、ニッポン放送の番組制作現場でアルバイトをやっていた。後に社長となる亀渕昭信がオールナイトニッポンでＤＪだったときに、その下でレコードを回す係だった。亀渕から入社を薦められたが断り、その後、コンピュータの世界に進み起業した。堀江とは、九〇年代半ばの日本におけるインターネット創生期に知り合った。

松川が堀江との交友を述懐する。

「当時、コンピュータや音楽、映像といったアート系を趣味にしたり、宗教、哲学を専攻しているような若者たちが、いろんなグループを作っていて、堀江君と彼女は『Medicineman（呪術師）』というグループにいた。僕はインターネットの仕事をやれる人間を探していて、友人から『Medicinemanに生意気なのが一人いるよ』と紹介された」

松川が「こういう仕事があるんだけどできる？」と聞くと、堀江は例の鼻先でふふんと笑う調子で「そんなの簡単ですよ」と答える。かといって安請け合いではなく、「それはできません」と断る場合もはっきりしていた。松川は、見きわめの判断をばっさりと即答する堀江がいたく気に入ったという。

年齢はふた回り以上も離れているが、二人は気の置けない仕事仲間となった。

相手先企業に堀江を連れていくと話が早かった。先方の要望を聞き、堀江ができるかできないかを即答、松川は少しかみ砕いて伝えた。あるいは、たいした手間でもない仕事に堀江が「おカネは要りません」と言うと、松川がすかさず「五〇万円です」と相手に言った。堀江が松川に「僕は要りません」と言うと、「じゃあ半分ずつな」という調子だった。

「インターネットの黎明期は万事、そんな感じだった」

松川はニッポン放送に知己が多かったので、その関係会社のサイト立ち上げのために堀江を連れて行ったこともある。

当時のニッポン放送は、放送局として先駆的にインターネットを利用した実験をしばしばおこなっていた。

九〇年代半ばには、リクルート社と共同でインターネットを通じた音楽配信に踏み出している。また、スタジオにライブカメラを置き、インターネット放送をいち早く試みている。もちろん、通信環境は現在のようなブロードバンドではないため、数十秒おきに静止画が動くといった程度のものだったが、他局とは際立って異なる取り組みだった。

こうした実験的試みに打ち込んできたのは当時、ニッポン放送事業局にいた西尾安裕である。

西尾は、戦前に旋盤工から労働運動を指導し、いわゆる無産政党代議士となり、戦後は民社党を創設した政治家、西尾末廣を祖父に持つ。六五年にニッポン放送に入社した西尾は九一年、まだパソコンの黎明期に、アップル社のマックワールドエキスポを日本経済新聞社との競争に勝って招致するなど、ラジオ局にいながらＩＴ時代の最先端への目配りを欠かさなかった。後に、祖父の足跡を『大衆るのだろう。

政治家　西尾末廣』として編纂する西尾にとって、おそらくは自身なりの社会との向き合い方に通じ

西尾が早くからインターネットに目を付けた背景には、危機感があった。

「そもそも企業がいつまでもそのままでいられると思うのはおかしい。私が所属する事業局では、中波ラジオの将来展望を考えていた。そこへインターネットが出てきて、これはラジオが生き残るチャンスだと思いました。ラジオとインターネットの親和性はとても高いのです。九七年には朝の番組で、二〇秒に一回の静止画だがライブカメラでスタジオの映像を流した。いわば現在のライブ動画配信の原始版です」

たしかにラジオとインターネットは補完性に富んでいた。ラジオは最大の弱点である視覚メディアを手にする、一方のインターネットは未開拓のコンテンツを獲得できる。

「当時、ニッポン放送の現場には新しいことをやってみようという空気があり、思い付いた者が何でもやってみろという伝統もあった。インターネット放送局の実験は、コストや手間もあまりかからないので挑戦することができた。ニッポン放送はその草分けだったと思う。オン・ザ・エッヂ時代の堀江君ともそのころに会ったことがある」

裏返せば、ラジオはほかに先んじてインターネットに本格進出しなければ、展望が開けないということである。ただ、西尾らの試みも屋台骨の番組編成とは関係ないイベント扱いで、戦略的なビジネスとしては約束されておらず、あまり注目されずに終わる。なによりも川内、亀渕といった経営陣の中にネット時代の到来を見通す者がおらず、ラジオの枠組みから抜けられなかった。

ネット時代のとば口で、ラジオ、新聞、テレビといった既存メディアが個別に対応を迫られてい

た。結果的にその判断の差が、後の盛衰に直結することになる。堀江はそうした潮の変わり目の時期に、このグループと深く関わっていく。

会社員の枠をはみ出した男

九五年冬、松川は西尾から「産経新聞に、アップルのマッキントッシュ（PC）を使ってウェブサイトを立ち上げようとしている人間がいる」と聞いた。それが当時、夕刊フジ営業局広告部にいた足立正（仮名）だった。足立は八四年に新卒で産経新聞に入社、大阪広告局を皮切りにずっと営業、広告畑を歩んできた。

松川と堀江を中心とする四人で、足立から夕刊フジのウェブサーバー構築の仕事を引き受けた。大手町の産経新聞本社に乗り込むと、堀江のような長髪でラフな服装はさすがに目立った。「あんな汚らしい恰好の連中は出入りさせるな」と、よく言われた。松川は自分たちが手を引いたらサイトの立ち上げはできないことを見越し「だったら帰りますよ」と言うと、足立が慌てて取りなすのだった。

松川が振り返る。

「およそ低予算で儲からない仕事だったが、新聞社相手にゲリラ的なことをやるのは楽しかった。当時はウィンドウズでもマックでもウェブサイトの立ち上げは実験的な試みだったから、わくわくしながら手がけた」

足立はサイトの中味を芸能情報を中心に構成することを考えた。

ウェブ草創期にその判断は正しく、数ヵ月後に運営を開始した夕刊フジのウェブサイト、ZAKZ

ＡＫは芸能エンターテイメントニュースの発信サイトとして、当初は小規模なスタートだったが、やがて一日三回の更新、耳目をひく芸能情報の提供などでアクセス数は急増、四年後には一日二〇〇万に達する人気サイトに成長する。

ネットが持つ波及力がよく理解されていない時代に、それを指し示す先駆的な試みであった。

意を強くした足立は、業容の拡大を図るために九八年四月、ライジング・プロダクションやバーニング、イザワオフィスなどの大手芸能プロと組み、社外に（株）ジャパンエンターテイメントニュースを設立し副社長に就任、著作権ビジネスのエージェント業を兼務するようになった。兼業は会社の許可を得てはいたが、徐々に新聞社の枠に収まらなくなっていく。

後に重大な就業規則違反で処分されることになる足立は、こう弁明している。

「最初は、周防社長（バーニング）や井澤社長（イザワオフィス）からもまったく相手にされず……芸能界で仕事をやっていく大変さを痛感する毎日」（賞罰委員会に提出した本人の顚末書）だったため、情報源でもある芸能プロダクション社長との付き合いを深め「デジタルに関しては信頼されるようになり」（同前）、彼らからウェブサイト作成業務も引き受けるようになる。

「プロダクションに食い込んで、インターネットの仕事を受注していくためには、コンサル的な内容に時間の多くを使ってしまう。そのため、多少の無理（勤務時間、付き合いなど）も仕方ないと覚悟していた」（同前）

仕事は産経新聞マルチメディア開発室や夕刊フジ広告部との兼務となり、昼間は大手町、夜は六本木へと移動し、勤務時間は連日、十五〜十六時間に及んだという。

足立にとっては芸能関係のキラーコンテンツを産経新聞で押さえるために必要な業務という理屈だ

が、いうまでもなく芸能関係は、のめり込むほどにその筋との関係が切っても切れない世界である。いつしか、その世界にどっぷりと浸かり、金遣いも荒くなっていった。

給料がそう高くない産経社員の身でいったいどうやったら可能なのか、隣の農協ビルに自前で駐車場を借り（約一年半の賃料・一三六万円）、ベンツで出勤するようになった。

産経のネット進出、人気サイト実現の立役者となり、先に触れたように社長から「金脈」を当てたと称賛された足立は、表彰を受け肩で風を切って歩くようになる。

「産経新聞マルチメディア開発室の未来は、デジタル・エンターテイメント・ビジネスだと確信していた私は、心の底から希望が湧き、うれしくてたまりませんでした」（同前）

その余勢を駆り、さらに独自の判断で動くようになっていく。

「自分以外に、社内にマルチメディア事業について、相談して答えを出せる人はいないと思っていた」（同前）

当時の足立と堀江の関係は、さして深いものではない。ひたすらパソコンに向かう堀江に足立が関心を持つようなことはなかったし、堀江のほうは敬遠し近づかなかった。

ただ、堀江が産経新聞の仕事を請け負う過程の折々で、接点は否応なく生まれる。

九七年十二月、テレビとインターネットを使った初の同時中継がフジテレビでおこなわれた。発案したのは松川である。

「当時、『飛ぶ鳥落とす勢いだった四人組、ＳＰＥＥＤのコンサートを『テレビとネットで同時に中継したらどうか、日本初だよ』と足立に提案した。彼がフジテレビに企画を持っていき、人気番組『Ｈ

EY！ HEY！ HEY！』を使ってやることになった」

新しいフジテレビ社屋には光ファイバーケーブルが敷設されていたが、まだ使われたことはなかった。堀江は初めてお台場に足を運び、スタジオ近くの廊下でサーバーを立ち上げケーブルにつないだ。

まだブロードバンド以前の時期だから、家庭のパソコンで見える画像は粗かったが、それでも初の同時中継は日本のネット史に刻まれるイベントだった。オン・ザ・エッヂを立ち上げてから一年あまり、堀江は後に喧しく取りざたされることになる「放送とネットの融合」を先取りする試みを、奇しくもフジテレビでおこなっていたことになる。松川は「堀江がいたからできたようなものだ」と言う。

もっとも、フジテレビにとって、当時の堀江はあまたいる名もない出入り業者にしか過ぎない。廊下の隅でインターネット中継のセッティングを手がけた髪の長い若者と、その後の堀江貴文が同一人物であるとは、フジテレビ側は誰一人、気付くことはなかった。

「納期が遅れたら命を貰う」

足立と堀江の関係がにわかに波立つようになったのは九九年春、インターネットバブルが訪れてからである。アメリカでヤフー、アマゾンといったインターネット関連株がにわかに高騰、その狂熱はまたたくまに日本に伝播し、ネット、IT企業の上場気運が一挙に高まった。

堀江も、創業の翌年から関わるようになった宮内亮治の強い薦めで検討に入り、夏には「上場を目指す」と宣言した。ただし、堀江を除く創業メンバーには受け入れられなかった。そのあたりの事情を、先の松川はこう見ていた。

「堀江以外の創業メンバーは、会社とか上場などに興味を示さない優秀なエンジニアたちだった。上場を言い出されて、堀江はいったいどっちを向いているんだ、そんなに無理して大きくしなくてもいいだろうと。ただ、堀江も自説を曲げないので、それならそうすればと、ほかのメンバーは自然と離れていった。ケンカ別れみたいなことはまったくない」

堀江と事業提携していたインターネット広告代理店、サイバーエージェント社長の藤田晋も、熱気に押されるように上場に向けて走り出した。その著書で、インターネット企業の未公開株はプラチナチケットとなり、株を手に入れたいベンチャーキャピタルから「出資させてほしい」と土下座までされたと書いている。

その藤田と堀江の二人が足立に呼び出され、産経新聞が入るサンケイビル（旧社屋）一階の寿司屋で会食したのは九九年六月下旬のことだった。

堀江や藤田らが当時、一連の経過を、足立の処分に携わった産経新聞人事部幹部らに話した内容をまとめると次のようなことがあった。

足立は二人に、「ネットを使った芸能関係のデータビジネスを一緒にやろう」と提案している。ただ、この時は堀江より藤田のほうに関心を向けていた。そのころ、藤田が史上最年少の上場会社社長になるのではないかと騒がれ始めたためだ。

藤田に向かって足立は「サイバーエージェントに出資する用意がある。株を持たせてくれ」と持ちかけた。さらに、定年を控えたマルチメディア開発室の上司をサイバーエージェントの会長にしてほしい、といった要求にまで膨らんだ。

足立と藤田は、堀江の紹介で前月に知り合ったばかりで直接の取引関係はなかったが、サイバーエージェントが展開するクリック保証型広告（サイバークリック）をZAKZAKに掲載していた。このサイバークリックを開発したのが堀江のオン・ザ・エッヂで、一〇％の手数料を得られる仕組みである。

サイバーエージェントにとっては、アクセス数が格段に多いZAKZAKを利用することで実績作りと宣伝に役立った。一方の足立は、伸長著しい藤田の上場計画を知って一儲けしようとしたのである。

だが、藤田は「受ける理由がない」としてどちらの要求も断った。

半年後、サイバーエージェントが犯したささいなミスに乗じて足立が牙を剝くことになる。

足立が強面をあらわにし、藤田が精神的に強い圧迫を覚えるようになったのは、上場が数ヵ月後に近づいた九九年の暮れのことである。サイバーエージェントが、主力商品であるサイバークリックの販促説明会でZAKZAKの画面を資料として配布、使用したことがあった。産経側に断りを入れていなかったのはミスだったが、どう見てもたいした問題ではない。

だが、これを足立は著作権侵害だと騒ぎ出した。

十二月十五日、藤田を産経本社に呼びつけ、著作権の重大な侵害であるとし、「この問題は法務室に回っている。まもなく内容証明が届くだろう」と言った。さらに「昔かわいがってやったのに、全然あいさつにも来ない。おまえのところは詐欺だ。そんな会社が上場していいのか。おれを甘く見るな。謝罪文を持って出直してこい」と言い放った。

藤田晋（時事通信社提供、99年撮影）

五日後、再び藤田が謝罪文を携えて出向いた。足立は謝罪文に「詐欺行為をした」などと手を入れ、このとおり書き直して年内にもう一度持ってこいと命じた。

年も押し迫った十二月三十日、藤田は堀江とともに足立を訪ねた。堀江は著作権の一件とは無関係だが、ことはサイバークリックの販促絡みで、藤田を紹介した手前もある。

謝罪文を受け取った足立は再び株の件を言い出した。

「おまえはＺＡＫＺＡＫの看板も利用したろう。世話をしてやったおれたちのおかげで上場できることになったのに、おまえだけがおいしい思いをしている。こういう場合は『株を持って下さい』と言うのが礼儀だろう。リキッドオーディオ・ジャパンもそうしたんだ。ごね得で（株を）狙っていると思うなよ」

サイバーエージェントの株を要求していることは明らかだが、続けてこうも言った。

「まもなくＺＡＫＺＡＫを別会社にしておれが社長になる。そこに参加する気はあるのか」

立て続けに三度呼びつけられ、一方的に凄まれた藤田は「あります」とだけ答えている。

足立が社長に擬せられているかはともかく、口にしたＺＡＫＺＡＫの独立構想は実際にあった。上場可能なネット事業を物色する証券会社や外資ファンドは、すでにＺＡＫＺＡＫに触手を伸ばしていた。慢性的な経営難に悩む産経新聞にとっても、ＺＡＫＺＡＫをスピンアウトして得られる上場益はきわめて魅力的だった。

藤田によれば「この人は本当に産経新聞の社員なのか」と疑ったという。それほど足立の言動は特異なものだったが、脅迫ととられる言質を残さないためにか、その真意がつかめず脈絡に欠けることも多かった。

この日、藤田は一時間ほど責められた後、「これからも一緒にやっていこう。ただ、仁義にもとるようなことは許さない。おまえはいい年を越せるなあ」と言われ、握手を求められて解放された。


一方、堀江のオン・ザ・エッヂに対しても足立は、これより前の九月末ごろ、発注したシステムの納期が遅れそうになったことを材料に、手の込んだやり口で担当者Mを責めていた。Mは、堀江の東大時代に一年間寮で同室だった先輩で創業メンバーでもある。

MがZAKZAKの元請け会社社長Iとともに、呼び出された赤坂の寿司屋に行くと、足立とゲーム・芸能関係に連なる会社役員Tがいた。Tは二人にこう言ったという。

「足立をなんで困らせるんだ。困らせるとおれが出動しなければならなくなる。おれに手間をかけさせるようなことはするな」

Iの述懐によれば、Tの言葉遣いや表情は普通だが、目は恐ろしかったという。片や足立の言葉遣いは、ヤクザのそれに似ていた。

「システムの納期が遅れたら命を貰う。死んでもやれ」

堀江によれば、二人は恐ろしさのあまり「やばい状況になっている」と泣きながら電話をかけてきた。帰社後も真っ青な顔で経過を報告するのだった。

堀江が言う。

「Mはたしかに納期を守らず社会人としてはダメだったから、その時は必ずしも無茶な難癖をつけてきたわけではないと思った」

しかし、夜になって足立から直接電話があった。

「納期が遅れたら訴える。すでに法務に言ってある。もし遅れたら新聞にオン・ザ・エッヂは詐欺会社だと書くぞ」と新聞社の強面をちらつかせるに至り、堀江も尋常ではないものを感じざるを得なかった。

「安藤組」が黙ってない

なんとか納期に間に合わせた十月中旬、堀江は足立から「飲もう」と誘われ、再びサンケイビルの寿司屋に出向くと上場の話が持ち出された。

「おれと組もう。おまえも上場を考えているなら、リキッドのように仁義を尽くせ。おれはライジングの平社長から音楽界のネット事業はすべて任されている。平社長や、そのバックにいる安藤組の組長に仁義を切れ。組長は東京証券取引所の××部長ともチンポを見せ合った仲だ。そうすれば上場もうまくいく。産経新聞はおまえのところに仕事をあげているんだから、うちにも仁義を切れ」

オン・ザ・エッヂはその月から、本格的な上場準備に入っている。

さらに足立は、ＺＡＫＺＡＫが産経から独立し自分が社長になるとし、「おまえも参加させてやる。システムを任せるから仁義を切れ」と言った。はっきりとは言われなかったが、堀江は、暗に公開前の株を分けるように要求されていると理解した。

堀江はシステム保守管理を請け負っている立場で、当時のオン・ザ・エッヂにとってZAKZAKの仕事は月数百万円と大きく、その場でははっきりと答えなかった。だが、足立からは何度も催促の電話があり、覚悟を決め「証券会社や社内で相談したが、公開前の株を分けることはできない」と断った。

先述のように年末、堀江は藤田とともに産経新聞マルチメディア開発室に呼び出される。足立が藤田と話した後、再び堀江に株の話をしてきたため、こう言い切った。

「株を分けることはできません。ただ、ZAKZAKが上場するなら協力します」

堀江は威圧や脅しには容易に動じないところがあり、この時は奏功した。足立はようやく諦めたが、最後の脅し文句も忘れなかった。

「わかった。おまえはいらない。しかし、やばいぞ。どうなっても知らないぞ。おまえの会社が上場したら、よく思わない奴もいる」

足立はまたもや「安藤組」という名前を口にしたという。それはまるで恐怖を呼び起こす呪文のようであったが、そうした組織があるわけではない。

後に足立は、常務(総括担当)を長とする産経新聞賞罰委員会からの聴取にこう答えている。

――(堀江や藤田に)暴力団や安藤組の名を口にしたことはあるのか。

「ゲーム機流通会社に安藤英雄という社長がいて、仕事がらヤクザともいろいろあると思う。酒の席で『安藤さんは怖い人だから、ゲーム機を置くなら断っておかないといけないのではないか』と話したことはある」

安藤はパチスロやゲーム機業界に隠然とした実力を持つとされ、いわゆる「フィクサー」、「業界のドン」といった呼称で呼ばれることが多い。先のTも安藤の人脈に連なり、後に安藤グループが事実上、経営権を握るゲーム関連の上場企業の大株主として登場する。

足立と安藤に直接の関係があったのかはわからない。ただ、彼は、安藤のことを「安藤組」と言いあらわすことが不思議ではない世界に首まで浸かっていた。


堀江は無体な要求を面前で拒絶し逃れることができた一方、藤田は年明け、求められていた返答をようやくメールで送信した。

一月十九日九時八分。

「サイバーエージェントに関して、これから株の移動や名義変更は、法律に抵触し完全に不可能です。今後いかがすればよろしいでしょうか。誠意を持って対応したいと考えております」

対する足立の返信は、微妙な言い回しで新聞社の強面をちらつかせ、上場直前の藤田に不安を覚えさせるものだった。

一月二十日零時三十四分。

「二月公開ということで、株式の移動はできないことでしょう。産業経済新聞社の御社への対応としては、現在、内容証明を近々送る手はずになっているようです。法務部に対して何らかの返事をしなければ、裁判の手続きが、おそらく公開前に進むものと思われます。この件については『どうすればいいか』と問いかけがあるとおり、こちらから何らかの提案をおこなうこととしましょう。上場前に」（傍点・筆者）

藤田は謝罪文を書いているにもかかわらず、訴訟を匂わせていた。上場直前というもっとも気を遣う時期に、相手の弱みを突くことを繰り返し示唆することは、藤田への強力な圧力となるに違いなかった。

足立は上司に無断で法務室に「損害賠償を請求、応じない場合は法的措置も辞さない」とする内容証明を作るよう働きかけた。四日後の二十四日、産経新聞法務室長の名前でサイバーエージェントに対し送付された。

こうした威迫行為が続く中、二月一日、足立はマルチメディア開発室次長に昇進、実質的にマルチメディア事業を切り盛りする責任者であった。

だが、正式な文書を出したことは本人にとってあだとなる。弁護士が介在する事態となって暴走が発覚、ようやく異常事態を認識した産経新聞側が調査に乗り出し、悪行が次々と露見した。

中には、背任を強く疑わせる行為もあった。

マルチメディア開発室は先述のIに、九九年の一年間でZAKZAKのサーバー管理費など三六〇〇万円を支払ったが、このうち一四三〇万円が足立の妻が代表を務める会社に環流していた。足立はこのカネを交際費や駐車場代といった経費に当て、私腹を肥やしたのではないと弁明したが、Iにキックバックを強要した事実に変わりはない。

その手法は恐怖心を抱かせることだったと、Iは産経新聞の調査に対し答えている。

「足立は人を脅すのが好きで、相手のミスをよく覚えている。小さなミスでも机を力一杯叩いたり、蹴って怒鳴る。『おまえには家族がいるだろう。子どももいるだろう』と。二時間もやられたことがあるが、このときはマルチメディア開発室の人たちも傍で見ていたので知っている」

産経新聞が作成した報告書には、Iは「足立周辺に暴力団員風の人物がいると信じて、現に恫喝と受け取れる発言をされていた」と記されている。

金額が膨れ、環流を続けられないと思ったＩは「もう引退したい」と言ったが「おまえは蜘蛛の糸にかかっている」と拒まれた。身の危険を感じたＩは警備会社と契約する事態にまで追い込まれたという。

ただ、その手法は相手に水増し請求させるといった一般的なものではなく、請負額を安く叩く特異なものであった。事実上の恐喝にあたると考えられた一方、新聞社に対する損害が明確ではなかったことが足立には幸いした。

足立と関わったＩらの恐怖心は強く、聴取の際にも報復を怖れて泣き出す者が複数いた。Ｉらは後難を極度に怖れ、足立を告発することなど思いもよらないことだった。

足立は当初、キックバックなどの事実関係を否認していたが、調査が尽くされていることを知ると観念し「会社のためにやった」と弁明した。

最終的に産経新聞では、①行為は背任にあたるが、会社に金銭的な損害を与えたとは必ずしも言えない②Ｉに対する恐喝についても、具体的に脅迫してカネを要求したのではなく、日ごろから恐怖心を植えつけカネを出さざるを得なくするという巧妙な手口であり、Ｉも報復を怖れていることから犯罪に問うのは難しい、と判断した。

三月中旬、足立は停職処分で済まされ、結果的に依願退職となった。

「あぶく銭」の記憶

一連の経過を堀江が回想する。

「足立が盛んに言う『安藤組』というのが何なのかはわからないままだったが、ことばから裏の世界とつながっているのではないかという恐怖心は感じた。たびたびヤクザの存在を窺わせることばを聞いたので、できることなら憎まれたくない、無用なもめごとは避けたいと思っていた。そもそも産経新聞が本人をどう評価し、扱っているのかも疑問だった」

堀江や藤田の著作などで、この〝トラブル〟のことはまったく触れられていない。というより、産経新聞のネット事業に関わっていたことさえいっさい伏せられている。

この不快な一件が脳裡にあったわけではないだろうが、堀江は五年後、ニッポン放送買収に乗り出した際に、新聞を指して「殺す」と発言した。ネットの隆盛などにより新聞は恐竜と同じく滅びる運命なのだから、〝死に水〟を取ってあげるというほどの意味だが、物議を醸した。

藤田の場合はとりわけ、足立への怖れが口を重くしている。

産経新聞の調査に対し、藤田は当時の認識を次のように答えている。

「一連の交渉過程は当方に著作権侵害という弱みがあり、また上場を控えた大事な時期だったので心理的に重くのしかかっていた。怖い相手なので怒らせてはマズイと思い、のらりくらりとしのいできた。この人は本当に産経新聞の社員なのかと疑ったこともあった。明確なことばでは『株を分けろ』とか、具体的な株数を言われたことはないが、全体的なニュアンスは脅しであり、株の要求だったという印象を持っている」【筆者注：藤田には一連の経緯について取材要請したが、広報を通じて拒否した（〇七年十月）】

それにしても足立は、社と関係なくこうした脅しまがいの行為に及んだのだろうか。

自身は当時、次のように総括している。

「この五年間、ひたすらマルチメディア開発室をビッグビジネスにするために個人の時間を捨てて突っ走ってきた。すべてはＺＡＫＺＡＫ、マルチメディア開発室の発展のためにおこなったことだが、その方法を選び間違えた」

他方で、自分が強く出なければ、「彼ら（堀江、藤田）は産経をけちらかして逃げたと思う。だから脅した効果はあった」と釈明した。

ネットビジネスの発展に産経の将来がかかっており、社を思うあまりにフライングしたのだという弁明である。彼の行為はビジネス以前に人の道から外れているが、強面で相対しなければ跳躍間近の新興ネット企業をつなぎとめられないというのも一理あった。

足立を正式に処分したことを見ても、産経新聞の組織的な関与は窺えない。だが、彼が跋扈する土壌は産経新聞の組織内に相応にあったことも疑いない。

そのころの産経の経営は、会長の羽佐間重彰と常務の住田良能が実権ラインを形成していた。羽佐間は九二年、グループ議長だった鹿内宏明を追放するクーデター以来、産経トップの椅子に座り続けたが、元々はフジテレビやニッポン放送社長を務めるなど放送育ちである。

羽佐間の強烈な成功体験はキャニオンレコード社長だった七五年、何の期待もしていなかった「およげ！たいやきくん」のレコードが五〇〇万枚も売れたことである。この空前の記録はいまも破られていない。「好きなだけ刷ればよかった」とレコード盤をお札になぞらえた経験は忘れがたく、新聞社トップになってからも、ともするとあぶく銭に頼ろうとする経営手法から逃れることはできなかったのである。

また、企画力に優れているとして羽佐間から重用された住田も、ネットバブルに熱い視線を注いでいた。当時の役員は言う。

「住田は、産経にはＺＡＫＺＡＫがあるから、これを巧く使って上場することができれば金の卵になると思った。その準備に向けて、アメリカのファンドのスタッフを、カネがあるからと紹介してきたりした」

ネットバブルにうまく乗ろうとしたのは経営が常に苦しい産経も同様であった。だが、ＺＡＫＺＡＫの上場計画は、牽引役の不祥事と退社もあって、雲散霧消していく。

ただ、ネットバブルとＩＴ企業のマネーゲームに、産経新聞経営陣は関わりを持ち続けていく。〇〇年十月には、アイ・シー・エフという電子商取引関連のベンチャー企業がマザーズに上場した。後に産経新聞と住田は、この会社ともカネ絡みの深い関わりを持つことになる。【筆者注：取材への足立の回答「藤田、堀江が大きくなり、産経がそれまで関わってきたポジションの中で出資できないか、という話はしたが、彼らにむりやり強要したということはない」（〇七年十月）】

松川は当時、堀江に「フジサンケイグループの親会社はニッポン放送なんだ」と資本構造を教えたことがあるという。

堀江のほうは、「聞いた覚えはある」と言うぐらいで、特に強い印象を抱いたわけではない。堀江自身も、五年後に買収を仕掛けることになるとは想像もしていなかった。

「改革の旗手」と通産官僚

堀江が上場準備を始め、フジサンケイグループとの因縁に見舞われたころ、一人の通商産業省の官僚が資本市場に打って出ようとしていた。この官僚も、早くからグループに関心を示し、カネの匂いに引きつけられている。

九九年七月に通商産業省・生活産業局総務課企画官を退官する村上世彰は、その直前に引き受けた大学の講義を次のように締めくくっている。

「私は七月で通産省を辞め、M&A会社を起こします。日本はものすごい勢いで変わっています。私は資金が溜まって、根本的にシステムを変えたいから、今回、通産省を飛び出そうと決断しました。そういう人間がいま私のところにけっこう集積をしています。……今日の私の話を聞いて、皆さんもこの国がよい国になるよう国づくりに参加していただければと思います」

会社は株主のものであり、株主としての権利を積極的に行使することで企業価値を上げていく。そうした投資行動で世直しをする、よい国をつくる――。

「根本的にシステムを変えたい」という数年後に巷（ちまた）を席巻することになる〝村上節〟には、官僚出身者に特有の使命感、気負いが見られたが、これは表層の一面に過ぎないだろう。

村上は後のインサイダー事件で起訴された公判で、「役人上がりの奴が何ができるんだということを凄く言われたから、絶対やってやるぞという意識が強くあった」と述懐している。

次官コースに乗っているとばかり思っていた親族は、こぞって反対したというが、すでに傍流にいた当人は、官界に未練はなかったようだ。

村上が通産官僚時代、とりわけ九〇年代後半に得た収穫をあげるなら、次の三つに集約されるだろう。

一つは、企業統治（コーポレートガバナンス）のあり方に強い関心を持ち、研究を重ねていた。ただ、株式交換といったM&A法制の整備に携わったことはない。

二つ目は、映画・テレビといったメディア・コンテンツ産業を実地に研究したことである。村上はこれらコンテンツ産業への関心が強く、関連企業に集中ヒアリングをかけ、精力的に勉強会を催し、半年ほどで『日本映画産業最前線』という共著を著している。この時、後にフジテレビ社長となる村上光一ら幹部とも知己となった。

先の講義では、フジテレビの映画についてこう分析している。

「踊る大捜査線」は配給収入が五〇億円を超えたが、映画関係者ははじめ「フジテレビがなんで偉そうに自分で作るんだ」と貶めた。プロデューサーの亀山千広も悔しかったと、見返してやろうという意気込みだったと思う。クオリティで言うと、映画館に行くほど面白い映画じゃないが、マーケティングが凄い。事前にインターネットで、主演の織田裕二が最後死ぬんだと繰り返し情報を流した。これで二十代女性の観客が圧倒的に多くなる。最後がどうなるのかチャットをする、そのデータで映画の内容も変える。もちろん、テレビでも告知を流してメディアミックスをやる――。

ヒアリングを受けたフジテレビ幹部は、「村上は映画事業を成功させるツボをあっという間に理解した」という。

村上は規制緩和の考えを重視し、たとえば映画館が映画会社に系列化されていることは独禁法違反だとして業界に警告したこともあった。弱肉強食の市場原理に価値を置く、いわゆる新自由主義を信奉し、民の統制を力の源泉とする官僚社会からはみ出しつつあった。

三点目はこうした価値観を背景に、オリックス会長・宮内義彦をはじめとする似た考えの人脈を獲得していったことだ。宮内は、岩盤規制とも評される強力な官僚統制が経済社会の停滞を招いているとし、規制緩和の旗を振る「改革の旗手」だった。見方を変えれば、既得権勢力に取って代わろうとする新興勢力とも言える。

宮内の回想によれば、二人をつないだのは経済同友会で名を売っていた女性経営者、奥谷禮子である。人材派遣業を起業した奥谷は、宮内を中心とする規制緩和を唱えるグループの一員であり、経営者が労働者のクビを切る解雇権の拡大を主張するなど発言は過激で、村上とも官僚時代からの知己であった。

村上は自分にプラスだと思ったら、誰にでも会いに行った。京都で価格破壊タクシー会社を起こしたことで有名な青木定雄とは、彼が横浜で講演したときに面識を得て、その後は、青木が上京するたびに、居酒屋で杯を酌み交わす仲になったという。

中でももっとも有力な後ろ盾になったのは元日銀副総裁の福井俊彦（富士通総研理事長）で、村上の正式なアドバイザー役に就いている。村上ファンドにも出資し、後に日銀総裁となってからも継続していたことで強い批判を浴びることになった。

村上世彰のルーツ

村上ファンドは九九年六月、宮内義彦から譲ってもらった休眠会社を衣替えし、「エムアンドエイコンサルティング」という社名で設立された。出資比率は村上の資産管理会社が四九％、オリックスが四五％を占めた。

ファンドの際立った特質は、いわゆるアクティビスト活動にあった。

現預金を貯め込むなど豊富な資産を眠らせながら株価（時価総額）が割安な企業を選定し、投資するのは他のファンドと変わりはないが、異なるのは、狙いを定めた企業に対し合併など企業再編の提案、あるいは高配当の要求などを徹底しておこなうことである。村上は、こうしたコンサルティング業務、ただし相手からは〝攻撃〟とも取られる活動を一手に担い、対象企業の市場での価値を早期に向上させ、高値で売り抜けることで高収益の実現を図った。

ただ、こうした手法にはインサイダー取引の危険が付きものだ。

村上が対象企業の経営者らと頻繁に面談し、提案、要求をアクティブに働きかける行為は、インサイダー情報の入手につながりやすい。そのため、コンサルティング業務と投資業務の間で情報遮断、いわゆるファイアウォールが必要とされる。後に村上は、ニッポン放送株の出口戦略に苦心していた最中の〇四年、M&AコンサルティングとMACアセットマネジメントに分社化して体裁を整えたが、両社の事実上のトップが村上である以上、インサイダー防止の効果は疑わしかった。

村上が唱える株主価値の向上という正論はオモテの顔であって、裏面には異なる姿がある。

ファンドの運用資金は、オリックスの数億円の大口から、官僚仲間の一〇〇万円といった小口まで、併せて三八億円からのスタートであった。その中には、ビックカメラ会長の新井隆司や後に明らかとなる日銀総裁・福井俊彦の一〇〇〇万円といった資金もあった。

むしろ特筆すべきは、村上の自己資金がすでに五億円もあったことで、元官僚がファンドを始めたというより、相場師の家の者が何年か官僚を務めた後に、〝家業〟を継いだと言うべきかもしれない。

資金は二年後に四〇〇億円、七年後に摘発される時点では四四〇〇億円と一〇〇倍超にまで膨らんだ。村上の逮捕によってファンドは一挙に瓦解するのだが、最後の半年ほどは海外の投資家から殺到する毎月数百億円の運用申し込みを断るほどで、いかに急激な膨張と崩壊をたどったかがわかる。

ファンドマネージャーとしての実入りは、管理報酬が二%、成功報酬が二〇%と定められていた。資金源の件では、オリックスが村上に強硬に抗議したことがあった。〇二年、村上が「六〇〇億円の運用資金のうちオリックスから一〇〇億円ほど出してもらっている」とメディアの取材に口を滑らせたためだ。断りもなく出資者の名を言うのは御法度だが、村上は自身を大きく見せるために宮内の名前を不用意に挙げることがあった。

実際の村上と宮内の関係は、基本的には、運用成績次第で容赦なく解消される乾いた結びつきだったと思われる。

村上ファンドの創立メンバーは女性秘書を除くと五人。

村上の両脇には、二人の学友が付いていた。一人は野村證券出身の丸木強、もう一人は警察官僚出身の瀧澤建也。丸木との付き合いは中学校からと古く、瀧澤とは東京大学で知り合った。

主な役割分担は、村上が経営・運用全般、丸木が出資者関係や銘柄選定、瀧澤がコンプライアンスと海外投資家の折衝を受け持った。瀧澤については警察庁在職は六年半と短いが、形式とはいえ埼玉県警捜査二課長を務めて経済事件の捜査指揮を経験したから、ファンドを司直から守る〝盾〟としての役割が期待された。

ファンドの基本は「村上商店」だが、このトリオは不可分であり、村上のやろうとすることに丸木、瀧澤が反対すれば通らないことも多かったという。三人は、傍から見ているとケンカ別れするのではないかというほどの激論を交わしたが、翌日には関係が修復した。

学生時代からの仲間はほかにも二人いて、財務部長、総務部長（少し遅れて参加）に就いている。

二人は幼なじみで、村上らとは大学は違うが、欧州への卒業旅行で知り合った。もう一人の創立メンバーはMACアセットの社長に就く岡田裕久で、野村證券時代に村上を顧客として担当していた。

村上は、瀧澤のことを「こんなに頭のいい人間は見たことがない」と言い、瀧澤は「趣味は村上世彰」と言うほど、濃密な相互補完の関係だった。強固に映る結束力は、形を変えた同族経営、ギルド組織のようであった。かといって、村上がすべて腹を割っていたわけでもない。

村上ファンドの源流には、村上家という同族の存在がついてまわる。当初、会社は村上家が所有するマンションなどに置かれたほか、村上の両親からも資金の相当部分が出ている。

村上家については、村上ファンドが事件となる前後で、その出自などが種々報じられ、後に村上本人も著書である程度明かしている。ここでは、村上ファンドに関係すると思われる事柄について補足しておこう。

村上は著書で「私を投資家たらしめたのは父だと実感している。投資家の子どもとして生まれた私は、なるべくして投資家になった」という。

台湾人であった父親は大正九年(一九二〇年)、Y家の三男として生まれ、戦前に進学のため来日、戦時は兵役に取られたという。日本の独立に伴って無国籍となり、村上が生まれた六年後の六五年、日本に帰化し妻方に入籍、Yから村上姓となっている。戦後は台湾華僑として、大阪で皮革・プラスチック製品などを扱う貿易商となった(六七年、「村上実業」を設立)。大阪を拠点に東京、東南アジアなどを行き来し、事業は成功しなかったが、小金が貯まると投資していた不動産や株では相当な成果を挙げたという。村上は九歳の時に父親から十年分の小遣いの前払いとして一〇〇万円を渡されたことが、投資活動の原点だったと説明している。

また、投資に秀でたとする父親の陰に隠れているが、実は母親のほうがその方面で存在感があったともいう。父親のことは能弁に語るようになった村上だが、母方については、なぜか触れることはなかった。

村上ファンドは、急激に拡大していった時期はもちろん、摘発後の崩壊過程でも内情が漏れることはほとんどなかった。ライブドア幹部たちが総崩れしたのとは対照的に大きな仲間割れもなく、結束は固かった。

ただし、検察が法廷で明らかにしたところでは、こうした村上の求心力はカネの効用でもあった。ファンドには幹部の多くが個人で出資しているが、そのほとんどが村上からの借金によっている。通産省時代の部下は八億円、瀧澤は六億九〇〇〇万円もの大金を村上から借りて出資し、ファンドをたたむ時点でほぼ二倍から三倍になって戻ってくるという莫大な収益を上げた。本来、利害関係を持つことを控えるべき顧問弁護士（監査役）までもが、村上からカネを借りて出資し、こうした利殖をおこなっている。

彼らは、村上のカネの力でつながれていたとも言え、元部下の供述調書には、そのことを指して「置屋の女郎」と卑下することばが記されていた（本人は法廷で「検事の作文」と否定）。

日本の企業構造、ガバナンスの変革を唱える同志的なありようの裏面には、利得への飽くなき欲望が秘められていた。

失敗に終わった「前哨戦」

村上とフジサンケイグループとの関わりに戻ろう。

村上ファンドの運用方針は原則、一銘柄につき投資から売却までの期間は半年から二年程度である。保有する価値に比して株価が割安な標的とすべき企業について、村上は退官前にすでに恰好の対象を見つけていた。丸木から次のように提案されたという。

二、三年前に上場したニッポン放送とフジテレビの株価がおもしろいことになっている。ニッポン放送の時価総額は一〇〇〇億円ちょっとだが、七〇〇〇億円を優に超えるフジテレビの三分の一の株を持っている。つまり一〇〇〇億円の買い物で二千数百億円が手に入る――。

証券業界出身の丸木にしろ、少し鼻の利く者にとって、このグループが抱える資本構造の欠陥は自明のことであった。村上は、おもしろいけど時価総額が大きいからいまは無理だなと返したが、事前準備の意味でかなり早くからキーマンに触手を伸ばしている。

九九年半ばの会食の席――。村上は用意したペーパーを広げて鹿内宏明に説明を始めた。

「今度、通産省を辞めてファンドを設立します。いずれ、ニッポン放送に投資することがいちばんの目的なんです」

村上を連れてきて鹿内に引き合わせたのも奥谷禮子で、彼女は人をつなぐことで経済界での地歩を築き、村上ファンドの早くからの出資者でもあった。

鹿内は九二年に、当時、フジテレビ社長だった日枝久が起こしたクーデターでフジサンケイグループ総帥の地位を追われた。以来、雌伏していたが、ニッポン放送株を約一〇%保有する筆頭株主であった。村上は、いずれ協力を仰ぐことになる鹿内に気脈を通じておくため、鹿内とも知己の奥谷に紹介を頼んだのである。【筆者注：奥谷は広報を通じ、会談の事実や鹿内と面識があることを否定（〇六年六月）】

学生時代、山口百恵が住んでいたことで有名になった高輪のマンションから大学に通っていたのだと村上は話した。そこは鹿内の居宅の目の前だった。

村上は共通の知人である通産官僚の先輩の名を何人かあげ、特に自身が入省する時の採用担当だった課長補佐、河野博文（後に資源エネルギー庁長官）から鹿内のことを聞いていると言った。河野は、鹿内がクーデターに遭った時に強い義憤を感じた親しい友人だ。

もっと後のことになるが、村上は「先輩たちの手前、裏切るようなことは決してできません」と共通の人脈に訴え、鹿内との同盟関係を構築しようと努めることになる。

一方の鹿内には、村上の接触に特段の驚きはない。三年前に上場したニッポン放送の危険水域にある株価と保有する宝物を見れば、興味を持つ者が出てくるのは当然だと思った。もっとも、村上はまだ何もしていないのだから、実力のほどを計りようもない。

後に村上は、自身の刑事裁判で鹿内との面談を次のように供述（要約）している。

「鹿内さんは、やはり自分が解任された恨みを凄く持っていた。ニッポン放送という持株会社的なものを通じて復権したいという気持ちがあることがよくわかった」

村上が再び鹿内の前にあらわれるのは、それから三年後のことである。

村上は翌年の二〇〇〇年一月、一般にはほとんど知られていない上場会社に対して前哨戦を仕掛けた。

戦前から安田銀行（後に富士銀行）の資産集積会社として機能し、株や不動産などを貯め込んでいた東証二部上場の昭栄（現・ヒューリック）という会社である。一〇〇億円ほどの時価総額に対し、およそ三〇〇億円に上るキヤノン株をはじめとして不動産などの含み資産は六六〇億円にも上った。村上に言わせれば「昭栄は富士銀行の貯金箱」である。

ニッポン放送とフジテレビとの関係とは異なるが、小さな会社が持株会社的に機能している構図は同じである。本来、上場し続ける必要性がない点でも似かよっていた。村上は二・六％を取得したところで、本邦初の敵対的ＴＯＢ（株式公開買い付け）に打って出た。

この眠り呆けてきたような優良企業に目を付けたのは、村上が最初ではない。野村證券で最初にＭ＆Ａ業務を手がけたことで知られる落合莞爾は野村を去って独立後の八〇年代に、昭栄株を二、三年かけて二〇％近くまで買い進んだ。

郷里の和歌山で、隠遁生活のような日々を送っている落合を訪ね、話を聞いた。

「私が筆頭株主になってから、富士銀行が慌てだした。ただし、富士銀行の取締役総務部長が代々、天下って社長になる会社で、五一～五二％は確実に安定株主だから過半数は取れない。それはわかったうえで、実際的価値より株価があまりに低いから買った。私には自己資産があったので、永久に持っていても損はしない。あるいは会社分割ができかけたころなので、二〇％分の資産をもらって株を渡していいとも思っていた。その後、名義書き換えしたら浮動株不足で上場廃止になりそうだということで、慌てて会社側から『いくらかでも売ってほしい』とやって来た」

落合は数億円分を売却したものの大半は持ち続けた。だが、その後、バブル崩壊に伴って金融機関の担保に入れた昭栄株が市場で売却された。

「その株を村上は買ったわけだ。九八年ごろには、まだ持っていた昭栄株を売ってほしいと村上から手紙が来たこともあった。彼は別に珍しいことをやったわけではなく、私のやったことをなぞっている。時代が違うとはいえ当時、あれ以上、私が歩を進めていても何かの罪でやられていたろう」

落合に話を聞いたのは、村上が逮捕された五日後のことである。

村上のＴＯＢは成立せず、失敗した。安定株主のカベは厚く、崩すことはできなかった。社長ら経営陣からは強い拒絶反応にあい、面会さえ拒まれた。持ち合いは見直されつつあったが、まだ機は熟していなかった。ただし、村上は世評を怖れずに突き進む行動力を証明し、惰眠をむさぼる上場企業経営者には嫌悪感を生じさせ、投資家の間では相応の知名度を得た。

また、村上は一四〇億円と見積もったＴＯＢ資金のほとんどを宮内のオリックスから融資してもらう約束を取りつけていた。ＴＯＢ失敗後に村上は、宮内には相談に乗ってもらっているとして次のように発言している。

「宮内さんは、この国がいいシステムに変わりながら、儲かればいいと思っているのではないでしょうか」

二人はこの後も、村上が敵陣に切り込んでいく尖兵として、宮内は手綱を付けたり外したりする後見人として資本市場を揺さぶっていく。

「グリーンメーラー」という批判

風変わりな元官僚が、ニッポン放送株を狙っているらしい――。

風聞に近い話ではあったが、二〇〇〇年の春、私は紀尾井町の文藝春秋を訪ねてきた村上に会い、感触を探ってみた。まだ売り出し中の気楽さからか、村上はこともなげに「いずれやります」と言明するのだった。ただ、その前に手がける対象として東急ホテルなどいくつかの銘柄をあげてみせた。

初戦に敗れた村上は、主に十社ほどの上場企業に投資し、株価向上に資するとする働きかけを活発におこなった。

二戦目に的を絞ったのは、一二%ほど買い進んだアパレル大手の東京スタイル（現・TSIホールディングス）である。TOBに続いて〇二年五月、今度は株主総会でのプロクシーファイト（議決権委任状争奪）を敢行した。特筆されるのは、それまで一二円あまりだった配当を五〇〇円（総額五〇〇億円）に、また五〇〇億円を上限とする自社株買いを要求したことだ。株主提案が可決されれば、株主には巨額のカネが転がり込むが、後にはがらんどうしか残らない。当該企業の将来より、短期の利得だけを狙う〝企業破壊者〟としての顔をあらわにした。

一方で、村上は委任状争奪の〝フェア〟な手順にこだわった。ほかの株主に十分な準備時間を与えるため、余裕をもって提案したことが裏目に出た。会社側に防衛の暇を与えたことなどから、八時間のロング総会の末に僅差で敗れた。

それにしても、〝フェア〟を声高に主張する姿勢と〝企業破壊〟が同居する感覚は、短期利得を狙っているだけという批判を和らげる方便にも映った。

さらに、東京スタイルでの失敗で、村上の手腕には大きな疑問符がついた。出資者の中には、タレント気取りでマイクの前に立つ村上の行状に眉をひそめる者もいた。村上のように自己を顕示し、騒動師のように振る舞う投資ファンドはおよそあり得ない。世間から注目されても益することはあまりない。しかし、この元官僚は声高に自己主張せずにはいられないようだった。

当の村上は経済誌に寄せた手記で、昭栄、東京スタイルと二度負けたから、次は絶対に負けたくないと気負った。騒動を引き起こした末に三度負ければ、ファンドマネージャーとして失格の烙印を押されるだろう。

もっとも同時期、村上がひっそりと売り抜けに成功した銘柄がある。あの藤田晋のサイバーエージェントである。一〇％の株を持った村上は、一五〇億円超のキャッシュを株主に返す有償減資や自社株取得を藤田に求めた。藤田は精一杯、村上の顔を立て、苦慮のあげく村上株を引き取ることになる。村上は、相手に買い取りを要求する〝グリーンメーラー〟という指摘には激しく反発するが、執拗な介入に嫌気が差した経営者が高く買い取ることには変わりない。

この時、村上が売買に用いたのが、二年あまり後にライブドアを通じて日本中を驚かすことになる「市場内時間外取引」の手法だった。この取引手法を使うと「市場で売った」という釈明が可能で、ごね得の「総会屋」とは違うと言い抜けられた。

村上はＴＯＢ、プロクシーファイトから時間外取引の手法へと、株式実務、取引のテクニックについては多くを身に付けた。だが、投資先に対しては「あなたのような経営者がいるから、この国の株式市場は成熟しない」とつい難詰するために、相手に過剰な防衛本能を喚起させた。じっくりと説得したり、信頼を獲得するといった交渉術とは無縁だった。ファンドの仲間の間でも、やりすぎだと諫（いさ）める声はあったが、村上を止めることは誰もできなかった。

この時期の村上は、来たるべき日に備えて力を溜めていたということになる。

一方、フジサンケイグループを恐慌に陥れるような別の動きが、水面下で始まっていた。フジテレビ上場から一年後の九八年、日本長期信用銀行（長銀）が破綻するなど日本は前年に続き金融危機に見舞われている。上場から二年が経ったニッポン放送の株価は経営無策を反映して低迷し、その時価総額と保有するフジテレビ株の価値の逆転現象は拡大するばかりだった。本来ならとてつもない投資チャンスだが、国内企業、大口投資家の間で手がけようとする者はなかなかあらわれなかった。着手してしまえば敵対的買収になる可能性が高く、相手は敵にすると怖いメディア、報道機関であるからだ。

一方、生き馬の目を抜くような外資系投資銀行の中に、買収計画を立案し、実行に移す寸前までいったところがある。

いまのＵＢＳである。

九七年末にＳＢＣ（スイス銀行）との合併を発表、世界最大規模の巨大投資銀行となった新ＵＢＳは、その前史でもアメリカやイギリスの投資銀行をいくつも呑み込んで拡大してきた。

日本では、先の長銀とＳＢＣ（合併後はＵＢＳ）が合弁で投資銀行、長銀ウォーバーグ証券を設立したが、直後に母体である長銀株を大量売りし破綻の引き金を引いた。要は、利益を出すためなら何でもやりかねないところがあった。

このＵＢＳの投資銀行部門による秘められた買収計画を策定したのが、マードック・孫によるテレビ朝日買収事件で触れた房広治だ。

房は八〇年代後半から外資系金融機関を渡り歩き、九〇年、イギリスの投資銀行ＳＧウォーバーグのM&Aマネージャーになった。同社が九五年、SBCに吸収されSBCウォーバーグになるとM&Aの責任者となった。そこでメディア企業への関心を強め、テレビ朝日買収事件を横目でにらみつつ発奮した。

手がけるべき対象メディアは、フジサンケイグループであった。

房にとって、親子上場による〝価値の捻れ〟に攻め込むのは、二十年来温めてきたテーマだったという。規模の大小はあっても、上場している親子企業の価値逆転はしばしば出現する現象だ。日本独特の株式持ち合いや敵対的買収が事実上の禁じ手扱いされてきたため、こうした矛盾は放置されてきたが、イギリスの投資銀行で育った房に臆するところはない。

九五年にフジテレビの上場検討が報じられて以降、房は足繁くフジテレビの経営企画部門の幹部を訪ねている。その幹部が振り返る。

「房氏は早くからフジテレビに来ていて、ことあるごとに買収される危険がある、本邦投資家にはないだろうが、外資ならあると……。一時、ニッポン放送の時価総額が五〇〇億円台まで下がった時は『その半分の二五〇億円でフジテレビが取れますよ』と（九八年度の最低時価総額・五五〇億円）。私は『そう簡単にはいかないよ』『脅かしに来たのか』と冗談交じりに返したが、経営陣が株主価値に無関心、あまりに株価が割安のまま放置しているといった指摘は肯けた」

だが、フジテレビはもちろん上場実務を担った山一、大和も、買収への危機意識には乏しかった。房は危険性を指摘し、よりよい資本政策の立案に絡むべく営業したが、当時、外資系証券はあまり相手にされなかった。

九七年八月のフジテレビの上場後、房は立ち位置を百八十度変えた。姿を見せない仮想敵Xによる買収危機を唱えてきたが、防衛側に立てないならば今度は自分がそのXになろうというのである。欧米の投資銀行の感覚では、特に奇異なことではない。生き馬の目を抜くとは、敵味方がどのようにも入れ替わるのである。

プロジェクト・プラネット

房が仮想敵Xを構想するうえで、欠かせない人物がいた。フジサンケイグループの元議長、鹿内宏明である。

鹿内はかつて興銀インターナショナル（ロンドン興銀）の立ち上げを担い、六年ほどロンドン・シティで過ごしたことがあり、その金融人脈は内外に広い。SBCウォーバーグ日本の社長は、鹿内のロンドン時代の部下だった。その紹介で房は九八年、鹿内を訪ねている。

房は、数十ページの買収計画書を提示した。

「プロジェクト・プラネット」――。

これがニッポン放送買収計画につけられた名称である。計画書では、その買収スケジュールは次のようになっていた。

九九年の年明け、一月八日にプロジェクトを発動するかどうかをチームで決定、十四日にはUBSで正式に決定する。その上で二月八日、ニッポン放送へのTOBを開始し、三月十五日にTOB終了。三月末までに株主の名義書き換えをし、買収を完了する――。

ニッポン放送はジュピター（木星）、フジテレビはヴィーナス（金星）、そして鹿内はマース（火星）と表された（左図参照）。

UBSがファンドを組成、マースと同盟関係を結び、ジュピターへの公開買い付けを開始するというのである。慎重居士の鹿内だが、考慮の末、協力することを決めたという。

買収プロジェクトを立案したメンバーが語る。

「UBSの内部では九八年三月からニッポン放送を買収することを検討、これを『プロジェクト・プラネット』と呼んでいた。

親子で価値が逆転するケースはそれまで、買ってみて、高くなったら売るぐらいのアイデアしかなかった。計画の核心は、ニッポン放送とフジテレビの捻れた親子関係をほぐし、どうやって無税で効率よく手に入れるかということにあった。メディア・ファンドを設けてニッポン放送にTOBをかけ、買収する手法を考えた。それを合併させて売却するというシナリオ

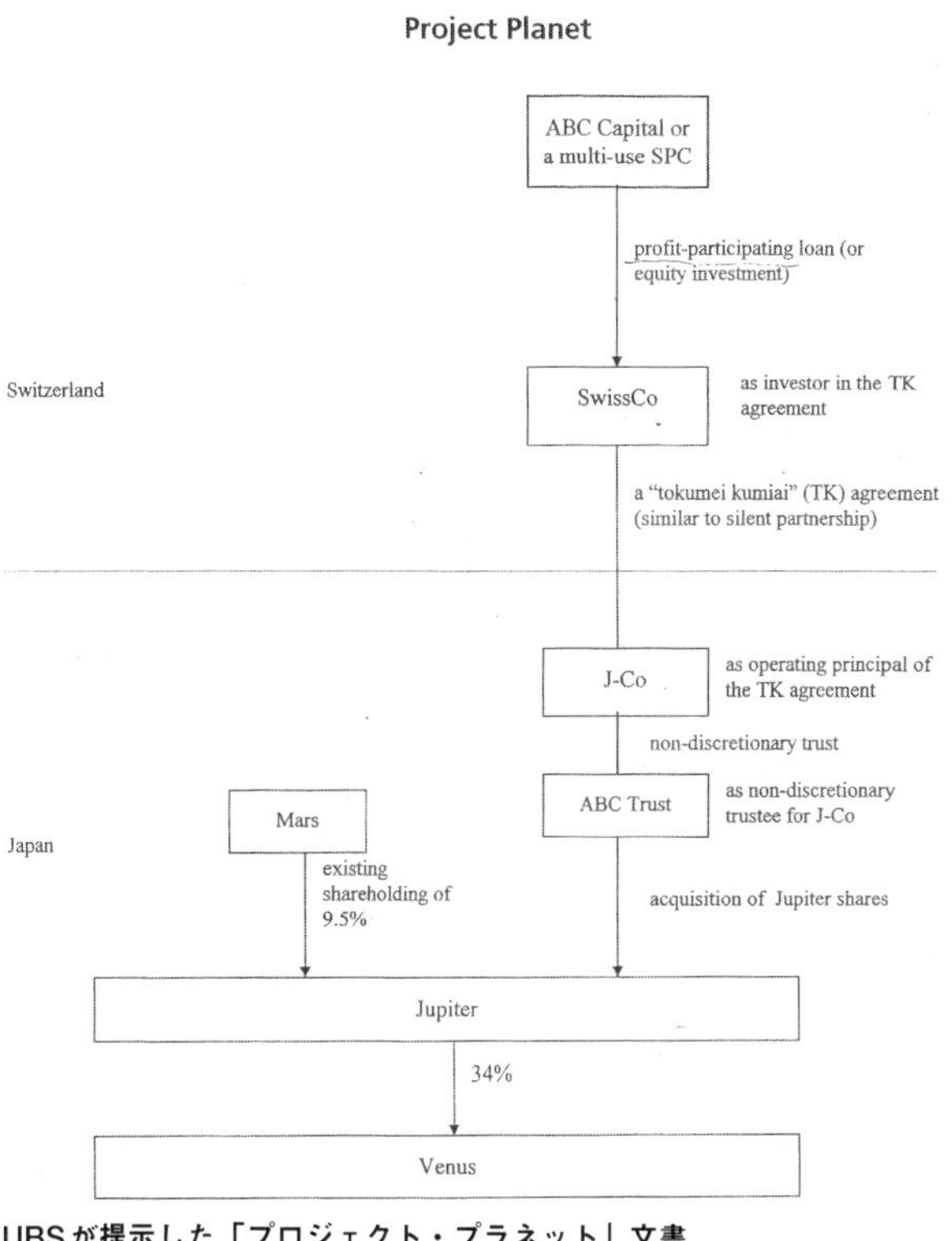

UBSが提示した「プロジェクト・プラネット」文書

だ。

問題は誰と組むかだった。協力できる大株主はいるのか、テークオーバーした後の経営をどうするか、その時、鹿内宏明の名前が出る。ただし、そうしたプラス面に対し、現経営陣に明らかに敵対的になるというマイナス面もあった」

しかし、房は、鹿内に協力を求め、鹿内株を当て込んだ買収に踏み切ろうとした。スイスのUBS本社が了承する見通しもついていた。UBS本社からは最高幹部が来日し、鹿内に面談、相互協力の確認も終えたという。

残るのは最終判断だけである。

「タイムラインも決めて、UBS内で資金調達の手続きもほぼ済んでいた。しかし、土壇場で、スイス本国の判断は、敵対的買収であることに二の足を踏むことになった」（同前）

こうした世界有数の巨大投資銀行による動きに鑑みれば、村上世彰の登場はさざ波程度のものに過ぎなかった。

さらに、UBSの買収計画は頓挫したが、その延長線上に新たな勢力も登場していた。光通信の重田康光である。房は資金の出し手の一人として重田に誘いをかけていた。「プロジェクト・プラネット」の頓挫後も、重田はニッポン放送買収に意欲を失っていなかった。

重田は鹿内とも数回面談し、相互協力の道筋を探ったという。彼が既存の経営者と異質なのは、自身の評価を気にしないことであった。

「たとえ敵対的買収になって危険視されても、何とも思わない」と言い切った。

重田が登場するのではないかという情報はフジテレビにも届いている。ただし、フジテレビ本体に対してだ。管理部門幹部が語る。

「複数の投資銀行から、光通信は一〇〇〇億円の余剰資金があるので、これでフジテレビ株を買うかもしれないと言われたことはある。ただ、かしこまって聞いたわけではなく、むしろ投資銀行はそういう情報を持ち回って自分たちが仲立ちをし、商売しようとしているのかと思った」

利益を求めてどのようにも立ち回る業界だけに、情報の背景や意図を見きわめることは難しい。ただ、それを割り引いても、フジテレビの危機感は相変わらず希薄だった。

重田のほうは、いますぐにでも買収を仕掛ける勢いだったという。しかし、その矢先に光通信は主要事業の携帯電話営業で不正が発覚、二〇〇〇年三月末から二十日（営業日）連続のストップ安という記録的暴落に見舞われてネットバブルも崩壊、買収どころではなくなった。

この時期、フジサンケイグループ買収に照準を合わせていたのは海外投資家や重田、村上のような新興勢力が主だったが、それればかりではない。まもなく住友商事の一部門がやはり鹿内と手を組み、ニッポン放送株買収を計画した。だが、土壇場になって、フジテレビに無断で踏み切ることを危惧した経営トップが日枝に通知したため、計画は白紙になったという。相手が大手商社だけに、こうした不穏な動きは日枝に衝撃を与えたはずだった。

十月には、池田が三年前から手がけていたテレビ朝日が上場した。折しもネットバブルが弾けた影響で、初日の終値は公募価格を下回ったが、それでも市場から八〇〇億円を調達した。

ネットバブルは隣接する放送局の株価も三倍以上に跳ね上げており、当時でもＴＢＳの時価総額は八〇〇〇億円、フジテレビ、日本テレビは一兆五〇〇〇億円以上になった。テレビ朝日の上場はバブルの残照にギリギリ間に合い、上位三社とはかなりの開きがあるものの、時価総額はおよそ四〇〇〇億円になった。

一一八五億円もの売却益

ネットバブルの余波による高株価は、フジテレビの資本構成に変動をもたらす。

引き金となったのは、二年前の九八年秋に発覚した旺文社の申告漏れ、追徴課税である。赤尾家の家業、旺文社は資金繰りに苦心するようになり、子会社の文化放送に融資を要請するまでになった。赤尾一夫は、テレビ朝日に続いてフジテレビ株の売却に動き始める。二年前、一夫は文化放送の財務取締役にUBS出身の金融マンを送り込むなど布石を打っていた。

このことを知った日枝は密かに安定株主工作を進め、受け皿として〝世界のソニー〟に狙いを定めたが、失敗に終わったことは先述した。

一夫は、買い手のソニーが消えても、売る意思に変化はない。一方、文化放送の生え抜き役員らは引き続きフジテレビ株売却によって、旺文社支配からの脱却の道を模索した。

九九年六月に一夫は社長の峰岸を更迭、後継社長となったのは佐藤重喜だが、一夫に追随した峰岸とは姿勢が異なったという。若手のころから佐藤を知る元役員が語る。

「佐藤社長は旺文社副社長の娘婿という関係もあり、社長就任に一夫氏の力が働いたことは確かだ。しかし、肩書きのない制作、報道、営業、編成時代から、一貫して旺文社からの自立を志向していた。そこへ九九年から二〇〇〇年にかけて、旺文社の資金繰り悪化が赤尾支配から脱する機会となり、フジテレビ株を売ったカネで旺文社から自社株を買い取ることにした。まず、組合から問題視されていたＪＧＩ保有のフジテレビ株からきれいにすることになった」

売却先となったのは大和証券ＳＢＣＭである。

公開引受部長の池田は担当外だが、十年以上の赤尾家、旺文社、文化放送との関係から〝道案内〟に引っ張り出された。襲撃される十日ほど前の六月中旬、株式売買担当のエクイティ部長を引き合わせるために旺文社と文化放送を訪ねている。

池田が振り返る。

「旺文社側は一夫、文夫兄弟、文化放送側で出てきたのは佐藤社長とＵＢＳ出身役員だった。フジテレビ株が高値のため、売り出しとしては最高のタイミングで、大和証券ＳＢＣＭのエクイティ海外部隊がヨーロッパ中心にヒアリングした結果、複数の顧客に売れるという判断になった。売り先がマードックという憶測も出たが、それはない。フジテレビ株が百六十数万円の時に、大和は文化放送（ＪＧＩ）からブロックトレードで一五〇万円ぐらいで買うことになった。大和にとって、それまで最大のブロックトレードはＫＤＤＩのおよそ六〇〇億円だったから、フジテレビ株はほぼ倍、過去最大の取引額となった」

ところが、ほどなく池田は襲撃され、以後、フジテレビや文化放送との関わりは薄れていく。

七月四日、ＪＧＩ保有のフジテレビ株七・四％は大和証券ＳＢＣＭに売却（一株一四八万八〇〇〇円）されたが、池田の退場に伴うかのように予想外の事態が起きる。

「大和が売却する段になって、見込んでいた海外の相手に買い取りをキャンセルされた。エクイティ部隊の詰めが甘かったと言うしかないが、フジテレビ株を持ち続けている間にネットバブル崩壊の影響で年末にかけて一〇〇万円前後まで急落、大和証券ＳＢＣＭは一二〇億円を超える巨額損失を抱え込んだ」

大和はフジテレビの了解を得ながら、市場で売却していった。フジテレビ株は年末、八〇万円にまで落ち込む。結局、大和証券SBCMは二〇〇〇年度の第三・四半期、一八〇億円の経常損失を出した。この損失を取り返すために大和は、次の四半期、なりふり構わず自ら大相場を張り金融業界の注目を集めることになった。

「この手張りで損を取り戻したが、社内ルールなどに照らして過度なリスクを取ったということで金融庁から処分されている」

バクチさながらのふるまいは、とても大手証券会社のそれとは思えなかった。この時の大和証券グループ本社社長、原良也は、先に触れた総会屋への利益供与事件により、タナボタで社長に就いた人物だ。こうした肝を冷やすようなフジテレビ株の取り扱いを通じ、原ら大和証券経営陣と日枝をはじめとするフジテレビとの因縁は深まり、その関係は癒着へと進んでいく。

文化放送の子会社JGIには、フジテレビ株七・四%の売却により一一八五億円という巨額の売却代金が入り、予定どおり清算へと向かった。

JGI清算に伴う取り分は、旺文社子会社への第三者割当増資、また事実上のフジテレビ株割当を旺文社が得たことにより、文化放送が八六〇億円（七二・四%）に対し旺文社・赤尾側が三三〇億円（二七・六%）を得ることになった（税引前）。

さらに翌年の〇一年三月、文化放送は残るフジテレビ株一三・九%のうち一〇・三%を主に大和、UBSの引き受けで売却（一株六八万円・七五〇億円）、その後、内外の機関投資家に売り出された。

文化放送は二回の売却で得た資金で「近い将来の株式上場を目指し準備」すると発表し、社長の佐藤は「旺文社支配からの脱却を目指す」と歴代のトップが決して言えなかったことを明言した。ほどなく売却益を原資に、旺文社が持つ四七・一％の文化放送株を買い取って消却し、赤尾一族の二十五年にわたった支配に終止符を打った。

一方、フジテレビは安定株主工作に失敗したことで、外資を中心により強い圧力にさらされることになる。

このころ、フジテレビの資本政策に関わった幹部の回想。

「海外の機関投資家をＩＲ（投資家向けの広報）で回ると必ず二つのことで懸念を示された。ひとつは、ニッポン放送の時価総額が保有するフジテレビ株より低いこと。もうひとつは、フジサンケイグループの盟主はフジテレビのように見えるが、本当はどこなのかという点だった。もし資本構成のとおりにニッポン放送であるなら、フジテレビに対しガバナンスを発揮することがあるかもしれない。そうするとフジテレビは、独立した事業展開ができないことになってしまう。

こうした矛盾を背景に、フジテレビを狙ってニッポン放送株を買うという異常な動きが徐々に強まってきていた。これはフジテレビにとって大きなリスク要因であり、株主からはニッポン放送を買収あるいは合併するなどの対応を取るべきではないかという意見が多くなった。ただ、ニッポン放送は資本上は親会社であるとともに、両社の関係には歴史的な事情があってすぐには変えられず、日枝社長も機が熟すのを待つしかなかった」

しかし、国内の機関投資家はともかく、外資の影響力が増す市場はそうした事情を慮(おもんぱか)りはしない。〝一物二価〟の事態の深刻さはほどなく露わになった。
〇一年三月末、ニッポン放送の外国人株主の割合が、その議決権上限の二〇％に迫る一八・九％に上ることが明らかになった。市場で外国人がニッポン放送株を拾い続けているのである。

もうひとつの不安要因は、証券保管振替機構名義の株が二・五％あったことだ。いわゆるホフリ名義株は期末の株主名簿に所有者が記載されなかった株で、放送会社の場合は通常、名義書き換えが拒否された外国人の持株であることがほとんどだ。真の株主名はわからないために「失念株」とも呼ばれる。名簿に載らないために議決権を持てず、場合によっては配当金を受け取れないなど株主にとっては相応な不利益となるが、それでも徐々に増えているのは後々のリターンが大きいと見込まれているからだ。

フジサンケイグループの事実上の持株会社であるニッポン放送の株価があまりにも安く、本来の価値をあらわしていない。資本構造は不安定であり、近い将来に激変するに違いない、あるいは圧力をかけて再編させれば、大きなサヤ抜きができるという思惑がある。

ホフリ名義株があるということは、ニッポン放送の外国人持株は事実上、すでに二〇％の上限を超えている気配が濃厚だった。

もうひとり村上世彰も水面下で動き出していた。年始めに村上はいわゆる〝旗艦ファンド〟ＭＡＣジャパン（〇一年末の資金、四二八億円）を立ち上げ、本格的にニッポン放送株の買い付けを始めることになる。

「放送」の特権に風穴を開ける

フジテレビでは〇一年六月、十三年ぶりに社長交代があった。日枝が会長となり、後任には一期下で専務の村上光一が就いた。ニッポン放送でも二年前、川内が会長になり、社長職を亀渕に譲った。五十歳で社長に就いた日枝に比べ、村上は六十一歳とかなり遅い。幹部人事でも若さを売りにしてきたテレビ局であることを踏まえれば、クーデターという異常事態を挟んだにせよ、日枝の社長時代は長期にわたったことになる。

村上に対する日枝の人物評は、「放送が根っから好きな放送人」「若い時から彼を知っているが、物事にあまりこだわらない人間」（〇一年五月二十一日　社長交代会見）というものだ。日枝にとって重要なのは、野心がないタイプということだろう。もっとも、一方で「頑固者で、私が社長をしていていちばん私に抵抗したのが村上専務」と言い、実際、後に日枝と深刻に対立することになる。

表向きの権力委譲とは異なり、社長交代で日枝体制はいよいよ盤石（ばんじゃく）なものとなった。テレビの本業は編成畑が長い村上に任せ、自身はグループ全体へ目配りし、かつ懸案の資本再編に備えるつもりであった。人事権ひとつ取っても、局長級以上のそれは会長となる日枝が握ったままであった。むしろ権力を保持したまま、普段は表舞台に、あるいは矢面に立たずに済むという点で、利点が多いとさえ言えた。

また、テレビ・ラジオ局の業界団体、民放連会長職に就任するための布石でもある。

社長交代の会見で日枝は「通信が非常に発展しており、それらと我々はどうやって融合していくか、メディアコンプレックスをさらに進めていく」と意欲を示していた。だが、皮肉にも四年後のライブドアとの買収戦の渦中で日枝は、自身が使っていた「融合」ということばを極度に毛嫌いすることになる。

テレビ局各社とも、速度を増すネット社会の進展にどう対応するか、模索していたものの本気度には欠けた。当時、民放連会長だった日本テレビ社長、氏家齊一郎の考えにそれは代表される。

「ＩＴ（情報技術）投資案件は慎重に判断したい。マルチメディアがブームだった時のように猫もしゃくしも参入したのに、何も出てこないというリスクは避けたい」（〇〇年三月七日　日経新聞インタビュー）

第二章で触れたように八〇年代から九〇年代にかけて、マルチメディア時代の到来が囃（はや）され、テレビ各局も取り組んだが実を結んだものはほとんどない。その失敗体験が尾を引いていた。

新しい現象、技術に貪欲なフジテレビは、インターネット、通信への取り組みはかなり早い。八六年にパソコン通信の商用サービスを開始、〇〇年七月にはインターネット接続事業やネット仮想商店を展開する「ピープル・ワールド」を買収（フジテレビフューチャネット）し、ネット事業に乗り出している。

ただし、はじめから枠組みは決まっていた。

「『まずは地上波ありき』。地上波の強化に全力を投入し、その地上波No.1の力でＢＳやＣＳ、インターネットなど他のメディアと組合せ、ソフトをマルチユース展開する」（〇二年一月　新年全体会議での村上社長あいさつ）

放送が権益として守られ、巨大な利益を生み出すがゆえに縛られる——産業構造の転換期に繰り返される教訓は、放送にも当てはまった。

二十一世紀の放送と通信を巡る覇権争い、その台風の目にいるのは村上ファンドの後見人、オリックス会長の宮内義彦である。

迫り来るネット社会の隆盛を背景に〇一年十二月、内閣に設けられたＩＴ戦略本部・ＩＴ関連規制改革専門調査会が、宮内を座長に「放送のハード（設備）・ソフト（番組）分離」いわゆる「水平分離」の導入を提言した。その具体的な内容は盛られていないが、既存の放送局を放送施設部門と番組制作部門に切り分けることが示唆されていた。

同本部は元々、森政権時代にソニー会長の出井をトップに鳴り物入りで作られた。続く小泉政権の「構造改革・規制緩和」路線の下では、ＩＴ担当大臣の竹中平蔵と宮内が牽引役となっている。「宮内レポート」と呼ばれた提言は、これまで無競争で守られてきた放送業界での競争を促進することを謳い、放送と通信の関係についても刺激的な文言が並んだ。

宮内義彦（共同通信社提供）

「通信と放送の融合は必然の方向で、将来はインターネットの上にあらゆる情報サービスが統合される」とし、法体系の一体化を唱えた。「融合」どころではなく、事実上は放送が通信、つまりインターネットに呑み込まれることを前提としていた。この宮内レポートに対し放送業界は猛然と反発した。民放連は「公共的役割を果たせなくなる」「現行の放送サービスが壊滅するおそれがある」と最大級の懸念を示した。新聞界もただちに「強い懸念」を表明し、既存権益の援護に回る。

審議期間がわずか一ヵ月で、放送事業者からのヒアリングがなかったことにも不満が渦巻いた。興味深いことに、本部員で調査会委員でもある出井は「継続審議を望む」とし、宮内に公然と反対した。規制緩和を唱えてきた出井の放送業界に肩入れするような姿勢は、余計に目を引いた。

これまで放送局の側は、異業種からの新規参入の要請を事実上、拒否してきた。その際の決まり文句が「公共性」である。

だが、商業放送の視点から見れば、放送局が公益に貢献することを期待する根拠がそもそも乏しい。公益を実現する分野の筆頭は報道ということになるが、局内では収益を押し下げる部門として厄介視する傾向が強まっていた。キー局二社の上場も収益優先の傾向に拍車をかけた。現実は参入障壁に守られて不況下でも高収益を上げ続けており、公共的役割より企業益の追求を優先し、既得権益を守る思考に囚われているのが実態だ。だとすると、ハードとソフトの水平分離によって公共性が失われるという放送業界の論拠も成り立たない。

一方、提言の背景あるいは宮内の意図はどういうことだろうか。

過去、経済界には放送への強い進出意欲と参入障壁への不満があった。新興経営者にその傾向は強く、ダイエーの中内㓛(いさお)や西武の堤兄弟もテレビ局の獲得を目指したことがあった。だが、ローカル局であればまだしもキー局ではほとんど不可能で、資本参加さえ容易でない。

唯一、孫正義が五年前にテレビ朝日株の買い取りに動いたものの、一年も経たずに撤退を余儀なくされたことは先述したとおりだ。

オリックス自身も九〇年代、衛星放送事業に乗り出し、さらに地上波テレビ局の獲得を狙っていたことがある。そうした際に嫌というほど参入障壁を味わった宮内には、苦い思いがあるに違いなかった。

風穴を開けるには、放送行政そのものを突き動かし切り崩す必要がある。「規制緩和の旗手」宮内は、過激なスローガンを掲げて事を運ぼうとした。ただ、放送業界の反発も激しく、水平分離について宮内は「既存の放送は対象外」と釈明し、後退を余儀なくされている。

いずれにせよ、放送行政を揺さぶる宮内の動きと、別働隊とも言うべき村上のファンド活動は連動していたに違いなかった。

村上のニッポン放送訪問

〇二年の仕事始めとなる一月四日、フジテレビでは恒例の新年会が開かれた。日枝体制に変動はないとはいえ、十三年ぶりの社長交代でさすがに現場は活気づいている。

この直後から日枝の姿が社内から消えた。古くからの盟友で元常務の黒神洋二には、この宴の後に入院すると告げている。日枝は腹部大動脈瘤の切除手術を受けることになっていた。憂いなく大仕事に臨むため、いまのうちに治しておこうというのだ。予後は思ったより長引き、復帰は七十五日後の三月二十日となったが、「一緒に腹黒さも取ってもらったよ」と軽口を飛ばすのだった。

日枝の振る舞いは年々、絶対的権力者にありがちな風が強まっていた。入院の少し前から、日枝は自身の行動や病状を社内でも秘匿したいからか、個人的に使ってきて秘密が守れる運転手を社員化し日枝専属の運転手とした。この前年に、右翼の街宣を抑えた功績で入社させた警察署幹部といい、公私混同という声もささやかれた。

日枝の不在中も、ニッポン放送の危機は静かに進んだ。三月末、確定したニッポン放送株主名簿を見た経営幹部は言い知れぬ不安に駆られたという。

ホフリ名義株（失念株）が一年前の二・五％から一一・一％へと激増していた。そのほとんどは外国人株だが、所有者の実態はわからない。

他方、実株ベースで五％超の大株主は、議決権の有無にかかわらず大量保有報告書の提出が義務づけられている。一月、カナダの「ピーター・キャンディル＆アソシエイツ」が五・五％、四月にはアメリカの「サウスイースタン・アセット・マネジメント」が五・七％の保有を届け出たことで、二つの主要な外国ファンドが明らかとなった（これらの株には議決権のない失念株も含まれている）。二つのファンドは以前から日本株に積極投資していた。

ニッポン放送経営陣の大きな懸念は、鹿内が外国ファンドと連携しているのではないかという点にあった。たとえば川内はかつて、議長時代の鹿内とディズニー会長のアイズナーとの会談にも同席したことがあったから、その海外人脈の広さを知っている。一方、鹿内と長く没交渉だから、その動向がよくわからないことでより疑心を募らせた。

実際、このころの鹿内はカナダ人のキャンディルと親しく、サウスイースタンを率いるアメリカ人、ホーキンスとも連絡を取り合い、大株主同士の情報交換を密にしていた。

もうひとつの心配は、当時、ニッポン放送は議決権のある外国人株を一八％と公表したものの、実は免許失効となる二〇％を超えているという異常事態に陥っていたことである。経営陣は事実をひた隠しにし、失効を回避するため後述のような弥縫（びほう）策を取っていた。

資金力がついてきた村上は〇二年八月末、ほぼ三年ぶりに鹿内を訪ね、待望のニッポン放送について本格的に行動を開始すると告げた。

ニッポン放送に本格投資することは後ろ盾であるオリックス会長、宮内にも伝えてある。しばらく後に、その宮内から鹿内に「今回、村上君を応援しようと思っています」と断りがあったという。

続いて九月、村上はニッポン放送経営陣を訪問した。

村上は前年一月、ニッポン放送株を少し取得する〝株付け（八〇〇〇株）〟をし、八月には会長の川内通康にすでに面会していた。この時は会食しているくらいだから、まだ敵対的関係ではなく、むしろ川内は有価証券報告書に記載される十位以内の株主に入らないでほしいと村上に頼んでいる。昭栄で敵対的TOBを実行した「もの言う株主」に狙われたとなれば、資本政策の欠陥が明るみとなる。それを不名誉と考え隠したかったのだが、そうした弥縫策そのものが上場企業経営者として失格であった。なにより、抜本対策を講じないままだった。

二度目となる面談で村上は「貴社の取り得べき資本政策について」と題する文書を提示した。まず上場の経緯について、「貴社は、フジテレビの株式公開（の前）に親会社として上場する必要があったため」だとし、「貴社として上場に対する積極的な理由なし」とにべもなかったが、認識は正しい。

肝心の株価は、ニッポン放送の保有するフジテレビ株の時価総額が一九八三億円（九月四日終値）なのに、自身のそれは一二一三億円でしかない。

だから「貴社が保有するフジテレビ株との関係で外国人等の機関投資家が貴社への投資に関心を有しているのみ」「買い手の思惑は貴社本来の事業とは関係なし」という非礼かつ辛辣な指摘となる。いわばラジオ会社としてのニッポン放送には何の魅力もないと断じているに等しい。

その上で、ニッポン放送とフジテレビ両社で持株会社を設立する資本再編の提案をおこなった。だが、川内ら経営陣は端から取り合おうともしない。かといって、うるさくまとわりつく元官僚を押さえ込む対案もないのだった。

すでに三月末で、外国人株主が二〇％近くまで達していたが、それを見ないことでないことにしてしまうのである。

フジテレビの「露払い」を演じる

村上の次の訪問先はフジテレビだった。

以前、官僚時代に映画産業の研究で知己となった村上光一社長を訪ねている。村上が、資本政策を統括するのは社長のはずだと考えたのは無理もないが、肩すかしにあう。それは自分の担当外であり、資本政策つまり会社の仕組みに関することがらはすべて、会長の日枝が管轄しているのだという。

フジテレビの記録によれば〇二年十月九日、村上はフジテレビに日枝を訪ねて面談し、主にニッポン放送が持つフジテレビ株を自己株取得すべきではないかと提案した。

村上が仕込んでいるニッポン放送株はまだそれほど多くはない。この時期の村上は株取得に向けた行動と平行し、ニッポン放送ないしフジテレビのコンサルティング業務を狙ってさまざまな提案をおこなった。

日枝に示した文書には次のように記載されている。

「ニッポン放送は現在、貴社の筆頭株主（保有比率三四・一％）であり、貴社株式の保有比率を大きく下げることには抵抗あり」「このため、拒否権（三三・四％）の保持にこだわりあり」――。

ただ、若干手放すことを検討する可能性はあるとし、自己株の公開買い付けをおこなうよう提案している（ニッポン放送の場合、売却に税金がかからないという利点があった）。

村上が提案したフジテレビによる自己株取得（及び消却）は、四ヵ月後の〇三年二月に実現する。ニッポン放送がおよそ二万株（八一億一六〇〇万円）の売却に応じた結果、三四・一％あったニッポン放送の持株シェアは三分の一を割り込み、三二・三％に減った。

経営陣は議決権ベースでは依然、拒否権を維持できると見込み、売却益を有楽町の旧本社建て替えの費用にした。ただ、内部留保を潤沢に持つにもかかわらず、さしたる戦略もなしに三分の一を喪失する行為には疑問符がついた。

ニッポン放送の経営幹部が言う。

「フジテレビは公開買い付けに応募するよう川内会長らに圧力をかけ続け、妥協点として二％弱の売却で手を打った。だが、三分の一を持つことによる拒否権、いわゆるコントローリング・プレミアムについては、上場の時に『今後も絶対に維持する』と我々は言ってきた経緯がある。それをむざむざ失う意味は大きいものがあった」

ニッポン放送経営陣が無策であり、統治能力に欠けることをあらためて内外に示す結果となった。拒否権を失うことでニッポン放送株主が得をすることはない。海外ファンドや鹿内などの大株主はこぞって反対する中で、村上だけが積極的に賛同する理由がひとつだけあった。

鹿内の解釈はこうだ。

「彼がフジテレビの〝露払い〟として立ち回ることで、最終目的である持株会社化を実現し、大きな利得を得ようとしていると考えれば説明がつく。村上は、持株会社をニッポン放送に吞ませることができるのは日枝しかいないと思っている。だから日枝と結託することを基本戦略にし、拒否権喪失にも反対しなかった。ただし、その戦略だけに固まっているわけではなく、場合によってはどうにでも転ぶ」

事実、村上は鹿内に、「ニッポン放送の経営権を取りにいくならついていきます」と言うのだった。ただし、期間利益に追い立てられるファンドにとって、経営権を取るといった戦略に付き合うのは間違である。手っ取り早く利益を出すには、フジサンケイグループの実力者となった日枝に従ってニッポン放送を攻め立てるほうがよほど簡単だった。

なお、自己株取得に絡んで驚くのは、村上が日枝に示していた提案である。フジテレビは外国人持株が一七・三%と放送局の中でも比率が高く、二〇%規制で放送免許失効の危険がある。そのため一般的に放送事業者は、自己株を取得することで議決権総数が減り相対的に外国人持株比率が増加することには慎重になる。

村上はこう提案するのである。

「株式の公開はマーケットを通じて投資家が自由に売買できるようにすることであり、放送事業者であってもこの原則は変わらない」「このため、外人持株比率に関しては規制はすべきでないと総務省に対して当方から要請をしたい」

前段は正論だが、続くことばは正気とは思えない文言である。規制を外すということは、自国の放送局が外国人（外国企業）ひいては外国政府に買収されてもよいということだ。経営資本と放送内容は必ずしも関係しないという論理だが、放送の歴史や会社組織の実際を踏まえれば空論だろう。官僚出身の自分が総務省に要請すれば、あたかも規制撤廃に見込みがあるかのような言い方もしている。

ほとんど虚言に近いが、本人は至って本気であった。

〇三年三月、福井俊彦が日銀総裁に就任、応援団の一人が金融市場を司る地位に就いたことで村上の人脈は質的に飛躍を遂げた。

そうしたさなか、村上側の記録によれば三月七日、日枝との二度目の面談に臨んだ。

ニッポン放送は買収される可能性が高まりつつあり、そうなればフジテレビもろとも買われてしまう、それを防ぐために持株会社を作るべきだと熱弁をふるった。

村上はこの後、十年にわたって対峙する日枝、鹿内との面談を個々に繰り返していく中で、二人の関係を次のように理解したという。

「日枝さんは資本のねじれを直さないといけない、あなたの言うとおりだと。でも、そんな簡単じゃないでしょうと。一方、鹿内さんはどうやって復権するか、あるいは（ニッポン放送という）ホールディング・カンパニーを持つことがフジサンケイグループにとって重要なんだという考えで、二人の対立がいまのグループの状況なんだということがよくわかった」（〇七年三月二十七日　被告人質問での法廷供述）

村上はその基本構図を活用して二人の間を行き来し、押したり引いたりしながら立ち回っていくのである。

二十一世紀のはじめ、小泉、竹中の「構造改革」政権の下で、競争原理をいたずらに導入することによる淘汰、そして利益という成果を上げた者に青天井の報酬を肯定する新自由主義的な価値観が世の風潮になりつつあった。

市場での村上、金融での福井の登場と軌を一にするように、会社統治の仕組みでもアメリカ型の制度が持ち込まれる。四月、株主を代表する社外役員の権限を大幅に強化した「委員会等設置会社」を選択できる商法改正が施行され、およそ二十グループほどの上場企業が移行した。その先陣にソニーとオリックスが入っていたことは象徴的で、それは富の収奪の実相を覆い隠すための〝経営ごっこ〟の始まりでもあった。

宮内らが企業統治のあり方を変えるというのは、煎じつめれば株主の取り分を増やすということでもある。その意味では、企業が稼ぎ出す権益の争奪戦の一断面に他ならず、もっとも割を食うのは労働者である。放送に関して言えば、蓄積してきた資産を公共財と位置づけるならば、この社会からそれを奪うということになる。

アメリカ型の強欲資本主義を信奉する彼らは、社外役員を各企業に供給することを主な目的に団体（日本取締役協会）も設立している。企業への適正なガバナンス（統治）を行使すると彼らは標榜した。会長は宮内、副会長には出井をはじめキッコーマン会長の茂木友三郎、大和証券会長の原良也が名を連ねていた（〇四年五月時点）。

他方、競争と淘汰、また成功した時の高リターンを見込める標的として、まっさきに狙われたのがニッポン放送を筆頭とするフジサンケイグループであった。

それはひとつには、放送業界が徹底保護されてきただけに、その防護膜に破れ目があらわれ経営陣の劣弱さがひときわ目立ったからである。もうひとつは、かつてのクーデターの後遺症を引きずって内紛の火種を潜在的に抱えていたから、攻略するポイントが明快であったためだ。

巨大メディアグループの脆弱な一点から内部に攻め入る争奪戦が始まろうとしていた。

先に名前を上げた宮内、出井、茂木、原といった企業トップも、このメディア権力をめぐる争奪のそれぞれの場面に関わっていくことになる。

第五章 争奪戦

膨れ上がる「失念株」

〇三年五月の連休明け、筆頭株主の鹿内宏明あてにニッポン放送から速達便で通知書が届く。そこには、一年前の〇二年四月に鹿内が一〇・五三％を保有する「主要株主」になった、また今年三月でも一一・三一％を保有する主要株主だと記されていた。

主要株主とは持株比率が一〇％以上の大株主を言う。鹿内はもともと一三・一％を保有してきたが、七年前の上場に至る増資によってシェアが一〇％を切り、主要株主ではなくなっていた。その後、大きく買い増したわけでもないのに、主要株主に復活したというのだ。

原因は証券取引法（現・金融商品取引法）が改正され、主要株主の定義が、発行済み株式総数（三二八〇万株）に対する割合から総株主の議決権のそれに変更されたためである。変更前の定めに従えば、鹿内の持株比率は〇二年三月末で九・三四％（三〇六万株）、〇三年三月末で九・八四％（三二三万株）であった。分母の定義を変えたことで持株比率が一％以上も増えたことの背後には、ニッポン放送を取り巻く異常事態と経営陣の混乱が隠されていた。

迷走ぶりがあらわれているのは、鹿内が主要株主になった日付が証取法が改正された〇二年四月一日と書かれていたことだ。ニッポン放送経営陣は、一年以上も前に鹿内が主要株主になっていたことを把握しながら、知らせずに放置してきたのである。

主要株主には商法上、帳簿閲覧権といった重要な権利が発生すると同時に株式の売買報告といった義務も生じるため、発行会社は本来、速やかに通知しなくてはいけない。遅くとも、前年の株主総会前には知らせる必要があった。

川内ら経営陣はクーデター以後、日枝の強固な意思に引きずられてきたこともあって鹿内株の希釈化に腐心してきた。せっかく主要株主の地位から引きずり下ろしたのに、復活されては元も子もない。加えて、敵対している鹿内が主要株主に復活したことを内外に知られたくはなかった。

だが、顧問弁護士から通知義務を指摘され、一年遅れで渋々書簡を送付してきたのである。ニッポン放送の過失は免れず、担当役員の天井邦夫は鹿内に繰り返し謝罪する羽目になった。

ただし、当人への謝罪で済まされないのは、有価証券報告書である。〇二年九月の半期報告書に、鹿内は主要株主として記載されておらず、意図的な虚偽記載の疑いがあった。

それにしても、議決権ベースで鹿内の持株はなぜ一％以上も増えたのだろうか。三月末ではおよそ二％増加した水面下では、経営を揺るがす事態が進行していた。

それは、第四章でも触れた放送免許の条件である外国人持株比率制限の問題だ。

放送法上、外国人の議決権比率が二〇％超となると、放送局は免許を失う。そのため、放送局は二〇％を超える分の外国人の名義書き換え申請を拒否することができる。この拒否分は、いわゆる「失念株」となり、所有者は存在しながら議決権を持たないため、その扱いが宙に浮いてしまう。その意味では株主が失念しているわけではなく、むしろ失念を強要されているということだ。

失念株はこれまでも存在し、一～二％であればさして問題にならなかったが、ニッポン放送の場合、〇二年三月末時点には少なくとも一一％超に膨れ上がっていた。

こうした失念株はなぜ増加したのか。最大の原因は、ニッポン放送設立以来の安定株主である銀行などの金融機関が市場で売却していたためである。不良債権に苦しむ銀行は〇四年九月末までに、目標とされている自己資本の範囲内に保有株を抑えなければならなかった。

ニッポン放送経営陣は、この間、金融機関を回って売却しないように要請してきた。金融機関はその場は取り繕って経理担当役員の天井邦夫らを安心させたが、彼ら自身が非常事態に追い込まれている。〝財界放送局〟として創立された経緯から五十年近く無条件で持ち続けてきたものの、ニッポン放送は低配当のために本来は保有するメリットもない。

主だった金融機関は水面下で、どんどん売却しているのが実態だった。

たとえば〇二年度の一年だけでみずほコーポレート銀行（名簿順位三位）は保有分の一二・三％、三井住友銀行（同六位）は四・五％、りそな銀行（同二十三位）に至っては三三・三％を市場で売りまくっていた。

売りがかさむから株価も低く、それを外国人投資家と村上ファンドが片っぱしから拾い続けていたのである。

失念株の問題はもう一点、有価証券報告書の虚偽記載を引き起こしている。

先述したように、放送法上、二〇％超になると免許失効となる外国人持株比率の計算式は、分母に総株主の議決権数をあてる。失念株には議決権がないから、従来、分母から除外されてきた。

ところが〇二年三月末、失念株が大量に発生。これを分母から除外すると、すでに外国人の名義書換を二〇％近くまで済ませていたため上限を超過し、免許が失効する非常事態となった。

一挙に外国人持ち株が増大したことの衝撃は大きく、ニッポン放送経営陣は免許失効を防ぐため、分母に失念株一一・一％を除外せずに入れる違反行為をおこなった。

監督する総務省は五ヵ月後の八月末、辻褄合わせの通達を出し、失念株を組み入れる計算方式を追認したが、その論理が破綻していることも明らかだった。外国人の議決権比率を計算するのに、議決権のない失念株を分母には入れ分子からは除外するのだから、比率の計算式として成り立たない。当局も、小手先の弥縫策を繰り出す異変が起きていた。

外国人投資家たちが、この小さなラジオ局の株を大量に買った理由は、ひとえにニッポン放送の時価総額が保有する三四・一%のフジテレビ株より安いからである。

その当たり前の資本の論理は、売られる株がある限り止めようがない。手をこまねいている間に、時々刻々と外国人持株は増大した。一年後の〇三年三月末では、議決権のあるもので一八・五%、議決権のない失念株でおよそ一三%に上った。

先述のとおり、中でも二つの外国投資ファンドが急激に株数を増やしていた。

事実上の筆頭株主に躍り出たのは、アメリカ人のメイソン・ホーキンスが運用する二兆円を超える巨大ファンド、サウスイースタン・アセット・マネジメントだ。

大量保有が明らかになったのは〇二年四月、このときは五・六六%だった。以後は、一%超増えるごとに報告義務が生じる。七月に六・七三%、十月に八・二六%、〇三年一月に一〇・〇四%と持株を増やし、鹿内株をも上回った（なお、〇三年七月に一一・〇四%と報告したが、義務日から半年以上も遅延しており遵法意識にはかなり問題があった）。

もうひとつは、カナダ人のピーター・キャンディルが運用するファンドで、実株は六%をすでに超えていた。

ただし、これらの外国人持株には議決権を拒否された失念株も含まれており、その正確な内訳は判然としなかった。

また、村上ファンドの持株も五％に迫る四・六％（〇三年三月末）に達した。

フジサンケイグループの資本構造に内在する矛盾は、膨大な失念株という〝時限爆弾〟を産み出しつつあった。

〝裏切り〟の自覚

一方、書簡交付などを契機に、クーデター以来、没交渉だったニッポン放送経営陣と鹿内宏明の間には、対話するチャンネルが生まれていた。

五月、鹿内はほぼ十年ぶりに再会した川内にこう声をかけた。

「僕はあなたたちにやられたとは思ってないよ」

鹿内にとって川内ら経営陣は、元はといえば最側近の役員たちである。情けないとは思っていても、憎悪といった感情はない。自分は敵ではない、ニッポン放送にとって真実の敵は日枝だということをまず知らせる必要があった。

一方の川内たちも、この間、フジテレビすなわち日枝の力がとみに強まり、親会社の地位が脅かされていることは頭では理解していた。しかし、対抗して闘うわけでもない。さしあたっての敵は、外国人投資家と村上ファンドということになるが、鹿内にはできれば敵対してほしくない。

こうして会ってみれば川内らと鹿内の関係は変わらぬ主従の関係ともいえ、反目しても相互に利益はないことは明らかだった。

だが、川内には七年前の株主代表訴訟で、あわや敗訴し無一文になるのではないかと冷や汗をかいた記憶が強く残っており、「代表訴訟を起こされたことを恨んでいます」と愚痴を口にした。たしかに鹿内は当時、全役員あてに、代表訴訟を起こす可能性に言及する手紙を出しはしたが、実際の代表訴訟にはまったく関わっていない。

代表訴訟の中心人物で、信隆の秘書役やフジテレビ報道部長などを務めた大和寛は生前、こう語っていた。

「代表訴訟は、私と原告にはなっていない信隆の甥のY、二人で実際はおこなっていた。だが、クーデター前にフジテレビ子会社（フジミック）を辞めたはずのYが、係争中に同社からずっと報酬を得ていることがわかった。勤務実態はなく、日枝社長の了承なくしてあり得ないことです。こうなると、この裁判のウラにYがいることが知られるにつれて日枝社長の意向を反映していると見られかねず、私の本意ではないのでYとの協力関係は打ち切った」

Y作成の資料（〇〇年十二月）には、自身の報酬が年二〇〇〇万円と記されていた。

クーデターの後、Yはグループ内で自分だけが信隆と血縁の男子であると主張し、親会社であるニッポン放送で経理担当役員の地位を要求したが容れられなかった。そのため、ニッポン放送とフジテレビ上場に伴って、ニッポン放送三首脳、小林、羽佐間、川内の三人が利得を得る一方で会社に損害を与えたとして代表訴訟を仕掛けたのである。こうしたニッポン放送経営陣への攻勢を強めるYを日枝は事実上、高給で遇し続けた。それは川内、羽佐間らに圧力がかかる状態は好ましく、仮に代表訴訟に敗れても自らには累が及ばないからだと考えられた。

鹿内は「代表訴訟は私ではない」と否定したが、川内の誤解は簡単には解消されなかった。川内らはかつて鹿内の側近として威を借るように振る舞いながら、日枝のクーデターが起きるや保身を図った過去を持つ。〝裏切り〟の自覚があるとすれば、相手からいくら赦しのことばをかけられたとしても、疑心暗鬼になるはずだった。

他方、日枝にとって、ニッポン放送経営陣と鹿内がよりを戻すことは何より危険なことであった。クーデター以降、九四年のニッポン放送の増資差し止め訴訟を最後に表立った動きを見せてこなかった鹿内の立ち位置に、目立った変化はない。しかし、ニッポン放送の資本構成をめぐる座標軸のズレによって、その立ち位置は俄然（がぜん）大きな意味が生じていた。外国人と村上ファンドの持株が四割近くに達し、いまも増え続けている。これに鹿内株が加われば過半数を超えてしまう。場合によっては、ニッポン放送の経営権を奪われかねない非常事態であった。そうなれば、三二・三％の株を持たれているフジテレビまで、事実上の支配が及びかねない。

水面下の奥深いところで危機が進行していた。

その危機の度合いを測る前哨戦は、来たるニッポン放送の株主総会ということになる。

「お宝をどうするのか」

〇三年六月二十六日、開局から四十九年を迎えるニッポン放送の株主総会が、港区お台場のホテル日航で開かれた。

出席した株主は例年どおり七〇〜八〇人と多くはない。村上ファンドの村上世彰と瀧澤建也も、後方席に腰を下ろした。

定刻の五分ほど前には、十年ぶりに鹿内が姿を見せ、ひな壇の真ん前に座った。ほどなく会長の川内ら経営陣が着席、鹿内の姿を認めた社長の亀渕昭信はにっこりとし、クーデターでグループを追われた元上司に盛んにアイコンタクトを送って出席への謝意をあらわすのだった。ちょうど、鹿内を挟んで、経営陣と村上たちが対峙する格好である。どちらもこの間、鹿内を味方につけようと腐心してきた。

村上は、経営陣への圧力になるという思惑から「鹿内さんも一緒に総会に出て下さい」と繰り返し要請してきた。前日も電話してきたが、村上と行動をともにするつもりはない鹿内は明言せず、一方で経営陣には出席を知らせていた。

村上は当初、経営陣との事前接触で資本政策について何らかの方向性が示されるという感触を持ち、「質問を控えるつもりです」と鹿内に告げていた。だが、川内らから目新しい発言は何もなく、期待外れと感じた村上は、質問席へと向かった。

その直前、鹿内は、村上たちはどうするつもりだろうと後ろを振り返り、彼らの姿を探した。ひな壇からその動きを見ていた経営陣には、あたかも鹿内が村上に質問を促しているように見えた。二人はやはり連携しているのではないか――。いったん疑い出すと疑念は募るのである。

興奮すると甲高い声を上げる村上だが、抑えた口調で口火を切った。

「株主総会でなにがしかの説明があるものと楽しみに来たが、残念です」

「亀渕社長は、『外国人株主が非常に多くなっている、議決権を持っている株主が二〇％弱、持っていない株主が十数％』という説明をしたが、どうしてこんなに多くなってしまったのか」

村上にとっては自明の質問に対し、副社長・天井の回答も人を食ったものだった。

「私は外国人株主の何人かに会った。大方は、ニッポン放送の資産価値に比べて株価が低いから買うのだと仰っていた。株主の考えなので、私たちにはそれ以上のことはわからない」

しばらく村上ファンドと経営陣との応酬が続いた。

議長を務める川内――。

「フジテレビ株の保有については、きわめて重要であると私も認識している。フジサンケイグループの結束も重要で、相互に補完しあわなければ他のライバル会社と闘えない。生き残っていけない。それぞれの個性を尊重しあいながらグループの結束を図る」

村上の反論――。

「グループとしてやっていくことに異議はない。いまの資本政策がおかしいと言っている。営業利益一億円の小さなラジオ会社が、営業利益数百億円のテレビを持っている、これはもの凄くいびつな状況だ。適切な資本政策を取って、ニッポン放送の株価、株主価値を上げていただきたい。現在、ニッポン放送の時価総額は九五〇〇億円、持っているフジテレビ株は一五〇〇億円、これは異常。フジテレビを買うよりニッポン放送を買うほうが得だ。これまでも申し上げてきたが、この一年以内に結論を出していただきたい」

再び川内――。

「いまの発言は意見としてお聞きするが、ラジオメディアは災害が起きた時には情報のライフラインとなる。いったん急あるときには当社はコマーシャリズムもない形で継続して放送し、都民や日本全国に貴重な情報を送り続けていかなければならないという社会的使命を持っている」

ここで元警察官僚の瀧澤が質問を代わった。

「ラジオ放送の公共的意味はよくわかる。災害時にライフラインになることもまったく同意する。だからこそ、電波法も放送法もあるということはよく認識している。ただし、ニッポン放送は公開企業、上場会社だ。フジテレビもそうだ。公開企業の使命は、株主のためにきちんとリターンを出すこと、簡単に言えば株価を継続的に上げることだ。われわれは当社の発展を思って買っている。株主価値をもし継続的に上げられないのであれば、非公開にして下さい。突飛なことを言っているように聞こえるかもしれないが、ニッポン放送もフジテレビも公開企業になったのはここ十年以内だ。それ以前においても、放送の役割を果たしてきたはずだ」

村上、瀧澤はラジオ局それ自体には興味はなく、「当社の発展」など露ほども思っていない。一方、川内ら経営陣にも、盛んに言い立てる「公共性」「社会的使命」についてどれほどの認識があったかは日ごろの言動からして疑問であった。その意味で、両者の応酬は空疎であった。

ただし、瀧澤が言及した、価値を上げられないのなら非公開にしろというのは正論だった。無策な経営者の下で小さなラジオ会社が上場する必要性はほとんどないがゆえに、矛盾があちこちで噴き出すのである。

村上ファンドの要求は、瀧澤の最後の発言に尽きた。

「持っているお宝のフジテレビ株をきちんとわかるような形に、見えるようにしてほしい」

期間損益に追い立てられているファンド運用者にとって、お宝を持っていながら手をこまねいている経営陣は歯痒くてしようがないのである。

だが、川内は「ただいまの発言は意見ということで……」と切って捨てた。

総会の所要時間は例年は二十分程度だが、一時間を超えた。しかも上場以来の総会で質問があったのは過去にたったの一回である。〝無条件委任〟が覆ったという点で経営陣にとっては激震だが、村上の登場まで質問も議論もほとんどなかったことが異常というべきだった。

村上の「両面作戦」

村上は総会終了からほどなく副社長の天井に電話して再び政策変更を迫ったが、のらりくらりとかわされるうちに激昂していった。

「このままの経営を続けるなら、川内会長をはじめいまの経営陣には全員辞めてもらいます。こちらには、すでに五〇％以上の株主がついている。今後は、われわれ株主が経営にあたります」

受話器から流れる村上の甲高い声を耳に、天井は沈黙するばかりだった。

村上が言う五〇％とは、大まかに言えば外国人三三％、鹿内一〇％、そして自身が七％という内訳だが、もちろん〝同盟〟を結ぶ何らかの約束を取り付けたわけではない。ただ、いずれも経営陣に強い不満を持つ非安定株主には違いなかった。

総会から半月後の七月十五日、村上ファンドの持株が七・三七％であることが「五％ルール」によってはじめて開示された（五％超の株主に定められた大量保有報告の義務）。昭栄や東京スタイルへの攻勢で名を売った〝もの言う株主〟が、巨大マスコミグループの急所を攻めつつあることが明らかになった。

先に触れたとおり、サウスイースタンをはじめとする外国ファンドも着実に持株を増やしており、自身の背後に「五〇％の株主がいる」という村上の主張はあながち強弁とは言い切れない。

村上の最大の特質は、事態が動かないと見れば、自ら動いてひっかき回す腰の軽さである。ターゲットのニッポン放送経営陣はもちろん、外国ファンドを含む大株主にも随時接触を図っていたが、彼にとってのキーマンは最初から日枝と鹿内の二人である。

村上の考えは、ニッポン放送の株価を引き上げるにはその含み益を顕在化させるべきであり、税金がかからないもっとも有利な方法がフジテレビと持株会社を設立するというものだ。村上ら投資家が持つニッポン放送株は、持株会社の株となることで、その株価は何倍にもなるという皮算用である。

その同盟の相手を鹿内、日枝の双方に求めるという相反する戦略を同時並行で進めた。二人に繰り返し面談して働きかけ、腹を探るという単純な手法だ。鹿内については、同じニッポン放送株主として莫大な利ざやが転がり込むのだから、基本は賛成するだろうという読みである。

村上は「株価が上がることは、鹿内さんにとってどうなんですか」と繰り返し聞いている。「株主だから別に悪いことじゃない」という無難な答えが返ってくると「でも、いざ買いたい時に買えなくなるじゃないですか」と踏み込む。鹿内は「うーん、そうだなあ」と煙に巻くが、そうしたことばの断片、相手の表情などから、感触を摑もうとした。

村上は意向を繰り返し尋ねたが、本心が別にある鹿内は何も明言しなかった。

一方、村上が日枝に最初に会ったのは〇二年十月九日、この時はニッポン放送が保有するフジテレビ株を自己株取得すべきだと意見したことは先述した。その後も〇三年の三、五、七月と繰り返し面談をおこない、ニッポン放送とフジテレビによる持株会社化を提案してきた。

七月中旬の面談は、大量保有報告で村上ファンドが七％超を持っていることが明らかになり、存在感が一気に増した直後のことだ。

持株会社になれば、時価総額の大きいフジテレビはニッポン放送の株式支配を脱し盟主の地位を確立できる。日枝の反応は悪くはなかったが、難物はニッポン放送である。親会社の地位を失い、逆に呑み込まれてしまうのだから賛同するはずがなかった。

だが、村上には成算があるようだった。鹿内にも、自信のほどを示している。

「日枝会長は持株会社に賛成しています。日枝会長からニッポン放送経営陣を説得してもらおうと思っています」

日枝は七月、産経新聞会長の羽佐間重彰に代わってフジサンケイグループ代表に就任し、名実ともに最高権力者の地位に就いている。三ヵ月前には民放連会長にも就き、放送業界を代表する立場でもある。

村上は、持株会社を忌避したいニッポン放送を翻意させられるのは日枝ひとりだと考え、それに賭けているということにほかならない。

もっとも、穏便にことが運ばない時の用意も必要だった。この時期の村上は、「日枝さんはニッポン放送を潰しにいくかもしれない」と言うこともあった。ニッポン放送の賛同がなくても、つまり敵対的買収になるとしてもTOBをかける可能性があるというのだ。

その根拠は、日枝と面談するたびに得られる〝感触〟である。

「平成十五年（〇三年）には、フジテレビはニッポン放送に対して動きがあるんじゃないかと……。これは、日枝さんと頻繁に会ってると、この人は（子会社化を）やろうとしてるなという顔つきをしてるというか、いろんな表現をとって見てると、やりたいんだなというのが感じられたので、やってくれるんじゃないかと思ってた」（〇七年三月二十七日、被告人質問での法廷供述）

日枝が身内への敵対行動を取ってでもニッポン放送を子会社化したいと思っている――この村上の観察は間違ってはいない。

村上の「アクティビスト活動」の本質は、こうした観察にあると言うべきだろう。日枝と機微なやりとりが成立するのは、対ニッポン放送では基本的に〝同盟軍〟だからだ。そして時には挑発したり、下手に出たりして、相手から何らかのことば、態度といった反応を引き出し、確信を得たと思える瞬間があったということではないか。

そうした面談によって得られる感触とは、「インサイダー情報」にも通じる危険な情報収集法であった。

後に村上が摘発されることになるインサイダー事件の第一審判決で、ライブドアから「(インサイダー情報を)『聞いちゃった』のではなく……『言わせた』」と指摘されたことは、フジテレビとの関係にもあてはまる可能性があった。

産経新聞会長・羽佐間の本心

〇三年八月上旬、高層ビルに生まれ変わった大手町の産経新聞東京本社・役員応接室――。

「どこまで知ってるの?」

私が席につくなりそう瀬踏みする会長の羽佐間は、およそ〝新聞人〟らしくはない。数年前に旧社屋で面談した際には、質問する前から「事実でないことを書いたら法的措置をとる」と、しかめ面で言い放たれたこともある。その時、脇に控えていた秘書の北村経夫は、いまは安倍側近の政治家(参議院議員)となった。

羽佐間は率直な人柄だが、度が過ぎるかもしれない。昭和三十年代前半に大映からニッポン放送へ移り企画、編成などを担当し、社長に上りつめた。その間、フジテレビ社長も務めたが任期半ばで更迭されて日枝に取って代わられ、古巣を経て畑違いの新聞社トップになり、鹿内追放のクーデターではオモテの顔となった。

六月までグループ代表を兼務し、ニッポン放送相談役として古巣に強い影響力を持つ重鎮である。グループ内で日枝にいくらかでも対抗し得る者を挙げるとすれば、その筆頭は羽佐間に違いない。

羽佐間の問いかけに戻ると、村上のニッポン放送に対する要求の骨格は知っていたが、裏でどのような駆け引き、あるいは村上を利用した策略が巡らされているのか、その時は知る由もない。ただ鹿内は、羽佐間には言いたいことがあるはずだと示唆していた。

ニッポン放送の経営を揺るがしている問題について聞きたいという申し入れに羽佐間が応じたのは、思わぬ苦境に直面し、グループの内外に何らかのメッセージを発するつもりだったのかもしれない。

羽佐間はゆっくりと話し始めた。

「村上さんの要求は、あれだけのフジテレビの株を持っていながらニッポン放送の株価が低い、資産が正しく評価されてないから、もっと上がるように努力しろということです。ただ、彼が何をいちばんの目的にしているのか。株価のつり上げなのか、あるいは再編成を望んでいるのか……。村上さんの株が一〇％弱、それと外国人の株については二〇％以下に制限されているから、それでもって支配できるのかという問題もある。本人が乗り込んできて、社を運営しようという気はないだろうが……」

再編成というのは、村上がニッポン放送とフジテレビが経営統合し持株会社を作ってはどうかと提案していることを指す。

時限爆弾化している失念株（名義書き換えを拒否され証券保管振替機構の名義になっている外国人保有株）については、羽佐間も把握しきれてはいない。

「（失念株を保有する）外国人が日本法人を設立して株を移すとしても外国資本なのだから、議決権を認めると放送法の二〇％制限は意味がなくなる。各国政府とも放送局だけは守っているのは、たとえば革命が起きるとまずラジオ、テレビ会社が占領されるからだ。それに似て放送会社が外国資本に取られるというのは、非常な危機ではあるんじゃないか」

――総会の後、村上氏がニッポン放送経営陣の退陣を求めてきたのか。

「そういう話は聞きました」

――執行部全員の退陣か。

羽佐間重彰（フジテレビ社史より）

「全員なのか、トップなのか、私のような相談役を含めてか、具体的なことは知らない。総務担当の天井君に電話があったと聞いている。私自身は村上さんとは会ったことも、電話で話したこともない」

――村上氏はその時の電話で、五〇％以上の株主がこちらについていると……。

「うん。僕もあなたと同じで、間接的にしか聞いてない。まあ、マードック、孫の時以来のマスコミの話題ではあるね」

侮蔑的な圧力に沈黙しているように映るが、と尋ねると、羽佐間は苦笑した。

「何言ってやがんだと吠えるのは簡単だけど、いまは黙っていろんな方策をよく考えるほうが正しいんだろうと思う。まあ、（執行部三役も）こんなことで乗っ取られかねないような事態は、予想しなかったかもしれないが」

地のべらんめえ調が顔をのぞかせたが、すぐに苦渋の色に変わった。

——七年前のニッポン放送を上場した判断が問われる。

「当時は、親会社が上場していないと子会社が上場できなかった。上場を決めてからその規定が変わった。社屋とデジタル化でフジテレビにどうしてもカネが必要だったのは事実。ニッポン放送はラジオだからそんなに必要なかったが、親会社だったから上場せざるを得なかったというのがある。信隆さんが存命だったら、どうしたかな……上場はやっぱりせざるを得なかったろうな」

当時でも、引き返すことが可能だったことは先述した。羽佐間にも、規定が変わるという事前情報は届いている。

——ただ、ニッポン放送の上場をこの状態で放置しておくのは疑問に思うが。

「上場廃止も一つの選択肢でしょう。僕自身はあまりタッチしてないが、議論はいろんな角度からやっている」

七年前の株主代表訴訟では羽佐間も被告になった。この裁判で羽佐間は「公共放送を担う放送会社が株式を公開し、名実ともにパブリックカンパニーとなることは、フジテレビにとっても、ニッポン放送にとっても大変有益」（九七年十一月十四日提出の陳述書）と胸を張っていたが、見る影もない。

——議決権のある外国人持株一八％、ホフリ名義（失念株）が一三％、これに村上株、鹿内株を併せると五〇％いくのでは。

「鹿内さんがそれに乗るかな」

——そこをどう考えているのか聞きたい。

「私だって聞きたい」

——鹿内氏とは接触したか。

「僕はお会いしてません。会うと、いろいろ揣摩憶測されるから。ただ、あの人は、信隆さんが作ったニッポン放送を大切にされてると信じてます」

——この間、話もしてないか。

「電話はしました」

——それは……。

「言えません。ただ、お会いすることはできないと言って、電話で話しました」

〝外敵〟に囲まれたいまは、恩讐を超えて鹿内には敵対してほしくないという心情を吐露した。

——村上氏は、株価の吊り上げは持株会社で最大限発揮できるという考えだと思う。一方、フジテレビにとってもグループが再編され、ニッポン放送が親会社でなくなる点では村上氏と利害が一致する。現状、ニッポン放送に三分の一の株を持たれていることは潜在的な脅威だ。

「それはあるけども、ニッポン放送がそれを発揮したことは、この十年間一度もないんだよ。いままでも、フジテレビに対して圧力めいたことはしていない」

——だが、村上氏の圧力はともかくとしても、仮に五〇％持たれてニッポン放送の経営陣が変われば、ゆゆしき事態になりかねない。

「ふっふ……誰がやるかですね」

――そうした潜在的な脅威を、フジテレビ側は未然に防ごうとするのではないか。

「そりゃ僕だって、みんながクビになったら可哀想だと思うよね。だから、いろんな方策は考えてます。もっといいアイデアがあったら、教えて下さいよ」

――たとえば時代の流れとは正反対だが、ニッポン放送とフジテレビで持ち合いをやるとか。

「それも選択肢だよな」

――これだけ持ち合い批判がある中で、やるのはどうかという別の問題はある。

「でも、考え方の一つだよね。そういう案がいろいろとないわけじゃない」

――ただ、持株会社に向かって大きな流れが作られている。

「いや、そのことを僕は肯定しない。持株会社なんて、いま結論として持っていない。そうでない方法を考えたいと……。ただ、人間というのは権力が好きだからね、どうなるかはわからない。結論として（持株会社に）なるかもしれないが、要するに一人の持株会社のワンマンをまた決めるということでは、以前に戻ってしまう。やはり、合意の上で物事を進めていきたい。ワンマン支配の会社にだけはしないような方向でいきたいと思っている」

――企業統治の形態として持株会社ができれば、かつての〝議長〟ではないが、その社長が絶対的な権力者になりかねないという懸念が……。

「ある。そうなっちゃうもんな、責任も。それは望まないですね」

クーデターを前後して、グループを「富士山型」か、それとも峰がいくつもある「八ヶ岳型」にするのかという議論があり、クーデター派は八ヶ岳を選択したはずだった。羽佐間にすれば、持株会社にどれだけ合理性があるにせよ、それはかつて葬ったはずの富士山型であり、議長の絶対権力とオーバーラップする。容認すれば、クーデターの自己否定にもつながりかねないのである。

羽佐間の言いたいことは、「かつてのような権力者はいらない」という一点に集約される。いま、その権力者に擬されているのは、日枝である。

株主総会の後、羽佐間は兼務する「フジサンケイグループ代表」を辞任した。その座は日枝に明け渡されたが、ニッポン放送の〝騒動〟とは無縁だと強調する。

「去年、宏明さんの解任をやって十年になったんで、日枝さんに『もうそろそろ辞めたい』と申し入れたが、『手術した後で民放連会長も断っていた時期なので勘弁して』と。私も『わかったよ』と。これで、一年間待とうということになっただけ。日枝さんはその後、民放連会長になっちゃったから、また嫌だと言うかなと思ったら、今度は『やります』と言うから……。そこに、たまたま春ごろから村上さんの動きが出てきて弱ったなとは思ったけど、交代は既定路線」

また辞退すると思ったら思惑違いになったということなのか、言い回しは微妙であったが、羽佐間がインタビューに応じたのは日枝への牽制であることは明らかだった。

最後に、ともかく降りかかった火の粉を払わないといけないがと水を向けると「払えるよ」と断じる一方、「まだ明快な答えを持ってない」と心中は揺れるようだった。

羽佐間は「僕は楽観論だが……風雲急と言っても夏休みでね」と笑い、立ち上がった。

「ただ儲けるだけ」ではダメだ

ニッポン放送を巡っては、新聞などのメディアを使った誘導、圧力といった情報戦の様相も見せ始めていた。

本来、投資ファンドの主宰者は表には立たず隠密行動を旨とするが、強い自負心を有するこの元官僚は自己宣伝に積極的だった。産経新聞を率いる羽佐間は村上の動きについて、「日経、朝日、毎日にはリークするが、読売と産経には声もかからない」と苦笑する一方、年初には「こっちには新聞もあるのに、村上は本気で挑戦してくるつもりだろうか」と紙面を使った反撃も辞さない強気の姿勢も見せていた。

こうしたメディアグループへの株買い占めの動きは話題性があり、経済紙が取り上げ始めた。特に日経金融新聞の次のような記事が目を引いた。

「『ラジオ事業を差し上げるから、皆様には出ていっていただきたい』。米運用会社、サウスイースタン・アセット・マネジメントのメイソン・ホーキンス代表は春先にニッポン放送を訪れ、経営陣に詰め寄ったという」（〇三年七月二十三日付）

大株主の外国ファンドが村上と歩調を合わせ、経営陣の退陣を求めて〝敵対姿勢〟を強めているとの論調だ。

だが、実際のやりとりはまったく逆である。

「二月に来日したホーキンス氏に対し、面談した天井副社長は『Don't be hostile（敵対しないで欲しい）』と必死に頼み込んだ。ホーキンス氏は『Oh no no, trust me（そんなことはしない、信用してく

れていい)』と答え、引き揚げている」(ニッポン放送幹部)
外国人株主がニッポン放送経営陣の手腕を買っていないのは事実だが、さりとて無用な軋轢も望んではいない。さすがにたまりかねたのだろう、沈黙を旨とするファンドにしては珍しく「誤った報道を正すため」として、「メディア経営に関与する意図はまったくない。ただし、持株会社設立は奨励する」との異例のコメントを発表している。
記事の情報は村上が関係者に語っていたもので、ニッポン放送包囲網が狭まっているという誘導情報を意図的に流していた。背景には、村上はホーキンスのファンドの日本担当者Mと連携しニッポン放送経営陣に圧力をかけてきた経緯があった。
執筆した日本経済新聞の記者は、村上がもっとも信頼する記者の一人だ。加えて、記者の父親は国連の主要機関トップを務める元外務官僚で、同い年の日枝や出井と「牛の会」という集まりを作って親しくしていた。一連の買収騒動が終結し、日枝によるグループ支配の完成後に記者は産経新聞に移籍した。

その年の夏から秋にかけて、様々な動きが活発化した。

八月、軽井沢――。

村上は新たに購入した別荘で頻繁にパーティを開いていた。六月にソニー取締役会議長に就いた経済学者、中谷巌の話を聞く集まりなどに、ＩＴベンチャー経営者やビジネス弁護士、ファンド関係者などを招いては人脈形成に努めた。春にはすでに、ＩＴ経営者らが多く住むため地の利がよい六本木ヒルズに転居もしている。旬の話題は当然、明らかとなったニッポン放送への投資とこれからどうするのかに集まり、村上はニッポン放送株がいかに割安かを力説するのだった。

ニッポン放送株がお買い得であることは、少し目端の利く者にとっては周知である。だが、だからといって村上のように大量買いに突き進む者はいない。村上のように株主の権利をふりかざし、仮に正論をぶつけるにせよ、生半可な介入をすれば、新聞やテレビにネガティブ・キャンペーンを張られるなどの〝報復〟が待っている。

それは村上も同じだったが、彼はかまわずに相手を徹底的に揺さぶり、時に恫喝し、虎の子のフジテレビ株を吐き出させようというのである。

村上は、夏を軽井沢で過ごす鹿内へのアプローチにも力を入れ、同地のホテルで面談している。持株会社化を少しでも前に進めるには鹿内の賛同も重要で、いつものように利点を力説した。部屋の隅のほうでは、村上が連れてきた小学生になる娘が静かに絵を描いている。後に彼女は、父親の後を継ぐことになった。

行儀がいいなとその様子を眺める鹿内の反応は、しかしよくない。

「反対ということでは必ずしもないが、ファースト・プライオリティ（最優先）とは言えないな。それでは、ただ儲けるだけになってしまう」

鹿内の真意は、フジテレビをはじめとするグループ全体に対しニッポン放送が主導権を握れば、株価など自ずと上昇するというものだ。むろん、そのような力量をニッポン放送が持つには、自身の復帰が不可欠という含みがある。

だが、村上はそれを悠長に待っているわけにはいかない。

鹿内と村上では、時間軸が異なっていた。鹿内はすでに十年以上の年月をかけて日枝と対峙していたが、オリックス会長の宮内ら出資者からの有形無形の圧力を受ける村上は、目先の収益を上げなければならない。

二人はつかず離れずではあったが、その距離が縮まる兆しはなかった。

鹿内は、ニッポン放送が生き残るには経営陣がグループ親会社の自覚を持つことが必要だと考えている。四年間とはいえグループ最高統治者として君臨した経験から、次のように言う。

「グループの歴史に照らし小さなニッポン放送が上位にある、小さな会社が大方針を決めていくというアンバランスが、逆にバランスになりパワーになってきた面がある。それが名実ともにフジテレビが上位になったら、グループの各社はただのゴマ粒だ。グループパワーは必ず低下し、空気もどんよりする」

「グループは、常に動いていないと暮らしていけない小隊のラジオが中心にあるからこそ、見込みがあると僕は思っている。歴史的にニッポン放送には、親会社と人材の源流になるんだという意識があった。たしかに小さい会社だが、一人ひとりが最初から最後までやるから経営の勉強になる。グループに強さをもたらす決定力とスピードもつく」

鹿内の寄る辺はニッポン放送だけだから割り引くとしても、グループの歴史に鑑みれば一面の真実は衝いていた。その点、羽佐間も似たような意見を持つ。

ニッポン放送に、単にラジオをやりたくて入ってくる者はほとんどいない。グループの中核に位置しているから、横断的にいろんなことをやれるのではないかという期待を持てる。古くはレコード・ビデオ会社のポニーキャニオンを設立し、あるいは先述したとおりいち早くインターネット放送の実験を試みるなど、創出機能は実際にあった。

だが、川内らに「君たちは親会社なんだよ」と言ってもはかばかしい反応は返ってこなかった。問題はやはり経営陣の資質にあったが、かつて川内を引き上げたのも鹿内であった。

中波ラジオの単独事業に未来がないことは明白であり、だからこそフジテレビ株などの豊富な資産を活かして事業の幅と将来の展望を拡げることが急務であった。

四人だけのチーム

実際、好機がなかったわけではない。有力な総合情報産業のまとまった株を購入・提携する機会が舞い込んだこともある。

ニッポン放送元役員の証言。

「相手はリクルートだった。江副氏と親しくリクルート事件でも名前の上がった経営者から、ダイエーが持つリクルート株を五％超、三〇〇億円分を取得しないかと紹介された。リクルートにはまだ巨額の負債があるものの、事業としては超優良企業。譲渡制限株だからダイエーも勝手に売れないが、リクルート経営陣もニッポン放送ならと了解しているということだった。コンテンツを豊富に得られる可能性があり、きわめておもしろいと思った。ニッポン放送の将来を考えるなら新しいことをやるべきで、真剣に検討するべき案件だった。

ニッポン放送には潤沢な内部留保があり、自己資金で十分まかなえる。ただフジテレビのほうは、ニッポン放送にどんどん知恵をつけられると困ると思っていただろう。まもなく東京會舘で亀渕とリクルートの柏木社長とのトップ会談が持たれたが、結局断ってしまった」

リクルート株をめぐってはＣＳＫ（現・ＳＣＳＫ）や角川書店（現・ＫＡＤＯＫＡＷＡ）などが買い取りに動くなど、情報産業の有力な提携先として引く手あまたであった。いずれも失敗したのはリクルート経営陣が了承しなかったからだが、ニッポン放送の場合は逆に袖にしたというのである。今日、リクルートが年商二兆三〇〇〇億円の高収益企業に成長していることを考えても、判断には大きな疑問符がつく。

根本的な問題は、ニッポン放送経営陣が何ひとつ主体的に決断することがない点にあった。ニッポン放送の株価が低迷しているから買い集められているのに、有効な株価対策も打たなかった。

一方、フジテレビにとっても、親会社であるニッポン放送の株価低迷は自身の経営を揺るがす一大事である。ただし事態を複雑にしたのは、それはフジテレビにとって危機であるとともに、ニッポン放送による株支配から最終的に逃れるための好機にもなるという二面性があったことだ。

日枝は、村上のフジサンケイグループ資本再編成の提案を、ニッポン放送への圧力に利用できると考えて賛同する素振りを示してきた。

同時に、フジテレビからニッポン放送に対しては、買い占めの危機を打開するために、焦点のフジテレビ株を売却するよう求める提案などが突きつけられた。村上たちの攻勢に打つ手がない以上、親子関係を逆転させフジテレビの傘下に逃げ込むことを暗に求めていた。

日枝の意を受け、ニッポン放送の天井と交渉する役を受け持ったのは、フジテレビ副会長の尾上である。尾上は二年前の〇一年に副社長から相談役に退いていたが、民放連会長を兼務する日枝を〝内政〟面で補佐するために六月、副会長職で復帰していた。実際の役割は、ニッポン放送を〝攻略〟する特殊任務である。

一方、天井を通じてフジテレビ側の主張を聞く亀渕は、まったなしの経営判断を繰り返し迫られるようになった。だが社長の判断といえるものは、会社法の分野でトップクラスの人気を誇る顧問弁護士に聞いてみることぐらいしかなかった。

その顧問弁護士からは、いわば開き直りの企業防衛と言うべき提案があった。ニッポン放送が狙われるのはフジテレビ株を保有しているせいだから、事実上、手放せばいい。方法はニッポン放送とフジテレビの合併である。当時のニッポン放送株価は低迷しほぼ純資産価格に近かったから、合併によって村上や海外ファンドが益することはなく、資産は守られる。

「経営陣がフジテレビに合併案を持っていき、この際、一緒になりましょうと申し入れたが、日枝氏は了承しなかった。対等な関係になることさえ拒絶されたことで、日枝氏はあくまでもフジテレビが上になる親子逆転しか考えていないということがわかった」（顧問弁護士）

そのころ、日枝は日本最大級の法律事務所、長島・大野・常松のマネージング・パートナー（後に代表）を務める弁護士、原壽を資本政策の法律顧問に就けた。

原が日枝の示した方向性を説明する（〇六年七月取材、以下同）。

「日枝会長の考えは、当初からニッポン放送の完全子会社化だったと思う。ただ、ニッポン放送の抵抗は激しく容易ではないこともわかっている。かといってニッポン放送の承諾なしにＴＯＢを強行するわけにもいかなかった」

商法では、二つの会社が互いに二五％超の株を持ち合うと、その株は議決権を失い、放送会社では思わぬ事態を引き起こす。仮にフジテレビがＴＯＢをおこなって二五％超のニッポン放送株を持つと、ニッポン放送が持つフジテレビ株の議決権がなくなり、相対的に外国人株の比率が高まることになる。失念株の問題とはまた別に、確実に二〇％超となり免許失効となってしまうのだ。

どうしても、ニッポン放送経営陣の〝同意〟が必要なのである。

フジテレビで経営の土台となる資本政策を担う陣容は、ごく少数に限定された。役員は日枝と尾上の二人だけ、スタッフは外部から招いた増田繁という元興銀マンのみ、そして弁護士の原、この四人だけであった。

四人の関係をフジテレビ幹部が語る。

「増田氏は鹿内宏明氏と興銀の同期入行で実務に明るい。ビックカメラが始めたＢＳ放送の社長を経て、姻戚の尾上副会長との関係でフジテレビ入りし、大学時代にジャズを一緒にやっていた原弁護士を日枝会長に紹介した」

放送局の意思決定が、日枝を中心としたごく狭い人間関係に収斂する構図は異様である。本来、資本政策に関わるべき経理や経営企画担当の役員は関与することなく、弁護士の存在すら知らされなかった。

買収や合併などの資本政策は情報管理の面から少数で担うものだが、担当役員も与り知らないという事態は通常あり得ない。瑕疵や不正を未然に防ぐ意味からも、問題をはらんでいた。経理担当常務の糸山雄二は二年後の〇五年一月、フジテレビがニッポン放送を子会社にするＴＯＢ発表の席ではじめて弁護士の原を見て驚くことになる。

日枝は資本政策を司る人事と併せ、監査役にキッコーマン社長の茂木友三郎を三顧の礼で迎え入れるなど着々と手を打っていた。オーナー経営者の茂木は六〇年代にアメリカでＭＢＡを取得、また自社を委員会等設置会社にするなど、株主の利益を重視するアメリカ型の企業統治を積極的に取り入れてきた。また先述の取締役協会では宮内とともに中心的役割を果たしている。

それだけに本来、株主の意向から自由でありたい日枝体制の下、フジテレビ監査役に招くのは奇異に映ったが、むしろ宮内をはじめとする勢力の防波堤と考えれば合理的であった。さらに茂木は鹿内とも親交があり、監査役就任を知った鹿内は、それを自身への包囲網の一環と受け止めた。

「あなたの株を買う用意がある」

再び〇三年夏の場面——。

八月、ニッポン放送の〝陰の筆頭株主〟であるサウスイースタン・アセット・マネジメント代表、メイソン・ホーキンスも再び動き始めた。

二十七日にニッポン放送を訪れ、川内と会談した。

この席でホーキンスは、資本政策について「ニッポン放送とフジテレビとで持株会社を作ることが望ましいが、対案があるなら示してほしい」と注文をつけている。その反面、敵対する意図はないことをあらためて表明、また村上が過半数の株主を味方につけたとする発言に触れ、自身のファンドはその中に入ってはいない、勝手に勘定に入れているのは不快だと村上ファンドとの連携を打ち消しに回った。

ニッポン放送側はホーキンスの非敵対姿勢に安堵しながらも、発言どおりに受け取ることもできなかった。先の日本担当者Ｍとはこれまでも険悪な関係にあり、経営陣には強い拒否反応があった。

「会談の直前にも、副社長の天井と電話で話したMが、経営陣は『That is no business』だと……。『本当に欲しいものは何なんだ』という侮蔑的な言い方もした」（ニッポン放送関係者）

ニッポン放送側はこうした〝経営介入〟に嫌悪感を募らせながらも、対応策を見出し得ていない。

翌二十八日、ホーキンスは鹿内とも面談した。

ホーキンスはかねがね、サウスイースタンは自己資金が相当の割合で含まれる〝オーナー的なファンド〟であり、自分の立場は鹿内に近いと親近感をあらわしてきた。その点を踏まえて鹿内は、ホーキンスが持株会社に賛成していることに疑問を呈した。

「経営を最大限効率化して利益を上げる会社にするというこれまでの主張と、持株会社に賛成するという今回の姿勢は矛盾する。もし持株会社に再編されれば、いま五〇％前後に達している非経営側株主のシェアは半分以下になる。経営に注文を付けるにしても、いまでさえ実現できないことをシェアを落としてどうやって実現するのか」

鹿内の特質は、相手が誰でもはっきりとものを言うところにある。日本社会では軋轢となってはね返ることが多いが、相手が欧米人の場合はそうではない。

「持株会社への賛意は、つまるところ単なるアービトラージャー（サヤ抜き投資家）だ。従来のあなたの主張と矛盾するのではないか」

鹿内にとって、これは村上に対する批判でもあった。ただ、ファンドの運用者にとっては、期間内の一定の利益は至上命令であり、経営改革はそのための手段であって目的ではない。両者は、しょせんは水と油のごとく、混じり合うことはない。

正論を返されたホーキンスはことばに詰まったが、割安株を重点的に買い集めてきたのは日本でも欧米型の市場メカニズムが働くと考えていたからである。

「株主に支持されない経営者は成り立つわけがない。いずれ交代させられるだろう」

鹿内は「それも違う」と言った。

「日本の放送会社には外資の二〇％制限など、行政当局がいろんな規制をかけて守っている。株主であっても議決権を持たなければ相手にされないかもしれない」

袋小路に入り込んで最終的に売り抜ける出口を見失えば、ファンドは毀損する。ホーキンスは心なしか、気落ちしたように見えた。〝時間コスト〟を考えれば、早く手仕舞いをしたい気持ちもあるのではないか──。

鹿内は、その一瞬をとらえ、「私にはあなたの株を買う用意がある」と買い取り価格を口にした。軽い世間話のような口調で発した値は、ホーキンスが目標価格に設定する六〇〇〇円（当月の終値は四五八〇円）よりかなり安かったが、向かい合っていたホーキンスは少し俯きそのまま動かなかった。鹿内の思い切った行動と相手の黙考に、巨大メディアグループの帰趨が凝縮していたと言ってもいい。

もちろん鹿内に四〇〇億円規模の現金はないが、調達できると確信している。ホーキンスが売却に応じるならば、カナダのキャンディルも右に倣う可能性が高い。鹿内は一気に三〇％超の株を支配下に置くことになり、ＭＢＯ（経営陣による自社買収）を含む様々な可能性が現実化するからだ。

だが、やはりホーキンスの目標価格とは差がありすぎた。長い沈黙の後、答えは「ノー」だった。ホーキンスは「君のことが好きだ」と言って引き上げた。鹿内が時計を見ると、三十分の約束が一時間を過ぎていた。

九月初め、銀座のイタリア料理店――。

ニッポン放送の川内と鹿内の接触が続いていた。この日、川内からは鹿内の保有株を買い取りたいという提案があった。川内の腹づもりとしては、一〇％近い株を安定株にすることができれば買収の危機を当面回避でき、日枝に対抗する手段にもなる。いわば鹿内に見返りもなしに救いを求めたと言っていい。

一方、鹿内は経営陣に、協力してホーキンスらの株を買い取って経営権を取得するＭＢＯを薦めてきた。その場合は強力な経営者が必要となるが、ニッポン放送にそんな人材がいない以上、自分の出番が来るという含みである。

ニッポン放送の経営権を握れば、理論的にはフジテレビにガバナンスを及ぼすことができる。それは日枝との死闘を意味するが、躊躇はない。

フジテレビ側もニッポン放送経営陣と鹿内の接近をもっとも心配していた。フジテレビの経営企画担当幹部が回想する。

「鹿内氏にはいつか復帰したいという思いがあるから、ＭＢＯをやるかもしれないということは想定し、危惧していた。やられたら怖いなと思っていた」

だが、川内の提案は鹿内にただ手を引いて欲しいと言っているに過ぎず、受け入れられるはずもなかった。〝外敵〟が押し寄せたために川内はかつての盟主に近づいたものの、信頼関係を伴って協同する基盤はなかった。

川内は「議決権については引き続き支援をお願いします」と頼むだけに終わった。

堀は埋められた

この季節、川内は毎年、スポンサーを連れてラスベガスへ接待旅行に繰り出す。接待の効果はすでに薄れて批判も多いのだが、華やかだったバブル期がいつまでも忘れられないのだ。だが、一時の逃避から戻っても村上らに囲まれた事態に変化はなく、ラジオ事業の将来展望も開けない閉塞状況にある。

帰国後まもなく、川内は弛緩したようにフジテレビの軍門に下る。

十月、サウスイースタンの持株はさらに増え一二・一%になった。金融機関など既存の安定株主がこっそりと売却する事態に歯止めがかからない。

フジテレビからニッポン放送経営陣へは「このままでは危険だ」という切迫した働きかけが強まり、とうとう資本の親子逆転の提案がなされた。フジテレビがニッポン放送株を公開買い付け（TOB）し、ニッポン放送を子会社にすることを了承するよう求める正式な文書を携え、日枝は川内に直接働きかけた。

ニッポン放送の資本政策に携わった関係者が言う。

「ニッポン放送の票読みでは、まだ乗っ取られるとは思ってない。だが、フジテレビは『もっと買われているはずだ』と。文書には敵対株主を相当サバ読み、膨らませた株数が書かれてあった。実際はそんな数はなかったが、後ろから狼が来ているんだから、こっちへ逃げていらっしゃいと」

鹿内株の取得にも失敗していた川内は、提案を持ち帰って検討することもせずにその場で承諾する。亀渕、天井は帰社した川内から事後報告を受けて仰天し、さすがに反対した。

「二人はまだ頑張れると思っていたので、川内会長が勝手に子会社化を受け入れたことに怒った」（同前）

思いがけず突き上げにあった川内は、日枝に撤回申し入れを余儀なくされた。かつては日枝に強い対抗意識を燃やした川内だったが、指導力はむろん信用も失墜した。十二月半ば、病気を理由に代表取締役会長を突然辞任する。社長に就いてからクーデターを挟んで十一年に及ぶ長期政権だったが、危機を前に最後は責任放棄の道を選んだ。

代わりに代表権を持つ役員に昇任したのは副社長の天井である。

そのころになって、社長の亀渕は鹿内との接触を深めている。鹿内は、噛んで含めるように亀渕にこういうたとえ話をしていた。

「カメちゃんが豊臣秀頼とすると、上場前には五一％（フジテレビ株）もあった素晴らしいお堀が、いま家康に段々埋められているんだよ」

家康が誰かは言わずとも自明だった。

亀渕は、鹿内とニッポン放送経営陣とで協力したいとし、「いずれ、処遇もきちんとしたいと思っている」と伝えていたが具体性のある内容は伴わず、話し合いの内容を文書にする段になると、とたんに腰が引けた。鹿内が、来春からロンドンに長期滞在する予定で、経営に関与することを求めてはいないと話してもムダだった。亀渕はかつて裏切った記憶からいまも抜け出せていない、自分を怖がっている、このトラウマは終生消えないのだと鹿内は思った。

代表取締役副社長に就いた天井は名物深夜番組「オールナイトニッポン」のパーソナリティを務めたこともあるから、本来は明るい性格に違いない。だが、中堅に差しかかるころに起こした一身上の事故以来、表舞台には立たずに鹿内家の雑用処理や経理などの裏方に回り、物腰には陰を感じさせた。

その天井が川内に代わって代表権を持ったことで、意思決定に与る重みが増した。

川内の結末が〝逃亡〟だとすれば、天井の選択はぬかるみの中の〝後退戦〟である。

十二月初め、鹿内に会った天井は、最近は株価が少し上がってよかった、また株式を分割する必要があるかもしれないなどと当たり障りのないことを口にしている。

川内の突然の退任は鹿内にとっても気がかりだった。体調不良は事実とはいえ、追い詰められて逃げ出したと映る。より前面に出てくることになった天井も、胆力のあるタイプではない。

鹿内は、天井が切り崩される懸念を常に抱いていた。いっそのこと、親会社の地位を捨てれば乗っ取りに遭わずにすむ。お宝のフジテレビ株を手放して、フジテレビと株の持ち合いをすればいい——という後ろ向きの発想に取りつかれかねない。

その場合、ニッポン放送の上場の時と同じように、何らかの資金需要あるいは無用な投資話がこじつけられるかもしれないと考えていた。

別れ際に鹿内が「(ニッポン放送のシェアが)一五%を切ることが、フジテレビにとっていちばんいいんだろうな」と指摘すると、天井は何も言わなかったがびっくりしたように見えた。鹿内は推察が正しいこと、水面下で何かが進んでいることを確信する。

日枝は、子会社化が押し戻されるとただちに代替案を提示していた。天井は、その要請を吞むことをすでに決めていたのである。

〝焦土作戦〟

〇四年一月九日十一時、年明け早々に開かれたニッポン放送臨時取締役会――。

この日、ニッポン放送とフジテレビの親子関係が事実上、解消される議案が用意されていた。

配られた資料には第一号議案として「株式会社フジテレビジョンとの共同事業実施の件」とあった。ニッポン放送とフジテレビが共同で台場に「臨海副都心スタジオ（六万八〇〇〇平方メートル）」を建設、運営にあたるのはフジテレビと書かれている。費用分担は、総工費・五八〇億円のうち本体工事分の一八〇億円をニッポン放送が負担することになっていた。

資料に添付された「予想損益」によれば開設から十年間で六億九〇〇〇万円の純利益を見込んでいる。これは、毎年二一億円のスタジオ収入がフジテレビからニッポン放送に支払われることになっているから、それだけを取り出せば固い数字だ。

だが、そもそも六〇〇億円近い巨費を投じるスタジオ建設は疑問符だらけであった。

わずか七年前に新築したお台場の本社スタジオが格別手狭になっていたわけではなく、その隣接地に八つのスタジオを持つ最新式の巨大施設を造るのが過剰投資であることは明らかだった。貸しスタジオにすることを想定しているわけでもなく、当のフジテレビ内部を含め、放送業界の中でそうした設備投資が真に必要だと考えている者は皆無と言っていい。

まったく不要なことに巨費を投じるのは、別の目的があるからである。

ニッポン放送は、原資にあてるためフジテレビ株を一〇％近く（六万株）売り出す。その結果、持株は三二・三％から二二・五％へと急落する。鹿内が予想したとおり、シェアが二五％を割り込むことに大きな意味があった。今後、フジテレビがニッポン放送株を持った場合に議決権が生じるのだ。六万株の売り出しでおよそ三〇〇億円となるが、うち一二〇億円が税金に消える。まともな経営者なら回避するに違いない税務上の多大な不利益も考え併せれば、自殺行為に等しかった。いわば、フジテレビがニッポン放送の資産を毀損する〝焦土作戦〟をしかけたのである。実際、市場は素直に反応し、ニッポン放送株は二日連続でストップ安となり、急落することになる。

経営上の重大な意思決定は、常勤役員でさえ直前まで寝耳に水であった。そのうちの一人が言う。

「巨大スタジオ建設のような大きな事業を検討するなら当然、社内に設けられるべきプロジェクトチーム、ワーキンググループもなかった。そもそもラジオ事業には必要のないものであり、実際はフジテレビから天井副社長を通じて建設案が降りてきたに過ぎず、副社長一人が情報を抱え込んで他は直前まで知らされなかった。取締役会前の常務会でも『顧問弁護士の意見は?』『法的責任は大丈夫のようです』という一言で済まされ、数百億円をドブに捨てるかもしれないというのにいっさい議論にならなかった」

取締役会ではわずかに一人の非常勤役員が、「本当に必要なのか」と疑問を呈したものの、ほとんどの役員は村上ファンド対策で必要なのだろうと忖度して沈黙を守り、株放出が決まった。半年前には日枝の権力強化を懸念していた羽佐間も、何も言わずに賛成した。

このスタジオ建設計画が異様なのは、立案、主導したのが大和証券ＳＭＢＣ(〇一年四月に社名変更)でフジテレビを担当する事業法人第五部であったことだ。部長の松井敏浩(一八年四月に大和証券グループ本社副社長)はフジテレビ内の打ち合わせの席で、「スタジオ建設はニッポン放送にフジテレビ株を吐き出させるための方便」という本音を無遠慮に発言し、フジテレビ幹部からたしなめられたこともあった。なにしろ、表向きは「これからのデジタル時代に必要な設備投資である」と内外に喧伝する必要があるのだから。

実際、こうした辻褄合わせのために、ニッポン放送とフジテレビの間でスタジオ建設の「基本合意書」が締結されたのは二ヵ月後の三月二十五日だが、共同事業の中味は何も決まっていなかった。その前日の取締役会でこの事実を知らされたニッポン放送役員によれば、「株売却が先にありきの本末転倒の計画だったことがわかった」がすでに手遅れであった。

ニッポン放送が株放出を決めた一月九日、フジテレビでも「スタジオ建設、メディア・コンテンツ投資」を理由に二割増となる大規模な公募増資（一八万株）を決めた。主幹事として仕切ったのは、やはり大和証券ＳＭＢＣである。ニッポン放送が売り出すフジテレビ株を主幹事として引き受け、利益を上げるのも大和だ。

フジテレビは増資で一〇〇〇億円を超える巨額資金を手にしたものの、無用なスタジオ建設と希釈化によってフジテレビ株も急落した。この間、ニッポン放送、フジテレビともに買い増しをしてきた株主のほとんどが両経営陣に対し憤りをあらわにした。

決議当日の鹿内の述懐。

「こうした一見もっともらしい投資計画を出してくる可能性は常に考えていたが、フジテレビ株がどれほど力の源泉になっているか、ニッポン放送経営陣は何もわかっていなかった。あえてニッポン放送の資産を減らすためにやっているいると映る。背任以外のなにものでもない」

続けてこう慨嘆した。

「私はずっと味方だと言ってきたのだから懐柔しておけばいいものを……。そうすれば親会社としての地位を保てたのに、なぜこんなことをするのか。トラウマとしかいいようがない」

損得に敏感に反応する村上の怒りはさらに激しかった。発表直後、資産を毀損されたとして「なんでそんなことをするんだ」と両経営陣に怒鳴り込んでいる。

鹿内にも怒りをぶちまけ、ファンドの代表とも思えない台詞を口走るのだった。

「フジテレビから高値で買い取り要請があっても、絶対に応じません。それは信用してください」

十日あまりが経った一月二十日の面談では、激昂する村上を日枝がなだめる場面が見られた。村上の最大の懸念は、ニッポン放送とフジテレビに商法上の親子関係がなくなったことから、持ち合いの可能性が現実味を持ったことだ。そんなことになれば村上株は塩漬けとなり、ファンドは致命傷を負う。翌月にも、村上は日枝に持ち合いを牽制する手紙を出しているが、これまでのように日枝に依拠しすぎることに危険を感じた村上は、大量に抱え込むニッポン放送株の〝出口〟探しに焦りを覚え始める。

年明けの一月から二月にかけて、村上は自らＴＯＢに打って出る、もしくは第三者にかけてもらう可能性を探り始めた。本来は、最初からやりたかったことではあった。

十二年ぶりの極秘会談と秘密交渉

二月、村上は鹿内に面談を申し入れ、都内の法律事務所で顔をあわせた。双方が弁護士を同伴し、場所もＭ＆Ａ業務に精通する第三者の弁護士の元で設定されたことからも、正式な提案が予定されていた。

村上はいつになく真剣な面持ちで、「ニッポン放送にＴＯＢをかけたい」と鹿内に言った。一緒にやりましょうという誘いであるとともに、「やってくれませんか」という依頼でもあった。

仕掛けさえすればよかった。ニッポン放送を取られるわけにいかない日枝が、必ず対抗ＴＯＢに踏み切るから価格は吊り上がっていく。そうなれば、どう転んでも損をすることはないと踏んでいる。だが、すでに別の方策を取りつつあった鹿内は、話を聞くという姿勢に終始した。

ＴＯＢについて、オリックス・宮内の意向を尋ねても返答は芳しくなかった。村上は、宮内にＴＯＢの資金保証を頼んだものの今回は断られたのだという。昭栄の時には頼みを聞き入れた宮内だったが、村上を「ずっと見守っていく」はずが、明らかに変心を始めていた。

「村上の背後に宮内あり」と見られ続けることの不利益は、宮内が規制緩和を唱えて政権中枢に深く入り込むにつれて無視できないものになっていた。普段、宮内が村上の活動に口を挟まないのはオリックスへの影響がさしてない場合であり、いざという時は事実上の拒否権を持っているということだ。

宮内の下支えがない以上、村上が熱望するＴＯＢは不発に終わるしかない。村上は以後、一方で宮内からの「自立」を模索せざるを得なくなる。

村上は次善策として「共同保有」の提案もおこなった。村上、鹿内の同盟が明らかになれば、ニッポン放送への威圧感は増す。だが、鹿内はこれにも乗らなかった。

鹿内は、村上や外国ファンドと株主連合を形成する可能性を閉ざしはしなかったが、追放劇から十二年に及ぶ年月に区切りを付ける気持ちが固まりつつあった。

株売却の発表直後に亀渕と会って話したが、憤る気にさえならなかった。

「なんだい、これは」

「自分はいいことをしたと思っています」

亀渕はそれが本心からなのか、フジテレビ株の売却とスタジオ建設をあくまで良案と強弁した。鹿内には、フジテレビ株を手放すのは自殺行為としか映らない。

「これは、かなり致命的だよ」

両者の対話は一年近く続いてきたが、かつての追放劇にまつわる関係性から逃れることはできなかった。鹿内は、彼らとの対話は打ち切るしかないのではないか、このまま座していれば、さらに資産の毀損を招きかねないと思い始めていた。

鹿内には専門家のアドバイザリーグループがついているが、彼らの意見をまたずに行動を起こした。


日枝は毎年一月中旬、ソニー協賛のプロゴルフツアー「ソニーオープン」が開催されるハワイに出かける。鹿内は同地に滞在中の日枝に連絡を取り、それから一ヵ月と経たないうちに、都内のホテルで密談がもたれた。

鹿内がクーデターで追放されて以来の対話だった。

日枝は、今日の会合のことは誰にも明かしていないと言った。十年以上も日枝に仕えている秘書役も、その日、ボスが誰に会っているかは知らされていない。二人の間で何が話され、どのような合意に達したのか、それは恩讐を超えた和解と呼べるようなものだったのか。

鹿内は、フジサンケイグループが買収の危険にさらされている状況を踏まえ、安定的な資本関係を構築すべきだという前提に立つ。これは日枝も異論はないはずだった。違いは、鹿内はそれを従来の仕組みどおりニッポン放送を中軸に実現しようとしたのに対し、日枝はフジテレビを頂点とする資本再編を目指したことだった。その闘いに敗れたことは、鹿内も認めざるを得ない。

それを踏まえて、長きにわたった敵対関係を清算し、大局的な見地から友好的に結束するなら、最大の武器としてきたニッポン放送株をフジテレビに譲渡してもいいと提案した。

日枝からは、グループを取り巻く状況について率直な危機感が表明された。

「ニッポン放送の買収リスクは依然高く、経営陣は大丈夫だと言っていますが私はそうは思わない。去年と今年、三月末に（資本政策上の）区切りがあったのに何もしていません。どのように解決していくか、自分が中心になってやる以外にはないと思っています」

日枝の口調には、鹿内に社業を報告するような趣きがあった。たしかに野にあっても鹿内は議長然として振る舞ったし、逆に日枝は四年間部下として仕えた属性から自由にはなれないのだろう。

その一方、絶対権力者は自信と昂揚感を持つ半面、孤独も味わう。鹿内はその日の日枝の姿を見て、頂点にいるがゆえの孤独は、自分のようにその立場にいた者にしかわからないだろうと思った。二人には共有する感覚があるはずだが、立場の違いも歴然としていた。

鹿内は、十二年前の屈辱的な解任から名誉回復する証として何らかのポストを求め、日枝も口頭では善処を約したという。だが、日枝には「友好的な結束」といった能書きは無用と映ったに違いない。一度、後ろから斬りつけた相手と友好関係を持つことは土台、不可能である。

日枝の関心は、潜在的脅威となってきたニッポン放送株の取得に収斂していく。その時点で一五〇億円前後と見込まれる鹿内株を、フジテレビが購入することが可能なのかどうか——。

二月初旬、日枝は前述した弁護士の原壽に法的問題の有無を照会、検討した結果、いくつかの難点が提示された。

原が二月十三日付でまとめ、日枝に提出した「覚書（ニッポン放送を特定の株主から買い受けることの法律上の問題点）」から見てみよう。

ひとつは直前の一月におこなった一〇〇〇億円に上る大型増資の際に示した資金使途に、株式取得といった目的がなかったことだ。もし三月末までに取得を強行すれば、開示義務違反に問われる可能性があった。しかも証券会社のアナリスト・レポートで、そもそも資金使途として示したスタジオ建設などは増資しなくとも可能であり、「裏にはフジテレビによるニッポン放送買収計画があるのではないか」と指摘されていた。鹿内株を取得すれば、こうした見方を裏付けることになる。

逆に、株式持ち合いの弊害が強く言われている状況では、ニッポン放送とのそれは合理性に疑問があり、株主代表訴訟を起こされる懸念があるとされた。

また、大量保有は開示しなければならないから、鹿内からのみ取得した事実は公知となり、「ニッポン放送株主を不平等に取り扱ったと非難されるリスクは無視できない」とした。

そして、もっとも避けたいのは、鹿内から取得することが、日枝が自身の権力を盤石とするため、自己利益を図る目的で実行したととられることである。

「（取得に）合理性がないのであれば……フジテレビ経営陣が、ニッポン放送の大株主（注・鹿内）のニッポン放送に対する影響力を減少させ、そのことによってかかる株主による間接的なフジテレビへの影響力を下げ、フジテレビ経営陣の独立性、保身を図ったと批判されることになる」

結局、法律面からは、相対取引での取得を避け、一定期間後に鹿内株を含めてＴＯＢで買い付けることを推奨する意見が出された。

もっとも、鹿内株取得にあたって最大の問題は、フジテレビ取締役会の内部にあった。

上場後は、一〇億円以上の投資案件は取締役会（二十二人）を通さなければならないと取締役会規則で定めている。だが、そこには亀渕、川内、羽佐間というニッポン放送役員、ＯＢが三人もいる。亀渕らは客観的にはフジテレビ株売却という〝自殺行為〟に走ったとはいえ、逆にそのおかげでフジテレビとの関係は落ち着いたと思っている。フジテレビによる鹿内の持株購入はその安定を壊すことになるから、認めるはずがない。

日枝のほうは、クーデターこのかた待ち望んできたことである以上、鹿内が売ってもよいと言う好機を逃すわけにはいかない。とすれば、この取引をニッポン放送には隠し通さなければならず、取締役会での承認が得られないというジレンマに陥ることになった。

このほか、フジテレビが大量保有報告を出さなくても済むように、五％以下の二回に分けて取得する案も検討されたが、公知となるまでの時間稼ぎにさほどの効果はなかった。

鹿内は友好的な結束や自身の処遇、そして買い取りを約する誓約書の提出を求めていた。日枝は二月二十三日、再び鹿内とホテルで面談し、一枚の自署名入りのそれを差し入れた。

売却を決断したことに敬意と感謝をあらわし、買い取りに前向きに取り組むことを表明、「九月までに実行すべく努力することを約します」と記している。

ただし、その時期や、方法は現時点では確答できないとし、情勢を見きわめた上で決定し事前に連絡、買取価格は「時価を基準として適正な範囲内で決定」するとしている。文面は具体的な内容には乏しいものの、鹿内をつなぎとめるための強い意欲が示されている。

そのうえで日枝は口頭で、「買取方法については、（鹿内）名義は変えないで『信託』を使って決済していく方向を考えている」と伝えた。この信託というやり方は、後述のように株の所有者が移動した事実を隠すための方便で、証券取引法に抵触しかねない問題をはらんでいた。

この文書は末尾に「代表取締役としてではなく私（日枝）個人の意思」と断りを入れてあるものの、内容は代表権を持つ者にしか記せないことである。一方、鹿内の処遇については何も書かれておらず、日枝にその意思がないことは明らかだった。

鹿内は内心予期したとおりになったことを確かめ、そのことには触れずに念書を受け取った。

それから数日後、日枝から鹿内に電話があった。心配ごとの相談といった趣きだった。

「フジテレビが現在持っているニッポン放送株は四四〇〇株（〇・〇〇〇一％）に過ぎません。ですから、（鹿内の持株を）ぜひ買い取りたいが、ニッポン放送に無断でやることが自分は本当に心配です」

鹿内とニッポン放送経営陣が連絡を取り合っていることを知っている日枝は、ニッポン放送にこの取引を気付かれることを怖れていた。だから秘密保持に協力してほしいと頼んでいた。

先の念書には次の一文がある。

「買取に際しては、当社の有する公共性に鑑み、法的リスクはいうまでもなく、レピュテーションリスクも確実に回避できることを大前提といたします」

テレビ局の公共性を強調し予防線を張っていたが、皮肉なことに、この買い取りにまつわるリスクは回避どころか拡大する結果となった。

グループ内部の溝と断絶

鹿内と日枝の秘密交渉は、三月が終わりに近づいてもまとまらなかった。二人は何度も電話でやりとりし、下旬に面談した。

日枝は取締役会をどうするかで苦慮しており、こう吐露している。

「役員会を通せません。ニッポン放送の役員が三人もいるんですから無理です」

フジテレビで買えないとなると、代替策は信頼できる第三者に購入させることだ。難点も多いが、日枝はこう続けた。

「関西テレビに買わせるという案もあるが、利益が一〇億円の会社なのでとてもそれほどの規模の株式を買う力はありません。いずれにせよ五％以下のいくつかの小口に分け、大量保有報告書を出さないで済むようにしたいと考えています」

あるいは、個別に購入するのではなく、ＴＯＢをかけて一挙に購入する可能性も示唆してみせた。

「顧問弁護士はＴＯＢをやるべきだという考えだが、私は九月（次の株主名簿確定時）までにやるのはムリだと思っています」

弁護士はニッポン放送とフジテレビが歩んできた歴史的経緯への理解が浅いため、正攻法で正面突破を図るという考えだが、グループ代表でもある日枝はさすがにニッポン放送相手に敵対的買収には踏み切れない。それでも、鹿内に買う意思を見せ続ける必要はあり、確証のない案まで示してみせたが、残り半年でニッポン放送の承諾を得ることは難しい。

打開策を打ち出すことがなかなかできない。

話が途切れた時、鹿内はふと思い出し「四月十六日は春雄の命日だね」と言った。日枝は故鹿内春雄によって若くして編成局長に抜擢されて今日があるが、少し戸惑ったようだった。

「……そうですか……。それまでにはまとめたいですね」

鹿内が、四月初旬にはロンドンへ居を移すと告げると、日枝はようやく最終的な腹案を明かしている。

「明日にでも信託銀行か証券会社に……今後の付き合いも考えてトップに話して、一〇％ほど取得したい由を相談します。この程度は大丈夫だと思います。鹿内さんの株であることは話しません」

ニッポン放送に秘匿したまま株取得を実行するために、信託方式を使うという。それを依頼する金融機関トップにあてがあると言うのだが、後に違法性を指摘されることになる。


鹿内と日枝が密かに接触を始めたことを知らない村上は、前年と同じく日枝と奇数月に面談を繰り返し、感触を探っていた。村上によれば「ニッポン放送経営陣よりも、日枝さんに会ってる回数のほうが圧倒的に多かった」（〇七年三月二十七日　被告人質問での法廷供述）という。また日枝との面談を指して、法廷で「打ち合わせ」「相談」と表現するなど、あたかも味方扱いをするのだった。

一方、日枝の供述によれば、〇四年三月一日の面談でも「村上は子会社化を実施するかどうか探りを入れてきた」とある。

日枝はこう言ったという。

「その際、私は村上の、ニッポン放送経営陣や外部に、『日枝さんとは何回も会っている。日枝さんはニッポン放送の子会社化に賛成だと言っている』と勝手に吹聴して、かえってニッポン放送側の警戒心を煽っていることから、そのことに苦言を呈しました」

要は、ニッポン放送に圧力をかけるのはよいが裏に自分がいると匂わせられるのは困る、やりすぎだから少し自重しろということだろう。

注目されるのは、次のような言い回しである。

「ただ、話の流れによっては、村上の話に調子を合わせるような態度を取ったこともあったのかもしれませんが、それは私が村上に対して否定的でないような雰囲気を装うことによって、村上の本音を引き出して……性急な動きをしないように釘を刺して時間を稼ぐためで、決して村上に言質を取られるような発言をしないように細心の注意を払った」

回りくどい弁明だが、日枝と村上は、ニッポン放送を追い詰めて親会社としての自立を放棄させることが共通の基本戦略であり、そのために密度の濃い会話を交わしていたことは疑いない。それを後に、〝方便〟や〝策略〟と言い訳したとしてもだ。

二人の関係も煮詰まってくると、面談で次のような場面があったと村上は裁判で供述している。

「日枝さんは『おれが（ニッポン放送に）敵対的になっていいと思うのか！』と、いっぺん机を叩くようなふりをしながら言われたことも僕は覚えてるんです」（〇七年四月十一日　被告人質問での法廷供述）

日枝は内心の葛藤や焦りといったものを、思わず見せていたのだろうか。

二人が接触を持っていることを、日枝はニッポン放送に極力伏せた。もっとも、村上はその無頓着な性格もあって「日枝さんは賛成している」と圧力材料にするから、かえってニッポン放送内には日枝に対する疑心暗鬼が広がった。

ニッポン放送で資本政策に携わった関係者が振り返る。

「村上は、日枝会長とも話がついているように言って、ニッポン放送包囲網が形成されているということを誇示し続けた。一方で、そうした事実があるのかフジテレビに確かめても、日枝会長は村上とは接触していないように常に装っていた」

ニッポン放送とフジテレビの経営陣の間には、〝親子関係〟はおろか、とても同じメディアグループを構成しているとは思えない、冷たく深い溝があった。


この基幹二社ばかりではなくグループを構成するもう一つの柱、産経新聞にとっても資本再編問題は重大事であり、専務の住田良能は危機感を深めていた。

産経新聞にとってフジテレビは親会社（株式の四〇・一二％所有）であり、さらにその上にニッポン放送が位置している。新聞社は報道の自由を担保するうえで、政治権力から独立していることを表看板にしているが、産経新聞の場合は唯一、政府の許認可事業である放送会社の下にぶら下がっている資本構造であり、独立性に難があった。

住田はかつて鹿内宏明の議長秘書役を務めたこともあって、グループ全体を見渡す視点を持っている。産経新聞がグループ各社から支援を受けなければ存続できない現状も知っている。資本、経営面で自立した報道機関とは言えない現実を踏まえ、こうしたくびきから解放されたいというのが住田の積年の課題だった。そのため経済的自立を目指したが、後述のように、脱税や横領事件などで摘発された経歴を持つ国内外の経済人と親密に付き合い、胡散(うさん)臭い事業への投資を進めるといった手段を選ばない側面もあった。

住田は買い占めに揺れる親会社の動向をにらみながら、自ら情報収集および工作と呼んでもいい行動に乗り出している。村上ファンド副社長の瀧澤と接触を持ったのを手始めに、〇四年初めには村上と会食した。村上の被告人供述によれば、住田は、ニッポン放送がホールディング・カンパニーであることへの強い危惧と再編の必要性を率直に語ったという。

住田は、資本、経営面で発言権の弱い産経新聞に立脚しながらもグループの資本再編すなわち権力闘争に一枚加わるべく、台風の目になっている村上といざという時のパイプを作ろうとしたに違いなかった。策謀を巡らすことを辞さない点で村上と住田は共通するところがあり、お互いに利用価値を見出したようだった。

「出口探し」に焦る村上

ファンドの期間損益の圧力は村上のクビを確実に絞めつけていた。このまま波風が立たず、たとえば持ち合いに向かって資本関係が安定するならば、出口（エグジット）を失った村上ファンドは存亡の瀬戸際に追い込まれかねない。

膠着した状況を動かすには、あらゆる機会を捕まえて各方面に働きかけ、波乱要因をあえて作り出すことである。

二月一日、サイバーエージェント社長・藤田晋と女優・奥菜恵の結婚披露宴――。

若手のベンチャー経営者が顔をそろえる場で、村上は「値が下がったニッポン放送株はお買い得だ」と盛んに焚きつけていた。

儲け話に人一倍敏感な新興経営者たちにとって、村上は注目の的である。ライブドア社長の堀江貴文をはじめ、USEN社長の宇野康秀、GMO会長兼社長の熊谷正寿、フルキャスト社長の平野岳史、レインズインターナショナル（牛角など飲食チェーン）社長の西山知義ら主にIT系経営者たちが、村上の勧誘話に熱心に耳を傾けていた。村上は別の機会に、音楽配信会社フェイス社長の平澤創にも同じように声をかけている。

いずれも事業、投資あるいは両面から、フジサンケイグループのメディア事業に関心を示しそうな経営者たちである。村上は少しでも〝同盟軍〟を増やすことで、ニッポン放送への圧力を強めようと必死だった。その働きかけもあって実際にライブドアは一八〇〇株、宇野は個人で二三〇〇株を購入、いわゆる株付けしたが、戦力というにはほど遠い。

日本コロムビアを買収していたアメリカの投資ファンド、リップルウッドにも別に声をかけ、二〇〇株ほど保有することになったが、微々たるものだ。ファンドはうまく回っている時ほど静かに潜航する。じたばたする村上の苦境は見透かされているようでもあった。

この時期、副社長の瀧澤が作ったメモ「ニッポン放送株式に関する対処方針について」にはこう記載されていた。

「〇四年二月までの平均取得値（一株）は三七〇〇円、フジテレビが五〇〇〇円以上でTOBなら応じる」

この低めの売り払い価格からも、焦りの色が窺えた。

ニッポン放送株を売り抜けるもうひとつの出口として、村上の念頭には、フジテレビのTOBをまたずに事業会社へ一括売却する考えもあった。

第一候補は楽天である。

〇三年秋、村上は会食した楽天社長・三木谷浩史から、「楽天がニッポン放送のホワイトナイトになるという噂があって、私を訪ねてくる人が何人もいる。村上さん、何か仕掛けているんですか」と聞かれたという。三木谷が言ったことが事実かはともかく、村上は「三木谷がニッポン放送株に興味を持っていることを把握した」と後に供述している。

マスメディアの周辺、とりわけネット関連で相当規模の事業を営み、ほんの少し目端の利いた経営者なら誰でも食指が動く狙い目の株がニッポン放送だった。放送局には抜群の知名度や影響力、資産や権益があり、視聴者をネットビジネスに誘導して事業を連携できれば効果は計りしれない。相手が巨大メディアグループの実質的な持株会社であり、内紛の後遺症を抱えていたから安易に手を出せないが、これまでの会話から日枝は三木谷を好評価しており、彼なら丸く収まる可能性がありそうだと村上は踏んだ。

四月、村上は楽天に三木谷を訪ね、「当方のニッポン放送株を買ってフジテレビと提携することに興味はあるか」と聞いた。三木谷は「それはいい話ですが、相手のあることだから」と、意欲を見せつつフジテレビの意向を気にした。

村上の脳裡にはしばらく、はめ込み先として〝三木谷ピース〟が置かれることになる。

出口探しに焦りの色を見せる村上は同時に、仲間とともに、ニッポン放送に社外取締役として乗り込むべく行動を起こした。フジテレビ株をこれ以上、〝ドブ〟に捨てられてはかなわないからだ。

日枝側の記録によれば先述の三月一日の面談で、村上から次のように通知されたという。

「日枝さんがニッポン放送を買い取る決断をしないなら、現経営陣を替えるかもしれないし、私は社外役員に入ります。いま問題なのは、ラジオをどう経営するかじゃないんです」

役員を希望する目的は唯一、資産の毀損を監視し、防ぐことだけだ。とは言っても、年初、その資産毀損をさせたのは目の前の日枝なのである。

これに対し日枝は、「亀渕社長などニッポン放送の現経営陣を辞めさせるといった意見には、フジサンケイグループを守る立場から断固反対する」としたが、村上が役員入りすることの賛否は明言しなかった。そのため、村上は法廷で、自身の役員就任について「(日枝から)反対しないよというコメントをいただきました」と解説してみせた。日枝にすれば、村上という異物がニッポン放送内部をひっかき回してくれて、追い詰められた経営陣がフジテレビによる子会社化という傘に逃げ込んでくれればいい。

ただ、村上ファンド内部にはボード入りすることに異論があった。幹部の一人は、「執行部に入ればファンドの手足がかえって縛られてしまう。まったく考えられない」と断言していた。過半数を制するならともかく、何人か役員に入っても嫌がらせ以上の意味は薄いことも確かだった。

村上ファンドにとってこの時点での内部の意思疎通の齟齬は、その後の「暴走」を暗示していたのかもしれない。

ニッポン放送の防衛策

〇四年三月末の株主名簿で、村上ファンドの持株は一七・七%に膨れ上がっていた。実際の保有株は一一・六％なのだが、後述のトリックを使って水増しし圧力を強めていた。

ニッポン放送が作成した記録によれば、その村上とのやり取りは神経戦の様相を呈した。四月二十日、村上、丸木、瀧澤がニッポン放送に来社し、応対した社長の亀渕、副社長の天井に「株主提案書」を渡している。

村上は「私たち三人を社外取締役に就任させる案だが、会社提案にしてもらえるとありがたい。会社側からもっと良い案があれば相談に乗る。プロクシーファイトの準備もあるので、早めに連絡が欲しい」と伝えた。村上は五四％の株主を味方に付けたと豪語し、受け入れなければ株主総会で決着をつける方法もあるのだと高姿勢に出ていることがわかる。

五月十一日、村上は日枝を訪ね、株主提案することの了解を求めている。村上によれば日枝は三人がボード入りすることを基本的に承諾し、「ただし、役員を全員取り替えるというようなドラスチックなことはしないでね」と言ったという。

ここにも、両者の〝連携〟を見て取ることができるが、面談の主題はほかにあったと思われる。村上は社外取締役の件を用向きにしながらも、こう言ったと法廷で供述した。

「私どもの株を今後どうしますかね」

つまるところ、村上が日枝に何とかして欲しいのはこの一点に尽きた。さりげなさを装っているが、出口が閉ざされた時の恐怖を感じていたに違いない。

続けて村上は、フジテレビが三木谷と事業提携する考えはあるかを尋ねると、日枝は前向きな答えを返したという。村上は「これはいけるかもしれない」と思い、お台場からの帰途、六本木ヒルズに三木谷を訪ね「可能性がある」と伝えている。

川内が〝敵前逃亡〟して以降、ニッポン放送で意思決定にあたるのは実質、亀渕と天井である。二人は、村上の要求を端から受け入れるつもりはない。

一方、十六人もいる役員はこれまで情報も与えられず追認するだけだったが、危機感を背景に「村上を役員に取り込んだほうが、逆に彼の手足を縛ることができるのではないか」と取締役会で発言する役員もあらわれた。もっとも、天井は顔色を変えて「本気で言ってるんですか」とにべもなく、後に続く者もいなかった。この役員は取締役会の後、エレベータに乗り合わせたフジテレビ社長、村上光一から「貴重な意見で……」と声をかけられている。村上光一はフジテレビを代表してニッポン放送の社外役員を務めてはいるものの、資本政策にほとんど関与してはいない。ただ、日枝路線や手法からは距離があった。

回答を引き延ばしてきたニッポン放送は、村上世彰を封じ込める〝解毒剤〟を準備する。

五月十四日、天井が村上ファンドのオフィスに瀧澤を訪問、村上も同席した席で、社外役員に弁護士の久保利英明、元キャスターの野中ともよ、みずほ信託銀行社長の衛藤博啓の三人を選んだことを告げた。

久保利は総会屋対策の強行戦術を編み出し、防弾チョッキで総会に乗り込むなど派手な言動で知られた。してみると、村上や元警察官僚の瀧澤は総会屋と同じ扱いであった。

久保利はニッポン放送の顧問弁護士と直近まで同じ事務所を経営し、事情に通じていたことから社外役員を依頼されたという。後の二人には久保利が声をかけた。

久保利はフジサンケイグループとは以前から多少の縁があった。かつて大学時代の知人である鹿内からアドバイザーを依頼されたときには、フジテレビの仕事をしているからと断っている。その後、いまなら引き請けることができると逆に声をかけたこともあった。企業経営の実権を争う関係者にとって、会社法などの法務に強く実績のある弁護士をどう取り込むかは重要で、久保利もそうした対象なのである。

村上は回答を聞いて何を勘違いしたのか、これで自分が社外役員に入れると思い込んでいる。役員の空席は四つあったからだ。

村上が「お三方とも立派な方なので賛成です。これに村上を入れて四人で会社提案にしてほしい。瀧澤、丸木はすぐ下ろします」と告げると、天井は、会社案はあくまで三人だと断った。

これに対し、記録には「村上氏は激怒した」とある。村上はその場で旧知の久保利に電話、「先生とは闘いたくないんです」と牽制して見せたが埒があかない。メンツを潰された村上は、それでも取り繕おうとした。引き揚げる天井に「日本興亜損保では、ホーキンス氏とキャンディル氏の二人をアドバイザリーボードのメンバーにしているそうだ。自分をそういうメンバーにするのはどうか」と持ちかけている。もっとも、脇にいた瀧澤が「あれはフィナンシャルアドバイザーで、運用の相談だそうですよ」と村上の誤解を正す場面もあった。

この直後、村上は日枝に電話している。

「資本政策懇話会」のようなものを作って、メンバーとして自分を入れるなら、株主提案は取り下げると持ちかけた。だが、日枝からは何の言質も得られなかった。

当初、プロクシーファイトを匂わせた村上の強気な姿勢は、後退を重ねていく。

五月二十五日、村上は「資本政策懇話会を作るなら、株主提案にこだわらない」とリリースを発表。同時に天井に送った書簡でも「私どもは多大な資金的リスクを取りながらニッポン放送のあり得べき姿を追求しているにすぎない」と低姿勢に転じた。

さらに六月四日には、瀧澤が天井に電話し、印刷中の総会招集通知に「資本政策懇話会を前向きに検討する」という紙を挟んでくれないか、と頼み込む始末だった。

翌日、天井が拒絶の電話を入れると、瀧澤からは泣きが入った。

「当方の身にもなってほしい。株主提案を取り下げる理由がないと、出資者に説明がつかない」

瀧澤の要望は容れられないまま、村上は株主提案の撤回に追い込まれた。闘わずして負ける惨めな不戦敗である。

屈辱の株主総会

六月上旬、村上ファンドはオフィスを南麻布から六本木ヒルズ森タワー二十階に移転した。強欲を囃す時代を象徴するタワービルに越してきたのは、先にニッポン放送株で声をかけたＩＴ企業、外資系証券会社などが多く入居しており、地の利を考えてのことだ。二十名ほどのスタッフの割に広いスペースで、通路には村上の私物の中国製陶磁器が並んでいた。

転居とともに、上場企業へ提言や圧迫活動をおこなって投資方針を定めるコンサルティング部門（Ｍ＆Ａコンサルティング）と実際のファンド運用、株売買をおこなうトレーディング部門（ＭＡＣアセットマネジメント）の分社化もおこなった。オフィスの出入口が分けられ、インサイダー取引などの不正防止のために両社は遮断されている建前だが、内部は素通しのガラス越しに見とおすことができ、行き来することも可能だった。また村上はＭ＆Ａコンサル社長、ＭＡＣアセットでは非常勤取締役だったが、毎週月曜の朝と夕方には両社の幹部五人による会議が開かれ、村上がそこで投資方針を指示した。両社の取締役会も連続して開かれ、村上が一貫して指揮統括をおこなうなど両社は一体であり、不正防止は名ばかりであった（以下、村上ファンドと表記する時は両社を指す）。

村上はガラスで仕切られた窓際の個室に落ち着き、うわべは意気揚々としているかに見えた。

六月二十三日、新しいオフィスで村上ファンドの取締役会が持たれた。Ｍ＆Ａコンサルの社外役員には、四月からオリックスの木村司が派遣され、毎月、必ず出席している。宮内義彦の名代としての目付役であり、この取締役会そのものも実質は宮内に説明し承認を求めるために開いているようなものであった。その日、取締役会の内容を木村が記したメモには次の一文が書き込まれた。

「ライブドア　フジテレビを欲しがっている」

村上が投げた網に、六本木ヒルズの階上三十八階に本社を構えるライブドアの堀江貴文が飛び込んできたことが口頭で報告された。

この時点で、オリックス・宮内は、八ヵ月後の買収騒動を予見できたということになる。堀江が球界再編問題で近鉄買収に突如名乗りを上げ、一躍、有名人となる一週間前のことであった。

村上と堀江は前年の〇三年五月、ライブドアが主催したセミナーに村上が講師として招かれたことを機に親しく付き合うようになっていた。

堀江は後の村上インサイダー裁判の法廷でこう証言している。会社を上場した二〇〇〇年、ＡＯＬがタイム・ワーナーを買収したのを見て、いつかこういうことがやりたいと思った、フジサンケイグループはニッポン放送を買えばフジテレビを支配できると思ったけど、当時は夢物語だった――。

それがたった四年で現実になろうとしていた。

〇四年六月二十八日、台場の日航ホテルで開かれたニッポン放送株主総会——。

最初の質問に立った村上は、年初のフジテレビ株売却を取り上げ「涙が出るほど残念。こんなに悔しい思いをしたことはない。私のカネが出ていったという感覚だ。もう全部売ろうかと思ったこともある」と泣き言を交えながら、経営陣を難詰した。亀渕らは、将来性のあるスタジオ建設への投資だと受け流す。

総会の終わりごろ、その後の村上の行動に影響を与えたかもしれない場面があった。

羽佐間重彰（産経新聞相談役）らグループ内部の三人の社外役員から意見を聞きたいと希望したのに対し、亀渕が無視して強行採決に移ったことで、村上が激高した。

「議長！　異議あり！　まだ質問があると言っている！」

「一五一番、村上です！　こんなことやって本当にいいんですか！」

村上は片手を挙げたまま激しい抗議を繰り返したが、社員株主のわずかな拍手を支えに「原案どおり可決しました」と亀渕が宣言、あっという間にひな壇の役員たちが退場していった。

村上はそれでも「議長！　行ってしまわれるんですか！」「立派な方だと思っていたのに」と心にもない台詞を吐き続けながら質問者席に立ち尽くした。村上は議事を妨害したわけではない。亀渕は、二〇％近い議決権（水増し分を含む）を持つ筆頭株主に対し、わざわざ敵意をむき出しにした。いわば今後、対話を拒否するという表明でもあった。

会場を出た村上は、プライドを傷つけられた屈辱で口も利けないほどであった。仲間数人が村上を囲み、重い足取りで去っていった。

状況を読み誤っていたのは亀渕も同じだった。総会で、十二年前のクーデター以来、タブーだった名前をあえて口に出した。

「創立者の故・鹿内信隆さんはニッポン放送を『珠玉の会社』と仰っていた」

前に鹿内から聞いたことを少しアレンジし、そんな大事な会社を預かっていると伝えたいのである。自分たちが見限られつつあるとも知らずに、ロンドンにいる鹿内に寄り添うような姿勢を見せた。

なお、村上の〝不戦敗〟で久保利ら三人の社外取締役は承認されたが、他社とのかけ持ちで忙しい彼らは一人も総会に出席しなかった。言うまでもなく株主総会は商法上、最高議決機関である。野中にいたっては、欠席理由を問い質された天井が「理由がはっきりしない」と首をひねる杜撰さだった。

彼らは〝解毒剤〟なのだから、村上が引き上げれば用は足りる。そのころ、企業ガバナンスの仕組みとしてとみに社外役員の重要性が喧伝されていたが、経営者にとっての有用性はその程度のことかもしれなかった。

この総会には、ライブドア幹部（財務担当取締役）で後の買収戦の実務責任者となる熊谷史人も出席していたが、気に留める者は誰もいなかった。

潰れた「三木谷カード」

村上は数日経った七月二日、三木谷を訪ね、資料を基にニッポン放送について二つの選択肢を提示した。

ひとつは日枝の了解を得たうえで村上の持株を購入する、もう一案は村上と歩調を合わせて株を密かに市場で買い進めることだった。三木谷は、後者はできないと即答、前者については「興味がある」として前向きな姿勢を見せた。

三木谷が全部を引き取ってくれるなら、ようやく出口を見いだせる。

七月二十六日、村上は二ヵ月ぶりに日枝のもとを訪れている。村上の供述によれば、のっけから日枝にこう言われたという。

「ひどい総会だったらしいね。ニッポン放送はなかなか変わらないね。亀渕社長もちょっと傲慢になってるかな」

同情されたといい、そうであれば、やはり村上は日枝がニッポン放送に放った〝鉄砲玉〟ということになるのかもしれない。ただし、利己的な意思を持つ制御が難しいタマでもある。

村上はその日の本題に入った。

「私どもの株を含めて、楽天の三木谷さんにニッポン放送株二〇～三〇％を引き取ってもらい、フジテレビと提携するというのはどうでしょうか」

この場面は、日枝の供述ではこうなる。

「村上は私に対し、ニッポン放送の株主総会への不満を述べた後、突然、『今日は腹を決めて参りました。三木谷君に株を全部売ろうと思って、日枝さんに相談しようと思って来ました』と……」

三木谷の件は九月まで考えさせてくれ、というのが日枝の返答だった。

七月二十八日、村上ファンドの取締役会でもそのように報告された。先述の木村メモには「日枝さんの了解があれば三木谷さんにＭＡＣ分（のニッポン放送株）を売る。九月まで待ってくれと言っている」と記されている。

村上の下工作を受けて三木谷は、八月中に日枝とゴルフ会談を持った。三木谷は熱心に資本提携を打診したが、この時、日枝は了承しなかった。好感を抱いているといっても、並外れた野心を持つに違いない若手実業家に親会社の株を大量に持たれることは危険きわまりない。

三木谷の楽天とは直接、競合関係にあったこともある。フジテレビがプロバイダーや仮想商店を展開する企業を〇〇年に買収し、フジテレビフューチャネットとして事業展開したことは前述した。このとき、競合した〝楽天商法〟の手口を経営幹部が述懐する。

「当時、人気だった焼酎、森伊蔵を看板商品にすべく探し回ったがまったく入手できないのに、楽天にはたくさん並んでいた。ところが注文しても『品切れ中』で、事実上の虚偽表示で客を集めていた。さすがに放送局は、そういうことはできない」

その後の楽天は急成長を遂げ、フジテレビは撤退するのである。

九月初めごろ、三木谷は村上に「断念する」と通知した。

「三木谷さんからご連絡いただいて、『村上さん、ごめん。なかなかフジテレビは、自分たちが大株主になるのを賛成しないみたいなんですよ』という電話で、ああダメだったんだと思いました」（〇七年四月十日　被告人質問での法廷供述）

期待してきた有力な出口のひとつが閉ざされた。

この経過は、日枝の側に立つとどのような意味に解されるだろうか。

村上は一見、泣きついてきたようだったが、一転して「外部」にまとめて売却すると言ったのだ。これは取りようによってはこの上ない「脅し」となる。村上に経営の意思はないから、その点ではかえって御しやすく、カネさえ払えば済む相手である。だが、楽天のような事業会社に売られて本来の乗っ取りがかけられたら一大事になる。

村上は、楽天はもちろん、ほかの第三者についても、敵対的買収に動いてもらう発想はまったくなかったと法廷でたびたび供述したが、これは偽りだ。

村上は、これはと思う相手には持ちかけてきたのである。それは翌年、ライブドアと楽天（TBSへの買収攻勢）によって現実となったとおりだ。

村上が日枝に仁義を切ったのは、この時の三木谷が敵対的買収に気乗り薄だったからだ。村上から三木谷の件について報告を受けた鹿内は、「三木谷君がやるつもりなら、黙って買わなければ成功しない」と助言していた。通告が必ずあるとは限らないのである。

出口を求めて焦り出した村上株の処理が、日枝にとっても差し迫った課題になっていった。

三木谷に断られた村上は、次の出口をなんとしても見つけねばならない。その場合、翌年の総会でプロクシーファイトによって経営権を取るという戦略は、よほど手詰まりの窮余の策である。

楽天に代わって、それも調和を基本とする日本の企業風土の中で、敵対的買収を辞さない破天荒な経営者を村上は必要とし、その当てがあった。ライブドア側の記録によれば、村上は三木谷に断られた直後の九月六日ごろに堀江との会合を申し込み、十五日午前にセットされた。

ところが、その数日前の十日、村上にとって予想外の事態が起きる。日枝は再び手を打ち、フジテレビが複数の金融機関からニッポン放送株一二・四％を取得したことが発表され、両社は「事業協力のため」に相互に株を持ち合う関係となった。

四日後に開かれた村上ファンド（ＭＡＣアセットマネジメント）の取締役会で使われた資料には、こうあった。

「当方としては負けの可能性がほぼなくなったことから、来年開催の定時株主総会に向けて株式を買い増し、さらにStrategic Buyer（戦略的買収者）等に株式取得の働きかけをおこなう」

この発表を知った時の感想を、村上は法廷でこう供述した。

「最初の印象は『あっ嫌だな』と思ったんですけど、すぐさま理解して、これはフジテレビが資本政策の変更に動き出したんだと……。絶対間違いないと自分自身で理解しました」「負けがなくなったんだと、僕らにとっていい話なんだとみんなに説明しました」（〇七年四月十日　被告人質問での法廷供述）

「負けがなくなった」というのは、株取得がニッポン放送の子会社化に向けたステップに違いないという認識である。しかし、その理解には無理がある。ニッポン放送とフジテレビは、相互に二五％未満の株を保有する持ち合い関係になっただけだ。

両社は「事業協力に関する覚書」を結び、そこでは「相互に株式を持ち合う」と謳われていた。またニッポン放送の強い要求によって、事実上、相手の了解を得ないで買い増しはしないという制約が付いた。この時点では、ニッポン放送はまだ抵抗を続けていた。子会社化を確信できるような客観材料はなく、持ち合いで安定することも十分考えられたのである。

フジテレビの資本政策を任された顧問弁護士・原壽も同じ認識だった。

「この株取得は、持ち合い関係にしましょうという合意に基づく行為。私は一貫して、ニッポン放送を子会社化するべきと考えていたが、その可能性は正直低いと思っていた。それくらいニッポン放送の抵抗は激しかったから」
それなのに、村上はなぜ「負けがなくなった」と判断できたというのか。
「（株取得で）フジテレビは絶対に（子会社化を）やってくると……。僕は独特の勘というか、体で感じるものというか、何十回も（日枝会長と）交渉してるわけですよ。やってくると」（三月二十七日　被告人質問での法廷供述）
判断材料が勘のみだとすれば、確信にはほど遠い。取締役会の事実上の目的を考慮するなら、むしろ、オリックス・宮内向けの弁明だったと取れる。
ニッポン放送経営陣への憤りと焦りを抱えながら、村上の基本戦略は、結局のところ日枝ひとりに依拠する地点に戻っていく。村上が法廷で語った次の認識は正直なものだろう。
「この時点で、私はもう十数％、二〇〇億～三〇〇億円のニッポン放送株を持ってるから、しこったら大変なんで、デシジョンメーカー（決定権者）はニッポン放送じゃなくて日枝さんだ、フジテレビじゃない、日枝さんだと思ってました」（〇七年三月二十七日　被告人質問での法廷供述）
元警察官僚の副社長、瀧澤建也は法廷でさらに踏み込んだ認識を示している。
「フジテレビの首脳陣の方々とのお話の中で、我々とほぼ同じことをずっとお考えになってるな、という感触を、私どもは得ておりました」「逆に言うと、フジテレビさんの隠れた願望を我々が顕在化させ、私どもを口実にきちんとしたことをやっていただくというのが我々のメインの考え方です」（〇七年二月二十七日　証人尋問）
要は、日枝が表立ってはできない「ニッポン放送攻撃」を自分たちが代わりにやる。日枝には自分たちの排除を口実にしていいから、是が非でも子会社化に持っていってもらいたいということだ。自らは〝マッチ・ポンプ〟の手下を喜んで務め、大金をせしめるというこの元警察官僚の表白は、狙った企業の社屋にダンプカーで突っ込む総会屋を想起させる。

前述のニッポン放送経営陣への株主代表訴訟をおこなったYが事実上、フジテレビから資金を得ていたことと同様の構図だ。

村上は裁判で、フジテレビによるTOBがなかった場合の備えとして翌年総会でのプロクシーファイトを準備し、その援軍としてライブドアなどに、せいぜい数%を市場で買ってもらうつもりで働きかけたと主張した。

だが、それが本意とは考えられなかった。次善策としても、外国人株には議決権がない失念株が多い上に、村上を支持するとは限らないなど、総会で経営権奪取を目指すことは不確定要素が多すぎる。

ＩＴ経営者らに株購入を勧めたのは、フジテレビの側面支援として非安定株を増やし、ニッポン放送への圧力を強めてTOB受諾に追い込む、というのが本当の狙いだろう。そうした包囲網の一環として、経済人や政治家への取締役候補の打診をおこない、実際、年末までに村上と親しい二人の参議院議員や元通産官僚の経営者から応諾を取り付けたとした。

だが、そうは言っても日枝と「約束」したのではないとすれば、「負けがなくなった」というのは、ファンドの敗北を想定するわけにはいかない願望表現なのかもしれなかった。

堀江貴文の挑戦

資本市場の仕組み、あるいは〝抜け道〟を熟知する村上たちにとって、怖いものなしで走り続ける堀江は使い出のある存在だった。片や堀江のほうは名前を売り、急成長を遂げつつも、村上らが持つ豊富な知識や人脈に頼ることが多かった。

こうした関係性を利用して二ヵ月前の七月、副社長・丸木の発案で、村上、丸木が堀江保有のライブドア株を大量に借りて空売り、サヤ抜きし、瞬時に二億円ほどの収益を上げたことが後の裁判で明るみになった。当時、ライブドアは株式分割を盛んにおこなっており、その新旧株の需給ギャップが生じることに目を付けた典型的な投機である。

ライブドア側で実務を担当した熊谷が言う。

「堀江、村上のトップ同士で話が付いて私に下りてきたが、堀江が相場よりきわめて安い貸し株料で合意していた。交渉して少し押し戻したが、それでも安かった。その貸し株料はライブドア証券に入り、堀江個人は受け取っていない」

こうした経験からも、大らかなところがある堀江は村上にとって〝使える駒〟だったはずである。なお、法廷で検事から「一般の投資家にできない借り株をやり、それを一般投資家に売って儲ける。それは株主価値（の向上）を標榜するあなたの主張と矛盾する」と問われた村上は「申し訳ない」と謝っている。だが、こうした手法は例外なのではなく、村上の行動に通底していた。

後に村上がインサイダー取引で東京地検特捜部に摘発されるのは、この〇四年秋から翌年初めにかけて、ライブドアへの働きかけと株取引に関する一連の行為についてである。

その時期（〇四年十一月九日から〇五年一月二十六日）、村上ファンドはニッポン放送株一九三万株（九九億五〇〇〇万円相当）を買い増している。これが、ライブドアによる大量買い集め（五％以上）の

「決定」というインサイダー情報が「伝達」されたことで、村上が「故意」におこなったとされた。

村上が堀江と面会した九月十五日の朝方に戻ろう。村上は、六本木ヒルズ階上のライブドアに出向いて堀江らとの会合に臨み、前のめりになって「営業トーク」を炸裂させた。

一審、二審を通じての認定事実によれば、村上は少し前に楽天用に作成した資料（「N社について」）を示し、ニッポン放送が「フジテレビの株式一三七三億円」を保有する歪な資本構造になっている、すでに村上ファンドが「約一八％保有」しているから、残り三分の一を買い集めれば過半数となりニッポン放送の経営権を握れる、そうすればフジテレビのコンテンツも手に入るといった説明を矢継ぎ早におこなった。

「ニッポン放送っておもしろいでしょ」という誘い文句で締めくくったのに対し堀江は「フジテレビいいですね」と応じ、ニッポン放送を掌握すればフジテレビが手に入ることに強い興味を示したという。

だが、その弁舌は詐術的であった。

村上は、自分たちでニッポン放送株を「一八％保有」としたが、実際には村上ファンドは一二％弱しか持っておらず、先に触れた〝トリック〟によって水増ししている。

村上は三月、放送法による外資規制（上限二〇％）によって株主名簿への記載が拒まれる名義書換未了株、つまり議決権が生じない外国人株を自らの株券と交換して手に入れていた。この〝株券交換〟で外国籍の相手に渡った村上ファンド名義の株はそのまま残る一方、入手した外国人株を自身の名義に書き換えることで、その分の議決権が増えるのである。外資規制を逆手に取ったこの操作で、議決権を六％以上も水増ししていた。

なお、裁判では触れられなかったが、このトリックは元々、前述の発動寸前まで行ったニッポン放送買収計画「プロジェクト・プラネット」の立案者、房広治らのグループが考案したという。そのメンバーの一人が言う。

「房らはその後、鹿内のアドバイザリーグループに入り、村上との会合でこの手法が伝わった」

法律の抜け穴を考えるのは頭の体操の範疇だが、実行に移せばきな臭くなる。ニッポン放送側がトリックに気付けば脱法行為として議決権を認めない可能性が高いから、瀧澤や顧問弁護士の中島章智はコンプライアンス担当にもかかわらず、知らせるのは「戦略上、得策ではない」として秘匿し続けた。

さらに大量保有報告書に記載するべきなのに怠っている。意図的に記載しなかった可能性が高く、その結果、村上株が極端に増減することで、攻撃対象のニッポン放送経営陣はもちろん、市場にも錯誤と混乱をもたらした。株価も村上株の動向で大きく動くことがあるため、村上たちはむしろこうした錯乱をあえて作り出し、売買に有利に利用している面があった。

その席で村上は、ライブドアが三分の一を買い集めれば、村上ファンドと併せて過半数を確保でき、ニッポン放送の経営権を握れる、またニッポン放送はフジテレビ株二二・五%を持っていると説明し、取得を働きかけた。

一審の東京地裁は、堀江らは直ちに大量取得（五%以上）を決め、村上側と折衝するライブドアの担当者Sに資金調達や調査などの準備に入るよう指示したとし、これをもって「決定」と判示した。

Sは十月八日、堀江らに対し「ニッポン放送株式をブロック（トレード）で買取可能なので、買収に入りたい」「資金調達として約三二〇億円必要」「買取先は鹿内家と銀行」と送信、堀江はわずか十二分後に「気持ちよくいってください。最優先です」と返信している。

　こうしたやり取りを経て十月二十日ごろには資金調達に一応のメドがついた――というのが一審での認定だ。同日、Sは村上ファンドの担当者に「買収資金の借入れが可能になりました」とメールしている。

　ただし、こうした決定に至る間、堀江やライブドアの大ざっぱな性格を反映してか、基本的な事実誤認や勘違い、情報欠落が散見された。たとえば鹿内家や銀行から買い受ける当てなどあるわけもなかったし、そもそもライブドア側は、九月にフジテレビが銀行からニッポン放送株一二・四%を取得していたことさえ知らなかった。また、村上ファンドは同じ十月八日、保有株が二〇・八%から一二%へ低下したとする変更報告書を提出、市場は敏感に反応し株価が急落している。先述した外国人と交換した名義株分が消失し、実際の保有株数に戻ったために生じた現象だが、ライブドア側はこれを村上に問い質すこともしていない。

　村上側はこれらライブドア側のメールを「実現可能性がないのに『可能』とする法螺メール」とし、裁判ではメールの信用性が争点となったが、一審判決は「大量買い集めの実現を意図して準備が進められていた」と信用性を認めた。

　二ヵ月後の十一月八日、今度は堀江、担当役員の宮内亮治らが村上のオフィスを訪ねる。この席で堀江は「経営権取得できたらいいですね」などと発言、検察はこれを五%以上の取得を意味する重要事実、つまりインサイダー情報の「伝達」だとした。一方、後に村上は逮捕直前に開いた記者会見で「買い集めると『聞いちゃった』けど、実現可能性のある話と思わなかった」と弁明することになる。

裁判では、この二回の会合で大量買い集めのインサイダー情報を「決定」し「伝達」したのかどうか、その当否が大きな争点となった。

一審は前述のとおり決定を九月十五日とし、村上に伝達された十一月八日の後、故意に買い集めがなされたと認定した。村上が「聞いちゃった」と受け身であるかのように主張した点については、逆に積極的に勧誘した結果、「買い集めると『言わせた』」のだとし、村上は「単なる情報の被伝達者というよりも当事者性が強く、悪質」と断罪した。

二審は決定を十一月八日までに、と修正したものの、一審と同じく十一月八日に伝達され買い集めがなされたと認定した。

株式市場関係者の間でもっとも注目された争点、「決定」の基準については、一審は実現可能性が少しでもあれば決定とすることができるとし、二審では「相応の実現可能性が必要」と修正された。しかし最高裁では再び、決定に相応の根拠は必要としないと一審の判断基準に戻されており、司法の判断が揺れ動いた。

いずれにせよ裁判では、ニッポン放送株の大量取得（五％以上）に必要な金額は八〇億円台（〇四年九月当時）であり、ライブドアの現預金、資金調達能力に照らして十分な実現可能性があったと認定された。

もっとも、ライブドアは買収資金として三〇〇〇億円程度の借入をクレディ・スイスに申し入れ、担当者はスイスの本社に打診するなどしたが、結果的にうまくいかなかった。

また村上は、経営権が取れるというのは一般論として話したのであって、当時のライブドアに三分の一を買う力はない、一、二％買ってくれることを期待していたに過ぎないと主張した。ただ、堀江が欲しがっているものはわかっているから、ニッポン放送を買収すれば「フジテレビがあるぞという大きな夢のある話」をしただけだと弁解した。

だが、大量取得する見込みのまったくない相手に、フジテレビが手に入るという道筋や手だてを具体的に伝えるわけもない。実際、その席で堀江は「十二月にＴＯＢってどうですか」などと買収への強い姿勢を示している。

プロクシーファイトのための援軍として、せいぜい一〜二％買って欲しかったという弁明も無理がある。長期戦を覚悟するプロクシーファイトはファンドにとって次善の策としてもリスクが大きく、ましてや出口ではない。村上が懸命に探していたのは、大量に仕込んだニッポン放送株を高値で引き取らせる相手だった。

水面下の〝握り〟

裁判では、村上ファンドのNo.4、ＭＡＣアセット社長・岡田裕久の供述調書の次のくだりも明らかにされた。

「平成十六（二〇〇四）年十月から十一月ころ、村上から『ニッポン放送を堀江に全部売り払うのも手だと思うよ』と言われた」

当初、村上は証拠採用に不同意だったが後に同意し、信用性も争わずに認めている。そのことを検察官・山下貴司（後に法務大臣）から聞かれた村上は、能弁が影を潜めしどろもどろだった。

――村上ファンド保有のニッポン放送株をライブドアに全部売り払うというエグジットを、被告人は考えていたんじゃないですか。

「考えてません」

——ただ、こういうふうに岡田さんに言ったんじゃないですか。

「言ったこともあるかなと……もし、言ったとしてもおかしくないと……」

——なんで？

「堀江がフジテレビ狙ってるんだ、将来そんなこともあるかもしれないと僕は言ったとしてもおかしくない。だから同意にしました」

——信用性を争わなかったのはどうしてですか。

「僕は……わからない」

この会話は、将来についてではなく、〇四年秋の時点で堀江に売る手もあると言っているのだ。村上は、堀江の大量買い集めへの確固とした意思、そして能力があることをきちんと認識していたと言っていい。

ただ、こうした担当者を交えた会議やメールのやり取りは、検察が描き摘発したインサイダー事件の構図に過ぎないとも言える。実際の機微なインサイダー情報は、トップ同士のやり取りで交わされるはずである。

村上裁判で証言台に立った堀江は、ニッポン放送の件について「（村上と）会議で重要なことを話した感じはない。むしろ電話とか（二人で）呑んでる席のほうがしっくりくる」と述べている。少なくとも言えるのは、堀江は最初から買収に本気だったし、そのことを隠そうともしなかった。九月末の時点で、子会社なども含めるとライブドアには四五〇億円の現金もあった。

そして、何よりもニッポン放送が保有する豊富な資産を踏まえれば、「プロジェクト・プラネット」で見たとおり、ライブドアに買収資金が付くことは十分にあり得ることだった。問題は金額の多寡にあるというよりも、広い意味で体制・統治機構の一員であるメディアグループの買収に踏み切って全面対峙するような秩序破壊者がこれまであらわれなかったというだけである。

また、村上の取った行動の全体を眺めるなら、ライブドアに関するインサイダー事件は堀江を出口とするサブシナリオに伴って起きたことだ。村上が想定し期待するメインシナリオは、あくまでもフジテレビによるＴＯＢだ。自身はこう言っている。

「〇四年九月のフジテレビが銀行の株を取って以降は、買おうというふうに強く思いました」（〇七年四月十日　被告人質問での法廷供述）

そのＴＯＢに一歩近づいたと考えたい村上はトレーダーに対し「買えるだけ買え」と指示し、九月十日を分岐点に積極的に買い増しを進めていったことも事実だった。

村上は二ヵ月後の十一月に、このメインシナリオを強く補強する材料を入手している。事実上の連携と言ってもいいＴＯＢ価格をどうするかというきわどいやりとりが、フジテレビと村上ファンドの間で交わされたのである。

相対したのはフジテレビ経営企画局長の飯島一暢と村上ファンド副社長の瀧澤で、日枝―村上に準じるカウンターパートである。飯島の供述によれば、面談した経緯はこうなる。

「（平成）十六（〇四）年十一月頃にも、村上から日枝会長と面談したい旨の要請がありましたが、多忙で断りました。その代わりに、私が十一月の上旬に瀧澤と会談しました」

日枝と村上のパイプ、その代替としての飯島・瀧澤ルートは、一年ほど前に設けられた。供述内容から、その日、十一月十日の会話を再現する。面談場所は、瀧澤が用意した都内の料理屋である。

瀧澤「我々としては、すでにフジテレビが動き始めたと理解しています。ステップ１は今年初めの公募増資で、九月のニッポン放送株購入はステップ２と理解しています。今後、いつステップ３に入るか注目しています」

飯島は、ステップ３が何を指しているかはわかったが、とぼけて聞いたという。

飯島「ステップ３とは何のことですか」

瀧澤「公開買い付け（ＴＯＢ）と理解しています」

飯島「勝手にステップ３に入ったと思われても困りますよ。何も起こらなかったらどうするつもりなんですか」

瀧澤は、来年の株主総会でプロクシーファイトを準備すると答えたが、やりとりはもっぱら、瀧澤のほうがかなり直截にＴＯＢを迫る図式だ。

ただし、問題は飯島から投げかけられた次のくだりである。

飯島「もしですよ、ウチが来年三月までにＴＯＢを実行したとしたら、瀧澤さん、どのくらいの値段だったら売るつもりがあるんですか」

瀧澤「正確ではございませんけれども、早ければ早いほど期間損益が良くなりますから、もし来年三月までにＴＯＢが実行されるのならばおそらく六〇〇〇円ぐらいでしょうねえ」

瀧澤は続けてことばを添えた。

「もしフジテレビさんがＴＯＢをかけて下さるのであれば、サウスイースタンなどの外資も（応じるよう）私たちが説得しますよ」

この面談内容を飯島は社内で報告したという。

十一月と言えば、市場はフジテレビがＴＯＢに踏み切るのかどうか、その動向を注視していた時期である。そうした中で、「いくらで売るか」「六〇〇〇円」という具体的なやり取りが密室で交わされたことになる。

仮定話法の形を取ってはいるが、村上と日枝の関係性、それまでの密接なやりとりを勘案すれば、フジテレビの強い買い取り意思が伝わることは明らかだ。フジテレビ側が問いかけ、これに村上側は具体的な金額を返すことで、事実上のインサイダー情報の伝達に抵触しかねない。

現実にそれから二ヵ月後のＴＯＢ価格は、瀧澤が求めた六〇〇〇円をわずか五〇円下回るだけの五九五〇円だった。このフジテレビの資本政策を担う経営企画局長の言動は、村上とフジテレビの「握り」を疑われかねない危険な内容であった。

が、これらのやりとりはもちろん、飯島・瀧澤面談の存在自体、公判ではまったく触れられなかった。そして、村上のインサイダー事件は、ライブドアとのそれのみに収斂したのである。

検察は、ニッポン放送株をめぐっては村上のインサイダー事件のみを切り取り摘発した。これに対し元特捜検事の郷原信郎は、検察が村上をインサイダー取引違反として摘発したことは実態に反すると批判する。

「インサイダー取引とは、株価上昇につながる内部情報を得て公表前に株を買う、または株価下落につながる情報を得て公表前に売る行為である。株式の大量取得は株価上昇につながる事実であり、その情報を知って買う行為が違反となる。この事件は、既にニッポン放送株を大量保有していた村上ファンドが、ライブドアによる大量買いを利用して同株を巧妙に売り抜けたものであり、全体として見ると、インサイダー取引の構造ではない」

「事件の核心は、むしろ、村上ファンド側の一連の動きが、市場操作的な策略だったという点である」（『検察の正義』）

その上で、証券取引法で「不正の手段、計画又は技巧」による取引を禁じる規定（第百五十七条一項）を適用するべきだったと指摘する。

不正の手段とは、詐欺的行為つまり人を錯誤に陥らせて利益を図ることで、この規定はそうした行為を包括的に禁止し、インサイダー取引（懲役三年以下、現在は五年以下に引き上げ）よりも重い五年以下の懲役が科せられる。あるいは、インサイダー違反と併せて起訴することも可能だった。

一審判決は「策略」の側面について、「村上ファンドによるニッポン放送株のエグジットに関する戦略は、一つの情報に飛びついて一つの可能性に賭けるというような単純なものではなく、重層的で複雑なものであり、はるかに巧妙かつ慎重なものであった」と指摘し、「徹底した利益至上主義には慄然とせざるを得ない」と断罪、実刑判決を下した。

他方、二審判決は、「市場操作的な面を量刑上あまりに強調しすぎると、起訴されてもいない事実を犯罪として認定し、これを実質的に処罰したことになってしまう」とし、量刑に反映させるべきではないと判断、実刑を回避し、量刑についての判断は割れた。ただし、二審判決も市場操作的な面を否定しているわけではない。

摘発された狭義のインサイダー事件は、全体像のごく一部に過ぎないとすれば、「市場操作的な策略」を村上は最終的にどのように駆使していったのだろうか。

村上は当初、堀江を、フジテレビによるＴＯＢが実現しなかった時のサブシナリオとしては物足りないと見ていたのかもしれない。だが、〇四年夏、堀江とライブドアはプロ野球参入に手を挙げて社会的に注目されるようになる。存在感が日を追うごとに増し、実現可能性が高まっていくのを村上は感じていたはずだった。

不安が残る〝フジテレビ―メインシナリオ〞と存在感を増す〝ライブドア―サブシナリオ〞――この両方に甘言を弄し、あるいは煽って、けしかけることはまったく矛盾しない。それは、保険の意味でどちらにも足をかけ、いずれ片方を、あるいは最後には両方とも徹底して裏切る「策略」を意味していた。

「もう会うのは止めよう」

一方、包囲網が狭まりつつあるニッポン放送は悠長なものだった。

〇四年十月二十七日、正午からはじまった定例の取締役会。決議事項はなく、業務報告に伴う資料として九月末現在の「株主名簿（一〇〇位まで）」が配られた。

役員の視線は、自ずと村上ファンドの持株、正確には議決権比率へと向かう。三つに分散された株式数を足すと一七・九六％、三月末と比べて微増に留まったとはいえ依然高水準だ。彼らは、この株数が先述した方法で水増しされていることには気づいていない。

苦虫をかみつぶす役員が多いが、やや安堵感も漂う。

法人の株主名をなぞっていくと、名簿の下のほうにこれまで登場したことのない異質な名が記載されていた。

〈八八位　（株）ライブドア　三万一四二〇株　〇・一％〉

気がついた役員が「ライブドアって……。おい、まさか買い集めるなんてことはないよな」と声を上げた。

そのころ、堀江はオリックスによる近鉄球団の吸収合併に異議を唱え、買い取りたいから宮内に会わせてほしいと村上に頼んでいる。村上はＭＡＣアセット社外役員でオリックス社長室幹部の林豊に「宮内さんに相談に行っていいか」と尋ねたところ、こう強く拒否されたという。

「宮内が長年頑張ってようやくプロ野球の再編が起きつつあるのがわからないのですか。宮内は激怒するはず。つなぐのも嫌です」

球界の実力者、読売巨人・渡邉恒雄とオリックス・宮内の両オーナーは、再販制や放送業界の規制緩和では真っ向から対立する関係だが、球界再編では思惑が一致し、チーム数を減らしてセ・パ二リーグを一リーグにすることですでに合意していた。そこへ場外から若輩者が待ったをかけ人気を博す恰好となり、二人の逆鱗（げきりん）に触れた。宮内との関係が深い村上が、こうした構図を読み間違えるとは到底思えない。村上の行動から読み取れるのは、軽率さへの無自覚よりも堀江との緊密な関係性である。

堀江の派手な行動は若者層に支持されたが、既存秩序の壁は厚く、結果的に近鉄球団は漁夫の利で楽天に転がり込むことになる。ただし、秩序破壊にためらいのない闖入者（ちんにゅうしゃ）があらわれたことは、新たな勢力の台頭を予感させた。

結局、その日のニッポン放送取締役会では「何やってんだか」という嘲笑で堀江は迎えられ、話はそれで途切れた。

迷走するニッポン放送の行方に戻ろう。

最後に出すカードを握りしめていたのはニッポン放送社長の亀渕昭信だった。結論を先延ばしにすることで凌いできたが、いよいよ剣が峰に立たされていた。前に進むのか、それとも転がり落ちるのか。

十一月二十五日が、分かれ目の日となった。

その日、亀渕は鹿内と日枝にそれぞれ面談した。目は赤く、ストレスで眠れていないことが一目瞭然だった。

鹿内は経営陣を見切り、日枝との交渉を経て五月に事実上、持株を処分していた。ただ、手元にはキャッシュがまるまる残っており、亀渕がＭＢＯに踏み切るなら協力して買い戻すことがまだ可能だった。

鹿内はＭＢＯを決断することを促し、最後の説得を試みている。しかし、亀渕は「会社を私たちのものにすることはできません」と尻込みした。

「ならば、誰のものになればいいんだい」

「誰のものになっても困ります」

亀渕や天井とは一年半にわたり、十回以上面談し、数十時間も話し合ってきた。にもかかわらず、リアリティの欠片（かけら）もない社長らしからぬ発言に、鹿内は二の句が継げない。

非安定株主に囲まれた経営陣にとってＭＢＯはもっとも合理的な解決策のはずだったが、選択しなかったのはなぜだろうか。亀渕は「会社（ラジオ局）は誰のものでもない」といった空論でＭＢＯを否定したが、それはとりもなおさず、リスクを取ってまでラジオの将来を信じていないということかもしれなかった。

ただ、あり得ない答えを真剣に返してくる亀渕はそれでも社長なのだった。

再びロンドンに戻る鹿内は「もう会うのはムダだから止めよう」と言い、別れ際、日枝と接触が生じていることを伝えた。経営陣が何もしなければ、知らないところで事態はどんどん動いていくことを示唆した。亀渕は衝撃を受けた様子だったが、「あの人（日枝会長）は政治家なんです」「お話にならないで下さい」と筋違いのことを言うばかりだった。

一方の日枝はこの日、亀渕に正式にＴＯＢによる子会社化を申し入れた。

亀渕の供述。

「十一月二十五日に日枝会長に会って、『ニッポン放送を守り、フジサンケイグループを守るためには、フジテレビがニッポン放送を子会社化するしかない』と訴えかけられました。私もニッポン放送経営者として悩み抜きましたが……」

前年の再現である。だが、鹿内に依拠するのではない限り、亀渕に抵抗する道は残っていなかった。

「フジテレビは、村上との間でＴＯＢに応募するという話をまとめてからニッポン放送に持ってきた。しかも、村上と話がついているのとはまったく逆に、村上が攻めてくるから子会社化しないとダ

メだと偽りの説明を繰り返した」（ニッポン放送で資本政策に携わった関係者）

一ヵ月後の十二月十四日、再び亀渕と日枝が会った。

「日枝会長から、『ニッポン放送はいままでどおりだからね。子会社化しても従業員はもちろん事業も大切にする』とことばをいただいたので、決断しました」（亀渕供述調書）

何も変わらない、などということはあるわけもない。これらの表白は、実はフジテレビに従属することが嫌で堪らないことの、そしてそれを受け入れる後ろめたさの裏返しであろう。事実、八年後には看板アナウンサーに自殺者が出ることになる。

亀渕がＴＯＢを受け入れる前日、ロンドンの鹿内からのメールにはこうあった。

「私とあなたで置かれている立場が異なると認識しているようで、理解はできるように思いますが、しかし心髄は同一圏内にあると……。いずれ事実としてあらわれるのではないかと思います」

亀渕は同日付の返信にこう記した。

「石田さんも決して表立った争いはしませんでした。そういうことはお嫌いだったように思います」

ニッポン放送の三代目社長だったグループの重鎮、石田達郎ならどうしていただろうか、と独白した。

「自分は決してノンポリという意味ではなく、争いを好みません」

年内に小平霊園にある石田の墓に行って話をしてこようと思う、とやや感傷的な文面が続いた。その墓は、鹿内信隆、春雄が眠るすぐ近くにある。

鹿内は石田との付き合いは長くはないが、石田は闘うべき時には闘った人だと思った。いまの社長は争いが嫌いというのではなく、矢面に立って火中の栗を拾うのが嫌なのだ。

クーデター以来、日枝の十五年に及ぶ圧力の前にニッポン放送は屈した。折しもニッポン放送の開局五〇周年の年である。筆まめな亀渕は、ロンドンにいる鹿内にこの間、メールをずっと出していたが、子会社化を呑んだことは知らせなかった。

数日後、ロンドンの鹿内から村上を不安の底に陥れるメールが届いた。

「(そちらの) 戦略方針設定に私のことを配慮、算段していただくのは遠慮したい」

こちらのことは考えなくていい、つまり村上が万策尽きてやむを得ない選択として想定する「株主連合」に、自分が参加することはないといった意味だろう。鹿内には守るべき信隆以来の鹿内家とグループの歴史があり、村上の目的は建前を外せばカネに収斂する以上、最終的に相容れるところはない。

ただ、意味をはっきりとはつかみかねる内容だったことが、余計に心配を増幅した。

村上は法廷で以下のように述懐している。

「鹿内さん、ひょっとしたら売っちゃうかもしれないし、フジテレビと何か握ったのかなと。これは大変なことが起きたかもしれないけど、わからないんです。凄い恐怖心にとらわれました」「僕、ありとあらゆることをしました。(鹿内と親しい) 日銀の政策委員の方に説得してくれないかとか、鹿内さんの大学時代の友人で、私の通産省の先輩に連絡してくれとか……、鹿内さんにはメールを何本も打ち込みました。でも連絡がない。まったく返ってこない。そして正月が明けたという、凄くもうドキドキするシーンでありました」「ひょっとすると、(フジテレビがＴＯＢに) 動かないかもしれないという恐怖心を、正月の間ずっと持っていました」(〇七年四月十日　被告人質問での法廷供述)

村上は、グループが抱える桎梏の象徴と言っていい鹿内株があったからこそ、それを怖れる日枝に接近してニッポン放送を追い詰める戦略を組み立ててきた。それが自分の知らない間になくなっているかもしれないという事態は、十分に衝撃的だった。

村上が怖れる事態は、一にも二にも、フジテレビとニッポン放送が株持ち合いで安定し、村上株が塩漬けになることである。鹿内が何らかの行動を起こしたことがその誘因になるとすれば、ファンドは壊滅的打撃を被る。

ただ、年末、カナダのファンド、キャンディルから六〇万株の買い取りを申し込まれると応じている。ニッポン放送株を巨大なボリュームで仕込んでしまった以上は突き進むしかないのだが、不安に駆られながら年を越した。

堀江のほうは年末、フジテレビの朝の情報番組の忘年会にゲストで招かれた際、「来年、みなさんが驚くようなことをやりますから」とあいさつした。それを自局の乗っ取りと受け取る者はいなかった。

村上ファンドの「存亡の危機」

仕事始めの二〇〇五年一月五日、幹部が参集するフジサンケイグループ新年会では、グループ代表が前年の総括と今年の方向性を指し示す。ＴＯＢを知っていたのは亀渕ら数人に過ぎず、日枝は胸中を明かせるわけではないが、「後世になって振り返ってみると分水嶺の年だったということになるのではないか」とグループの大きな転換を六〇〇名の幹部に暗示してみせた。

翌六日、六本木ヒルズでは堀江らが村上との面談に臨んでいた。強烈な自我を持つ堀江は、客観情勢というものにあまり頓着しないからか、あくまでも自力でニッポン放送買収を仕掛けたがっていた。

席に着くといきなり、「TOBってどうですか」と村上に聞いている。

村上は慌てて「TOBなんて言うな」と押し止めたが、相手に実行する力がないなら聞き流せばいいだけである。聞けばインサイダーになりかねないストレートな情報を封じたのは、堀江にニッポン放送を手に入れる意思と実現可能性があると認識していたからだ。村上は具体的情報を聞いていないとするが、ライブドアで資金調達の実務を担う熊谷は「五〇〇億円ぐらい準備できそうだから買いたいと伝えた」と記憶している。

村上はまずは市場で買えと指示し、その後のことは「ちゃんと考えてあげるから」となだめていた。年末から不安を募らせていた村上にとって、堀江の存在はいっそう重みを増したはずだった。

翌七日、大和証券SMBCが八％のニッポン放送株を取得したことが大量保有報告書で明らかとなり、村上の危惧は現実のものとなった。大和は当初、取得先を伏せたが、株数から鹿内株であることは明らかだった。

村上は、大和がフジテレビの主幹事で親密先だということは認識している。鹿内が株を売ったためにフジサンケイグループが持ち合いで安定し、フジテレビによるTOBが封印されるかもしれない。村上ファンドの持株はその時点で一八・六％へと膨れ上がっていた。

村上が血相を変えて日枝に連絡を取ろうとしたのは、「握った」はずなのに話が違うではないかということだろう。ちょうど一年前、ニッポン放送に一〇％のフジテレビ株を吐き出させ、不要なスタジオ建設を強行した〝騙し討ち〟の再現におののくことになる。

翌日は土曜日だったが夜中、真意を確かめるべく書簡を日枝邸に届けるなど手を尽くしたが、日枝は恒例のソニーオープンでハワイに出かけた。

村上は「ありとあらゆるネットワークを使って」日枝に連絡しようとしたが、「(日枝会長から)連絡はありません。困りました。やられてしまったかもしれない。ファンドとして存亡の危機だと思いました」(〇七年四月十日　被告人質問での法廷供述)

直後に村上は、ライブドアの主幹事は大和証券だからと堀江に電話し、「大和に連絡して、この株を取れないか」と依頼したが、主幹事は日興コーディアル証券に変わっていたから無理だった。村上はＵＳＥＮの宇野にも電話し、同じことを依頼した。宇野は、連絡はするが自社では買えないとしたため、堀江に再び事情を説明し、買うことはできるか聞くと「できるかもしれない」という返答だった。村上は、プロクシーファイトのために少しでも買って欲しかっただけとの主張だが、堀江の認識はまったく異なる。

一月十一日、堀江からライブドア幹部へのメールには、村上からの情報として「(大和の持っている株を)宇野さんが押さえることが確実になったら、ウチにすぐＴＯＢして欲しいそうです」とあった。同日、ライブドアは臨時取締役会を開いており、とりあえず「三月十五日までに五％までの範囲で取得する」ことを決議、急速に買い上げていく。

村上はメインシナリオが崩壊する危機を予感し、サブシナリオのライブドアによる買収に軸足を移そうとしたに違いない。

〝犯意〟の痕跡

それにしても、鹿内と売買交渉をしていたのは日枝なのに、大和証券ＳＭＢＣが買ったというのはどういうことなのか。その経緯を調べていくと、日枝は鹿内株を手に入れるために、危ない橋を渡っていたことがわかる。

先述したように〇四年三月下旬、ニッポン放送に隠す必要からフジテレビで購入できないため、日枝は信託銀行か証券会社のトップに肩代わりを相談するとしていた。

実際、日枝は大和証券グループの首脳陣に話を持ちかけ、買い受け先として大和証券ＳＭＢＣが登場することになった。ほぼ時を同じくして四月十日ごろ、鹿内は予定どおりロンドンに居を移した。そのため、以後の実務的な交渉は、鹿内、日枝双方の代理人が中心に進めると同時に、鹿内と日枝は頻繁に電話で交渉した。大和側の役割は、鹿内・日枝間で決まったことを、フジテレビを担当する事業法人第五部部長の松井敏浩らが追認し、事務手続きを進めることであった。

鹿内の持株は九・八％だったが、少しずつ処分しており売却直前には八％になっていた。鹿内によれば、肝心の売買価格は日枝との間で総額を決め、一株あたりに直すと五三五〇円だった。大和は価格交渉にはまったく関与していない。さらに、大和は最後までとうとう鹿内に会わずじまいで、社内ルールで必要な本人の意思確認に難儀するありさまだった。実質的に買うのはフジテレビなのだから当然ではあったが、これらの点だけでも大和の当事者性は失われ、フジテレビのダミーであることは明らかだった。

大和の行為は複数の点で問題をはらんでいた。

第一に、法人関係情報開示義務違反である。大和がダミーを引き受けるのはフジテレビが後で購入するからである。証券会社には、大量の株式取得といった企業の法人関係情報を得た場合には、開示した後でなければ関係株式を取得してはならないというルールがある。大和は、フジテレビによる八%取得意向を知りながら、開示しないで購入したのだから違反行為となり、業務停止といった重い処分の対象であった。

第二が、インサイダー取引違反である。大和は、フジテレビの大量取得というインサイダー情報を知ったうえで購入した。ただし、鹿内もフジテレビが最終的に取得することを知っているから、これだけでは大和の行為はインサイダー取引にはならない。インサイダーが成立するには、大和が単にフジテレビによる八%の買い付けを知っていたのみならず、鹿内が知らなかったＴＯＢを知っていたかどうかである。通常、ＴＯＢがかかれば株価は大きく上昇するからだ。

そのことを解き明かすカギが、契約予定日に、鹿内側が売却を止めた事情に隠されている。当初、鹿内と日枝の代理人同士で契約書の案文を作成、大和証券ＳＭＢＣが追認し、五月七日に契約を交わすはずであった。

骨子は、鹿内がニッポン放送二六二・五万株をシティトラスト信託銀行に信託し、信託受益権（信託された資産から発生する収益や、信託終了時に資産を受け取る権利）を大和に売却する。信託期間は〇五年五月三十一日までのほぼ一年である。鹿内と大和、信託銀行のいずれも、その一ヵ月前に通告すれば契約は終了し、株券は大和に渡る。ということは、鹿内や信託銀行の意思にかかわりなく、株券を終了期日に取得する権利、いわば引き渡し請求権を大和は手にした。

そこへ契約の前日になって突然、鹿内側の了解も取らずに大和はその期日を五ヵ月も早め、〇四年十二月三十日までと書き換えた（延長する場合は、それから一年ごとの自動更新）。期間が短いと決算対策の飛ばしなどに悪用されるため、信託銀行が内規上できないと断ったのに対し、大和は担当役員らがシティトラストに乗り込み無理矢理そうさせたのである。

そうした経緯をあらわすメール（要約）は以下のとおり。

【四月二十六日】シティトラスト→鹿内代理人

「信託開始日と信託終了日、一年以上でお願いします」

【五月七日】鹿内代理人→シティトラスト

「昨日遅く、大和証券ＳＭＢＣサイドから、信託期間について『十二月末日とすることでシティトラストと合意している』と指摘があった。当方は御社から『契約日から一年』という回答をもらっており、その理解でよいか」

【同】シティトラスト→鹿内代理人

「契約期間は一年以上のままです」

大和の言動に疑念を持った鹿内側は、いったん契約を流すことにした。だが、大和は期間短縮にあくまでもこだわった。

【五月十日】鹿内代理人→シティトラスト

「御社の立場を再度確認したい」

【同】シティトラスト→鹿内代理人

「原則は一年ですが、十二月末日にすることは可能です」

【五月十一日】鹿内代理人→シティトラスト

「大和への御社の回答は」

【同】シティトラスト→鹿内代理人

「いったんは、受託の可能性があると伝えた。しかし、原則不可、受託の可能性は高くないと伝えた」

板挟みになったシティトラストが、どっちつかずの姿勢にぶれていることがわかる。

大和の行動は信託期間をわずか半年に短縮し、〇四年末に期限を設定することに、重要な意味があったとしか考えられない。逆に言えば、〇五年五月では遅いということである。導かれる答えはひとつしかないはずだ。十二月末の直後に、つまり年明けにフジテレビによるニッポン放送株のＴＯＢがあることを大和は知っており、それまでにどうしても株券を取得している必要があった――。

大和にとっての「出口」は、あらかじめ勝敗がわかっている出来レースそのものである。そうでなければ、下落リスクもあるのに、一四〇億円も投じて一銘柄を購入することなどあり得ない。

ただ、彼らは信託の期間を、間際になって一年から半年に変えるように強要したことで、〝犯意〟の消しがたい痕跡を残したのである。

不信感を募らせた鹿内の代理人は、「この株をいったいどうするつもりなのか」と大和の松井に問いただした。松井は「フジテレビが有力な売り先だが、第三者に売ることもある」と、一般論を口にしたという。大和の表向きの購入理由、「純投資」と見せかけるには売却の自由裁量が必須だから、それは正論だ。しかし、それはこの取引スキームを根底から覆すことになる。鹿内は、大和がフジテレビのダミーだから取引しているのである。代理人は「それは話が違う。日枝会長が買うという前提で、それまでの間、大和が抱きかかえるという話のはずだ」とし、五月七日の契約は破棄された。

慌てたのが日枝である。すぐにロンドンの鹿内と電話で話している。鹿内は「大和がこの取引で不当な利益を上げるということならば、大和に売却するつもりはない」と言うと、日枝は「自分が絶対に買います。大和が何を言おうと、第三者に売ることはあり得ません」と釈明した。

一週間後の五月十四日、再び日枝から電話があり、「(大和証券グループ本社の)原会長と(大和証券SMBCの)清田社長の二人とはっきり約束しているので、フジテレビで購入することはまちがいありません」と誓約した。

これらの発言を鹿内は記録し、交渉が再開され、大和の要求どおり十二月末までの信託契約となった。ニッポン放送株価(終値)が五三五〇円を超えるのを待ち、大和証券SMBC取締役会の決議を経て、五月二十七日、長島・大野・常松法律事務所で信託契約と信託受益権売買契約が交わされた。

もう一つの問題は、なぜ株式そのものの売買ではなく変則的な信託受益権のそれにしたか、誰が何のために希望したのかである。この信託方式を考案したのは、日枝の代理人である原と同じ長島・大野・常松法律事務所の弁護士である。

契約では、信託の期間、配当は大和証券SMBCが受け取るが、議決権は鹿内が持つと定められていた。大和には議決権がないから、大量保有報告書の提出を免れると日枝側は解釈した。これは、大和が購入したことを知られないようにすることが目的であった。

もっとも、大量保有報告書の提出義務を逃れられるとする根拠は乏しい。特定期日に確実に大和に株券が渡ることが可能である以上、引き渡し請求権があることは明らかであり、新株予約権と同じように大量保有報告義務が生じると考えるのが自然だろう。これが許されれば、大量保有報告制度は形骸化するという意味で、明らかな脱法行為であった。

また、議決権については鹿内側が希望したように映るが、年末までの半年間保有しても総会には関係なく意味はない。大きな意味があったのは、日枝と大和側である。仮に大和が購入したことが判明すれば、事実上、フジテレビの支配下に移動したことが明らかとなる。前述のとおり、日枝はこの売買をニッポン放送に隠さなければならなかった。

そのための手駒として大和は使われ、大和は違法行為となるリスクを負ったが、まもなく巨額報酬の見返りがもたらされる。

【筆者注：日枝側（代理人弁護士）の説明によれば、「①最終的にフジテレビでは買えないと鹿内側に伝えたところ②どこか買いそうなところを紹介してほしいと頼まれた③安定株主となり得る先として大和を紹介した④その後の大和と鹿内の交渉には関知していない」という。また、信託受益権は、「⑤鹿内側から売却の事実を知られたくないとの相談があったので⑥長島・大野・常松法律事務所で大量保有報告書を出さなくて済む方法として考案し教えた」という（〇六年七月）。

大和証券ＳＭＢＣ事業法人部第五部部長（当時）、松井敏浩には「法律違反の指摘がある」と直接取材を要請したが、「広報に聞いてほしい」と拒否した（同）】

歓喜のＴＯＢ

村上の身を焦がすような心配は十日後、歓喜へと一転する。

一月十七日正午、ニッポン放送臨時取締役会――。

いつもなら全員で雑談しながら弁当を食べた後に開催されるが、その日はなしだった。それもそのはずで、親会社として〝死亡宣告〟を受け入れるのだから、歓談する空気はみじんもなかった。

亀渕、天井から、村上が相当買い進んでいてもう乗り切れない、ここに至ったらフジテレビによるTOBを受け入れて子会社化を選択するしかないという説明がなされたが、波乱が起きる。ニッポン放送子会社の社長を務める役員の一人が厳しい口調で声を上げげた。

「何にも資料がなくて判断できないじゃないですか。事前に検討することもできずに、おかしいじゃないか」

役員が正面からトップを難詰することは、かつてなかったことだ。早速、〝体調不良〟を理由に昨秋、会長を退いたはずの川内が「黙れ！」と発言を封じた。

「亀渕君も天井君もいろいろ考えてやってくれたんだ！」

二、三日前の常務会でもろくな資料も示されず、亀渕、天井がおざなりの説明をした後、川内の「これは決まったことだから」という一言で済まされている。

建前であっても自由な表現や意思表示を尊重するべき放送局にあって、これが長年続いてきた悪弊であった。この間の最低限の経過説明もないのだから本来判断しようもないはずだが、絶対服従を強いてきたのである。

沈鬱さが漂う中で取締役会は「賛同決議」を了承した。このような機能不全の役会に実に十九人も、しかも久保利ら著名な社外役員（新任）も三人いたのである。

それからまもなく東京証券市場が閉じた後、フジテレビはニッポン放送にTOBをかけることを発表した。

大和証券SMBCが、アドバイザー・代理人を務め、期間は翌十八日から二月二十一日まで、TO

B成立要件は発行済み株式数の五〇%だが、申し込まれた株は五九五〇円ですべて買い付ける。村上やサウスイースタンなどの外国ファンドがターゲット・プライスに定めてきた六〇〇〇円に少し足りないのは、嫌味を効かせたのかもしれないが、彼らを満足させる価格のはずである。鹿内株を片付け、村上や外国ファンドが待望してきた出口を用意したのだから、抜かりはないはずだった。

ただ、日枝はニッポン放送を完全な形で支配することにこだわりすぎていた。グループの幾多の抗争と裏切りで彩られてきた複雑な歴史を知っている幹部は、フジテレビによる拙速な一元支配はかえって禍を招きかねないと密かに危惧した。

六本木ヒルズの村上ファンドでは四時過ぎ、村上の部屋から奇声が上がった。勝利したことを知った村上は、ただちに日枝に電話をかけている。

「ついに私の夢がかないました！」と興奮気味に礼を述べると、日枝は村上の反応の早さに驚きつつ、こう返したという。

「『おれ、いまから（TOB発表の）記者会見だよ。（TOBになって）よかっただろう』って、日枝さんも非常に喜んでおりました」（〇七年四月十日　被告人質問での法廷供述）

両者の隠れた〝同盟〟は行きつ戻りつしながらも、終着点に到達したのである。日枝は、村上が外国ファンドをも説得しTOB応募をまとめてくれることに、すでに安心している風であった。

しかし、一度火が付いた欲望には限りがない。ファンド崩壊の危機から一気に息を吹き返した村上が、日枝への「裏切り」を働くのは、もうまもなくのことだ。

村上が日枝に感謝を伝え終えると、今度は堀江から電話が入った。この場面を村上供述などから再現する。

「村上さん、フジテレビがTOBしちゃいましたね」

堀江は、あたかも先を越されたような悔しさをにじませた。

「よかったな。おまえも儲かっただろう」

負けがなくなり一気に自信を取り戻した村上は、「堀江」「おまえ」とやや横柄なことば遣いであった。

「うーん、これで終わっちゃうんですかね。ちょっと行っていいですか」

数分後の四時半ごろには、堀江は宮内亮治、熊谷史人の幹部二人を連れて六本木ヒルズの三十八階から二十階へ下りてきた。

村上があらためて聞いた。

「ニッポン放送株をいくら持ってるんだ」

「一〇万株（三・三％）です」

「（差益が）一億円の特別利益だ、よかっただろう」

だが、堀江は諦めない。

「これでお終いですかね」

「当然だよ、だってこれ（フジテレビによる子会社化）は僕が主張してきたことじゃないか。それは裏切るわけにはいかん。自分としては、こんなにうれしいことはないんだから」

堀江を散々、焚きつけてきたのは、すでに遠景の彼方である。ところが、堀江はおさまらない。

「でも村上さんは、ファンドというのは高いほうに売るとか言ってなかったですか。外国人もそういう行動を取るんじゃないですか。高い値段をつけたら売ってもらえますか」

食い下がってくる堀江の性格を知る者なら、彼が本気だと思うに違いなかった。村上は値踏みした。

「（より高い値を提示して買い集める）オーバービッドするのはしんどいだろう」

堀江は即座に「オーバービッドすれば過半数取れますかね」とたたみかけている。

Ｔシャツの腹が少し出た三十二歳の青年社長は、ぜひやりたいという気持ちを全身でぶつけていた。受け止める村上のほうも、日本で「ＴＯＢ合戦」が起きることを熱望してきたと言っていい。

村上は、法廷証言では、「この人、なんでそんなに頑張るんだろう」と不思議だったかのように述懐した。だが、以前から堀江のニッポン放送、フジテレビ買収への強固な意思を確かめつつ焚きつけてきたのはほかならぬ村上自身である。

村上は「ＴＯＢ価格より高いのに売らなかったら投資家から訴訟になるかもしれない。売るかどうかはわからないが、これ以上やるのか」と答えに含みをもたせ、その日は切り上げた。

もっとも、同席した熊谷の記憶によれば、村上の応答はもっと積極的だ。

「フジテレビには感謝している。ただし、おれはファンドマネージャーとして値段に対しては不満だ。ニッポン放送の適正価格は六四〇〇～六五〇〇円ぐらいだと思っている。ファンドマネージャーとしては、より高いほうに売ろうと思っているから、おまえらが高い値段で声をかけてくれれば売るかもしれない」

一方、堀江は、裁判でも認定されたこの場面をまったく覚えていないという。「本当に印象深いシーンしか覚えていない」という堀江の記憶はこうだ（〇九年二月取材）。

「僕が凄く覚えているのは、フジテレビがＴＯＢを発表した日の夜、村上さんの家に行った。対抗手段がないから、少し持ってた株を売って終わりにしようという感じだったが、ワインとかを飲みながら僕はしきりに『納得いかないっすよね』『諦めきれないっすよ』と言ってたと、後から村上さんに聞いた。そしたら翌日の朝、村上さんから電話がかかってきて、『堀江、いい方法がある』と言ってきたんでびっくりした。『ToSTNeT1使えばいいんだよ』『ToSTNeT1って何ですか』『時間外取引なんだよ』と。ToSTNeT2は使ったことがあったから、1もたしかにあるんだなと。『そんな裏技があるんですか』と。彼はそういうことを考えるのが好きだった」

重要情報は多人数の会合ではなく、サシの会話でやり取りされるに違いなかった。

ToSTNeT1とは、東京証券取引所の取引時間外に相対で売買をおこなう市場内取引の一種である。三分の一超の株を市場外で取得する場合はＴＯＢが義務づけられているが、ToSTNeT1は市場内のため、ＴＯＢをかけずに三分の一超の株を取得できるというのだが、規制の趣旨を逸脱する〝脱法手法〟として物議を醸すことになる。

村上世彰の新たな策略

堀江たちがオフィスから引き揚げると、村上ファンドでは祝宴が始まった。ファンド設立以来、最大の投資テーマだった案件で、かれこれ六年の歳月を費やした末に大勝利が保証されたのだ。フジテレビのＴＯＢを歓迎するリリースをホームページに掲載したが、長くは続かなかった。

村上の法廷での弁明によれば、続いて六本木ヒルズ地下のレストランで祝杯を上げているさなか、オフィスに残っていた社員からフジテレビのＴＯＢ資金調達方法を知らされ、怒りを覚えたという。

ＭＳＣＢ（下方修正条項付き転換社債）が大和証券ＳＭＢＣを引受先に、八〇〇億円の規模で発行されることになっていた。ＭＳＣＢは引受先に有利な転換社債で、通常は破綻しそうな企業が最後の資金調達手段として使うことが多く、フジテレビのような超優良企業が発行することは考えられなかった。大和はいずれニッポン放送から借り受ける大量のフジテレビ株を売却し、値が下がった時点で取得したＭＳＣＢを株式に転換し大儲けするに違いなかった。

「僕びっくり仰天して、どういうことだと。それは大和への、まあ裏金（だと）……。何でフジテレビみたいなお金を持ってるとこが、わざわざ大和にＭＳＣＢ出すんだと。株主に対する背信行為であると」（〇七年四月十日　被告人質問での法廷供述）

村上が憤ったのは、すでにフジテレビ株を少し仕込んでいたからである。ＭＳＣＢ発行によってフジテレビ株は希釈化され、価値が減損してしまう。村上は、フジテレビから大和への事実上の〝利益供与〟と考え、一時は記者会見を開いて両社を非難することまで考えたという。

村上は祝杯を上げていたスタッフに順番に意見を求めたという。村上の意を汲んだのか、多くが高い値が付いたほうに売るべきだと、すでに対抗勢力の登場を前提としたような意見が相次いだ。その中で幹部の一人、通産省で村上の部下だったファンドの企画部長Ｉのみは、フジテレビのＴＯＢに応じるべきと強く進言したが、顧みられなかった。

見方を変えれば、これで日枝との〝同盟〟に縛られる必要がなくなったという口実を村上に与えることにもなった。「歓迎リリース」は、一時間後に消された。

村上はすでに十二分の利ざやを保証されていたが、やはり策略を巡らすことが好きな相場師の血が騒ぐのだろう。しかも、買収にはやる堀江を手駒に持ち、「おまえ」呼ばわりで指南する立場にいるのだから、やりたい放題が可能な至福の時間を迎えたといってよかった。

ライブドアはＴＯＢ価格ちょうどの五九五〇円、あるいは一〇円高い指値で注文を出し、市場から買い集めていった。フジテレビがＴＯＢで全株を買い上げるという手法を取ったことで、すべての株主は、二月二十一日までの一ヵ月間、何をしても最後には価格保証で買い上げてもらえるという願ってもない自由時間を得た。ライブドアにしても仮に買収が失敗に終わっても、損失はほとんど出さないで済むのである。仮に応募の上限を先着順の五〇％に設定していたら、株主の行動は制約されるはずだった。ＴＯＢは優れて心理戦、攪乱戦の要素があり、日枝、大和証券、弁護士の戦術には甘さが目立った。

ライブドアで買い付けを任された熊谷史人が述懐する。

「一月中旬ぐらいの一週間でかなり買い、四％近くになっていた。また、裁判では言わなかったが、十七日の翌日か翌々日ぐらいに、買い付けのために村上氏からニッポン放送の全株主名簿をもらっている。その時点で、ライブドアが経営権を取りにいくことを村上氏は完全に認識していた」

村上は公判で、この段階に入ってもまだライブドアが経営権を取りにいくとは思っていなかったと弁明したが、事実は異なる。二十日、村上はニッポン放送株九五万株を元部下が主宰するファンドとともに買い付けることにしていたが、元部下が急にキャンセルしたため三六万株（約二一億円）の購入を熊谷に持ちかけている。熊谷は買い取ると即決で返答、「村上氏はいよいよライブドアが本気だとわかったはずだ」という。

翌二十一日、ファンド内の会議でも、堀江がニッポン放送を取りにいく旨の発言が村上からあったが、それでもまだ、ニッポン放送株の買い付けを止めようとはしなかった。企画部長Ｉは法廷で、「それに近い発言があったんで、やはり顧問弁護士に（買い付け停止の当否を）確認すべきだったかなといまでは悔やんでいる」と言わざるを得なかった。

資料作成を担当するＩは、二十八日の取締役会の前に顧問弁護士の中島に、「（今日の）Ｎ社（筆者注・ニッポン放送）関係の資料について役会資料として保存すべきか」と問い合わせている。「（廃棄を聞いたのは）重要事実に近い情報と認識していた」からとし、Ｉはインサイダー取引に該当することを明らかに懸念している。

付け加えるなら、彼らは後で問題になり得る証拠物の抹消に強い注意を払っていた様子が窺える。

村上がようやく買い付けを停止したのは、二十八日になってからである。熊谷から村上に「外国人株を買いたいので紹介してほしい」と依頼され「びっくりした」からだと弁明した。

村上ファンドの持株は六四一万株、一九・五五％に膨れ上がっていた。

フジテレビのＴＯＢ発表の翌日、ロンドンにいる鹿内に電話で話を聞いた。

「私が売ったのは驚いたかもしれないが、周囲を守らなければならないこともあった。人生ではいろいろ判断していかないといけない。何にもしないでいると流されるだけだ」

創立者の鹿内信隆から数えれば五十年にわたって権力の源泉だったニッポン放送株を、昨年五月に信託を使って売却したが、株券が実際に売却先に渡ったのは年明けのことだという。

ただし、それは相手側が望んだことであり、フジテレビがＴＯＢをかけたことで、なぜそうしたかが腑に落ちる、真に売った相手は日枝であり、大和証券ＳＭＢＣは肩代わりしたに過ぎない、その構図には違法性があり早晩、明らかにする必要があるかもしれない――。

「日枝は二十年がかりで転覆させ、最後の仕上げをやろうとしている。でも完璧にやりたいのだろう、相当危険な無理をしている」

ＭＳＣＢの発行によりフジテレビ株主が損失を被ること、ＭＳＣＢの引き受けやＴＯＢ代理人、鹿内株取得の肩代わりなどで大和証券に巨額の儲けを与えていること、応募してきた全株の買い上げなど、危険な綱渡りをやっていると映る。

村上はＭＳＣＢに憤っており、「黙っていてはいけないじゃないですか」と言ってくるという。近く帰国するという鹿内は、ニッポン放送経営陣を翻意させられなかったのは「結局、私の説得力不足だった」と締めくくった。

一月二十六日、村上は一時帰国した鹿内をつかまえ、港区内で会食した。

「知らない間に処分するなんてひどいじゃないですか」と詰(なじ)ってはみたものの、鹿内が株を処分したからこそ、日枝がＴＯＢを最後に決断したことをわかっていたに違いなかった。

「これまでご指導いただき、ありがとうございました」

鹿内に初めて面談してから五年あまりを費やした末に、村上はまもなく巨額の儲けを手にしようとしていた。そればかりではない、意味深長なことばを投げかけている。

「もしフジテレビのＴＯＢに対抗する動きがあったら、相談してもいいですか」

堀江のニッポン放送買収が始まればステージは次の段階に進み、フジテレビそして日枝との死闘が始まるに違いなかった。いわゆるメディア経営の経験がない堀江は、その能力の有無が問われるから、フジサンケイグループの肝を知る人物は大きな助力になり得る。ただし、日枝を極限まで刺激することは確実で、闘いはさらにエスカレートするだろうが、売値を吊り上げたい村上の思惑に、それは合致していた。

「そんな動きがあるのかい？」

村上は返答を濁し、鹿内がそれを知るのは二週間後のことである。

続けてフジテレビの日枝を訪ねた村上は、巨大メディアグループの最高権力者を不安に陥れる次のような通告をおこなっている。

「オーバービッドなど高い買い付け価格が提示されたなら、申し訳ないけれども、ファンドとして売る」（〇七年四月十日　被告人質問での法廷供述）

日枝が村上の求めたとおりＴＯＢに踏み切り、十七日には喜び合うような会話を交わして、まだ十日も経っていない。そのＴＯＢをかけている最中に、二〇％近く保有する株主がこんなことをわざわざ言いに来たら、誰も一般論だとは思うまい。村上は裁判で、フジテレビによる大和への「裏金」に文句をつけ、場合によってはほかに売ると「仁義を切った」のだと言ったが、日枝にとってこれほどの裏切り行為はあるまい。後の村上裁判で日枝は、「裏切られた」との調書を作成している。

この日、日枝は危機がひたひた忍び寄っていることを認識したはずだった。

ついに始まった争奪戦

無頼漢のような行動は、村上だけの判断で決められるものでもない。村上ファンドの後ろ盾となってきたオリックス・宮内は、ライブドアの急襲、そして日枝を袖にすることを承知していたのか。

村上は日枝に通告した二日後の二十八日、宮内の名代であるオリックス派遣の役員に出席を要請し、急遽、取締役会を開いた。オリックスはＭＡＣアセットとＭ＆Ａコンサルティングの両取締役会に、社長室担当部長ら二人を社外役員として送り込んでいる。

配付された資料にはこうあった。

「ストラテジック・バイヤーから公開買い付け価格を超える価格によるブロックでの売買を依頼してきた場合には、日枝会長に事前通告をおこなったうえで譲渡に応じる」

資料は、オリックス派遣役員が持ち帰り、宮内が目を通すことが前提だ。

企画部長Ｉは三日前、丸木、瀧澤両副社長あてに「Ｌ（筆者注・ライブドア）の件について言及せざるを得ない」というメールを出している。これは、ライブドアがニッポン放送買収に乗り出し、事実上それに協力することを、オリックス・宮内向けの説明としてもはや避けられなくなったという意味だ。資料原案には、「ストラテジック・バイヤー」のところが「ライブドア」と明記されていたほか、「ライブドアがニッポン放送の経営権を掌握することは可能」とまで記載されていたが、直前に削除された。この社名は宮内の神経を逆なですするに違いない。

ただし、それまでも、「ライブドアがフジテレビを欲しがっている」といった情報は、取締役会の席上、口頭で伝えられ、オリックス派遣役員・木村は手書きのメモを残してきた。

だが、木村は法廷で、「ライブドアの名は聞いていない」と繰り返し証言した。対して瀧澤、Ｉら村上ファンド幹部の証言は、「ライブドアの名は出た」と認めた直後にオリックスに気兼ねするように否定するなど、一貫性に欠けた。

オリックス派遣役員が法廷で否定し続けたのは、認めればライブドアの敵対的買収に事実上、ゴーサインを出したと受けとられるからだろう。村上ファンドのインサイダー事件との関わりまで疑われかねない。

一方で、この取締役会で、「ＴｏＳＴＮｅＴ１を使って三分の一超を取得することはＴＯＢ（公開買い付け）規制に抵触しないのか」とオリックス派遣役員が質問し、村上ファンド監査役で弁護士の中島章智が大丈夫と答えたと、Ｉは明快に証言している。そうしたグレーゾーンの詳細な戦術にまで踏み込んだ議論が取締役会でなされているのに、当該のライブドアの名が出なかったとは到底考えられない。

ともあれ派遣役員も、高いほうに売るのはファンドとして当然と村上の方針を了解している。宮内には、仮にライブドアの名は伏せられたとしても、日枝に対するカウンターアタック、「裏切り」は事前に伝えられ、事実上の了解を得ていたことになる。

証言台に立ったオリックス派遣役員は、村上弁護団による公判準備のためのヒアリング要請を断ったと言い、検察に恭順の意を示し続けた。それは、オリックスに多大な収益をもたらした村上を、宮内が見捨てたことを物語っていた。

二日前に戻って一月二十六日、熊谷はリーマン・ブラザーズ証券日本法人の担当者にニッポン放送買収を伝えファイナンスを要請する。審査部の面々は絶句したというが審査は瞬時に進み、フジテレビと同じく八〇〇億円のＭＳＣＢ発行・引き受けを決めた。

熊谷の証言。

「リーマンからは〇四年三月からMSCBの提案があったが、八〇〇億円を引き受けたのは意外だった。ただ、その金額になったのは案件がニッポン放送だと伝えてからで、リーマンも厳密に計算はしていないだろうが、過半数が取れる額と考えたと思う」

MSCBによる希釈化で被害がもっとも大きくなるのは、ライブドア大株主で買収意欲をたぎらせている当の堀江だ。熊谷は最後に了解を得たが、一筋縄ではいかなかった。

「堀江社長はMSCBはイヤだ、ほかのスキームを考えてくれと散々言っていたので、私は『本当にいいんですね。やりますから』と繰り返し確認した」

熊谷によれば、前年からのニッポン放送株の買収資金は、手元資金一〇〇億円、クレディ・スイスからの借入二〇〇億円、そしてリーマンの八〇〇億円、総計一一〇〇億円となった。

また、買収の絵図を描いているのが村上だとわかったリーマン日本法人代表の桂木明夫は、堀江を通じて二月三日ごろ、村上に面談した。戦略内容をヒアリングし、買収戦の成功率が高いことを確かめている。桂木は、興銀時代の先輩にあたる鹿内にも連絡しようとしたが、これは果たせなかった。

前章で記したように、かつてUBSはニッポン放送買収にファイナンスを付ける決定を直前になって取りやめた。六年後、リーマンは誰もやらなかったメディア買収にファイナンスを付けるリスクを負う代わりに、巨額の利益を上げることになる。

フジテレビとライブドアが内外の投資銀行に分かれて、偶然にも八〇〇億円を同じ資金調達方法に委ねたのは示唆的であった。これから始まる派手な買収合戦に隠れることになったが、金融資本が暴利をむさぼる時代が始まっていた。それは三年後のリーマンショックで頂点を迎え、世界を破綻の淵に追い込むのである。

村上ファンドがニッポン放送株の売買を停止して以降、ライブドア幹部との集まりは連日開かれ、制約のなくなった村上を指揮官に「合同作戦会議」の様相を呈した。村上の供述によれば、持株一九％のうち半分の一〇％をライブドアに売る、ＴＯＢのオーバービッド（価格引き上げ）では資金力に勝るフジテレビに負けるからＴｏＳＴＮｅＴ１を使うよう知恵出ししたという。

村上は、ライブドアへの情報伝達を二段構えでおこなっていたフシがあった。熊谷によれば一月中旬、堀江から唐突に「ＴｏＳＴＮｅＴ１を使うのはどうだろう」と検討を指示されたという。先述したとおり、堀江は一月十八日に村上から指南されている。

一方で村上は二月二日の会合で、「ウチと一緒にニッポン放送のディールをやってきたことは、伏せておいてくれ」と堀江らに口止めすることも忘れなかった。

資金力に不安のあるライブドアとしては、村上から一〇％取得はいいとして、残りの持株を維持してもらえば取得株は少なくて済む。

一月三十一日朝、堀江、宮内が村上を訪ね「ニッポン放送株を持っていてほしい」「一筆書いてほしい」と要請したが、村上は「それはできない、買ってもらうしかない」とにべもなかった。元々は昨年来、村上ファンドが保有することを前提に堀江に働きかけてきたのに、あっさりと反古にした。

本来なら詰るところだろうが、堀江は「わかりました。村上さんのところの株も引き取らせてください」と応じた。

村上ファンドは、ＴＯＢがかかった場合は高いほうに売ることを運用方針とする。もっとも、村上の場合はそれを黙って待つのではない。対抗ＴＯＢをかけそうな相手を唆し、けしかけ、その気にさせるのである。資金力に難があれば、TOBに代わる手法を伝授する、それが堀江だった。

事実上のTOB合戦となり、価格が吊り上がっていけばしめたものだ。最終的に、資金に余裕のあるフジテレビが価格で勝ることは確実で、村上は残りのニッポン放送株を今度は平気でフジテレビに売るに違いなかった。

もちろん、こうした二枚舌の行為に出れば、村上の評価は地に堕ちる。証券取引法第一五七条「不正の手段、計画又は技巧」にも抵触しかねない。部下だった元役人のIは最後まで反対を唱えたが、大向こうを唸らせる初のTOB合戦の予感に高揚する村上がさしてためらった様子はない。

数年にわたる接触でこうした村上の行動原理を知るようになった鹿内は、次のように見ていた。

彼は、厳重な参入障壁で守られてきたことをいいことに寡占利益をむさぼってきた放送局から、幾ばくか毟(むし)り取ったところで構わないと考えている。儲かる限りは何だってやるに違いない。約束を破ることも厭わないだろう――。

違法か、合法か

鹿内株の売却に衝撃を受けたのはニッポン放送経営陣も同じである。資本政策を担当した関係者が語る。

「大和が保有を発表した時は驚愕したが、事実上はフジテレビが買ったということはすぐにわかった。まさか鹿内氏と日枝会長が握るとは思わず、ニッポン放送だけが知らなかった。ただ、後から思うと確かに様子はおかしく、昨年四月までは、心配だから何とかしろと盛んに言ってきたが、五月が過ぎてピタリと何も言わなくなった。何だか静かになったと話していたぐらいだが、まさか鹿内株を買っていたとは思わなかった。鹿内株がなくなったのなら、ＴＯＢを呑んでフジテレビの子会社になる必要はまったくなかった。だから日枝会長はニッポン放送に隠したわけだ」

これが、ひところは最強とされたメディアグループの内実であった。

子会社への転落を目前にするニッポン放送は沈滞し、もはや蚊帳の外であった。騙したフジテレビに抗議しＴＯＢ賛同決議を白紙撤回するべきだという意見も出たが、社長の亀渕は沈黙した。

ここに至っての心配は、村上たちがＴＯＢに応じずに外部に売却することである。ＴＯＢを始める時にフジテレビに対して村上ときっちり「握った」のかを問い合わせたが、曖昧な答えしか返ってこなかった。フジテレビからすれば日枝と村上の「握り」が、崩壊の危機に瀕していることなど言えるはずもなかった。

二月八日朝八時二十二分から、ライブドアはＴｏＳＴＮｅＴ１で立て続けに約定しニッポン放送株二九・六％を一気に取得、それまでに集めた分と併せ三五％の保有に成功する。

村上は六三五万株（一九・四％）のうち三二八万株（一〇％）、サウスイースタンはほぼ全株三四八万株（一〇・六％）、ほかにブランデスなどの外国ファンドも一斉に売却した。サウスイースタンなどには、瀧澤が事前に連絡を入れ、ライブドアの買取希望を伝えるなど手助けしている。熊谷によれば、ファイナンスを付けたリーマンの担当者が外国ファンドとの価格、数量交渉をおこない、前日になって話をまとめることができたという。事実上はＴＯＢ規制に抵触する相対取引に近かったと言える。

フジテレビ十九階、経営企画局――。

九時過ぎにデスクの一角から「ライブドアがＬＦ（ニッポン放送）株を三十数％買い占めた！」という声が上がり、続けて「まさか！」という動揺が広がった。

経営企画部門は本来、資本政策を担当するセクションだが、ほとんどのスタッフはこれまでの経過をまったく知らされていないから、深層で何が起きているのかわからない。

日枝、尾上の両首脳をトップに、局長の飯島、局次長の増田、ほかに秘書室、経理局からも人を集めて対策チームが作られたが、先述のように一連の経過を知っているのは四人だけだから、組織的対応にはならない。

この大量取得は、日枝にとって衝撃だったに違いない。村上の通告から対抗ＴＯＢがかかることは予想しても、いきなり三五％を取られてしまう事態は考えられないことだった。

同日、会見を開いたライブドア社長・堀江貴文は、「ネットと放送の融合」を提唱し、フジテレビに資本、事業提携を申し入れると発表したが、日枝は「いきなり乗り込んできて、提携とはどういうことか」と怒りをあらわにし、話し合いも拒絶した。そうなると後はニッポン放送株の奪い合いしかない。

一方、時の小泉政権の新自由主義的な規制緩和路線は、ライブドアにしばらく有利に働いた。所管する金融担当大臣はこの株取得を「（ＴＯＢ）規制の対象にはならない」と早くも言明したことで、適法とする流れが生まれた。

もっとも、政権も一枚岩ではない。自民党政調会長だった与謝野馨は、ライブドアの大量買い集めを「法の網の目を潜り抜ける行為を、事前相談に基づいておこなった疑いが高い」と強く咎める意見を表明した。

「日枝さんとは仲がいい」と言う与謝野が振り返る（〇七年八月取材）。

「買い占め直後に、政調会長として金融庁の五味長官を呼んで『こんなこと許していいのかい』と聞いたら、彼らも困ってて実際に調べたんだけど、時間外取引の制度があって売買が成立したら認めざるを得ないと。それでも私は『違うんじゃないか』と言ったが、当時の金融大臣が違法じゃないと言っちゃった。政調会長は問題だと言ってるのに金融大臣は違うこと言ってると、国会でも随分追及された。ただ、違法ではないけど脱法行為には違いない」

グレーゾーンの取引だったが、以前から似たような取引はあり、ライブドアだけに違法性を問うわけにはいかなかった。

対するフジテレビ側は当初、経営幹部によれば二点を心配し、三つの原則を立てたという。

「心配は①グループの結束が揺らぐこと②不祥事が出てくること。立てた原則は①ニッポン放送を取り戻す②フジテレビ株は渡さない③メディア認識が一致しない限り提携はしない」

心配については、すでに現実となりつつあった。原則も、③はともかく①②を実現する具体策が難しかった。

当初方針として、ニッポン放送、フジテレビは、あくまでライブドアの株取得の違法性を主張し、株主として認めない姿勢を堅持するべきだったが、そうしなかった。資本政策についてこれまで日枝が徹底した情報統制を敷き、問題の所在を理解し即応する者がほとんどいないために、彼我の情勢判断がままならず混乱と無策に陥っていた。

それをもたらした大きな原因は、鹿内株をめぐるフジテレビ・日枝と大和証券グループとの関係性にあった。

「ニッポン放送はなくなってしまいますよ」

ライブドアの登場以降、市場でのニッポン放送株価はＴＯＢ価格の三割増しの水準に跳ね上がっている。フジテレビは二月二十一日までのＴＯＢ期間は市場で買えないが、ライブドアは自由に拾える。このままだと三月末の議決権確定までに過半数を取られてしまう。市場は当然、フジテレビによる唯一の対抗策、ＴＯＢ価格引き上げを予想した。

ところがフジテレビはそうしなかった。日枝は「マネーゲームに与(くみ)しない」と胸を張ったが、Ｍ＆Ａの世界で、このままでは負けることが明らかなフジテレビがオーバービッドしないというのはあり得ない選択であった。

価格を引き上げられなかったのは、大和証券ＳＭＢＣが「純投資」だとして鹿内から取得したニッポン放送株八％を保有していながら、ＴＯＢ代理人を務める利益相反行為をおこなっていたからだ。「純投資」ならば価格は上がったほうがよいが、ＴＯＢ代理人としては価格は低いほうが望ましい。オーバービッドすると、この大和が抱える利益相反の矛盾がより拡大してしまう。大和は「価格設定には関与しないという条件で代理人になった」と弁明するが、価格こそが重要なＴＯＢで価格に触れない代理人などあり得ない。

二日後に出した代替策は、ＴＯＢ成立要件を五〇％から二五％に引き下げて防衛ラインを後退させ、自ら過半数確保を断念したと表明するようなものであった。二五％超を確保できれば、商法の規定によりニッポン放送が持つフジテレビ株（二二・五％）は議決権がなくなる。ライブドアがニッポン放送の経営権を握っても、保有するフジテレビ株は足がかりにならず、フジテレビへは攻め込めないという理屈だ。フジテレビの方針は、自社防衛を優先させるためにニッポン放送を捨てるということであり、ニッポン放送から見ればハシゴを外されたに等しい。

もっとも、ニッポン放送がフジテレビ以外に第三者割当増資をやれば二五%未満に落とすことも可能だから、あまり意味はなかった。条件変更への態度を決めるニッポン放送取締役会では、久保利が「二五%にするのはニッポン放送にとってまったく利益はない。五〇%を維持させないといけない」と言い、賛同決議を棄権した。

ほとんどの役員が同じ考えだったと常勤役員の一人は言う。

「五〇%ラインを維持し、そのうえで株集めの工作をすればいい。二五%を取ってTOBが成立してもニッポン放送を守ることにはならない。そのことは、みんなわかっていたが、これまでの惰性で結局は賛成に流された」

後でこの役員は自身が賛成したことに嫌気がさし、突然辞任した。

この条件変更には、合理的な説明はつかない。フジテレビはライブドアと五〇%を巡る争いをしており、変更に意味があるとすれば、大和証券SMBCに持たせた八%の鹿内株を確実に取得するという一点だけである。TOBが成立せず、加えてライブドアが五〇%を超えて経営権を奪取すれば、大和が持つ八%は〝死に体〟となり経営責任が問われる事態となるからだ。

買い取りはフジテレビと大和の首脳同士の約束である以上、ニッポン放送の帰趨以前の最優先事項に違いなかった。片や大和の方も市場価格より安いTOBに応募するとし、「純投資」の化けの皮がはがれる行動を取ったことから、一層疑惑の目を向けられた。

「グループの結束」は、端から破綻していた。とりわけ新聞、テレビ、ラジオというグループの中核をなす経営トップ同士は、分裂状態だったと言っていい。

ニッポン放送とフジテレビ間の相互不信は言うに及ばず、産経新聞とフジテレビのそれも根深いものがあった。八日の騒動勃発から、各新聞は本邦初となるメディア買収戦を最大級に報じていたが、産経新聞は当初、ほとんど取り上げていない。

堀江貴文（共同通信社提供、05年撮影）

いくつかの理由のうち、ひとつは堀江と社長の住田良能との個人的関係に根ざしている。

前年六月、五十九歳で社長になった住田は、見た目にも様子を変えていた。社長車を定番のセダンからワンボックス型のハイブリッドカーに変更し、内装も機能的な仕様にあらためた。この車で社長業に付きものの葬祭に出かけられるのかと揶揄する向きもあったが、身なりもカバンを背に担ぐバックパックにするなど、新聞社トップの硬いイメージを一新した。

恰好はさておき、住田が打ち出した路線を産経新聞役員（当時）が解説する。

「住田社長は企画力、発想力に優れていて、産業としての新聞は革新的なことをしないと行き詰まるという危機感があった。また、ことばには出さないが、フジテレビをはじめとするグループから支援を受けている現状を打破し、自分たちの収支で食い扶持（ぶち）をまかなう自立を目指した。そうした考えの下、旧来の枠に囚われずに事業を興した堀江らＩＴ経営者たち、あるいは金融コンサルタントの木村剛など小泉の新自由主義路線で脚光を浴びた人たちと付き合って新しいものを吸収しようとした」

それは〝反社〟も絡んだ危ないビジネス展開につながっていったが、それだけ危機感に迫られていたとも言えた。

二人を結んだのは、赤尾一夫のマネーゲームで何度も登場した大和証券出身の菅下清廣である。

堀江の回想。

「マネー雑誌の取材でライブドアに来たことがある菅下氏から、住田社長を紹介すると言われ、〇四年に二、三回会った。僕からは、産経新聞はビジネス紙にして収益モデルをきちんと作らないといけないという話をし、産経が出している経済専門紙（「フジサンケイ　ビジネスアイ」産経の子会社・日本工業新聞社の発行）を買い取りたいという話も出した」

「ネットで新聞・テレビを殺す」などと舌足らずな発言で物議を醸す堀江だったが、そんな将来のことではなく、経済ニュースを発信する媒体を持ちたいという希望があった。新しく創刊するか新聞を買収することが検討されたが、手間とコストなどから断念。二人の話し合いから、次善の策として「ビジネスアイ」の中面に、ライブドアが編集する四ページほどの「新聞」を挟み込む方式を採ることで合意した。

事情を知る役員によれば、住田は担当役員に検討を命じたという。

「担当役員の熊坂（後に産経新聞社長、会長）は『そんなこと無理です』と言ったが、住田から『すぐにできないと言って逃げるけど、前向きに考えろ』と怒鳴りつけられた」

ちなみに、熊坂も鹿内の秘書役の経験があり、住田が先輩に当たる。

結局、実現はしなかったが、住田は固定観念に囚われずに新聞の発行形態を広げようとし、儲かるならそれを優先しようとした。前述したライブドア上場時の株強要の件といい、産経新聞と堀江は何かと因縁があった。住田のその後の動きから考えると、当初、この買収戦がどう転がってグループ内の勢力図に変化をもたらすか、注視していたことが窺われた。

堀江の衝撃的な登場から五日後の二月十三日、この日は日曜日でグループが主催する東京国際マラソンがあった。日枝、亀渕をはじめ基幹三社の首脳陣は大会役員でもあり参加するのが恒例だが、産経新聞社長の住田の姿はなかった。住田はグループの行事が好きではなく、あまり出てこない。

日枝から「いろいろ助けてくれよ。情報は産経さんにいちばん入るだろうから」と言われた産経役員は、住田への伝言と受け止めた。翌日、住田に「情報を集めて、紙面で応援することが必要なんじゃないか」と言うと、烈火のごとく怒り出したという。

「ああいうやり方ではニッポン放送はかわいそうじゃないですか。ニッポン放送はなくなってしまいますよ」

住田はグループの資本再編について蚊帳の外に置かれたこともあって、ニッポン放送をフジテレビの子会社に落とし込む日枝のやり方に腹を立てていた。産経新聞は資本構成上、基幹三社の最下位に位置するものの、鹿内家を追放して以降、フジテレビ、ニッポン放送、産経新聞の三極をまがりなりにも対等とすることでグループが成り立ってきた。だが、ニッポン放送が吸収されればバランスが崩れてフジテレビがますます突出し、新聞の相対的な地位が低下してしまう。

「支援が欲しいならそう言ってくるべきだ。なのに何の相談もない」

役員は「それは違うんじゃないか。グループというのは兄弟分なのだから、こちらから助けるよと言うのも筋ではないか」と諌めた。以後、情報収集とライブドア攻撃の紙面展開がようやく始まることになる。

謀略に次ぐ謀略

村上の策謀は、ライブドアの大量取得後も続いていた。

八日、一時帰国していた鹿内はロンドンに戻ることにしていたが、ライブドア参戦のニュースを聞き出発を延ばした。昼ごろ、村上に「知っていたのかい。この前、君が言っていたのはこれか」と電話で聞くと「自分も驚きました」と返し、あたかも自分の株は売っていない素振りを示した。昨年秋、村上から、三木谷以外にもニッポン放送株に関心を持っている若手のＩＴ経営者がいるとは聞いたが名前は出なかった。

村上が売らずに二九％も買えるとは思えなかったが、平然としらを切り、堀江と連携していないようなロぶりに、鹿内は〈段々、大人になったな〉と思った。一方、村上は二週間ほど前に示唆したとおり、堀江に鹿内の連絡先を教えていいかと言う。

堀江は翌九日、十日と連日、鹿内と面談した。堀江は、ニッポン放送の番組関係を担務する一役員に面識があるぐらいで、亀渕ら経営陣をほとんど知らない。十日は郊外、世田谷区用賀の料理屋に鹿内を招き、グループの歴史、経営陣の人物像、また昨年に株を手放した経緯、つまりフジテレビと大和証券ＳＭＢＣの「違法行為」についても聞いた。

鹿内はすでに、堀江が過半数を取得するだろう、ニッポン放送には打つ手はないと読んでいた。

自身の解任クーデターからラジオ、テレビの上場、村上らファンドの買い占め、ニッポン放送の価値の毀損、日枝との株売却交渉、フジテレビのＴＯＢ、ライブドアの大量取得、これら十数年に及んだ一連のできごとは、一本の糸でつながっている――。鹿内は、そのことを自覚していた。今回の騒動の引き金を引いたのも、自分が株を売ったことが関係していると思っていた。

この日、何も決めなかったが、堀江は「鹿内氏がこっちについたぞ、というのは、いずれ日枝氏への圧力になる」と思った。二人が同盟関係を結ぶことを、日枝は何よりも懸念するに違いなかった。

併せて堀江らは大和証券ＳＭＢＣを訪ね、執行役員・鈴木俊一に対し「純投資なら売ってくれませんか」と伝えたが、物別れに終わる。同行した熊谷によれば「実際の買い主がフジテレビだとわかっていたが、こちらも意地だった」という。

三日後、堀江はテレビの生番組に出演し、「大和証券ＳＭＢＣが鹿内氏から株を取得したのはインサイダーではないか」と発言、大和のフジテレビＴＯＢへの応募を牽制する。フジテレビのＴＯＢを代理人として遅くとも十二月に知っていた大和は、当初、株取得の日付を一月四日としたことから、インサイダーにあたるというわけだ。

日本中の注目を浴びる堀江が発言したことで、鹿内株売買の経緯に関心が集まり出した。通常なら、大和側は「個別取引については答えない」と逃げるところ、先述した経緯の一部を説明せざるを得なくなっていく。

ライブドアとフジテレビの買収合戦は、当のフジテレビを除く全局のワイドショー、報道番組で連日大量に報じられ、狂騒状態を呈した。明るく飄々(ひょうひょう)とした風の堀江と、自宅前の囲み取材で余裕を見せつつも時に不機嫌さがあらわになる日枝との好対照も、この買収戦のショー化に一役買った。

フジテレビがオーバービッドせずに防衛ラインを後退させたことから、ライブドアのみが市場で株を拾う展開が続いたが、十日、後場の引け際四分前に大きな動きがあった。

騒動となってから、ニッポン放送株には個人投資家が殺到し、買い注文が高止まりしていたところに大量の売りが出て八八〇〇円の高値で約定した。売ったのは村上ファンドだった。副社長・瀧澤の供述によれば、残っていた四％あまりの株を一気に売り浴びせた村上は、「おれは天才だろう」と自慢したという。村上はファンドを創設して以来、はじめての絶頂を迎えていた。

この時期、村上ファンドの持株はいったいどれぐらいあるのか、堀江と組んでいるのか――まったく姿を現さない村上が買収戦の帰趨を占うキーマンとされ、昼夜の別なくその動向に強い関心が集まっていた。そうした中で村上は、いったん売り抜けたニッポン放送株を買い戻す動きを見せるなど、しのぎを削るフジテレビとライブドアの間でキャスティングボートを握ろうと再び策謀を始めている。

村上の謀略じみた動きは、後に法廷でも一部が明らかとなった。

騒動の渦中、村上は産経新聞社長の住田に電話している。村上も前年来、堀江と同じように住田と会食するなど度々接触していた。

企画部長Ｉへの検事の尋問（〇七年三月七日）。

――（村上ファンドはすでに）大量に売り抜けていたにもかかわらず、二月中旬ごろ、村上被告人が産経新聞首脳に電話し、堀江とは連携してないと。村上ファンドではまだニッポン放送株を二〇％ぐらい保有しており、堀江の持株と併せると五〇％を超えると。（フジテレビ株との）株式交換をするのがよい案だと思う、ということを話しましたね。

「はい」

――その電話の内容を、証人は録音したんですよね。

「はい」

――村上被告人が産経新聞首脳に言った話というのは、事実とは異なるんじゃないですか。

「異なってました」

――明らかなウソですよね。

「はい」

――電話は威嚇しているようなトーンでしたか。

「強い口調で仰っていました」

検察は、押収した録音データに基づいて尋問している。

――いかにもまだニッポン放送株を大量に保有しているように装い、産経新聞首脳にはったりをかましたと。

「そうです」

――なぜ、この電話を録音したんですか。

「理由は覚えてないです」

――村上被告人の指示でやったことですか。

「そうです」

村上は住田との対話を通じて、彼に自立志向があることを把握した。日枝に対抗する野心の匂いも感じ取ったかもしれない。こうした電話をかけた理由はなお判然としないが、ひとつにはフジサンケイグループ内を錯乱させること、さらには早くも次の狙いをフジテレビ株に置いて動き出していたということだろう。

　この件について、村上の法廷供述（〇七年四月十一日　検事質問）。

——産経新聞の住田社長とは信頼関係があったと。

「かわいがっていただいた」

——そういう人に対してもウソをついたと。

「そう喋らなきゃいけないと思っちゃった。後でテープを聞いて……申し訳ないと思いました」

　住田が、どのように応答したかはわからない。ただ、村上は録音を、何らかの交渉に使えると考えたのだろう。

「彼はやりすぎだな」

　村上は、二週間が経過した二月二十二日、その後の顚末を考えると示唆に富む会合に姿をあらわしている。朝八時、大手町のパレスホテルで自民党政調会長の与謝野馨を囲む朝食勉強会が開かれた。二十人ほどの参会者の視線は、否が応でもポツンと座る小柄な村上に集まるのだった。

　与謝野は、政界に大きな影響力を持つ読売新聞トップの渡邉恒雄とは、ごく近い間柄だ。

　一方で、新興経済人との付き合いを深めてきた。この会合は四年ほど前から、当時落選中だった与謝野のために有力支援者であるビックカメラ会長の新井隆司が主宰し、二、三ヵ月に一度の割で開かれていた。新井は同郷の中曽根康弘（元首相）を通じて渡邉恒雄や与謝野と懇意にしていた。NTT元社長の児島仁（まさし）を始めとする二十人ほどの会員は、ビックカメラの取引先の企業経営者、経済人がほとんどだ。

その中で村上は、与謝野が通産相だった時に通産官僚として知り合い、ファンド設立の際に新井が種銭を出資した関係から与謝野会のメンバーとなっていた。会は与謝野が冒頭、経済情勢などをスピーチした後、能弁の村上がまっさきに質問者になり、二人がかけ合いを演じるのが習いだ。村上は年間一〇〇万円の会費を数口分負担し、それは与謝野の政治資金にも充当された。

先に記したように、この時期、与謝野は堀江の株取得を脱法行為だと強く非難していた。与謝野が、その日の村上との会話を明かす（〇七年八月取材）。

「フジテレビには前から、こんなこと（村上の買い占め）になって大変なんだということはこぼされていた。騒動の時、僕は勉強会で会った村上さんに、『そんなにニッポン放送の株を買って大変なんじゃないの』と……。おカネはなかったけど冗談半分で『僕が全部買ってあげようか』と言った。すると、彼は真剣な顔をして『与謝野さん、もうほとんど売っちゃったんです』と言ったんでびっくりした。その時、（会の）みんなと話したのは『彼はやりすぎだな』と。まあ、あいつもそんなに悪い奴じゃないんだけどね」

村上が持株状況を正直に明かすことはきわめて少ない。住田に対してそうだったようにあからさまに偽ったり、仮に正しかったとしてもウラには意図があったりする。

ファンドは、大量保有報告の提出義務を遅らせる特例制度を利用するなど、持株数を秘匿する情報戦を画策することによって関係者に疑心暗鬼と混乱を生じさせ、優位なポジションに立つことを基本戦術としていた。

この日、真実を明かしたのは、村上と新井の関係が前提にあったと思われる。与謝野会のある会員は、新井が村上に「おれを裏切るなよ」と言っているのを聞いたという。こうした発言から窺えるのは、オリックス会長の宮内義彦とまではいかないが、ファンドの種銭を出した新井は、相応に村上に抑えが利く経済人であったということだ。

もう少し後、与謝野会にＴＢＳ、テレビ東京の役員をはじめ、新聞社の関連企業幹部がこぞって入るようになったが、メディア株を狙い続ける村上が危険視されたことと無縁ではない。

与謝野は当時の首相・小泉純一郎、また経済財政政策担当相の竹中平蔵や宮内が推し進めた新自由主義路線と対立する立場だが、一方で村上とも懇意にしていた。しかし、この時は、党の要職である政調会長として、また八ヵ月後にはファンドを監督する立場の金融担当大臣として、村上と向き合うことになる。

それを境に、村上は与謝野会を事実上、追われた。

インサイダーではないのか

防戦に追われることになったフジサンケイグループは、混迷の度を深めた。村上が吹いた「過半数を確保」というニセ情報も、グループに波紋を引き起こす。

住田はニッポン放送に対し、「保有する二二・五％のフジテレビ株をただちに手放すべき」という強硬な申し入れをおこなった。要は、堀江らに経営権が奪われることを前提に、フジテレビまで取られてしまうと、四〇％の株を持たれている産経新聞も玉突きで支配されるおそれがあったからだ。

だが、ニッポン放送経営陣にとって、最重要資産であるフジテレビ株を正当な理由もなしに処分することは、株主代表訴訟リスクと背中合わせでとても呑めない。

ニッポン放送の資本政策を担当した関係者によれば、業を煮やした住田から、次のように詰め寄られたという。

「ライブドアが投じている買収資金一〇〇〇億円のうち、八〇〇億円のＭＳＣＢを除いた二百億円は北朝鮮のカネだ」

このままでは、やがて産経新聞まで北朝鮮に乗っ取られかねないと言う。ライブドアの調達した資金の金主については当初、諸説が乱れ飛んだが、先述のとおりＭＳＣＢの資金以外は手元の現預金とクレディ・スイスからの借り入れだった。新聞社社長が根拠なく言い立てていい話ではないが、住田は情報源まで告げてあたかも信憑性のある情報としてニッポン放送に伝えた。

「そのときはニッポン放送としては打つ手はなく、フジテレビの出方を待っている状況だったが、北朝鮮となるとさすがに大変なことになる。結果的に、住田社長が言い募ったデマ情報を信じてばたばたと防衛策を考案した」（同前）

【筆者注：住田の取材への回答「私が申し上げたのは、（北朝鮮情報は）構図としてはあり得る、あり得ないとは言えないと。それが事実なら最悪だと。当時、堀江さんの出自を含めて、すべての情報に怯えていたから心配した」（〇七年十月）】

二月二十三日、ニッポン放送取締役会は、フジテレビに新株予約権を大量に割り当てる究極の防衛策を決議、発動した。ライブドアは発行差し止めの仮処分を求めて、ただちに提訴する。二週間後、東京地裁民事八部は、新株予約権の量が発行済み株式の二・四倍に上るなど極端に合理性に欠ける防衛策だったことから経営陣の保身目的とし、ライブドアに軍配を上げた。

ニッポン放送はすでに敗色が濃厚であることを自覚し、模様眺めするしか手がなくなっていた。ただし、日枝が敷いたレールから逸脱することはもはや許されない。

同じ二十三日、ニッポン放送は大和証券ＳＭＢＣに、保有するフジテレビ株二二・五％のうち八・六三％を貸株（二年間）することを決議している。これも、大和証券ＳＭＢＣがＭＳＣＢで利益を上げるべく、空売り用の道具にするためだ。後に村上が法廷で「フジテレビから大和への裏金」と指摘したとおり、これらの措置は経済合理性では説明の付かない所業であった。

さらに、フジテレビや産経新聞からは、企業防衛策を講じるよう矢のような催促と圧力がニッポン放送にかかった。

二月下旬、ニッポン放送の顧問弁護士らがまとめた対抗策の中には、「村上世彰、堀江貴文をインサイダー取引で刑事告発する」という一案が含まれていた。ライブドアのニッポン放送株大量取得に至る過程には、インサイダー取引の匂いが立ち込めていた。確証はなくとも可能性が推認される以上、防衛策として刑事告発は有効な一打だと考えられた。

フジテレビからすぐに、対抗策のペーパーを送ってほしいと要請があった。送付先に指定されたのは、フジテレビの資本政策について顧問契約を交わしている長島・大野・常松法律事務所である。だが、フジテレビ側は「証拠がない」と告発に強く反対した。証拠など告発後に探せばよく、敵方への牽制、圧力に意味がある。ニッポン放送側は、フジテレビの頑なな消極姿勢に疑念を持ったが、当時は非常事態で告発の件はうやむやになった。

ニッポン放送の戦略策定に関わった関係者は、当時を振り返ってこう証言する。

「フジテレビ側の弁護士は、『インサイダーは成立しないから告発はやるな』と言ってきた。防衛手段としての告発をなぜしないのか、その時はわからなかったが、その後に村上ファンドが摘発されて合点がいった。実はフジテレビは、ニッポン放送を裏切ってウラで村上とＴＯＢを談合し握っていた。もし村上がインサイダーで摘発されるようなことになれば、フジテレビにも火の粉がかかってくるから、告発に突き進むことだけは避けたかったのです」

フジテレビとニッポン放送はともに村上や堀江といった外敵と闘ったと見られがちだが、内情はまったく異なる。産経新聞も含むグループ内部では、情報は遮断され、時には身内同士の騙し討ちがしかけられるなど、相互不信は頂点に達していた。

ニッポン放送にネジを巻いた住田は、次に産経新聞会長の清原武彦を伴って日枝を訪ね、「フジテレビが持っている四〇％の産経株を一〇％台に落としてほしい」と強い態度に出た。フジテレビまでライブドアに攻め込まれる事態になっても、産経だけは支配の外に逃避しようというのだ。

日枝は激怒したという。

「火事がいままさに燃えさかって必死に消火しているのに、言ってくる時期が違うんじゃないのか。株を手放せとは、産経はグループから離れるのか！」

産経新聞は、フジテレビからの多大な資金援助を受けなければ存立し得ない。グループ離脱の覚悟を詰問する日枝の剣幕は、相当なものだった。

住田に対する日枝の不信感には、村上の存在が影響している面があった。フジテレビの一極支配に反対する住田が、村上と接触している事実を知った日枝は、強い警戒心を抱いていたという。

住田の重要な職歴は、政治部次長、特集部長を務めた後、四十代で鹿内宏明の秘書役になったことだ。ところが、わずか半年で見限って追い落とす側に回り、日枝が首謀したクーデターの別働隊として働いた。それから十数年を経て産経新聞トップに上りつめ、今度は日枝を脅かしかねない野心を内に秘めるようになっていた。

日枝は、かつての造反劇で、住田がどのように立ち働いたかもよくわかっている。クーデターをおこなった者は、今度は自身に対するそれをもっとも怖れるようになるに違いない。

いま、巨大メディアの支配権を巡る攻防戦のただ中で、万が一、住田が勝ち馬に乗ろうと村上、堀江と手を組めば、自分の寝首がかかれるかもしれないのだ。土壇場で日枝を裏切った村上なら、そういう舞台装置を仕組みかねなかった。

また、最終的にライブドアによるニッポン放送の経営権奪取が確定した直後の三月末から四月初めにかけて、奇妙な動きもあった。堀江に複数のルートで住田から面談の要請があったというのだ。

堀江の証言。

「知人のベンチャー経営者などからのメールで、少なくとも三ルートから立て続けに面談を誘われた。ただ、和解交渉中だったことと、住田社長の力が当時はわからなかったから、断ってしまった。ある経営者からは『反日枝会長派の住田社長は、敵の敵は味方ということで堀江さんに有利な提案をするつもりだったようで残念がってました』と言ってきた」

巨大なメディア権力をどちらが握るのか、その一寸先の行方に身を焦がす者たちが周辺部を巻き込みながら、混沌としたうごめきを続けていた。

フジテレビとライブドアの買収合戦で、東京電力、トヨタをはじめ昭和二十年代の創立時からニッポン放送株を保有する企業は、〇・五〜一％程度の持株を安値のＴＯＢに応募するのか、それとも高

昭和二十九年六月一日現在

株主名簿

株式會社ニッポン放送

株主名	代表者	住所	株数
松下電器産業株式会社	取締役社長 松下幸之助	大阪府北河内郡門真町大字門真一〇〇六	一、〇〇〇
日本電気精器株式会社	〃 島田勉	墨田区寺島町三ノ三九	一、〇〇〇
古河電気工業株式会社	〃 西村啓造	千代田区丸ノ内二ノ八	三、〇〇〇
住友電気工業株式会社	社長 岸要	大阪市此花区恩貴島南之町六〇	三、〇〇〇
藤倉電線株式會社	取締役社長 石橋五郎	江東区深川平久町一ノ四	二、〇〇〇
安立電気株式會社	〃 田尾本政一	港区麻布富士見町三九	一、〇〇〇
日本通信工業株式会社	〃 針谷錦次	川崎市北見方二六〇	二〇〇
日本ビクター株式会社	代表取締役 百瀬結	横浜市神奈川区守屋町三ノ一二	三、〇〇〇
日本光学工業株式会社	取締役社長 長岡正男	品川区大井森前町五四四七	二、〇〇〇
(株)服部時計店	〃 服部正次	中央区銀座四ノ二ノ六	一、〇〇〇
鉄鋼、金属			
日本鋼管株式會社	取締役社長 河田重	千代田区丸ノ内一ノ一〇ノ一	六、〇〇〇
八幡製鉄株式會社	取締役社長 渡辺義介	千代田区丸ノ内一ノ一	一二、〇〇〇
富士製鉄株式會社	社長 永野重雄	中央区日本橋江戸橋一ノ一二ノ一	八、〇〇〇
(株)日本製鋼所	取締役社長 新谷哲次	中央区京橋一ノ五	一、〇〇〇

昭和29年のニッポン放送株主名簿の一部

値が付いている市場で売却するのか、選択を迫られた。

当事者の働きかけは、付き合いが長く取引も多いフジテレビが有利だが、TOB価格が市場より安いという欠点を抱える。応募した企業の経営陣は、みすみす損をする選択をしたと株主から指弾されるリスクを負う。実際、公益企業の東京電力では株主代表訴訟が起こされたりした（判決は請求棄却）。

堀江のほうは財界にほとんど知己はおらず、成果は上がらなかった。

「大量取得のすぐ後、同世代のセレブつながりの懇親会で、たまたま会った講談社の野間省伸副社長（当時）に頼んだけど、『堀江君、悪いけれども講談社はフジテレビに売るから』と断られた」

講談社は出版社で唯一、ニッポン放送の設立株主（〇・六七%）である。

過半数までの残り一五%は、もっ

ぱら市場で拾うしか方法はなかったが、思わぬ援軍もあらわれる。三月初め、堀江は伝手をたどり、財界トップ、経団連会長（トヨタ会長）の奥田碩に会いに行っている。

「『（話し合いもしない）日枝さんをなんとかしてください』と頼んだ。奥田さんからは『言ってみる』『頑張れよ』と。あの会社の番組はくだらなすぎる、もう広告出さないって決めたんだよ、と何だか相当怒っていた」

奥田の働きかけは功を奏さなかったが、日枝が猛反発するという一幕もあり、結局、トヨタは持株をＴＯＢと市場に半々ずつ売却するという、フジテレビにとっては手痛い選択をした。

三月七日、フジテレビのＴＯＢは締め切られ三六・五％を確保した。成立条件の下限をクリアし、三分の一超の拒否権も上回ったものの、ライブドアが過半数を取得し経営権を握れば勝敗は決する（実際は、失念株があるため、発行済み株数の五〇％未満で議決権の半数を超える）。

買収戦で困惑したのは、フジテレビ制作現場も同様であった。堀江は、近鉄買収への取り組みで名を売り、テレビ受けするキャラクターとしてフジテレビのバラエティ系の番組でレギュラー出演者になったが、八日以降、放映は中止となる。

それればかりか、フジテレビの番組ではライブドアによる株大量取得の事実さえ報じられない異様な事態が発生する。制作現場の中枢にいた社員の証言。

「二月八日当日は、『詳しいことがわからない段階でやるな』ということだった。報じない理屈は何とでも付けられる。その後、報道では小櫃局長、生活情報では太田局長がプロデューサー会議で『いっさい報じるな』と箝口令を敷いた。ある情報番組では、プロデューサーからスタッフに『取り上げないと上で決まった。納得してないし、おれも闘っていくが、会社員だからいったんは従おう』と。プロデューサーなど現場の人間は、上に『やらないとまずいでしょ』と言い続けたが、二週間はまったく触れなかった。当然、視聴率がドンドン落ちていく。

一方で、役員からは『女性関係も含め、堀江の不祥事があったらすぐに上げてくれ』と。生活情報局はシモネタ系の不祥事、報道局はライブドアを潰せるネタ全般、という具合に全社内にネタを上げろという指示が出ていた。買収騒動では、社内の上と下で相当意識の開きがあった。下は堀江はおもしろいことを言っていると……。しかし、上のほうは会議でも『絶対に許さない。叩き潰す』と公言していた」

ホワイトナイトの登場と終戦

三月下旬の議決権確定日が近づくにつれ、ライブドアが五〇％を確保することが確定的となった。これからどう推移するのか、東京地裁がライブドアの主張を認め、ニッポン放送の新株予約権発行を差し止めた翌日の三月十二日、ロンドンに帰るという鹿内に話を聞いた。

「これは堀江の勝ちだ。もうニッポン放送だっていらない。金融技術的に堀江にとって面白い手は、いまニッポン放送株をフジテレビに高く買い取らせる。そして、テレビの権益は凄いから、レバレッジでファイナンスを付けて静かに準備し、フジテレビにTOBをかけたら誰も守れない。電通でも、対抗TOBの決断はできないだろう。二〇〇〇億円ぐらいで、一気にテレビを取れてしまう」

自身は慎重居士の鹿内だったが、〝買収シミュレーション〟については深い知識を持っていた。

事態はその方向に進む。堀江が振り返る（〇九年四月取材）。

「ニッポン放送は取れる見込みが立ち、三月中旬、同社が持っているフジテレビ株を使って、フジテレビへのＬＢＯ（レバレッジド・バイアウト）を検討した。スキームとして可能だけど、資金調達先があるかどうかが問題だった。相当なバッシングを受けていたので国内金融機関は端からダメで、ベア・スターンズやクレディ・スイスに依頼したけれど、なかなか難しいという感触だった。ただ、渦中で村上さんに『調達が大変なんですよ』と話した時、『最悪、ウチが増資に応じるから』と」

外形的に見て、堀江は明らかに村上に乗せられたあげくにハシゴを外されている。にもかかわらず、村上は再び堀江に誘い球を投げていた。

——話半分に聞いたのか。

「いや、増資は応じてくれるかなと思ってた」

資金調達を当てにしていたというのだ。

——堀江社長はともかく、ほかのライブドア幹部は村上氏が株を売ったことへの不信感が強かったが。

「そうかもしれない。僕も別に、村上氏を仲間として一緒にやっていこうと思ってない。彼はタヌキで、そう思って付き合えばいい。『株は持ち続けるから』と言ったって、後で掌返すことなんてわかってることじゃないか、いちいち怒ってもしようがないだろ、と社内で言っていた」

堀江は「利用価値があれば、お互いに利用し合うだけです」と締めくくった。もっとも、これは買収戦で堀江が負けなかったから言えることではあった。

一方、フジテレビ本体の防戦も視野に入れる必要に迫られた日枝は三月十五日、配当を実に五倍に引き上げ、見境のない株価上昇を図った。

それでも、ライブドアがＬＢＯを仕掛けてくるという情報が、投資銀行筋などから頻々ともたらされた。先に、三つの原則を立てて対策にあたった幹部が述懐する。

「ファンドと新聞記者から、ライブドアがフジテレビ買収で外資からの資金調達を準備しているという情報が入った。ニッポン放送を守ることも大事だが、今度はフジテレビを守らなくてはいけなくなった。ただ、すぐに朝日新聞夕刊（三月十七日）一面に『ライブドアがＬＢＯ検討』という記事が出て、翌日はフジテレビ株がストップ高となり、これで大丈夫だと思ったが、一瞬ヒヤリとした」

資金調達は、まだ何も準備はされておらず記事の根拠は不明だったが、ＬＢＯの思惑からフジテレビ株が高騰したことがフジテレビを守る方向に大きく作用した。

「ＬＢＯの話と同時に、報じられた楽天、ＵＳＥＮなど、いろんな会社から資本提携、いわゆる『ホワイトナイトになります』という提案が持ち込まれた。楽天の三木谷氏は欲が深いところがあって経営統合を匂わせていたが、時価総額は楽天のほうが大きく主導権を握られることになるので呑むわけにいかない」（同前）

既成の秩序を無視できない三木谷は、先行したにもかかわらず日枝に了承を求めたため、応諾を得られず断念した。ところが堀江が、その壁を一挙に乗り越えたことでほぞを嚙み、再逆転を狙って参画を目指したが果たせずに終わった。

三月二十三日、新株予約権の裁判は東京高裁でもライブドアが勝利したが、買収戦は幕引きへと向かった。ライブドアの進撃を最終的に止めることになったのは、カギとなるニッポン放送保有のフジテレビ株に異変が起きたことである。

利益相反などの足枷によりほぼ無策に終始した大和証券ＳＭＢＣは、最終盤になって、北尾吉孝が率いるソフトバンク・インベストメント（ＳＢＩ）への貸し株を提案する。
二十四日、大和証券ＳＭＢＣへの貸し株分を除く、ニッポン放送保有のフジテレビ株一三・九％を五年間、長期貸出する防衛策が発表された。
「前年から、ＳＢＩとはメディア・ファンドを作ることを現場レベルで検討してきた経緯があった。楽天などとは異なり、ＳＢＩは金融会社で事業的な見返りは求めてこないし、孫さんとも一枚岩ではない。北尾氏も買収戦が収束すれば、即返却すると約束した（六月三十日返却）」（同前）
堀江は再び差し止めの法廷闘争を検討したが、実質、貸し株を阻止できないという結論に至り断念する。踏み台となるフジテレビ株がなくなった以上、買収戦の第二幕を開くことはできなかった。

三月に入ってから、フジテレビとライブドア間では、経営企画局長・飯島と財務担当取締役の熊谷ら実務者レベルが接触し話し合いが始まっていた。日枝には、堀江に背中から斬りつけられたという憤りが強かったが三月下旬、体調を崩してしまう。

日枝は顧問弁護士の藤森には「私は和解には絶対反対です」と話していたが、社長の村上光一が臨時に差配することになり、和解へ向けて事態が転換する。二十五日、フジテレビ社長・村上光一と堀江が面談し、落としどころを探る動きが始まる。

ただし、堀江は和解には消極的だったとライブドア幹部（当時）は言う。

「堀江社長は、ニッポン放送を経営する持久戦も視野に、最後までやる気満々だった。テレビ局との提携関係は『ウチは日本テレビとやる』という気持ちで、実際、日テレの局長とは密かに会っていた。堀江社長のみではなく、私も日テレの局次長クラスと交渉に入るなど、日テレ内でも交渉はオーソライズされていた。だが、リース契約が止められ、運転資金が二ヵ月後には苦しくなると見込まれるなど、現実的には和解を選択するしかなかった」

ほどなく復帰した日枝が和解条件でこだわったのは、交渉にあたった熊谷によれば、ライブドアがフジテレビ株を持つのかどうかだった。ＬＢＯでフジテレビが乗っ取られる心配をした以上、株を保有する状態は認めるわけにはいかないというのが日枝の姿勢だった。

四月十六日、フジテレビ会長・日枝久、同社長・村上光一、ニッポン放送社長・亀渕昭信の三人とライブドア社長・堀江貴文が、紀尾井町の長島・大野・常松法律事務所に集まり、弁護士・原壽の立ち会いの下、和解した。

フジテレビはライブドアから、ニッポン放送株をＴＯＢ価格を上回る一株六三〇〇円で買い取るなど、総額一四七〇億円の巨費を支払うことで決着する。「マネーゲームに与しない」という日枝のことばは、あっさり反古にされた。堀江が矛を収める和解の要は、ライブドアへフジテレビが四四〇億円（一二・七五％、第二位株主）を出資する資本提携である。この巨額出資を呑んだことは、「盗人に追い銭ではないか」と懸念する声がフジテレビ社内から上がった。

業務提携交渉を始めることにはなったが、誰も本気にはしなかった。堀江が振り返る。

「買収戦の結果はがっかりした反面、ほっとしたというのもあった。業務提携が実のあるものになりっこないというのもわかっていた」

堀江の行動は結果だけを見れば、攻撃対象企業に高値で株を引き取らせる典型的なグリーンメーラーであった。

無能すぎる社長

フジサンケイグループの資本再編に伴う関係者の収支勘定を見ると、ライブドアと村上ファンドは巨大メディア企業の隙を突いて大金を巻き上げた。大和証券ＳＭＢＣとリーマン・ブラザーズは巨額の見返りを得た。付け加えれば、鹿内は前年五月に五三五〇円で売却したから、ＴＯＢ価格と比べても、一五億円ほど損をした計算になる。

フジテレビは金満会社ではあるが、貯め込んできた巨額の企業価値を失う羽目となった。それでも最大の〝被害先〟はニッポン放送というべきで、巨大メディアグループの親会社から一〇〇％子会社に転落するのだから、組織の土台を失ったと言っていい。日本初の有名メディアを巡る本格的な買収戦は、がらんどうの終結であった。

ニッポン放送役員（当時）が言う。

「一般社員は、資本のねじれや親子関係などはほとんど意識しなかったが、小さな会社が大きな会社の筆頭株主であることには、中堅以上はむしろグループ発祥ということで誇りに思ってきた。それだけに、なぜこんな情けないことになったのかという不満は強くある」

別の役員は、クーデター後の意思決定のあり方を問題にする。

「子会社化が決まった後、羽佐間さんは『亀渕を社長にしたのは間違いだった』と。あげくに『おまえたちが反対しなかったから社長にした』とまで言う。羽佐間さんが編成担当役員だった時に川内編成局長、亀渕編成部長のラインが形成され、今日にまで至った関係なのに、反対できるわけがない」

やり場のない憤懣の一方、諦念が広がっていた。

六月二十四日、ニッポン放送株主総会が東京国際フォーラムの五〇〇〇席を有する巨大ホールで開かれた。午前十時の開会直前には、ニッポン放送攻撃の立役者と言うべき村上ファンドの村上世彰と瀧澤建也が姿を見せ、左側の二階席前方に腰をおろす。

上場企業として最後の総会には個人株主が押し寄せ、質問者は行列をつくり、子会社転落の経営責任を追及する怒号が時折、飛び交った。

亀渕昭信（共同通信社提供）

議長を務める亀渕は、「（子会社化の）判断はいまでも正しかったと胸を張って言える」「結果は合格点を取れた」と涼しい顔で答えた。亀渕は子会社化に抵抗したというものの、役員によれば「子どものように、『ボク、子会社化はイヤだ』と言うばかりで、対案を示したことはただの一度もない」のが実態だった。

三年前から村上や外国人による株の買い占めが本格化して以降、指示したのは「株を買われないように」ということだけである。「カメ」の愛称を持ち、最年少で役員に就いた記録を誇ってきた社長の、これが在任六年の姿である。亀渕自身は「羽佐間、川内さんがきちんとしてくれなかったから、こんなことになった」と不満をぶつけた。

羽佐間や川内も自らの時代に問題を解決しておかなかった負い目からか、経営無策の亀渕に対し何も言おうとはしなかった。こうした不作為はとめどなく連鎖反応を引き起こし、経営中枢はあらゆる判断を停止していった。

経営陣で、経営責任を認める者は一人もいなかった。それどころか、退任取締役の退職慰労金が、怒号をすり抜けるように可決された。亀渕は相談役として残り、羽佐間、川内、天井は顧問となるが、経営責任を取ったからとはとても言えず、それぞれ高額のカネを手にする。川内は取締役を二十六年間も務めており、関係者によれば退職金の額は五億円を優に超す。それに羽佐間は産経新聞相談役であり、天井は新たにサンケイビル常勤監査役に横滑りする。

総会の最後に、亀渕から「そこにいるのは村上株主ですね」とわざとらしく指名された村上が質問席に立ったが、彼にとってニッポン放送はすでに用済みであった。ほとんど意味のない質疑をアリバイ的に終え、会場を後にする村上を記者たちが取り囲んだ。大勝利をおさめた村上の元には内外からマネーが殺到し、次の標的をどこに定めるのか、取りざたされていた。「日本人が（企業買収や株式に）関心を持ち真剣に考えるいい機会になった」と「七十日騒動」の効用を総括し、言外にそれを主導したのは自分だと胸を張っていた。

総会後の役員会では、恒例どおり退任取締役によるあいさつがあった。出席した役員の証言。

「相談役の川内は、『自分はニッポン放送にＴＯＢがかけられないようにいろいろ考えたが、グループ全体のためにはフジテレビの子会社になるという方法しかなかった。それについては日枝さん、尾上さん、村上（光一）さんには大変な世話になった』と延々、言っていた。彼は、この発言がフジテレビに伝わることを計算ずくで言っており、誰も本心と思っていない。そして自社の経営陣については『亀渕、天井、磯原（裕・新社長）、この三君には大変世話になった、よくやってくれた』と半分声を嗄らしながら力説していた」

自身がむりやり上場を決め、経営無策ゆえに買収の標的にされ、結果的にニッポン放送をフジテレビの子会社に転落させた責任には何一つ触れずじまいだった。

アナウンサーはなぜ自殺したか

九月、ニッポン放送はフジテレビの一〇〇％子会社となった。親会社が子会社に転落するのはかつてない現象であり、屈辱でしかない。

日枝は亀渕に、ニッポン放送が子会社になっても「何も変わりはない」と保証したが、現実は異なる。半年後の〇六年四月、塚越孝ら十一名のアナウンサーを含む四十七名がニッポン放送からフジテレビに移籍した。移籍にあたって一応は本人希望が尊重されたが、ニッポン放送の人員スリム化はかねてから懸案ではあった。だが、アナウンサーはフジテレビでもだぶついており、余剰人員化するおそれがあった。

一方、亀渕は社長、相談役を退任後の〇九年から、ＮＨＫラジオのレギュラー番組二つでパーソナリティを務めるようになった。自身が活躍すれば古巣の聴取率が落ちるのだから、社長経験者としてあり得ない所業であった。

ニッポン放送の顔だったと言ってもいい塚越は五年後、アナウンス室から事業畑へ異動となった。翌年の一二年六月、株主総会の直前という時期に、塚越はフジテレビ本社三階、第一スタジオ脇のトイレで自殺した。同室に在籍した関係者が語る。

「移籍してから、自身もアナウンサーとしての仕事はさしてなかった。それもさることながら、塚越さんは後輩のアナウンサー二名が異動させられたことに強く憤っていた。だから、抗議の意味でスタジオにいちばん近いトイレで自殺したのだと思う」

人員過剰となったアナウンス室では、移籍組に仕事が与えられないという事態が恒常化していた。塚越は一週間前、親しい番組関係者に「結局、ニッポン放送から移った十一名のうち、八名が飛ばされた。アナウンサーはアナウンサーじゃないと生きていけない、マイクを奪われたら本当に辛い」と話したという。

ニッポン放送時代の塚越の姿を、編成元幹部が回想する。

「塚越は朝の番組を持っていて、編成幹部が出勤すると『どうでしたか』と毎朝、必ず聞いていた。実際は聞いていなくても『よかったよ』というと、それだけで喜ぶ。アナウンサーという職は喋りが好きでたまらない人種で、中でも塚越はそういうタイプだったし、かつての〝栄光〟もあったからフジテレビでの仕打ちに耐えられなかったのかもしれない」

現場となったトイレは男女とも、入口がセメントで塗り固められ、跡形もなくなった。

第六章 亡者の群れ

阪神タイガースという禁断の果実

二〇〇五年夏、騒動終結後も堀江、村上は、〝時代の寵児〟として注目を集めた。堀江は衆議院選挙に出馬するなど気の多さを見せ、ライブドアの広告塔として民放の情報番組を占有した。熱狂的な個人株主の厚い支持が堀江とライブドアの〝価値〟を支え続けた。

和解後の業務提携交渉も一応、形あるものを見せる必要はあり、両社から作られたチームで検討された。

七月、フジテレビは視聴率を稼ぎ出す堀江貴文をバラエティ番組に復帰させている。占い師の細木数子が、堀江と対談する生放送で「株価は五倍になる」などと吹聴、翌営業日から個人投資家の買いが殺到した。ライブドア株を大量に保有するテレビ局による「公共の電波」を使った「風説の流布」で、常軌を逸していた。

堀江は益々タレント化し、周囲から社業に身が入っていないと見られたが、〇五年冬、ニューヨークにあるニューズ・コーポレーション社、会長室でルパート・マードックに面談した。

堀江が振り返る。

「十月ごろ、ニューズ社傘下の『タイムズ』の編集長から取材を受けた時に『ボスがあなたに興味を持っている。会ってみるか』と。メディアとネットの融合や将来に関しての議論を一、二時間交わしました。当時、ネットの広告システムを開発しているアメリカの会社を買うことになったんで、『僕らも今度、ニューヨークでビジネスをやるので、提携できるといいですね』というお願いもした。非常にオープンで、気さくな方でした」

既成の概念や秩序に束縛されない堀江の視線と、オーストラリアの田舎新聞の二世オーナーから出発したマードックとは、ある意味、同根だった。

この時が、堀江の頂点だったかもしれない。


一方、村上の元には、主に海外からだぶついたマネーがうなるほどに集まった。策謀をめぐらす第二、第三の標的となったのは、ＴＢＳそして阪神電鉄であった。ＴＢＳ株は、ライブドアに遅れを取った楽天・三木谷に早々に売却し、狙いを阪神に絞っていく。

村上が手がけたほかの投資先企業と阪神との大きな違いは、公共交通という重要度の高い社会インフラであったことだろう。放送局も社会インフラのひとつだが、平時にあっては一つや二つのテレビが暫時止まっても影響は小さいが、交通機関は違う。しかも、いきなり四七％という事実上、議決権では過半数を取ってしまったことの衝撃は大きかった。もうひとつは、阪神タイガースという理屈より情緒が勝る対象に手を突っ込んだことだ。

九月二十七日、前日に阪神電鉄株の大量取得を届け出た村上ファンドはリリースを発表した。そこには〈阪神タイガースという名称、阪神甲子園球場、縦縞のユニフォームの全てに、私どもも強い愛着を感じています〉という一文があった。このわずか二行足らずがファンドを崩壊へと追い詰めたのではないか、幹部（当時）の一人はそう考えている。

通常、こうした声明文の作成は戦術部門担当者の仕事なのだが、この時はなぜか戦略担当の瀧澤が作っていた。元警察官僚の瀧澤はオフィスで「縦縞のユニフォーム〜」などと節を付けて口ずさみ、声明文を「よくできているでしょう」と一人、悦に入っていた。村上の了解も取っていたが、危険な領域に足を踏み入れる怖れのようなものはまったくなかった。むろん、瀧澤にはタイガースへの愛着どころか興味もさしてなかったろう。

「愛着を感じる」という文言によって、阪神タイガースを狙っているかのように受け取られ、メディアは一斉に「村上タイガース」の出現を取りざたした。プロ野球は一筋縄ではいかない鬼門であり、相手が熱狂的なファンを抱える阪神とあっては不測の事態が起きても不思議ではない。

村上が「タイガース上場」まで口にしたことで、テレビカメラが朝から晩まで村上を追いかけ回した。当の村上は大向こうを唸らせていると錯覚し、自分に酔い始めているかのようだった。いずれ、〝虎キチ〟で知られる日銀総裁（当時）の福井俊彦や三井住友銀行特別顧問（当時）の西川善文に、然るべきポストを進呈すれば喜んでもらえると無邪気に考えていたという。

現実はそれどころではなく、恣（ほしいまま）にされることへファンの怒りに火がつき、反村上の気運が沸騰した。プロ野球界のドン、読売新聞の渡邉恒雄は上場案など絶対許さないと息巻き、村上のことを「ハゲタカ」とこき下ろした。

阪神電鉄への投資とタイガースは関係ない、いっさい言及するべきではない、瀧澤も村上も大衆や世論というものがまったく理解できていない、これに触ると本当に殺される——幹部はそうほぞを噛んだが、もう止めようがなかった。

他方、最高幹部の一人である副社長の丸木強は、村上と瀧澤が突出していくことに沈黙していた。意見すれば、ただちに阪神に代わる標的、代替案を求められるに決まっている。莫大な優良資産を抱えながら価値が顕在化せずに眠り、かつ攻略可能な阪神のようなうまい企業はもう見つからないのだった。その意味では、村上ファンドにとって大勝負だったが、はじめから手痛いミスを重ね続けた。

十月二十四日、「与謝野馨を囲む会」の少し早い忘年会が新宿で開かれ、村上も出席している。酒が入ったことも手伝ってか、村上は自身への批判に声を荒らげて反論する場面があった。その一週間後の三十一日、与謝野が金融担当大臣に就き、村上のような投資ファンドを管轄する金融庁の責任者となった。

村上を「やりすぎだ」という声は政財界から強まっており、そうした空気と、金融担当大臣が反竹中路線の与謝野に交代することを関連づける見立てもあった。村上は、与謝野の金融相就任を機に与謝野会から身を退いた。

潮目は確実に変わりつつあった。村上や堀江のようなハゲタカを生みだしたのは竹中平蔵（経済財政政策担当相の後は、総務大臣）だと渡邉が断じるなど、小泉構造改革のキーマンであった竹中への批判も高まった。

年が明けると時代は反転していく。

潜行取材する司法記者

片や、日枝とその周辺には、逆向きの意識変化があった。

燃えさかった買収戦の渦中で接触して以来、熊谷とフジテレビ経営企画局長の飯島は親交を深めたという。二十代の熊谷に対し飯島は五十代だったが、二人は依然として両社をつなぐ〝窓〟の役割であった。

秋になって熊谷は、飯島に、〝友好の証〟として「ライブドア株の譲渡制限は外してもいい」と伝えている。その主旨は、ライブドアらしいカネの力に依拠する発想であった。

「五％ぐらいなら市場で簡単に処分できるぐらい、ライブドアの株価が順調でした。一緒に事業をやるにあたって、フジテレビとしても売却益というあぶく銭を得ればやりやすいのではないか。利益が出ていれば、事業提携も納得できるだろうと思って提案しました」

飯島は謝意を示しながら「もう少し上がるかもしれないから、持っておきたいというのが日枝の意向だ」といった。含み益の効用なのか、頑なだった日枝の姿勢にどうやら変化が生じている風であった。

十一月二十五日、編成担当常務の山田良明をライブドア社外役員に派遣することを発表したのも、そうした文脈からであった（十二月二十五日、ライブドア株主総会で選任、〇六年一月十九日辞任）。

熊谷が振り返る。

「フジテレビからの役員派遣は、こちらから頼んだわけではなかった。この時期にフジテレビ経営陣がウチを摘発しようとしていたのなら、役員、それもテレビ局で要の編成担当常務を入れてくることはなかったと思う」

役員を派遣するというのは、単に出資する関係とは異なり、経営責任の一端を担うということである。一段階、関係を深めるにあたって、飯島はライブドアの経営体質を心配したようだ。

十二月八日、ライブドアファイナンスが不動産会社のダイナシティを買収することを発表した。この少し前、熊谷は飯島から「ダイナシティのような会社を買うのはやっぱりまずいよ」と言われたという。買収の件は秘されているのに、飯島はなぜか知っていた。

ダイナシティは上場企業だったが、創業社長が半年前に覚せい剤取締法違反容疑で逮捕されていた。そのような企業には、未知のリスクがつきものだが、ライブドアの投資部隊を率いる宮内は「腐りかけの案件が、おいしいんだ」と意に介さなかった。

そうした雪解けムードの中でも、唯一例外だったのは、報道局社会部司法クラブだったに違いない。不穏な動きは、〝和解〟から一月ほどが経ったころ、早くも顔を覗かせた。

五月、二十～三十歳代と年齢の近いライブドアの財務担当役員・熊谷ら幹部とフジテレビの若手社員十数人ほどが、飲み会を開いた。賑やかしのためにか、フリーの女性アナも二人ほど参加していた。ライブドア監査役Ｓとフジテレビの番組ディレクターが学校の同窓ということから呼びかけられた宴会は、特に目的はなかったという。

ただ、異質な点を挙げるとすれば、フジテレビ司法記者クラブのキャップが参加していた。彼は当時、東京地検特捜部による捜査が進んでいた佐藤栄佐久・福島県知事の事件に忙殺されており、その日も関係者の逮捕情報があったが駆けつけてきたのだという。

熊谷は何の疑問も抱かずに話をしたが、ライブドア側の幹部の一人は、そんな多忙な司法記者がなぜ参加したのかを不可解に思った。後になって振り返ると情報収集に来たのだと思いあたるのだった。

後にフジテレビの司法クラブ記者が受けた社内褒賞の但し書きには、「秋からライブドアに対する捜査当局の動きを把握し」たと記されている。

社を問わず検察担当記者の一般的な不文律は、捜査・内偵情報を社内の上長に報告しなくとも許されることだ。検察担当は、所属する組織より取材対象の論理を優先することが唯一、可能な部署であり、それは一面、検察権力の強大さと癒着の深さを物語る。

検察はそのころ、前年の〇四年三月にライブドアが買収した子会社・バリュークリックジャパン元社長に接触し、有価証券報告書の虚偽記載などの端緒情報を入手したとされる。この元社長は前年末に退職していた。

十二月中旬、ライブドアの元ソフトウェア事業部・執行役員から堀江の携帯に「検察庁に呼ばれました」という電話があった。堀江の席はどこか、幹部の席順はどうなっているか、そして赤字会社の買収について聞かれた、ソフトウェア事業担当だから買収の件は知らないと答えたら呼ばれなくなったという。さらに辞めた社員で証言してくれる者がいないか聞かれた、と退職した元役員は告げた。

堀江は熊谷らに調べるように指示したが、心当たりがある者は誰もいなかった。

同じ頃、飯島から熊谷に「日枝が堀江さんにどうしてもエールを送りたいと言ってるんだよ」「（ライブドアの）株価が上がってすごく喜んでてさ」という連絡があった。

熊谷は「いやいや、我々のほうからお伺いします」と答え、十二月二十二日夕方、堀江、宮内と三人でお台場のフジテレビ本社に行った。

役員応接室には日枝をはじめ社長の村上光一、常務の山田良明、飯島の四人がいた。日枝だけが、ヤクルト・スワローズ（フジテレビの出資球団）のスタジャンを羽織り、堀江のラフな服装に合わせたかのようだった。

熊谷によれば、買収戦の渦中の仏頂面とは打って変わり、日枝は上機嫌に振る舞い、一時間以上も他愛ない話で歓談したという。

「日枝さんは、堀江のことを『いやあ、すごいねえ』と。『お台場に野球場を作りたい』『ここにヨットハーバーを作ってホテルを建て、飯島に支配人でやってもらう』『カジノもいいと思うんだよね』と、はしゃいでいたと言ってもいいぐらいのノリの良さだった。堀江のほうも乗り気で、『これからもよろしくお願いします』と」

日枝と堀江、両社の最高幹部たちの間に、緊張感はまるでなかった。

【筆者注：飯島の取材への回答「あいさつに来たことは事実だが、日枝会長がわざわざエールを送りたいという必然性は何もない」（〇七年七月）】

一方、同じグループだというのに、日枝と住田との関係はいよいよ悪化していた。

十一月に、住田はデジタル部門を分社化し産経デジタルとして立ち上げ、映像コンテンツも含むネットビジネスへの本格進出を図る。これに対し事前に詳しい話を聞いていないとする日枝は、「デジタルはグループでやったほうが大きく儲かる」とし、産経が単独行動を取ったことに不快感を示した。

産経新聞役員が振り返る。

「日枝さんが『聞いてない』と怒っていると住田に言うと、『知らないことはありません。話しました』と。いずれにせよ、グループ基幹社のトップ同士がきちんと意思疎通しない関係になっていた」

取締役相談役（社外役員）の日枝はその年から、産経新聞取締役会への出席を控えるようになった。それも住田路線に基づく決議事項がある役会で顕著で、その状態が一年以上続いた。九二年に産経新聞で起きたクーデター直前に役員になって以来、そうしたことはなく、きわめて異例な事態だった（〇六〜〇八年度、日枝の取締役会出席率は五割）。

「事前に聞いていないことを、取締役会でいきなり了承かどうか聞かれても答えようがない、ということで出席を取り止めているということだった」（同前）

以後も、日枝と住田の関係が修復することはなかった。

「五〇〇億円儲かった」

二〇〇六年一月四日、フジテレビ——。

「苦渋の決断だったが、投資したライブドア株はいまでは含み益が五〇〇億円あまりになった」

日枝のあいさつは誇らしげであった。恒例の社員全員を集めた全体会議をスタジオで開いた後、二十二階のホールに場所を移した新年会で、曲折はあったものの、自身の判断は間違っていなかったと宣言するのだった。

フジテレビが前年五月、一株三二九円、総額四四〇億円（持株比率一二・七五％）で引き受けたライブドア株の価額は年末には七三五円と倍以上に膨れ上がっていた。

新興ＩＴ企業の株価などどうなるかわかったものではないし、そもそも違法なことでも平気でやってくると非難した相手の株だ。それに、昨春の攻防戦の最終局面で、社長の村上光一ら役員の多くが妥協策に傾くなか、日枝は最後まで和解することに難色を示し続けたのである。

軸足がぶれる日枝の発言に、内輪の席とはいえ違和感を覚え顔をしかめる幹部もいた。日枝の発言には、十日あまり後に襲ってくる激震を窺わせるものは何ひとつなかった。

最高権力者の〝承認〟があるとなれば、堀江で視聴率を稼ぎたい制作現場はさらに悪のりする。二日後にも、ライブドアが世界一の会社になるなどと女占い師があらためて放言する番組が放送された。フジテレビと堀江の親和性の高さは、上から下まで際立っていた。

そうした空気に水を差すようなタイミングで、一月十二日、産経新聞に〝日枝・テレビ批判〟の小文が載った。

〈なぜテレビは、こんなに下らないのでしょう。ホリエモンに乗っ取られかけた時に、フジテレビの日枝会長は、テレビには公共性があると何度も言いました。公共性とは、愚にもつかない番組を映し続けて、国民を白痴化することでしょうか。年末年始は特に非道くて、揃って朝から深夜まで、当たり障りのないニュースと、世にも下らないバラエティー番組を映し続けていました。

そして、日本のテレビは、文明先進国では世界一、民度の低い社会を作り上げました。……日本の権力者と官僚はテレビの協力を得て、まんまと国民の白痴化に成功しました〉(作家・安部譲二)

通常、ここまで刺激的なテレビ批判が新聞紙上に掲載されることはなく、自社の取締役相談役をも公然と批判する一文だったことは、潮目の変化をあらわしていたのかもしれない。

一月十五日、フジテレビの飯島から熊谷に電話があった。いつになく暗い声で「電話では話せないことだから明日、目立たないところで会いたい」という。

一ヵ月あまり後に、東京地検特捜部に逮捕されることになる熊谷の回想。

「十六日夜に会うことにした。後で、特捜部の元々の予定では強制捜査は十七日だったと知った。飯島さんとは個人的な付き合いになっていたので、強制捜査があることをおそらく教えてくれようとしたと思う」

日枝を支えるフジテレビ経営中枢が、検察の動きを知ったのは、直前のことだったと思われる。

十六日午後四時、NHKが突如、「ライブドアに強制捜査」のニュース(テロップ)を流した。直後から、ライブドア幹部の携帯に記者からの問い合わせが殺到する。ライブドア本社の受付付近で会議中だった熊谷と年末に役員になったばかりの羽田寛は、それぞれに「誰も来ていない」と答える。互いに顔を見合わせたが心当たりはなにもない。NHKの報道は、東京地検の係官が六本木ヒルズに下見に来たのを強制捜査開始と取り違えたフライングだったが、もはや収拾不能だった。

二時間半後、特捜部が大挙して六本木ヒルズ森タワーになだれ込み、大騒ぎとなった。熊谷と飯島は連絡を取り合い、会うのは取りやめた。証券取引法違反容疑による捜索は未明まで続いた。

一年半ほどの間、堀江を主役に日本中を巻き込んだ活劇は経済事件となった。翌朝、疲れ切った表情の堀江が報道陣の前にあらわれ「捜査には協力する」と平静を装ったが、特捜検察に踏み込まれた時点で社会的生命は絶たれたも同然だった。

強制捜査の三日後、日枝は民放連会長として「社会が時代の寵児と評したが、経済的社会的に重大な影響を与えた。当事者は深刻に反省しなければならない」と他人ごとのようにコメントした。

一月二十三日、堀江は逮捕される。ほかに、宮内亮治、中村長也（ライブドアファイナンス社長）、岡本文人（ライブドアマーケティング社長）の三人も逮捕された。

摘発の直後、日枝がともすると喜色を浮かべていたのは、一時は〝時代の寵児〟に幻惑されたとはいえ、本心では許していない仇敵の転落に溜飲を下げたからに違いなかった。だが、すぐに自分自身が巻き添えの脅威にさらされていることに気付かざるを得ない。

ライブドア株は暴落の一途をたどった。上場廃止が取りざたされ、株価は一時、十分の一を割り込む事態となった。フジテレビが持つライブドア株も数日で五〇〇億円の含み益が消えたばかりか、逆に三〇〇億円を超える含み損を抱えることになった。このままだと、開局直後を除けば前代未聞の赤字決算となる。

当初、日枝の側近を任じる総務担当常務の宮内正喜らは「株価が下がればライブドアを買っちゃえばいいじゃないか」などと呑気に構えていた。だが、摘発のさなかであり、どれほどの〝悪事〟が隠れているかもわからず、手にあまる相手であることは明らかだった。

もっとも、フジテレビの中で、四四〇億円が仮に無に帰するとしても、それが経営に大きな打撃を与えるとは受け止められていない。制作費が削られるといった指摘もされたが、実のところ、テレビ局の冗費たるや放縦(ほうしょう)の限りが尽くされているのが実態だった。

日枝は「だまされた」と口にし、被害者を装うようになる。しかし、あれだけ違法企業だと面罵しておきながら出資に踏み切り、株価が倍になったと喜んだ直後に、わずか半年あまりで三〇〇億円超に上る損失を出すことになった経営責任は免れ得ないはずだった。

二月になって社内で配布された日枝の新年あいさつからは、五〇〇億円のくだりはきれいにカットされていた。


堀江の罪状は証券取引法違反（偽計及び風説の流布、虚偽記載）であり、投資家を欺いたことが罪だとされた。
①買収企業の業績などを偽って公表したこと、②ライブドアが実質支配する投資ファンドによる自社株売却収入を売上げに計上したり、子会社への架空売上げを計上した有価証券報告書を提出したこと、この二点が起訴事実とされた。堀江は取り調べ段階から否認し、最高裁まで争ったが懲役二年六月という実刑判決を受け収監された。
フジテレビ司法キャップは、実刑判決の感想を聞かれて社内報にこう記している。

「『天罰でしょう』。私はそう答えました」

当初、こうした嫌疑は事件の入り口に過ぎず、マネーロンダリングや巨額脱税、闇社会との関わりが本筋と喧伝されたにもかかわらず、そうした事実は出てこなかった。検察は事件を主導したのが堀江という構図を描いたが、裁判では否定され、宮内らの役割が大きかったとされた。

日本の経済社会では、証券取引法に抵触する行為は山ほどあり、検察が狙いを定めて内偵すれば摘発の対象に事欠かない。ここまで見てきたとおり、堀江に相対したフジテレビ、ニッポン放送、大和証券にも同様か、より悪質と言ってよい行為はあったが、彼らは摘発されなかった。

大和証券グループに至っては、第三章で触れたように吉永祐介を顧問にしたのを皮切りに、〇四年から歴代の検事総長を社外役員に招き入れ、すでに三人目となった。ここまで露骨に検察との親密度を深める企業はほかにない。また、そのうちの一人、但木敬一は、フジテレビの番組審議会委員長を務めている。

あるいは〝国策企業〟の東芝は、二三〇〇億円もの利益水増しの粉飾決算をおこなったが、経営陣は誰一人摘発されなかった。

〝国策捜査〟というかはともかく、検察はあまたある〝摘発対象〟からライブドア・堀江を恣意的に選択したと言っていい。

コンパニオン派遣会社とフジテレビ

ここでは、事件の構図の一つになった人材派遣会社・トラインのケースに触れておこう。

ライブドアは〇四年、トラインを買収（株式交換）した後、実質支配する投資ファンドによってトラインのオーナーに渡したライブドア株を一億円で買い取り、高値で売却した。その収益は本来、資本計上が正しいが、ライブドアは売上げに計上したのが虚偽記載と認定された。虚偽記載事案は全体で三七億円だから、一億円は小さな額だが、堀江弁護団は、この買収過程で宮内、中村らが横領をおこなったのを検察が見逃し、その見返りに堀江に不利な証言を誘導したと追及し、裁判所も横領の事実を認めることになった。

そうしたライブドア事件の立件にまつわる疑惑もさることながら、一億円を手にしたトラインのオーナー経営者Aには、フジテレビ、さらには旺文社の赤尾一夫とをつなぐ十年以上に及んだ奇妙な点と線があった。

Aはイベントなどへのコンパニオン派遣事業の草分け的存在で、自身もコンパニオン出身だった。夫Bとともに、八〇年代前半にフラッシュという派遣会社を設立、Aは社長、Bは会長に就いた。受付や秘書分野にも業務を拡げ、九一年、赤尾一夫がお茶の水に建てたセンチュリータワー内の受付業務を任される。第三章で記したように、三年後、一夫は自身の素行が原因で岡村吾一に連なる右翼グループの攻勢にさらされたが、Bはこの右翼人脈に深く連なっていたという。

フラッシュはその後、九七年に移転新築されたフジテレビ本社の受付（十名）、秘書（二名・報道局、事業局）業務の受注に成功する。本社ビル建設事務局長として、管理・運営など総務全般を仕切ったのは日枝の最側近である常務（社長室、秘書室、総務、人事、技術担当）の尾上規喜で、この時、従来から受付業務を請け負っていたK社は切られている。

受付、秘書業務は保秘を要する企業の重要業務であり、委託先の企業にも高い信用が求められる。だが、フラッシュという会社と経営者には、信用性を疑う事実がついて回った。〇〇年六月、フラッシュは中古車販売のジャック・ホールディングス傘下に入りBは退任、Aは会長となったが営業関係は変わらずに管轄した。

ジャックの内部監察室でフラッシュ買収にあたり、後に社長として派遣された守田俊彦が言う。

「フラッシュはゴルフ場会員権や別荘を買うなどの乱脈経営で、経営が厳しくなっていた。買収の半年後に、フラッシュが振りだした白地小切手が銀行に持ち込まれ、不渡り事故が起きた。デュー・デリジェンス（資産・財務査定）の見落としだったが、調べるとBが白地小切手を出しており、本人は『破った』と言い逃れようとした。白地小切手は、どれほどの金額になるかわからないからとても怖い。これに対し、妻で会長のAは『知らない』の一点張りだった」

Bは事実上、フラッシュの私物化に深く関わっていた。

「Bがフラッシュの名義を使って設けた事務所には、右翼系の人たちが出入りしたり、保証のサインをするなど、次々に問題が出てきた。私の前に派遣された社長は『こんな危険な会社の社長はできない』と辞任、ピンチヒッターとして私が白地小切手などの問題を処理するために社長になった」

一方、親会社のジャック・ホールディングスも東証二部上場企業でありながら、買収した一年後の〇一年六月、創業者の会長が一〇〇億円近い業務上横領で摘発される。その少し前からは村上ファンドが株買い占め（最大二〇％）に走る中で、同じく創業者が脱税で摘発された翼システム（自動車関連のシステム開発大手）が大株主になるなど、曲折が絶えなかった。終いには〇五年九月、ライブドアが村上らの紹介で五一％の株を買収し、経営権を手にすることになる。

Aはフラッシュを買い戻そうとしたが果たせず、ジャック派遣の社長らと対立し、複数の別会社を作って事実上、フラッシュの資産を移す挙に出る。

この別会社の一つがトライン（〇二年六月設立）だ。

「Aは、トラインからフラッシュにスタッフを出向させ、復社する際に法外な退職金やボーナスなどを出した。こうした資金移動は横領まがいで、フラッシュの資金繰りが回らなくなる。『これは取締役の忠実義務違反ではないか』と質すと、彼女は辞任（〇二年八月）していった」（守田）

Aがフラッシュから別会社に移そうとしたのはカネだけではない。もっとも大事だったのは、フジテレビの受付、秘書業務である。

〇四年三月、フジテレビはフラッシュに対して突然、受付、秘書業務の契約を「六月に解除する」と総務局長名で通告した。四月からの一年契約を破棄し、新たな業務委託を、「煌（きらめき）」という長く休眠状態だった会社と結んだ。この煌もAの別会社である。

この契約変更を主導したのは、副会長になっていた尾上であった。経営者が代わったフラッシュは損害賠償を求め訴訟を起こしたが、受付、秘書業務は煌が担うことになった。

その後、CSR（企業の社会的責任）重視を唱えるようになった総務担当常務の宮内正喜が、機密を扱う業務上、外部への委託は不適とし〇六年六月、煌との契約を止め、グループ内の子会社（派遣会社）に受付、秘書業務を移管した。常勤監査役になっていた尾上は「いまの総務は言うことを聞かない」と不満だったという。

尾上はなおも、煌を通して委託させ、カネが落ちる仕組みを命じたりするなど、Aとの取引、事実上の利益供与を継続しようとしたが、さすがに現場に拒否された。煌が本店を置く新宿の雑居ビルの一室に実体はなく、電話も不通という幽霊会社だったから、背任に問われかねない行状であった。

ライブドアはなぜトラインを買収したのだろうか。また、フジテレビの受付業務と関係があったのだろうか。そもそもトラインは〇三年度決算で債務超過になっている会社であり、堀江自身が買収目的をほとんど認識していない。

堀江が振り返る。

「トライン買収の発案は岡本文人だと思うが、買収目的はよくわからない。『この会社、赤字じゃん』と言ったら『いや、Aの人脈が凄くて』と岡本は言う。ただ、トラインの買収でフジテレビの受付業務などが付いてくるといった話は聞いてない。買収後にAとは会ったが、フジテレビと近い関係だというのも知らなかった。ともかく、せいぜい一億円の話だし、宮内は『早くやりましょう』ということだった。結局、そこが横領の舞台になっており、彼らはほかにも何かを企んでいたと思う」

Aと岡本との間で、トライン売却の交渉があったのは〇三年冬、実際に売却したのは〇四年三月である。ちょうどフジテレビがフラッシュとの契約切りを通告した時期で、ライブドアによるニッポン放送買収騒動のおよそ一年前だ。Aはトライン売却後も業務に協力することになっていたが、フジテレビの受付業務を移した先はトラインではなく、これも別会社の煌であり、ライブドア側が関与する余地はない。

結局、宮内らがライブドア株との株式交換、売却、利益還流、そして横領をおこなうにあたって手ごろな会社だったということなのだろう。

いずれにしても、フジテレビそして産経新聞とライブドアは、買収騒動以前に幾重にも交錯し、激突あるいは利害共有、離反する経緯をたどった。あげくにライブドアのみが摘発されたが、両者は同じ穴の狢のようであった。

産経新聞〝社長顧問〟の暗躍

フジテレビとライブドアには、間に不明朗な会社を挟んだ奇妙な接点があった。そうした関係性は、産経新聞とライブドアの間にもある。

宮内、熊谷ら起訴されたライブドア幹部が堀江の初公判が始まった〇六年秋に集まり、自分たちが司直に摘発された要因について、話したことがあった。その席で宮内から、前年に買収した企業の財務査定をおこなった際に、産経新聞が利害関係者として深く関係する先があり、不適切な取引関係を発見したという。

それが、先に触れたジャック・ホールディングス（以下、ライブドアオートまたはジャックと表記）だった。

産経新聞では、住田が社内権力を拡大するのと軌を一にして、新聞事業とは無関係の投・融資を密かにおこなってきた。そうした案件に、堀江のライブドア、村上ファンド、そればかりか摘発されることになる暴力団絡みの企業も関係先として登場する。

その奇妙な相関関係をまとめてみよう。

堀江が逮捕された一月二十三日の二日後、産経新聞にライブドアオートの「疑惑」を質す記事が大きく載り始めた。ライブドアオート社長には、ライブドア証券社長の羽田寛が送り込まれていた。翌月七日には「社長に非難の嵐」と羽田の経営責任を追及する派手な見出しが社会面トップに躍った。二日後、羽田は取締役会で社長を解任される。

羽田が産経に「非難を浴びた」と写真入りで書かれたのは、前日の決算説明会の場面である。貫禄のある初老の男が激しく羽田を責め立てていた。羽田が部下に素性を聞くと、ライブドアに経営権が移る前に実質的に経営を差配し、その当時も大株主である翼システムの顧問を務める濱田雅行だという。

濱田は産経新聞ともアドバイザー契約を交わす経営コンサルタントで、社内通行証を持っていた。社長室にもフリーパスで出入りし、住田に影響力を行使する事実上の〝社長顧問〟であった。「疑惑」記事の情報も、濱田から秘書室幹部を通じて、編集現場に下ろされてきたものだった。

濱田とは何者なのか。

日興證券に二十年ほど勤めた後、外資系証券会社を渡り歩いていた〇一年、大手化学メーカーの財テク失敗を隠蔽する経済事件の共犯として東京地検特捜部に逮捕されたことがあった。立件はされなかったが証券マンとしては傷が付き、その後、韓国の宗教団体・純福音教会の投資顧問のような役回りを得て、産経新聞との関係ができた。

産経新聞関連会社の元役員が振り返る。

「教会を主宰する趙一族は、『国民日報』『スポーツ・ツデイ』といった新聞社を経営していた。羽佐間会長がこのスポーツ紙とサンケイスポーツの提携を決めたことがきっかけで、ツデイ顧問（東京事務所長）の肩書きを持つ濱田と専務時代の住田が親しくなった」

濱田は趙一族の人脈を活用し、つながりのある企業などで産経新聞を拡販する一方、住田にさまざまな投資話を持ちかけるようになった。その中の一つに、オーナー社長の道川研一が脱税で逮捕（九九年一月）されたいわくつきの問題企業、翼システムがあった。道川は同社の上場こそ断念したが、代替として適当な上場企業を買収し〝ハコ〟として活用するいわゆる〝ウラ上場〟を駆使していく。

〇一年末、最初に買ったアイ・シー・エフは、堀江のオン・ザ・エッヂが上場した半年後に同じ東証マザーズに上場した会社だが、その内実はインターネット企業とは名ばかりであった。このアイ・

シー・エフを「いいハコがある」と道川に仲介したのは、通産官僚時代から付き合いがあった村上世彰である。〇二年、次に道川が買ったのがジャック（持株二四％）で、村上は道川に次ぐ保有比率第二位（持株一八％）の株主であった。

拡大路線を走った道川だったが、子会社のカーコンビニ倶楽部（自動車修理チェーン）で躓き、〇三年には資金繰りに窮するようになる。道川をサポートする濱田は、産経新聞専務だった住田に、ジャックを〝打出の小槌〟に使う集金スキームを提案し、実行された。

山口組企業舎弟との取引

〇三年秋、翼システムの関連会社株二五％を産経新聞が購入した。もっとも、半年後には買い戻される契約となっていて、実質は翼システムへの株式担保融資であった。その見返りが、翼システムが経営を仕切っていたジャックからの広告宣伝業務委託と産経新聞の拡販だ。ジャックの広告費は年間一〇億円あまりに上った。産経は実質、伝票が通過するだけで、広告費の五％が自動的に落ちる仕組みになっていた。

こうした取引は、産経の取締役会で一応了承されてはいるが、説明も質問もほとんどなかったという。産経新聞幹部の証言。

「新聞社は、こうした事実上の金融業務については、内規で禁じている。だから取締役会でも『抵触するのでは』という声が陰ではあった」

産経は内規違反で済むが、ジャックにとって産経との取引は疑問だらけであった。翼システムと産経の取引のために、本来、払う必要のない手数料を払わされる上に、従来の広告業務委託先（翼システムの子会社）にも一億一〇〇〇万円に上る違約金を払うことになった。実質的に、二重にカネを巻き上げられる構図だ。このため、上場企業であるジャックの取締役会では監査役が「重大な疑義のある取引」と指摘したほどで、場合によっては背任に問われるケースであった。

先の羽田がこうした産経との取引を切ったわけではないが、〇五年夏、ライブドアによる買収の動きを境にジャックは産経への不適切な広告宣伝業務委託を取り止めた。もともとジャックから甘い汁を吸っていたのは産経のほうだったが、ライブドア摘発を奇貨として、真逆に紙面で攻撃したのである。

翼システムは産経から関連会社株を買い戻すにあたって、その資金のために、保有するアイ・シー・エフ株をビタミン愛という出版社に売却した。このビタミン愛は、パチンコ情報会社・梁山泊のグループ会社で代表は元暴力団関係者だった。梁山泊グループは、アイ・シー・エフ株を使って約四〇億円の利益を上げ、三年後に偽計取引で摘発されることになる。

新聞事業と関係のない濱田が持ち込んでくるほかの投資案件も、ほとんど何の検討も経ないで産経新聞取締役会を通るようになった。近い将来上場するからキャピタルゲインが得られるという触れ込みだった。

「突然、取締役会にかけられるが、住田社長がすでに了解した直轄の案件になっており、疑問を呈したりすれば逆鱗に触れることをわかっているから、誰も発言せずに通っていた」（産経新聞幹部）

さすがに危惧した相談役の羽佐間が、増資引受先の聞いたこともない企業について「信用調査はやったのか」と取締役会で質したことがある。経理担当役員が「やってません」と答えると、羽佐間は「そんなことでは困る」と苦言を呈したが、最後は「今回はしようがない」と見て見ぬふりをした。

村上やライブドア、そして産経新聞が、不祥事を起こして迷走を始めた上場企業などに付け入りカネ儲けを算段していった構図は、規模は違っても同じであった。
○七年十月十日の朝、私は中央区日本橋の路上で、住田が出勤するのを待っていた。住田が横浜の自宅ではなく、普段は大手町の産経新聞本社から至近のマンションに居住していることは社内でも知られていない。
社長車としては珍しいトヨタのエスティマが横づけし、住田が乗り込んだところで声をかけた。彼は取材を受けないことで知られていたが、案に相違し「会社までの間なら」と同乗を勧めてくれた。すぐに産経新聞社に到着するが、住田は「少しの時間なら」とさらに社長室へ促してくれた。これも聞いたとおり、重そうな四角形のカバンをリュックのように背負う姿は、若々しい印象を与える。

室内は壁一面が雑然と書籍で埋まり、さほど広くはないが機能的で大学の研究室を思わせた。

住田はオフレコを求めてきたが、取材の主目的は、怪しげな投資案件や取引、幹部たちが言うところの「住田案件」「濱田案件」について聞くことだったから、オンレコでの取材を要請した。何度か押し問答をする合間に話を聞いた。

その「住田案件」のひとつ、梁山泊が半年あまり前の二月、大阪府警捜査四課と証券取引等監視委により、証券取引法違反容疑（相場操縦）で摘発されていた。三月には、代表者の豊臣春国が逮捕され、産経新聞の社内、特に住田周辺では心配する声が聞かれた。

産経新聞元役員によれば三年前、濱田の紹介で住田が豊臣と知り合い、パチンコ攻略本などの広告取扱や雑誌編集・発行などの取引を始めた時、「梁山泊が山口組の企業舎弟だというのは、その筋では有名だ。付き合いは止めたほうがいい」と忠告したという。だが、住田の返答は「その点は警視庁、大阪府警詰めに調べさせたが、そうした事実はなかった。だから大丈夫だ」というものだった。

梁山泊と取引関係を結んだことについて住田は「事前の調べが行き届かなかった」とし、「雑誌（犬の雑誌）は出したが、結果的にうまくいかず一年半ほどで店終いした」と弁明する。

梁山泊の広告は当初、複数の準大手広告代理店に持ち込まれたが、射幸心を煽る内容でもあり引受先はなかった。それを月六〇〇〇万円ほどの取扱高になることから、住田は産経新聞子会社の広告代理店で引き受けさせた。梁山泊側の利点は大きく、通常、パチンコ攻略本の広告を認めない営団地下鉄などに、産経扱いになったことで掲出されるようになった。

先の役員は、梁山泊摘発を受けて、大阪本社の編集責任者（当時）に対し「調査がいい加減じゃないか」と質すと「とんでもない。危ないので止めたほうがいいと報告した」という。正確には、当局がフロント企業とはっきり認定していなかったことを盾に、住田はトップダウンで取引を進めていた。かといって、梁山泊からの口銭などの実入りが格別よかったわけではない。広告の代金支払いは半年先の悪条件で、担当者はかえって頭を抱えていたのが実情だった。だが、担当者が渋ると濱田は、「住田社長が認めているのに反対するのか」と怒鳴り上げたという。

梁山泊の上辺の金回りの良さに目が眩んだと言うべきだろうか。あるいは個別の案件の当否よりも、むしろ濱田が持ち込んでくる儲け話を住田は優先してきたというのが正解かもしれない。

住田は濱田をこう評した。

「彼にはいろんな人脈があり、ビジネスアイデアもあった。持ってきた提案の中で、ものによっては参考にさせてもらったという程度」

だが、実際には住田が取締役会に提案する「濱田案件」は、詳しい説明も議論もなく通され、その瞬間に社長お墨付きの「住田案件」となり〝是非もの〟になってきたのである。

一年後の〇八年二月、梁山泊は再び、金融商品取引法違反で摘発された。保有するアイ・シー・エフ株の株価つり上げのためにおこなった偽計取引容疑であった。

この時も住田周辺は緊迫した。産経新聞元役員が言う。

「秘書室幹部が大阪本社の編集幹部を同道して大阪府警首脳に面談し、産経新聞が捜査対象に関係するかどうかを確かめている。大丈夫ということだった」

住田本人も大阪本社の編集幹部らに電話し、捜査状況を聞いたという。

元役員によれば、アイ・シー・エフ株を産経新聞の子会社で一時、保有していたという。

「住田は、子飼いの子会社社長に『アイ・シー・エフ株は儲かるから購入しろ』と命じた。産経本体が直接やるのは、さすがにまずいと思ったのだろう。アイ・シー・エフから新株予約権をもらって四〇〇〇万円ほど儲けている」

梁山泊がおこなった株価つり上げで、産経も利益を得たのだが、新聞社の信用や社会的評価を著しく低下させる危険がついて回った。住田周辺は梁山泊の摘発を奇貨として、濱田を出入り禁止にしようとしたが、産経新聞とのコンサルタント契約は切れなかったという。

住田は確信的に、危ない橋を渡ってでもカネを稼ごうとしたのではなかったか。産経新聞の経営は、かつてない苦境にあった。

「住田社長は印刷工場の更新などで六〇〇億円の調達をフジテレビ、つまり日枝会長に要請したが、断られた。このため〇六年九月、規模を縮小し一五〇億円の社債を発行（五年償還だが、同時に一〇〇億円を新発行するため実質十五年償還）したが、これとて返済は厳しいものになる」
日枝は、住田が産経の実権を握る限り、その延命に資するような協力をするつもりはなかったということだろう。産経新聞はわずかに保有していた資産、サンケイビル株、リビング新聞株、扶桑社株などを断続的に売却し、赤字決算を回避したが、めぼしい資産はほぼ消滅した。

企画力や発想の柔軟性を評価されることが多かった住田は、六〇年代後半の慶應大学時代に、戦前の自由主義思想の代表格で反マルクス主義、反ファシズムを唱えた河合栄治郎と弟子たちの系譜に連なる「社会思想研究会」に参加していた。政治的には民社党とつながる。

河合の弟子で社会思想研究会を指導した土屋清は朝日新聞論説委員だったが六四年、対極とされる産経新聞の編集責任者になった。五年後、土屋に私淑していた住田も産経新聞に入社、記者を選んだのは「知的好奇心を仕事の中心にして食っていける」からだとした。

住田は姻戚に東急の五島家を持つ。東急創始者の五島慶太の娘と民社党元書記長・曾禰益（そねえき）夫妻の息子と、住田の姉が結婚している。

記者としては、入社五年目の最年少で「蔣介石秘録」の執筆班に抜擢され、台北に二年半ほど派遣された。だが、帰国後の処遇は社会部、しかも支局勤務となり本人は「大下放された」と気落ちしたという。下放というのは、中国文化大革命の際に、中国共産党が都市の学生らを大量に農村に送り込んだことを指す用語で、中国現代史に強い関心を持っていた住田は、その史実に自身をなぞらえたわけだ。

かといって、彼には「国士」のようなところはない。ただし、野心はあった。かつて日本新党が国政に進出した際、編集局次長だったが社を辞めて立候補しようとしたという。その準備のため、自宅に妻子を役員にした企画会社を設立もした。当選の可能性が低いことがわかって取りやめたが、本人は産経新聞を踏み台の一つと割り切っているところがあり、過去、何度か社を辞めようとした。社長になってもなお個人会社を休眠のまま残した。そのため、その資質が一部の役員の間で問題になりかけたこともある。

実際、住田を解任することを模索する動きも一部役員の間で見られた。それは、九二年クーデターにおける日枝の盟友で、産経副社長を経て長くフジテレビ常勤監査役を務める近藤俊一郎も関知していた。もっとも、日枝は、産経が自ら決断、実行することを望み、自身は関与しない立場を取った。

住田解任の動きは潰えたが、まもなく病魔が彼を襲う。

一年後の〇八年十一月、住田は東京女子医大病院で骨髄腫と診断された。翌年、国立国際医療センターに入院し治療、一一年には社長を退任し骨髄移植をおこなったが治癒することはなく、一三年六月、死去した。六十八歳だった。

鹿内家の孫の入社

堀江貴文が東京地検特捜部に逮捕されて二ヵ月ほどが経った〇六年四月一日土曜日――。

フジサンケイグループ（七十七社）に入社する新入社員の合同研修会が、お台場のフジテレビで開催された。

グループ代表でフジテレビ会長を務める日枝久は、二二六人の新入社員を前に次のように述べた。

「昨年のライブドア事件では、法の隙間をつくライブドアの手法が問題になった。私たちのようなマスメディアで働く者は、一般の企業以上にコンプライアンス――法令の遵守が求められている。しかし本当は、法律以前に一人一人が倫理観や道徳観を持つことのほうが、より大切だということを忘れてはならない」

この日の日枝は、ライブドアがもともと脱法的だったとし、法令遵守はもとより倫理が厳しく求められる自分たちマスメディアとの違いを強調した。

三月、ＵＳＥＮの宇野康秀にライブドア株を九五億円で売却し、関係は切れたものの、三四五億円もの特別損失を計上することになった。晴れの場での訓話だから当然だが、日枝は諸々の後ろめたい事情にはふたをして〝勝利宣言〟をしようとしたのだろう。

翌日は、グループが箱根に持つ「彫刻の森美術館」近くの宿に場所を移し、ＣＭ制作などの実地研修がおこなわれた。

夕刻、二日間の研修を終え、帰京するバスの出発時間となった。だが、一人の新入社員だけは同僚たちと離れそのまま美術館に残った。そこに彼の家があった。

彼はかつてグループを統治した二代目議長・鹿内春雄の遺児で、初代議長・信隆の孫である。高齢となった祖母、信隆の未亡人とともに、美術館の敷地内に建つ邸宅で暮らしてきた。鹿内家が隆盛だった頃には、まだ幼子だった彼が後継者に擬せられたこともあったが、鹿内家支配を倒した日枝体制の下で入社したのはフジテレビの子会社で、立場は一般社員と変わらない。とはいえ、彼をグループに入れたのは、日枝の意思によるものだった。

日枝による鹿内宏明追放のクーデター以降、鹿内信隆の孫二人がグループ入りしたことになった。日枝にとっての本旨は、鹿内家血筋の者を取り込むことで謀叛の汚名を和らげ、権力基盤を盤石とすることであったに違いない。

ライブドア摘発から堀江の逮捕を受け、動揺し始めたのが村上ファンドとオリックスであった。法廷で、瀧澤は次のように供述している（〇七年二月二十七日　弁護人質問）。

――いちばん最初に村上ファンドが捜査のターゲットになっていると感じたのはいつか。

「（〇六年）一月半ばにライブドアへの強制捜査が始まった後です」

だが瀧澤は、それ以前に、捜査防御と取られる行動を取っている。

企画部長Ｉへの検事質問（〇七年三月七日）。

――〇五年秋から冬にかけて、瀧澤さんから、取締役会議事録の添付資料は「全部廃棄しろ」と指示されたと。

「そのとおりです」

――指示された以降は、取締役会のつど、添付資料を作成すると思うが、それも捨てていたのか。

「だいたいそうです」

元警察官僚の行動は、捜査当局の動きを感知していたかはともかく、明らかに重要証拠の〝隠滅〟を意図している。

村上自身がライブドア摘発の一ヵ月あまり後に出した答えは、日本を脱出しシンガポールに移転することであった。同国の著名な華僑財閥とは父親の代からの親交もあった。三月には同地に現地法人を設立し、翌月から業務開始。五月十日、サイトでもシンガポール移転を公表した。

「絶対、天罰が下る」

その一ヵ月前の四月中旬、村上世彰に向けて検察の捜査の手が伸びていた。村上ファンドによるインサイダー取引容疑で、保釈中の宮内亮治らライブドア幹部に対する東京地検特捜部の聴取が始まった。

下旬になって読売新聞会長の渡邉恒雄と社長の滝鼻卓雄、金融相の与謝野馨の三人が茅ヶ崎市の名門ゴルフ場、スリーハンドレッドクラブでプレーする姿が写真週刊誌に掲載された。渡邉がメンバーの同クラブは、中曽根康弘を会長に主に政財界の要人三〇〇人が集う屈指のインナーサークルだ。

与謝野に聞いた。

「渡邉さんとは知り合って四十五年ぐらいになる。政界入りを進めてくれたのも渡邉さん。その日、特に何を話したということもない」

ただ、時期が時期だから、村上ファンドや阪神の件が話題にならないと考えるのは難しい。しかも、一週間後にも同じメンバーが同じ場所に揃っており、クラブハウス食堂で彼らを見かけた経済人たちの関心を呼んでいた。

あらためて与謝野が振り返った。

「（村上に自重すべきと）直接言ったことはない。ただ、知り合いだから……ある程度儲けるのはいいが、あまり大仕掛けで世間を騒がして、よく考えれば理屈の通らないことをやると指弾を受けるんじゃないかなと思っていた。新井（ビックカメラ会長）さんは苦言を呈していたと思う。村上さんの健全な成長を期待していた一人で、おそらく、まっとうな仕事をやれと言ってたと思う。ただ、途中から飛び跳ねて、人のアドバイスもあまり聞かなくなった」

焦点となった阪神株の出口戦略は、過半数を押さえた村上がすでに主導権を握っていた。関西の鉄道会社再編の思惑に火がついたが、村上は例によって虚実の提案を織り交ぜながらも高値売却ができればそれでいい。ただ、五月初め、若い女性アナリストら名前だけの取締役を過半数、阪神に送り込む株主提案をしたことは、駆け引き、ゲームでは済まされない問題をはらんでいた。

ファンドの内部でも「電車が本当に止まるぞ」という強い危惧の表明があり、それでもやるのかという意見が少数だがあった。しかし、増長している村上や瀧澤は、そうした意見を容れることはなかった。

一方、村上の後見人だったオリックス会長・宮内義彦は、村上ファンドの最終シーンをどう見ていたのだろうか。

小泉政権の規制改革・民間開放推進会議で議長を務める宮内にとって、ニッポン放送のディールも放送業界の市場開放論の立場から関心が深かったが、阪神の動向は、同業のプロ野球オーナーとして直接利害関係があった。宮内はニッポン放送の時と同じく、村上が阪神を標的にすることを事前に了解している。

宮内は、村上が阪神に対して取締役を送り込む株主提案をおこなった前後にかけて、内々の場で阪神経営陣を指して「無能ですなあ」と呟くのだった。「私がアドバイスに行ってあげたいくらいだ」と、このうえない皮肉を浴びせた。

豹変したのは村上がシンガポール移転を公表した五月十日の直後である。二日後には村上ファンドから出資を引き揚げ、役員派遣も取り止めた。以来、規制緩和の旗手と謳われた宮内は完全に沈黙した。

阪神タイガースの元監督・星野仙一が、「（村上に）絶対、天罰が下る」と不吉な予言をしたのは五月十五日だった。その翌日、村上は追われるように日本を出国した。家族も帯同してシンガポールに移住するという触れ込みだったが、実際は一人だった。下旬にかけて、瀧澤、丸木ら幹部たちが一斉に特捜部の呼び出しを受け、聴取が始まった。

軌を一にするように阪神の行方も急展開した。経営陣の選択は、ライバル会社の阪急の傘に逃げ込むという経済合理性とは無縁のものであった。二十九日、阪急は阪神へのＴＯＢ（株式公開買い付け）を発表する。

村上はそれから七日後の六月五日、まだＴＯＢさなかだったが、東京地検特捜部によって逮捕された。日枝は直後に、このように切って捨てた。

「証券界や資本主義はルールがあって、はじめてとりおこなわれる。それが失われたから堀江さんもああなり、村上さんもそうなったんだろう」

罪状はニッポン放送株を買い進めた際のインサイダー取引であり、フジサンケイグループに狙いを定めた舞台裏で何をやっていたかが問われることになった。

この時、瀧澤や丸木も逮捕が予定されていた。丸木は否認すべきと主張したが、元警察官僚の瀧澤は、三人逮捕されればファンドは崩壊する、維持するためには村上が罪を認めるしかない、という方向に誘導した。ファンド幹部の中には、それを瀧澤の保身と受け取る者もおり、実際、瀧澤らは逮捕を免れたにもかかわらずファンドはあっけなく崩壊した。

その年、村上に司直の手が伸びようとしていたころ、村上の口から「自分は海賊の出なんだ」ということばが洩れている。かの水軍の末裔だというのは、自身の振る舞いは系譜に即したやむを得ざるものだという表白だったろうか。

村上逮捕の日の夜、ニッポン放送の元幹部を訪ねると、『ててかもいわし』って知ってるか」とため息混じりの感慨を漏らした。

「大阪では行商が天秤棒を担いでイワシを売り歩く時に、そう呼ぶ。手を咬むほどに活きのいいイワシだと。桶にはナマズが入れてあって、すぐ弱るはずのイワシは喰われると思って緊張するのか、いつまでも新鮮なんだそうだ」

ナマズは村上、イワシはニッポン放送である。

「村上が桶に入ってきたことで、それまで安穏としていた経営者は緊張した。その点で一定の役割は果たしたと思う」

もっとも、「ててかもいわし」の挿話は、イワシが生きているから成り立つ。村上は空腹に耐えかね、終いには獰猛（どうもう）なナマズに変異し、堀江貴文という仲間も引き入れて喰わないはずのイワシを貪（むさぼ）り喰ってしまった。

だが、物語はそこで終わらない。やがてイワシにあたったかのようにナマズは追い詰められ、自ら罪を認め、過ちを悔いてみせたあげくに塀の内に落ちたが、裁判では一転して無罪を主張した。一審判決は懲役二年、実刑の厳罰が下された（罰金三〇〇万円、追徴金一一億四九〇〇万円）。

二審判決は、有罪は維持されたが、違法性の認識は明確なものではなかったとして執行猶予が付き、最高裁で懲役二年、執行猶予三年が確定した。元幹部が続けた。

「村上が登場した時、鹿内氏にもっと接触するべきだった。自分も含めてニッポン放送の経営陣には、結局何もしなかったという不作為の罪が残った」

ただ、本当に残酷な光景は、桶の外の見えないところでこそ繰り広げられたはずなのだ。元幹部は、こう締めくくった。

「イワシをよってたかって喰ったのは、村上、堀江だけじゃなかった。いま振り返ると、フジテレビがもっとも多くのイワシを喰うためにむしろ村上をうまく使ったんじゃないか」

村上が逮捕された六月、日枝はニッポン放送・代表取締役会長にスカパー社長の重村一を当てた。本人と社長の村上光一はフジテレビへの復帰——すなわち後継社長ポスト——を強く望み、そうした観測も流れたが、日枝にその意思はなかった。村上光一と同期で名物プロデューサーだった横澤彪は「村上・重村の連合を、日枝は怖れたからだ」と見立てた。

重村はラジオとは無縁だったからその人事は唐突に見られたが、海軍参謀だった父親は戦後、草創期のニッポン放送編成部長を務めていた。そうした系譜が日枝の頭にはあり、切れ者を押し込める器に具合よかったのだろう。

当初、冷静に受け止めた重村だったが、子会社では新しいこともできず、行動的なタイプだけに身を持てあました。その後もニッポン放送に留め置かれ、日枝のことを「あの人は家康のような人だ」と評した。

何十年もかけて倦(う)まず、弛(たゆ)まず権力を確立し、決して離すことはないと言いたかったのだろう。

エピローグ

堀江や村上が逮捕された〇六年、二人のマネーゲームの先達とも言うべき赤尾一夫にも、終幕が訪れる。

赤尾は、フジテレビとニッポン放送の上場過程で巨利を得るとともに、両社の矛盾に満ちた資本関係形成に一役買ったという意味で、後の買収戦の舞台を用意したと言える。

四月末からの連休中、渡邉ら読売新聞首脳と金融相の与謝野が茅ヶ崎市のスリーハンドレッドクラブに複数回、集まり、経済人たちの耳目をひいたことは先述した。

その中には、いつものように側近を一人だけ連れた赤尾一夫もいたという。彼は社交するわけではなく、概して目立たないが、クラブハウスで見かけた知人によれば、上から流し込むように食事を摂っているのが目に付いた。

「彼は関係ができた人とは深い付き合いを求めたが、結局、ケンカ別れが多かった。寂しい人だったと思う」

数少ない知人はそう言う。一夫は二年ほど前に、鎌倉市扇ガ谷に入手した一万五〇〇〇平方メートルの美術館用地にこだわりの邸宅を建て、子どもと居住していた。子どもには、早くから英語とフランス語の家庭教師をつけた。

コンクリート造の家はセンチュリータワー、伊豆半島の別荘と同じ、ノーマン・フォスターの設計だ。敷地脇の斜面に、昔の祠があったことから、一夫は門の前に高さ四メートルほどの鳥居を設けている。祈禱や密教にも強い関心を持っていた一夫らしいおこないだった。

そこから山道を北へ越えていくと、三十分ほどで東慶寺がある。北鎌倉の東慶寺と言えば、江戸時代は駆け込み寺として有名で、小林秀雄や西田幾多郎、岩波書店創業者の岩波茂雄といった文化人が多く眠る。墓は百基ほどと少なく、新しく造るのは難しいとされるが、一夫は妻が急死した一年後の九九年、多磨霊園にある赤尾家とは別に墓を建てた。ただし、墓銘の記載はない。

一夫は喉頭ガンを患っており、林原が開発した薬を使いに定期的に岡山に通っていた。ガンは重篤なものではなかったが半年後の〇六年十月、急死した。「岡山滞在中の脳梗塞だった」（同前）という。享年五十八、葬儀は鎌倉でひっそりと執りおこなわれた。モナコ生まれの遺児が後に一人残された。

赤尾家の支配から逃れた文化放送は、フジテレビ株売却資金を元手に浜松町に自社ビルを建て、〇六年に移転した。上場を目指していたが、ニッポン放送買収騒動を見て再考し中止した。

中波ラジオの単独事業に将来を見出せるかは心もとないとはいえ、同じフジテレビの大株主だったニッポン放送とは異なり、自立した経営体を確立することには成功した。その違いをもたらしたのは、先鋭的少数に過ぎなかったかもしれないが、闘うべき時に闘った者たちがいたからであった。

フジテレビの株も三・三％保有し続け、第二位株主の座を維持した。

フジテレビ、そしてＴＢＳへと続いたメディア買収戦の教訓は、日枝のみならず、東京キー局経営者、放送行政当局の発想を内向きのベクトルへと導いていった。

総務省は近い将来訪れるローカル局の経営危機に備え、キー局の傘下入りを可能とする認定放送持株会社の制度を設けた。その代わり、持株会社で一人あるいは一法人が三分の一超の株を保有することはできなくなり、キー局は買収されるおそれがなくなった。本来、放送持株会社の制度は、戦後の放送行政の根幹であるマスメディア集中排除原則の大幅な緩和策だから、持株の上限規制は整合性に欠けていた。ひとえにキー局の経営者に揺るぎない権力を保証するという意味で、日枝ら経営者にとって好都合な制度であった。

〇八年十月、フジサンケイグループは産経新聞を除いて持株会社、フジ・メディア・ホールディングスに再編された。外敵の脅威がなくなるということは、一面、経営の安定が図られると思われがちだが、ただでさえ寡占利益に安住してきたテレビ経営者がさらにぬるま湯に浸かっていられるということである。ほかのキー局も次々と続き、テレビ朝日が一四年四月、最後の持株会社として再編され、放送業界を守ることに価値を置く新秩序が定まった。

朝日新聞・テレビ朝日グループは、長年の懸案だった村山株に動きがあり、資本関係に大きな変動が生じた。テレビ朝日では九九年、社長が伊藤邦男から朝日新聞大阪代表の経験がある広瀬道貞に交代した。歴代の大阪代表の重要な職務に村山社主家の応接がある。クラシックに造詣が深い社主の村山美知子は毎年、朝日放送が造ったザ・シンフォニーホールで大きな音楽イベントを手がけるのを習いとし、大阪代表やテレビ朝日社長はその手助けをしてきた。伊藤も広瀬もその役割を果たし、美知子から信頼を得たという。

朝日新聞社長室の関係者によれば〇七年、テレビ朝日会長になっていた広瀬は、朝日新聞に無断で美知子に「新聞株を譲って下さい」と頼んだ。背景には、広瀬の行動に朝日新聞の意思が介在していれば美知子は応じないとの判断があったという。

村山家も相続問題を抱えていたこと、美知子は朝日新聞への憎しみは消えないが朝日放送、テレビ朝日にはむしろ親近感を持っていたことなどから応諾、〇八年、三六・五％の持株のうち二五％あまりの株が、テレビ朝日、財団法人・香雪美術館、朝日放送などに譲渡・寄付された。朝日新聞側も、村山家の株支配を逃れる方途として、それは次善の策であった。

ただし、その結果、朝日新聞とテレビ朝日は相互に株を持ち合う関係となり（朝日新聞二四・七％、テレビ朝日一一・九％）、相対的にテレビ朝日の独立性は強まった。山梨県出身で赤尾好夫の同郷、同窓である早河洋（六七年入社）が〇九年、プロパーとしてはじめて社長に就き、以後、新聞の影響下から脱する動きが加速していった。

上場を経て持株会社となったテレビに最優先で求められるのは、収益向上それ以外にはない。それは歪んだ形で表出していく。

8チャンネルは、足元のお台場にカジノを含む一大エンタテインメント施設を作ることを目標に掲げた。首相・安倍晋三の甥を一四年、フジテレビに入社させるなど、安倍政権との親密度を深めてきた。

その年の入社式で、日枝は安倍政権への讃辞を隠そうともしなかった。アベノミクスによって日本経済が成長基調にあるとし、「非常に夢のある時代に入った。君たちは輝ける日本が生まれつつある時に入社した」と安倍の政権運営を手放しで褒め称えた。

震災や原発事故被災からいまだに立ち直れず、中国、韓国との深刻な摩擦を生じ、さらに格差拡大、人口減少社会へと突き進みながら、異常な緩和策で巨額借金を次世代に付け回しする日本を「輝ける日本」と呼ぶ感覚は、根拠なき楽観を撒き散らしてきたテレビ局のトップにふさわしい言説かもしれなかった。

一八年七月、統合型リゾート（ＩＲ）実施法、いわゆるカジノ実施法案が可決、成立した。早ければ二〇二〇年代半ばには、国内にカジノを含むＩＲ施設ができることになり、日枝にとって最大の障壁だった法整備が決着した。当面、認定される地域は三ヵ所までだが、認定から七年後には増やすこともできる。

10チャンネルもこの間、早河をはじめとする経営陣と安倍政権との親密さが取り沙汰された。持株会社としての実質はエンタテインメント業として確立され、これまで寡占利益の代償として求められてきた報道――権力監視機能は弱体化する方向へと進むだろう。

こうした姿は8、10チャンネルに限らず、程度の違いはあれほかのテレビ局にもあることだ。政治権力といまも主流の位置にある放送メディア、そして検察権力が結託する社会が、目の前に広がる。

私たちは本来、テレビ局といったメディアには公益の実現への寄与を求めている。だから、経済的な優遇、電波資源の独占利用、公的情報へのアクセスなどさまざまな特権を認めてきた。しかし、今日ではそれを真に望むことの愚かしさも知っているし、そうした状況を根底から糺すのでもない、諦めが漂う半端な社会に生きている。

（文中敬称略）

あとがき

本文では触れなかった8と10の関わりのひとつに、いわゆる「椿発言事件」というものがある。

一九九三年十月、産経新聞が、テレビ朝日報道局長の椿貞良氏が前月の民放連の会合で「非自民政権が生まれるよう報道せよ、と指示した」と発言したと報じた。国会に椿氏が証人喚問されるなど政治問題に発展、本人は局内に指示はしていないと弁明したが、誤解を招く不用意な発言があったと陳謝した。また報道局長を辞め、テレビ朝日からも去った。

注意深く見れば、椿氏の発言は、自民党長期政権からの圧力が日常的にあることに触れた後、その政権が倒れた解放感からか、〝酒場の放言、自慢話〟の類いであった。当時も指摘されたのは、産経新聞の報道内容は正確性に欠け、意図的な朝日攻撃ではないかという点であった。私が気になったのは、産経の取材班代表（編集局次長）が、前年のクーデターの際、解任された議長を巡って取った行動だった。社内記録によれば、この次長（当時は社会部長）は東京国税局のいわゆるＶＩＰを担当する資料調査課幹部に議長の脱税摘発を働きかけていることが窺われた。こうした社内政治に深く関わる人物は、社外でも同様の行動原理で動くのではないか——。

もう一つ気になったのは、椿氏の放言の根っこに流れている真意が、仮に報道の役割は「権力監視」にあるということだったとすれば、それは妥当ではないかという点だった。時の政府——戦後一貫して自民党政権は、放送局を自らの影響下に作り、地方では自民党政治家が家業のように〝保有〟していることは本書でも示したとおりだ。

その出発点からして、放送法に謳われる「不偏不党」「公平」という題目は成り立っていない。ならば、報道現場で政権与党に辛くあたるぐらいでちょうどいいだろう。いや、それでも政権は圧倒的に有利に違いない。現下の政権でも、自民党幹部が「公正報道」を求める文書を各テレビ局に送りつけたり、総務大臣が停波に言及したりするなど圧迫を強めている。

事件から四年後、表舞台から消えて沈黙した椿氏に、真意や現場の実状を聞きたいと思い手紙を出した。まもなく断りの返信が来たが、文面には「報道者の志」ということばがあり、それを大事にしていることは感じられた。それだけに話が聞けなかったのは残念だった。

よく指摘される日本の組織内の「言論の不自由」は、メディアにこそよく当てはまるのだと感じる。

前作『メディアの支配者』から続く宿題のつもりで軽く考えていたのに、膨大な分量となった。それは必要だったのかと問われると、じつはよくわからない。書きたいように書いた、と言うしかないのかもしれない。

フジサンケイグループ代表（フジ・メディア・ホールディングス取締役相談役）の日枝久氏には、手紙で取材を申し込んだが、次のような返信が届いた。「私はすでに代表取締役を退きテレビ報道の現場から離れており、また過去のことを振り返り語ることで後継者の自由闊達な業務の推進に影響を与えたくない」とし、遠慮したいとあった。

ただ、日枝氏の存在そのものが、後継者の自由な思考を縛っていることも疑いないところで、かつては自身に批判的であろう取材にも対応していただいただけに残念だった。

本書冒頭に登場する加藤謙次氏には、おそらく二十時間を超えて話を伺ったが、最後に取材した一週間後に亡くなられた。テレビ朝日の元ディレクター、大西茂良氏にも長い期間、付き合っていただいた。その後、不治の病で治療していた際、ここには取材することがたくさんあると病院を見に来るよう誘ってくれ、短時間の面会後、まもなく亡くなられた。

本書の完成に時間がかかったのは、ひとえに筆者の怠惰のせいである。物わかりの悪い筆者に、貴重な時間を繰り返し割き、あるいは資料を提供していただいた方々には、前作と同じくお詫びするしかない。

取材を取りまく環境は年々、悪化し続けている。事実を探り、正確を期して裏付ける作業はもとより簡単ではないが、それでも書きたいことを書きたいように書き、書籍になることはうれしいことだった。

また、面倒な確認作業に携わる校閲のプロがいるから、こうした書籍の出版が可能だということも、再認識した。出版にあたっては、講談社第一事業局企画部の浅川継人氏に根気よく付き合っていただいた。感謝を申し上げます。

二〇一九年十一月

中川一徳

関連年表

年	フジテレビ　ニッポン放送	テレビ朝日　文化放送
1931年		10月　旺文社創業
1943年		4月　赤尾好夫が大日本出版報国団・副団長
1947年		11月　赤尾好夫が公職追放 朝日新聞社主・村山長挙が公職追放
1948年	4月　日本経営者団体連盟（日経連）設立、鹿内信隆が専務理事	5月　赤尾好夫が追放解除、社長に復帰
1951年		8月　村山長挙が追放解除、社主に復帰
1952年		3月　文化放送（財団）開局
1954年	7月　ニッポン放送開局	
1956年		2月　文化放送を株式会社に改組、渋沢敬三会長、水野成夫社長、赤尾好夫取締役
1957年	11月18日　ニッポン放送と文化放送を中心に富士テレビジョン設立、水野成夫が社長、鹿内信隆が専務に	11月1日　株式会社日本教育テレビ設立、大川博が会長、赤尾好夫が社長 12月5日　本社建設用地として港区麻布北日ヶ窪町（現六本木）の土地を東映から譲渡
1959年	3月1日　フジテレビ開局 10月　ニッポン放送が深夜放送を開始	2月1日　日本教育テレビ開局
1960年	4月8日　沖縄テレビに10万ドルの資本参加	3月　朝日新聞にラジオ・テレビ室設置 5月7日　日本教育テレビ労働組合結成 11月30日　赤尾好夫社長が会長、大川博会長が社長に。対外的な局名の呼称を「ＮＥＴテレビ」に改める
1961年	4月　日枝久がフジテレビ入社	
1962年	9月1日　広島テレビ開局。東海テレビ、関西テレビ、仙台放送、九州朝日放送との6局ネットが完成	

1963年	1月 国産初のアニメ「鉄腕アトム」放送開始 4月 福島テレビ開局	12月24日 朝日新聞の株主総会で村山社主家が永井大三常務を解任する「村山騒動」が勃発
1964年	7月1日 テレビ西日本がＮＴＶ系列からフジテレビ系列へ変更 9月 カラー放送開始 11月 水野成夫会長、鹿内信隆社長体制に	1月20日 朝日新聞の役員会で村山長挙社主が辞任、広岡知男らが代表取締役に 4月3日 「吉田茂回顧録」放送開始。聞き手は朝日新聞の柴田敏夫政治部長 8月4日 ＫＢＣ（現九州朝日放送）とネット提携の基本協定を調印 10月1日 ＭＢＳと業務提携 11月9日 大川博社長が辞任、赤尾好夫会長が再び社長就任 11月17日 朝日新聞の社長に美土路昌一顧問が就任
1965年		3月 赤尾好夫が会長、山内直元が社長
1966年	5月26日 フジテレビ労働組合結成	
1967年	10月 「オールナイトニッポン」放送開始	4月3日 カラー放送開始 7月21日 美土路昌一社長が退任、広岡知男専務が朝日新聞社長に昇格
1968年	1月 フジテレビ、産経新聞、ニッポン放送、文化放送ほか関連会社でフジサンケイグループ会議を組織 7月 日枝久が労組書記長に	11月 文化放送で水野成夫が会長、友田信が社長、赤尾好夫が代表取締役に 11月3日 北海道テレビと全面ネット 12月16日 新潟総合テレビと業務提携
1969年	4月 長野放送、富山テレビ放送、石川テレビ放送、岡山放送、サガテレビ、テレビ長崎、テレビ熊本、鹿児島テレビ放送開局 8月1日 彫刻の森美術館が箱根に開館	4月1日 中京テレビ、近畿放送、瀬戸内海放送、テレビ熊本、鹿児島テレビと業務提携 12月1日 青森テレビ、テレビ岩手と業務提携
1970年	1月 鹿内春雄がニッポン放送入社 4月 民放最多のネットワーク27局を結ぶ	1月1日 ニュース番組タイトルを「ＡＮＮ」とする 3月9日 山内直元社長死去、横田武夫副社長が社長に 4月 赤尾一夫がＮＥＴ入社 12月1日 広島ホームテレビと業務提携

1971年		8月　大川博取締役が死去
1972年	5月4日　水野成夫相談役が死去	
1973年	11月8日　文化放送社長友田信がフジテレビ代表取締役を兼務に	4月1日　名古屋放送（NBN）が全面ネット参加、系列18社体制に 11月1日　教育専門局から一般局に
1974年	11月27日　元郵政省事務次官の浅野賢澄がフジテレビ社長就任、鹿内信隆社長は会長に	11月28日　「アート・エージェンシー・トウキョウ」（代表取締役松岡謙一郎、赤尾一夫）設立、青山に常設のギャラリーを設ける 11月29日　横田武夫社長が退任、高野信が社長に
1975年		3月31日　関西のネットチェンジにより、ABCがNET系列に
1976年	3月　鹿内信隆と赤尾好夫が8と10を棲み分ける協定を結ぶ	12月10日　「日本教育テレビ」から「全国朝日放送株式会社」に改称することを決定
1977年	6月　友田信がフジテレビ代表取締役を退任 ニッポン放送保有のフジテレビ株が過半数超となり支配権確立	3月9日　モスクワ五輪の放映権取得で組織委員会と合意 12月　広岡知男が朝日新聞社長を辞任、会長に
1978年	4月　浅野賢澄社長が民間放送連盟会長に 11月　日枝久がネット営業部長に	10月1日　テレビ山口から山口放送にネット移行
1979年		3月　営業収益700億円を達成、開局20周年を記念して15％の配当を実施 6月　友田信が文化放送社長を退任、赤尾好夫が会長、岩本政敏が社長、赤尾一夫が取締役に 11月　センチュリー文化財団設立
1980年	6月　ニッポン放送副社長だった鹿内春雄がフジテレビ副社長就任、日枝久が編成局長に	5月14日　JOC総会でモスクワ五輪不参加を決定
1981年	6月6日　美ヶ原高原美術館オープン 10月　新キャッチフレーズ「楽しくなければテレビじゃない」登場	3月19日　北海道テレビ放送社長岩澤靖が辞任、失踪 6月1日　高野信社長が退任、中川英造副社長が社長に 10月1日　福島中央テレビとの複合ネットを終了、新

	11月　ゴールデン、プライム、全日の時間帯で初の月間視聴率三冠王に	たに開局した福島放送と提携
1982年	4月28日　鹿内信隆が取締役相談役、浅野賢澄が会長、石田達郎が社長に就任 10月4日　「笑っていいとも！」放送開始 12月　初の年間視聴率三冠王	1月9日　高野信前社長が死去
1984年	3月　'83年度年度末決算で民放営業収益トップ	11月　六本木六丁目を森ビルと共同で再開発する覚書締結
1985年	6月27日　ニッポン放送の羽佐間重彰副社長がフジテレビ社長就任、鹿内春雄副社長が会長、フジサンケイグループ会議議長に 8月8日　8月8日を「フジテレビの日」とする 8月13日　日航機事故で生存者救出を生中継	5月10日　三浦甲子二専務が死去 6月　赤尾好夫がテレビ朝日会長を退任、名誉会長に 9月11日　赤尾好夫名誉会長が死去 10月　「ニュースステーション」放送開始 赤尾一夫が文化放送代表取締役に
1986年	4月1日　目玉マークをフジサンケイグループの統一シンボルマークに	5月　本社を東京・赤坂のアークヒルズに移転
1987年	7月18日　鹿内春雄議長の発案で夢工場'87開幕。東京、大阪で570万人を動員	3月　秋田テレビがANNから脱退
1988年	4月16日　鹿内春雄議長が急性肝不全で42歳で急死 6月30日　羽佐間社長が退任、日枝久が社長に	
1989年	12月　鹿内信隆の女婿・鹿内宏明がフジサンケイグループ経営会議議長に就任	6月29日　田代喜久雄社長が退任、桑田弘一郎が社長に
1990年	10月28日　鹿内信隆相談役が肝不全で死去。享年78	
1991年	1月　トレンディドラマ「東京ラブストーリー」放送 4月1日　岩手めんこいテレビ開局 7月　「101回目のプロポーズ」放送 10月　文化放送がオランダにJGI設立	9月　旺文社がオランダにアトランティック社設立 11月25日　文化放送ブレーンが店頭公開

1992年	7月21日　産経新聞取締役会で鹿内宏明会長解任。フジサンケイグループ経営会議議長、フジテレビ会長、ニッポン放送会長などを退任。フジサンケイグループ経営会議「議長」職を廃止、「代表」とする	
1993年	4月26日　お台場新社屋起工式 12月　年間平均視聴率12年連続の三冠王に	6月29日　桑田弘一郎社長が退任、伊藤邦男が社長に 10月　テレビ朝日の「椿発言」を産経新聞が報道
1994年	3月　鹿内宏明がニッポン放送の新株発行差し止めの仮処分申し立てを提出、後に却下	
1996年	6月28日　新社屋竣工 12月2日　ニッポン放送が東証二部に上場	6月　ルパート・マードックと孫正義がテレビ朝日株を大量取得 10月　岩手朝日テレビ開局、24局フルネットが完成
1997年	4月1日　新社屋で放送開始 さくらんぼテレビ（山形）、高知さんさんテレビ開局、28局ネットに 5月　フジテレビがＪスカイＢに資本参加 8月8日　フジテレビが東証一部に上場	3月　朝日新聞がマードック、孫から株を買い取り
1998年		9月　赤尾一夫の妻がモナコ滞在中、33歳で急死 週刊文春が「旺文社に200億円の脱税」報道、後に東京国税局が追徴課税
1999年		6月29日　伊藤邦男社長が退任、広瀬道貞が社長に
2000年	12月1日　ＢＳフジ放送開始	10月　テレビ朝日が東証一部上場 12月　ＢＳ朝日が放送開始
2001年	6月28日　日枝久社長が会長、村上光一専務が社長に	
2002年	3月　日枝会長、腹部大動脈瘤除去手術から復帰	
2003年	4月　日枝会長が民間放送連盟会長に	9月　六本木の新社屋で放送開始 10月　社名を株式会社テレビ朝日に変更、ロゴを一新
2004年	12月　11年ぶりに視聴率年間三冠王	

２００５年	1月17日　フジテレビがニッポン放送株の公開買い付けを開始 2月8日　ライブドアがニッポン放送株取得（35％） 4月18日　フジテレビがライブドアの増資４４０億円を引き受ける条件で和解	6月29日　広瀬道貞社長が会長、君和田正夫が社長に
２００６年	1月16日　東京地検特捜部がライブドアを強制捜査 1月23日　堀江貴文社長らを逮捕 4月1日　ニッポン放送から47名が転籍 6月5日　ニッポン放送株のインサイダー疑惑で村上世彰を東京地検特捜部が逮捕	1月　課税取り消し訴訟で旺文社の敗訴確定 10月4日　赤尾一夫が急死、享年58
２００７年	6月　村上光一社長が退任、豊田皓常務が社長に 9月　湾岸スタジオがオープン	
２００８年	10月1日　認定放送持株会社フジ・メディア・ホールディングス（フジＨＤ）設立	6月6日　朝日新聞創業家の村山美知子が朝日新聞株11％をテレビ朝日に売却、10％を香雪美術館寄贈
２００９年	1月　フジテレビによる損害賠償請求訴訟で旧ライブドアから３１１億円を受け取り和解 3月1日　開局50周年パーティ	2月　開局50周年 6月25日　君和田正夫社長が会長、早河洋副社長が社長に、初のプロパー社長
２０１３年	6月　豊田皓社長が退任、太田英昭がフジＨＤ社長、亀山千広がフジテレビ社長に	
２０１４年		4月　テレビ朝日ホールディングス設立 6月　早河洋が会長、吉田慎一が社長に
２０１６年		6月　角南源五常務がテレビ朝日社長に
２０１７年	6月　日枝久フジＨＤ会長が相談役、嘉納修治フジＨＤ社長が会長、宮内正喜ＢＳフジ社長がフジＨＤとフジテレビ社長に	
２０１９年	6月　宮内正喜社長が会長、金光修専務がフジＨＤ社長、遠藤龍之介専務がフジテレビ社長に	6月　亀山慶二専務がテレビ朝日社長に

主要参考文献

●フジサンケイグループ関係
『フジテレビジョン十年史稿』フジテレビジョン
『開局からの歩み　フジテレビ社史年表』フジテレビ総務部
『フジテレビ回想文集1〜6』旧友会「回想文集」編集委員会フジテレビジョン旧友会
『フジテレビ社内報』フジテレビジョン社内報編集委員会事務局
『社内ニュース』フジテレビジョン総務局人事部
『ＦＣＧ　ＮＥＷＳ　ＬＥＴＴＥＲ』フジサンケイグループ事務局
『フジテレビジョン開局50年史』フジ・メディア・ホールディングス、フジテレビジョン
『フジサンケイグループ会社情報２０１５』フジサンケイグループ事務局
『フジネットワークの歩み　ＦＮＳ30年史』フジネットワークＰＲ委員会
『ニッポン放送30年の動き』ニッポン放送
『ニッポン放送社報いづみ』ニッポン放送
『社報いづみ　その歩み』ニッポン放送
『コミュニケーションカーニバル夢工場'87オフィシャル・ブック』夢工場'87運営本部
『産経（サンケイ）社内報』産経新聞総務局
●朝日新聞、テレビ朝日関係
『朝日新聞社史』朝日新聞百年史編修委員会　朝日新聞社
『関連企業の現況１９９６年版』朝日新聞電子電波メディア局
『通信部歴代の人・その歩み』朝日新聞東京本社通信部
『テレビ朝日社史　ファミリー視聴の25年』総務局社史編纂部　全国朝日放送
『チャレンジの軌跡』テレビ朝日社史編纂委員会　テレビ朝日

『社報　tv　asahi　press』テレビ朝日広報局広報部
『テレビ朝日　社友報』テレビ朝日社友会

●文化放送関係
『50YEARS　文化放送』文化放送
『組合ニュース』文化放送労働組合
『文化放送社内報』文化放送
『昔ここにラジオがあった』QRラジオマン・グループ、東洋書店

●テレビ史
『民間放送史』中部日本放送　四季社
『九州朝日放送30年史』九州朝日放送三十年史編集委員会、九州朝日放送
『朝日放送の50年』朝日放送社史編修室　朝日放送
『テレビ西日本十年史』TNC社史編纂委員会　テレビ西日本
『この10年』HTB社史編集委員会　北海道テレビ放送
『この25年（HTB25周年記念誌）』HTB社史編纂準備委員会　北海道テレビ放送
『明日へ翔ぶ　静岡朝日テレビ二十年史』二十年史編集事務局　静岡朝日テレビ
『テレビ静岡二十年の歩み』テレビ静岡社史編纂委員会　テレビ静岡
『燃えろFCT3　福島中央テレビ20年の歩み』開局20周年記念事業委員会　福島中央テレビ
『福島テレビ20年史』福島テレビ社史編集委員会　福島テレビ
『長野放送二十年の歩み』開局二十周年記念事業委員会社史編纂専門部会　長野放送
『放送戦後史Ⅰ、Ⅱ』松田浩　双柿舎

●回想録、追悼集、日記、評伝
『追憶　赤尾好夫』赤尾好夫追憶録刊行委員会　旺文社

『私の履歴書　第47集』日本経済新聞社
『ひとつの出版・文化界史話』宮守正雄　中央大学出版部
『この人　吉田秀雄』永井龍男　電通
『澤田節蔵回想録』澤田節蔵　有斐閣出版サービス
『立春大吉』坊城俊周　独歩書林
『春雷のごとく　林原一郎風雲録』秋吉茂　謙光社
『野間省一伝』野間省一伝編纂室　講談社
『独創を貫く経営　私の履歴書』林原健　日本経済新聞社
『みゆかり　村山長挙を偲ぶ』村山藤子・村山美知子
『にんげん平井太郎』にんげん平井太郎編集委員会　西日本放送・四国新聞社
『篠田弘作』篠田弘作記録編集委員会　篠田弘作政経研究会
『緒方竹虎』緒方竹虎伝記刊行会　朝日新聞社
『あの時この人　藤井恒男遺稿集』藤井恒男　藤井裕士
『正伝　佐藤栄作』山田栄三　新潮社
『佐藤榮作日記１～６』佐藤榮作　朝日新聞社
『楠田實日記』楠田實　中央公論新社
『鼻歌まじりの命がけ』中島清成
『追想　広岡知男』『追想　広岡知男』刊行委員会
『追想　渡邉誠毅』渡邉葉子　渡邉誠毅追悼集刊行委員会
『私の朝日新聞社史』森恭三　田畑書店
『病める巨象』佐々克明　文藝春秋
『波瀾万丈の映画人生　岡田茂自伝』岡田茂　角川書店

『私の財界昭和史』三鬼陽之助　東洋経済新報社
『友よ　まず一献　三浦甲子二さん追悼』中島力　704プロジェクト
『歴代郵政大臣回顧録1～5』滝谷由亀・堀川潭　逓信研究会
『楊梅は孤り高く　毎日放送の二十五年』南木淑郎　毎日新聞社
『回想　今里広記』日本精工株式会社「回想　今里広記」編集委員会
『渡邉恒雄回顧録』渡邉恒雄　中央公論新社
『惜別　仕事人生』大倉文雄　日本図書刊行会
『かもめが翔んだ日』江副浩正　朝日新聞社
『リクルート事件・江副浩正の真実』江副浩正　中央公論新社
『儲かる会社のつくり方』堀江貴文　ソフトバンクパブリッシング
『迷いと決断』出井伸之　新潮社
『生涯投資家』村上世彰　文藝春秋
『徹底抗戦』堀江貴文　集英社
『土屋清』土屋清追悼集編集委員会　土屋清追悼集刊行委員会
『人間　黒神直久』富田義弘　山口新聞社
●その他
『右翼・民族派事典』社会問題研究会　図書刊行会
『言論統制』佐藤卓己　中央公論新社
『民放労働運動の歴史』民放労連・民放労働運動史編纂委員会　日本民間放送労働組合連合会
『証言・私の昭和史2』テレビ東京　文藝春秋
『幻のキネマ満映』山口猛　平凡社
『新聞　資本と経営の昭和史』今西光男　朝日新聞社

『占領期の朝日新聞と戦争責任』今西光男　朝日新聞社
『記者風伝』河谷史夫　朝日新聞出版
『財界さっぽろ』財界さっぽろ
『真説　バブル』日経ビジネス編　日経BP社
『ザ　ブレイク　オブ　ア　スカイTV』山下隆一
『マスメディアの過保護を斬る！』山下隆一　アルフ出版
『ザ・ファイナンシャル・ウォー』菅下清廣・清水正明　旺文社
『破綻　バイオ企業・林原の真実』林原靖　WAC
『林原家　同族経営への警鐘』林原健　日経BP社
『政治記者の目と耳　第6集』政治記者OB会
『タックス・ヘイブン』志賀櫻　岩波書店
『ソニー　失われた20年』原田節雄　さくら舎
『21世紀を創造する生活文化産業』信州大学経済学部産業社会交流科目運営委員会　税務経理協会
『The　40th　Anniversary』スリーハンドレッドクラブ
『放送事業を支える百人』岩本幸男　マスコミ研究会
『月刊かもめ別冊・創業20周年記念誌　明日へはばたく』日本リクルートセンター
『センチュリーミュージアム名品展』センチュリー文化財団
『兜町コンフィデンシャル』高橋篤史　東洋経済新報社
『テレビの笑いを変えた男　横澤彪かく語りき』横澤彪・塚越孝　扶桑社
『金融権力』本山美彦　岩波書店
●この他、各種の報告書、協定書などの社内文書、また陳述書、被告人供述調書、証人尋問調書などは本文中に明記した。
●引用にあたっては、固有名詞、旧字などについて、表記を統一した。

中川一徳（なかがわ　かずのり）
1960年生まれ。フリーランスジャーナリスト。月刊『文藝春秋』記者として「事件の核心」「黒幕」「悶死―新井将敬の血と闇」などを執筆。2000年に独立。フジサンケイグループを支配した鹿内家の盛衰を描いた『メディアの支配者』（上・下、講談社刊）で講談社ノンフィクション賞、新潮ドキュメント賞をダブル受賞した。
kakinatu@yahoo.co.jp

二重らせん　欲望と喧噪のメディア

二〇一九年一二月一〇日　第一刷発行
二〇二五年　二　月二〇日　第二刷発行

著者　中川一徳

発行者　篠木和久
発行所　株式会社　講談社
東京都文京区音羽二丁目一二―二一　郵便番号一一二―八〇〇一
電話〇三―五三九五―三五二二（編集）
〇三―五三九五―五八一七（販売）
〇三―五三九五―三六一五（業務）

装幀　岡孝治
印刷所　株式会社ＫＰＳプロダクツ
製本所　大口製本印刷株式会社
本文データ制作　講談社デジタル製作

ISBN978-4-06-518087-7